アナログ基本デバイスの
実践的な使い方を実験解説

OPアンプによる実用回路設計

馬場 清太郎 著

表紙デザイン：アイドマ・スタジオ　　表紙イラスト：柴田 幸男

はじめに

● 重要度を増すアナログ技術

私たちを包む自然界は，すべてアナログ量で成り立っていますが，現在の多くの電子機器内部では，「安価」「正確」「多機能」という3拍子そろったディジタル処理が行われています．現在のアナログ回路は，電子機器の自然界とのインターフェース部分，つまり入出力と電源部にかろうじて残っているだけと思われるかもしれません．電子機器を設計する立場から見ると，その考え方は正しいとも言えます．しかし，より総合的な電子回路設計の立場から見ると，ディジタル処理を行うディジタルIC＝ディジタル回路として設計できたのは過去の話であり，高速化の進んだ現在ではディジタルIC＝アナログ回路として設計する必要があります．

本書では高速部分については扱いませんが，ディジタル回路もアナログ回路として設計する必要があり，優れたアナログ回路設計技術こそが，コンペチタに差をつけるキーです．本書で，アナログ回路の考え方や基本を習得して，さらに上を目指して飛躍されるように願っております．

皆さんは，自分はIC設計はしないし，システムのディジタル回路だけ設計するから，アナログ回路設計を特別な人(アナログ人間？)に任せてしまえば，今さらアナログ回路技術を学ぶ意義はないと思われるかもしれません．しかし，電子機器の基本(構想，概念)設計をしたり，システム設計を行うとき，アナログ回路の知識が必要になります．もしその知識がなければ，ノイズや各種のトラブルを対策することができず，ハードウェアを完成させることができません．

● アナログ技術を身につけるには

アナログ回路を理解するには，回路の概念を理解し，回路動作を定性的に理解することが必要です．定性的な理解ができたら，次は，式を立てて定量的に理解します．本書では，アナログ回路の基礎を先ず概念的に説明し，実験によって理解していきます．もちろん，アナログ回路と一口にいってもその範囲はとても広く，私の乏しい経験では，すべてについて触れることは不可能ですから，基本的な部分だけに限って実験を行い，簡単な回路を設計できる程度のレベルを目指します．

実験に使用する測定器は，2チャネル・オシロスコープ，ディジタル・マルチメータまたはテスタ，直流電源，低周波発振器です．

回路設計では，目的や仕様に合った適切な回路ブロックを選択し，組み合わせる必要があります．言ってみれば，積み木遊びのようなものです．多種の積み木をもっているといろいろな組み合わせを実現できるように，多くの回路を知っていると設計の幅が広がります．そこで，できるだけ多くの回路例も紹介します．

● 数式の扱い

アナログ回路を設計するには，回路動作を直感的に理解し，電気的な意味が明確に把握できるような式を立てて定数を計算することが必要です．「式は使いません」と言いたいところですが，式を立てて計算しないと定数が求まりません．

本書ではできるだけ簡単で，電気的な意味が明確に把握できる式だけを示すようにします．多次元の行列よりも，電気的な意味が明確に把握できる簡単な式のほうが理解しやすく，間違いを発見しやすいからです．

ただし，書籍に載っている式には間違いが間々あります．ミス・プリントの原因には種々の理由があるようで，残念ながら避けられません．本書でも，私の粗忽な性格からして細心の注意を払ってもミスを連発するはずです．紹介した式や計算例は，必ず検算してから設計に使用するようにしてください．

2004年　陽春　馬場 清太郎

本書は，月刊「トランジスタ技術」の2002年1月号～2003年9月号に連載された「わかる!!アナログ回路教室」を加筆・再編集したものです．

目　次

第三部 応用回路編

第一部　基礎知識編
OPアンプの基礎知識

第1章

プロローグ
OPアンプ活用法をマスタするために

1-1　基本は増幅回路

電子回路は，デ・フォレスト(Lee de Forest)によるオーディオン(3極管)の発明(1906年)を先がけとします．この増幅機能をもつ能動素子の登場以来，現在に至る電子回路の発展が始まりました．

種々の電子回路をみると，ほとんどすべてといってよいほど「増幅する技術」が基本となっています．アナログ回路だけでなくディジタル回路も同様で，ディジタルICの内部等価回路を見ると，コンプリメンタリ・ソース接地増幅回路が基本単位になっています．

ディジタルIC内の増幅回路は，“1”と“0”が判別できるように増幅度が設定されており，この増幅回路を組み合わせてAND，ORなどの基本論理回路を得ています．ディジタルICは，この基本論理回路を組み合わせ，複雑な論理演算機能を実現しているわけです．

ディジタル回路の場合は，“1”と“0”が判別できる程度の，おおまかな精度の増幅度に設定すればよいのですが，アナログ回路の場合は，精度の高い増幅度が要求されます．取り扱う特性パラメータも多く，抵抗，コンデンサなどの部品も精度の高いものを使わなければなりません．

このように，アナログ回路を最適に設計するためには，ある程度の経験が必要です．本書では，まず増幅回路の設計法を実験を通して学び，その後で増幅機能を利用した種々の機能ブロックについて実験していきます．

1-2　トランジスタ回路が難しい理由

■ 直流動作と交流動作を分けて考えなければならない

アナログ回路の代表的な例として，**図1-1**に示す簡単なトランジスタ1個の交流増幅回路を見てみましょう．

この回路の動作を理解するには，まず動作点を決定する直流動作を考えます．動作点は，直流バイ

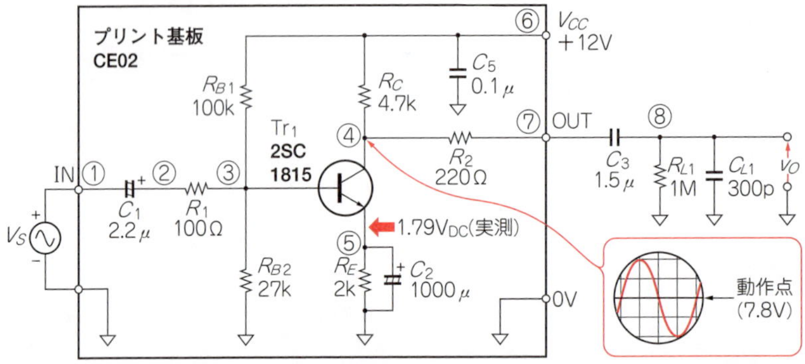

図1-1[11]　トランジスタによる1石反転増幅器

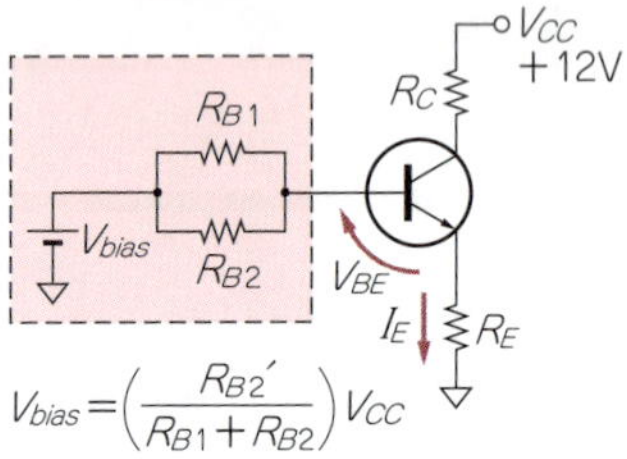

図1-2[11]　図1-1の回路の直流動作回路(無信号時の回路)

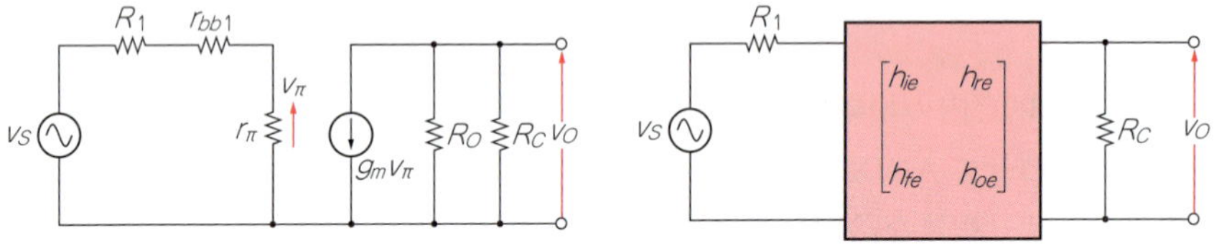

(a) π型等価回路　(b) hマトリックス

図1-3[11]　図1-1の回路の交流動作等価回路

アス(偏倚電圧)とも呼ばれ，**図1-1**に示すコレクタの信号波形の中点(平均値)の直流電圧であり，信号がないときのコレクタ電圧に等しくなります．

動作点を決定するときは，**図1-2**に示す直流動作回路を考えて，最も大きな交流出力電圧が得られるような，直流電位に設定します．交流の増幅作用を検証するときは，**図1-3**に示すような等価回路を使うことがあります．

このように，トランジスタによる増幅回路は，動作させるだけでも簡単ではありません．

■ パラメータが多く，ばらつきが多い

図1-4に示すのは，汎用のトランジスタ2SC1815のカタログに掲載されている，hパラメータと呼ばれる特性です．これを見ると，温度一定(25℃)の条件で測定されているにもかかわらず，ばらつきや変動がとても大きいことにびっくりします．

トランジスタは，パラメータが多すぎるばかりでなく，ばらつきや変動が大きすぎて，設計計算の

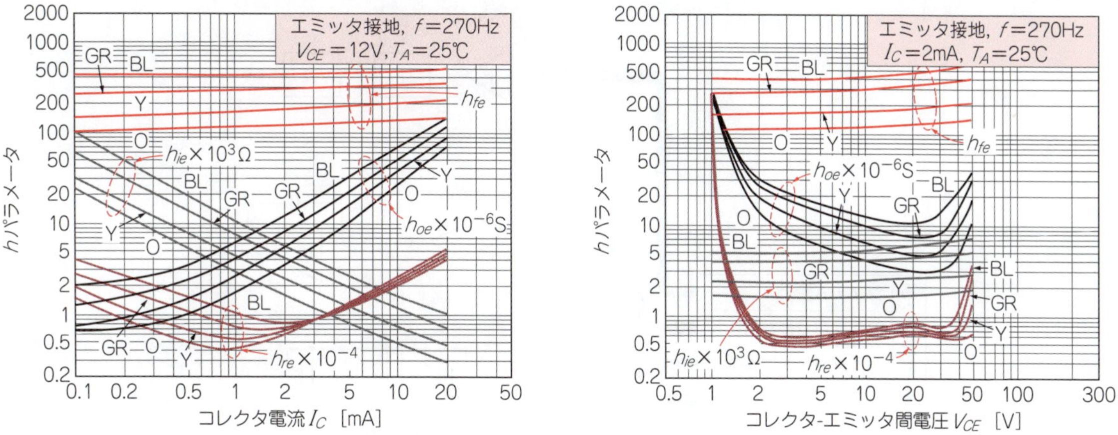

（a） hパラメータ-I_C 特性　　（b） hパラメータ-V_{CE} 特性

図1-4[29]　**汎用トランジスタ2SC1815の*h*パラメータ**

◀**写真1-1**
はじめてのトランジスタ回路設計
[CQ出版㈱]

ときどんな値を採用すべきかがわかりにくいのです．hパラメータを使用した計算も面倒です．

このように，経験がないとトランジスタ回路の設計はできません．

■ トランジスタ回路の理解は大切

それでも，アナログ回路設計をマスタするために，トランジスタ回路の知識を身につけることは必須です．

現在は，黒田 徹氏の「はじめてのトランジスタ回路設計」(**写真1-1**)などを読みながら，実験やシミュレーションを行えば，トランジスタ回路の設計技術を修得できるでしょう．しかし，読者のなかにはやさしそうな題名に惹(ひ)かれて買ってはみたものの，難しくてよくわからなかったという人も多いのではないでしょうか．

本書は，このような読者を対象にしており，トランジスタ回路ではなく，OPアンプ回路から解説をスタートします．ここでアナログ回路設計の基礎を学びながら，折に触れて同書を読めば，徐々に理解が深まり，トランジスタ回路設計能力も修得できるようになるでしょう．ただし，「コレクタ電流は

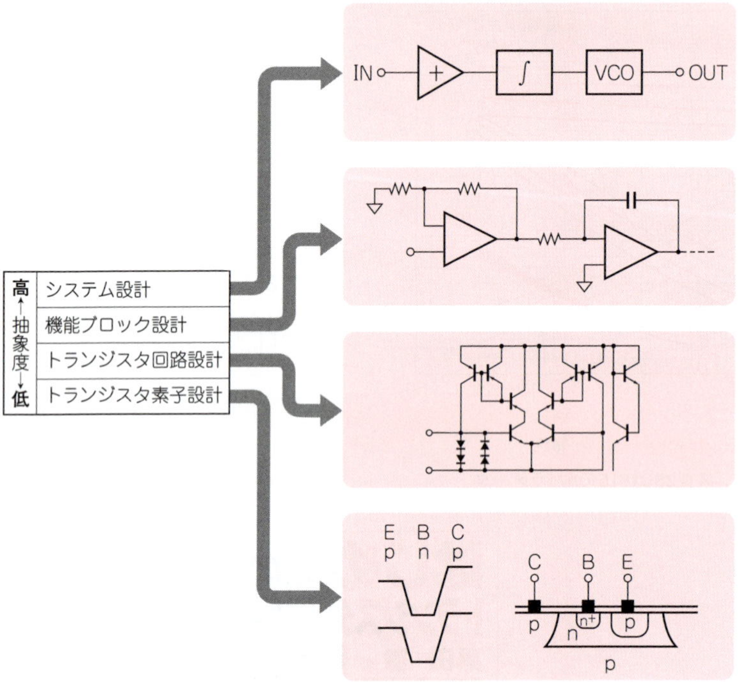

図1-5　回路設計の抽象化レベル

ベース電流の h_{FE} 倍である」，「V_{BE} はほぼ0.6 Vである」といったような，トランジスタの基本動作は理解しているものとします．

1-3　OPアンプ回路からはじめよう

回路設計を抽象化のレベルで区分けすると，**図1-5**のように四つになります．読者のほとんどは，半導体工学とトランジスタ回路は学んでいると思いますが，前述のように難しくて，ほとんど身に付いていないのではないでしょうか．これらは，シュレーディンガーの波動方程式から始まり，フェルミ準位が出てきて，「このトランジスタがONすると，次にこちらのトランジスタがOFFして…」というような初心者のレベルを遙かに越えています．また，学んで理解しても，実際の回路設計にすぐには役に立ちません．

システム・レベルの設計は，概念の設計で，高度な抽象化が必要です．ユーザの要求を電気用語に翻訳して，要求仕様にまとめることからはじめます．具体的な設計内容は対象ごとに異なりますから，これから学ぶ必要があります．

OPアンプ回路の設計は**図1-5**の「機能ブロック設計」に相当し，概念から具体的な設計に移行する最初の部分です．概念を機能ブロックに分割し，要求機能を実現するために，OPアンプなどの機能素子を用いて設計します．このレベルは適度に抽象化されていて，使用素子は半導体物性と切り離された理想機能素子として考えます．初心者でも，理想機能素子を用いて機能を実現するための設計は可能です．高性能を求めなければ，ある程度実用的な設計が可能です．

真に実用的なアナログ電子回路設計をするには，半導体物性からシステム設計まで，すべてを理解して行う必要がありますが，このことに気がつくには実地の設計経験が必要です．

まず，設計しやすいOPアンプ回路の設計からはじめて経験を積み，必要に応じて半導体物性とトランジスタ回路を復習していけば，学生時代とは切実さが違ってモチベーションも高くなっていますから，必ず習得できます．それに合わせて，システム設計の経験を積んでいけば，実用的なアナログ回路設計を習得することができます．

OPアンプ回路設計からはじめるのが，アナログ電子回路設計習得の早道だと言えます．

単位の接頭語とギリシャ文字

コラム

電子回路設計では，さまざまな単位で幅広い数値を扱います．**表1－A**に，単位の接頭語として使われる記号とその読みを示します．

ギリシャ文字はΩやπでなじみがありますが，そのほかの文字も数式のなかなどで変数を表す場合などに多用されます．**表1－B**に，ギリシャ文字の大文字/小文字の表記とその読みを示します．

表1－A　単位

乗数	読み方	記号	乗数	読み方	記号
10^{24}	ヨタ	Y	10^{-1}	デシ	d
10^{21}	ゼタ	Z	10^{-2}	センチ	c
10^{18}	エクサ	E	10^{-3}	ミリ	m
10^{15}	ペタ	P	10^{-6}	マイクロ	μ
10^{12}	テラ	T	10^{-9}	ナノ	n
10^{9}	ギガ	G	10^{-12}	ピコ	p
10^{6}	メガ	M	10^{-15}	フェムト	f
10^{3}	キロ	k	10^{-18}	アト	a
10^{2}	ヘクト	h	10^{-21}	ゼプト	z
10^{1}	デカ	da	10^{-24}	ヨクト	y

表1－B　ギリシャ文字

大文字	小文字	読み方	大文字	小文字	読み方
Α	α	アルファ	Ν	ν	ニュー
Β	β	ベータ	Ξ	ξ	クサイ
Γ	γ	ガンマ	Ο	ο	オミクロン
Δ	δ	デルタ	Π	π	パイ
Ε	ε	イプシロン	Ρ	ρ	ロー
Ζ	ζ	ジータ	Σ	σ	シグマ
Η	η	イータ	Τ	τ	タウ
Θ	θ	シータ	Υ	υ	ウプシロン
Ι	ι	イオタ	Φ	ϕ	ファイ
Κ	κ	カッパ	Χ	χ	カイ
Λ	λ	ラムダ	Ψ	ψ	プサイ
Μ	μ	ミュー	Ω	ω	オメガ

第 2 章

OPアンプのあらまし

実用的なアナログ回路設計の第一歩

2-1　OPアンプとは

■ OPアンプの生い立ち

OPアンプは正式には演算増幅器(Operational Amplifier)と言い，アナログ・コンピュータの機能素子として，1940年代に開発されました．

アンプが計算するわけがないと思われるかもしれませんが，大昔のアナログ・コンピュータにおいて，加減乗除はもとより微積分まで行っていました．計算は，アンプに特殊な負帰還をかけて行います．この方法は，次章以降に解説しますので楽しみにしてください．

アナログ・コンピュータがとっくに消滅した現在でも，モノリシックIC化されたOPアンプは価格，性能，使いやすさが買われ，トランジスタや抵抗，コンデンサなどと同様に回路設計における基本素子として扱われています．高性能な新製品も次々と登場しています．

■ 理想的な素子として扱える

図2-1に示すように，OPアンプの回路記号は，三角形(扇形の場合もある)で，左側の二つが入力端子で，右側が出力端子です．二つの入力端子のうち＋記号がついた側を非反転入力，－記号がついた側を反転入力と呼びます．

OPアンプの基本パラメータは次の三つです．これらの特性が理想的なOPアンプを理想OPアンプと呼びます．

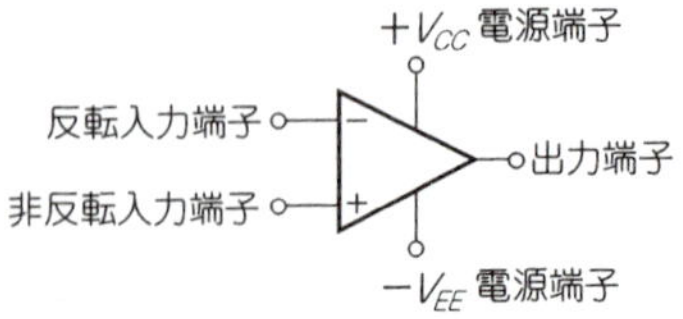

図2-1　OPアンプの記号

(1) 電圧ゲイン

理想OPアンプはこの値が無限大です．電圧ゲインとは出力電圧を二つの入力端子間の電圧で割ったものです．

(2) 入力インピーダンス

理想OPアンプはこの値が無限大です．二つの入力端子には電流は流れ込みません．

(3) 出力インピーダンス

理想OPアンプは，この値がゼロです．負荷の大小にかかわらず一定の出力電圧となります．

残念ながら，現実のOPアンプはこういう特性ではありませんが，限界を追求した設計以外では，ほとんどのOPアンプを理想OPアンプと考えて設計できます．ここが，トランジスタ回路の設計と違うところで，OPアンプ回路設計がわかりやすい理由です．

■ 抵抗比だけでゲインが決まる

図2-2に，OPアンプを使った二つの基本的な増幅回路を示します．どちらも，OPアンプ出力から－記号で示された反転入力端子に，出力信号を戻しています．これは，負帰還と呼ぶとても重要な技術です．この技術のおかげで，OPアンプ増幅器の仕上がりゲインは抵抗比だけで決まります．

上側の増幅回路は，反転増幅器と呼び，入力信号と出力信号の位相が180°異なります．下側の増幅回路は非反転増幅器と呼び，入力信号と出力信号の位相は同じです．どちらも，出力信号の入力信号に対する増幅率(仕上がりゲインという)は10倍です．

写真2-1に，**図2-2**の増幅回路を製作して動作させたときの入出力波形を示します．入力電圧 v_{in} に対して出力電圧 v_{O1} と v_{O2} は，ともに10倍大きい値です．v_{O1} の波形は v_{in} の波形に対して反転しています．v_{O2} の波形は v_{in} の波形と同じ位相であることがわかります．詳しくは次章以降に解説します．

■ 直流動作と交流動作を分ける必要がない

実験に使用したOPアンプ NJM2904は，もっともポピュラなものの一つです．二つのOPアンプが入っていますから，**図2-2**に示す反転増幅器と非反転増幅器を1個のICで同時に作れます．トランジスタを使うと，非反転増幅器を作るだけで2個必要ですし，複雑な直流動作点を考えなければなりません．OPアンプ回路の動作点はグラウンド電位となるため，トランジスタ回路のように，直流動作を考える

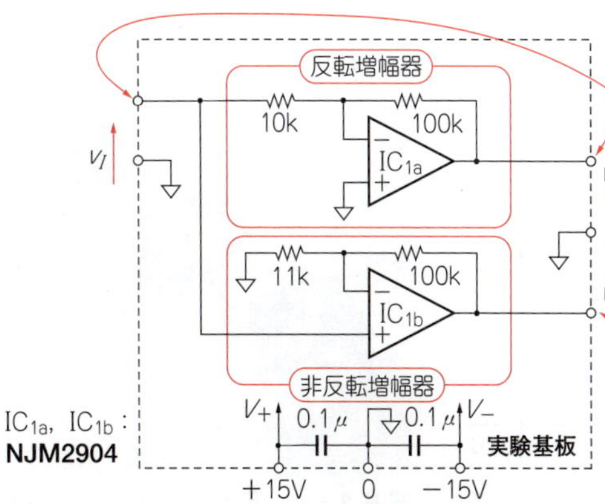

図2-2　OPアンプによる反転増幅器と非反転増幅器

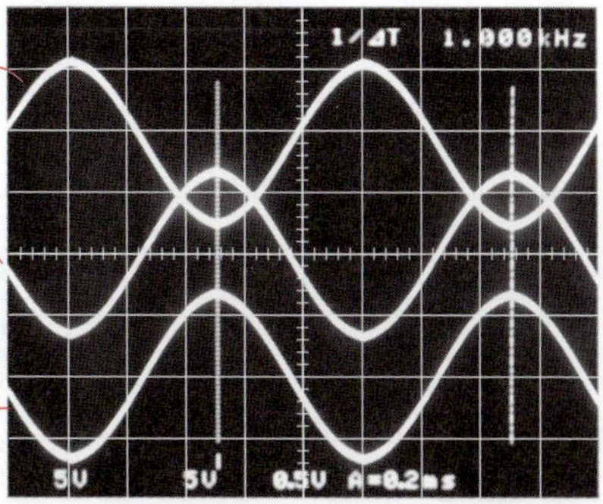

写真2-1　反転増幅器と非反転増幅器の入出力波形
(上：5 V/div.，中：0.5 V/div.，下：5 V/div.，0.2 ms/div.)

必要はありません．おかげで，交流と直流の動作を一括して考えられます．コスト的にも，OPアンプを使用したほうが安い場合が多いです．

2-2　OPアンプの特性パラメータ

代表的なOPアンプのデータシートを見ながら，OPアンプの特性を表すパラメータについて解説しておきましょう．アナログ回路の説明にしばしば登場する重要な用語がたくさん含まれていますから，辛抱して読み進めてください．

■ 本書に登上するOPアンプ

次の三つのOPアンプを取り上げます．**写真2-2**に外観を示します．

①2回路入りオーディオ用OPアンプ **NJM4580**

②2回路入りJFET入力OPアンプ **NJM072B**

③2回路入り単電源動作OPアンプ **NJM2904**

いずれも長い間使われ続けているOPアンプで，価格も安く実験に最適です．たまたま新日本無線製のものばかりを選びましたが，類似の特性でほとんど置き替え可能なOPアンプが各社から出ています．OPアンプはトランジスタと異なり，精密さを要求しない用途では，ほとんどの特性を理想的と考えてよいことを思い出してください．これが，現実のOPアンプを理想OPアンプと考えて使用できる例の一つです．

■ 使用上の限界値を示す「絶対最大定格」

表2-1に示すように，ICのデータシートの最初には，必ず絶対最大定格という規格値が示されています．絶対最大定格とは，これ以上の値ではICが動作しなかったり，破壊するというパラメータの最大範囲です．動作中に絶対最大定格を越えるような設計は絶対に避けなければなりません．**表2-2**に，三つのOPアンプの絶対最大定格値の比較表を示します．

● 実力はどのくらい？

絶対最大定格を越えた条件で動かして，実際に壊してみると，どのパラメータに余裕がないかがわ

表2-1[30]　データシートの絶対最大定格表の例

■絶対最大定格（Ta＝25°C）

項目	記号	定格	単位
電源電圧	V^+/V^-	±18	V
同相入力電圧	V_{IC}	±15　（注）	V
差動入力電圧	V_{ID}	±30	V
消費電力	P_D	（Dタイプ）500 （Mタイプ）300 （Vタイプ）250 （Lタイプ）800	mW
動作温度	T_{opr}	−40～＋85	°C
保存温度	T_{stg}	−40～＋125	°C

（注）電源電圧が±15V以下の場合は，電源電圧と等しくなります。

写真2-2　汎用OPアンプの外観（上：NJM072B，中：NJM2904，下：NJM4580）

表2-2　汎用OPアンプの絶対最大定格比較表($T_A = 25$℃)

型名	電源電圧		差動入力電圧 V_{ID} [V]	同相入力電圧 V_{IM} [V]	消費電力[注2] P_D [mW]	動作温度 T_{opr} [℃]
	正負電源 V_+/V_- [V]	単電源 V_+ [V]				
NJM4580	+18/−18	——	±30 V[注1]	±15 V[注1]	800	−40～+85
NJM072B	+18/−18	——	±30 V[注1]	±15 V[注1]	500	−40～+85
NJM2904	±16	32	32 V	−0.3～+32	500	−40～+85

注1：電源電圧が±15 V以下の場合は電源電圧まで．注2：8ピンDIPパッケージ

かります．経験的に，ほとんどのOPアンプの動作温度範囲は−55～+125℃以上です．電源電圧最大値は，OPアンプによって規格値に対する余裕が異なります．差動および同相入力電圧範囲はほとんど余裕がありません．消費電力はできる限り小さくしないと，特性の変動が大きくなりますから，定格値ぎりぎりで使うケースはあまりありません．

実際の設計にあたっては，必ず絶対最大定格よりも何割か内輪の条件(ディレーティングと呼ぶ)を設定します．このとき，絶対最大定格に対する余裕度を把握していると，最適(最経済的)なディレーティング率を設定できます．

● 他の素子と異なるスペックに注目！

表2-2で注目すべき点は，NJM2904の同相入力電圧の絶対最大定格が，ほかのOPアンプと異なって電源電圧によらず，32 Vであるということです．一般的な使用では，意味がないと思うかもしれませんが，こういう特性を知っていると，電源電圧が何種類も混在しているような回路において，入力保護回路を単純化できることがあります．規格表を見るときは，ほかのOPアンプとどこが違っているのかに着目するとよいでしょう．

なお，規格表ではゲイン(gain)を利得と表記していますが，文中ではできるだけゲインと呼ぶことにします．

■ 動作時の性能を示す「電気的特性」

絶対最大定格につづいて示されているのが，**表2-3**に示す電気的特性です．**表2-4**に三つのOPアンプの電気的特性の比較表を示します．

● 入力オフセット電圧 V_{IO}

二つの入力端子をグラウンドに接続すると，理想OPアンプなら出力はゼロになりますが，実際のOPアンプではゼロになりません．

このときの直流出力電圧をゲインで割った等価的な入力電圧を入力オフセット電圧と言い，だいたい数mV程度です．この値は小さいほうが良く，大きいと仕上がりゲインが制約されます．たとえば，ゲイン100倍の増幅器を作り，使用したOPアンプのV_{IO}が1 Vだったとすると，その出力電圧は100 Vとなります．出力信号は，後出の最大出力電圧V_{OM}で飽和した波形になりますから，正しい増幅はできません．

V_{IO}は，負帰還をかけてゲインを1000程度にして測定します．無帰還で測定しようとすると，出力電圧が飽和するので，正しい測定はできません．

直流増幅器でよく問題になるのは，入力オフセット電圧を外部付加回路によってゼロに調整しても，

表2-3[30] データシートの電気的特性表の例

■NJM072B/082B電気的特性（$V^+/V^- = \pm 15$V, Ta＝25℃）

項目	記号	条件	最小	標準	最大	単位
入力オフセット電圧	V_{IO}	$R_S = 50\Omega$	—	3(5)	10(15)	mV
入力オフセット電流	I_{IO}		—	5	50(200)	pA
入力バイアス電流	I_B		—	30	200(400)	pA
入力抵抗	R_{IN}		—	10^{12}	—	Ω
電圧利得	A_V	$R_L = 2k\Omega$, $V_O = \pm 10V$	88	106	—	dB
最大出力電圧振幅	V_{OPP}	$R_L = 10k\Omega$	24	27	—	V_{P-P}
同相入力電圧範囲	V_{ICM}		±10	—	—	V
同相信号除去比	CMR	$R_S \leqq 10k\Omega$	70	76	—	dB
電源電圧除去比	SVR	$R_S \leqq 10k\Omega$	70	76	—	dB
消費電流	I_{CC}		—	3	5(5.6)	mA
スルーレート	SR		—	13	—	V/μs
ユニティゲイン周波数	f_T		—	3	—	MHz
入力換算雑音電圧	V_{NI}	$R_S = 100\Omega$, BW＝10～10kHz	—	4	—	μV_{rms}

注1）（ ）内はNJM082Bに適用，他項目は両タイプとも同一
注2） 入力換算雑音電圧の選別品も用意しています。ただしNJM072BV/082BVについては選別品はありません。

表2-4 汎用OPアンプの電気的特性比較表（$T_A = 25$℃，負荷抵抗2 kΩ）

項目		記号	NJM4580			NJM072B			NJM2904			単位
			最小	標準	最大	最小	標準	最大	最小	標準	最大	
電源電圧	正負電源	V_+/V_-	＋15/－15			＋15/－15			—			V
	単電源	V_+	—			—			＋5			V
入力オフセット電圧		V_{IO}	–	0.3	3	—	3	10	—	2	7	mV
入力バイアス電流		I_{IB}	—	100	500	—	0.03	0.2	—	25	250	nA
入力オフセット電流		I_{IO}	—	5	200	—	0.005	0.02	—	5	50	nA
入力抵抗		R_{in}	—	—	—	—	106		—	—	—	MΩ
電圧利得		A_V	90	110	—	88	106	—	—	100	—	dB
最大出力電圧		V_{OM}	±12	±13.5	—	±12注1	±13.5	—	3.5	—	—	V
同相入力電圧範囲		V_{ICM}	±12	±13.5	—	±10	—	—	0～3.5	—	—	V
同相信号除去比		$CMRR$	80	110	—	70	76	—	—	85	—	dB
電源電圧除去比		SVR	80	110	—	70	76	—	—	100	—	dB
消費電流		I_{CC}	—	6	9	—	3	5	—	0.7	1.2注2	mA
スルー・レート		SR	—	5	—	—	13	—	—	0.5	—	V/μs
利得帯域幅積		GB	—	15	—	—	3	—	—	0.6	—	MHz
特徴・用途など			オーディオ用			FET入力，汎用			単電源，汎用			

注1：負荷抵抗2 kΩのとき　注2：負荷抵抗開放のとき　注3："—" 表記はデータシートに記載なし．V_{IO}，I_{IB}，I_{IO}，I_{CC}は小さいほど良く，V_{OM}，CMR，SVRは大きいほど良いので，最小値，最大値が記載されていなくても，設計時は最悪値を使うので表記は不要．R_{in}は通常の設計では無視できる．SRは最小値の記載がないと設計しにくい．A_VとGBは大きすぎると負帰還安定度が確保しにくい場合があるので，ぜひ記載して欲しい項目である．

周囲温度により変化してしまうことです．これを入力オフセット電圧の温度係数(ドリフト)と呼び，だいたい数μ～数十μV/℃程度です．次章以降で詳しく解説します．

● **入力バイアス電流I_{IB}**

二つの入力端子に流入または流出する直流電流の平均値です．値は小さいほうが良く，大きいと入力端子に接続する抵抗値が制約されます．$I_{IB} = 1$ AのOPアンプがあったとして，入力端子に10 Ωを接

続すると，非動作時に10 Vの電圧が生じて正しく増幅できません．

I_{IB}の大きさ，向き，温度変化などは，データシートに示されている内部等価回路(図2-3)から予測できます．NJM2904とNJM4580のI_{IB}の正体は，入力にあるPNPバイポーラ・トランジスタのベース電流で，入力端子から流れ出します．大きさはばらつきますが，温度変化はほとんどありません．一方，NJM072BのI_{IB}は，入力にあるPチャネルJFETのゲート漏れ電流で，入力端子に向かって流れ込みます．値は小さいですが，JFETの特性が影響して，約10℃の温度上昇で2倍といった割合で急増します．

● 入力オフセット電流I_{IO}

二つの入力端子の入力バイアス電流の差の絶対値です．温度ドリフトがあり，バイポーラ入力のOP

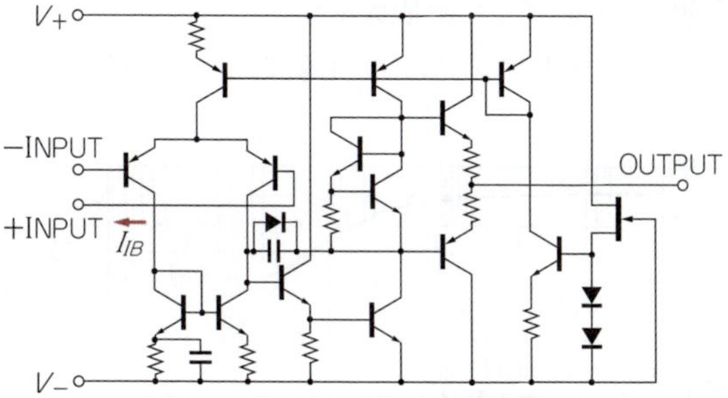

(a) オーディオ用OPアンプ**NJM4580**

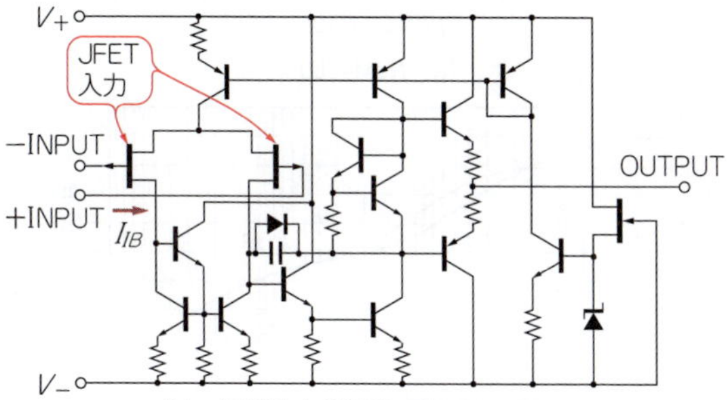

(b) JFET入力OPアンプ**NJM072B**

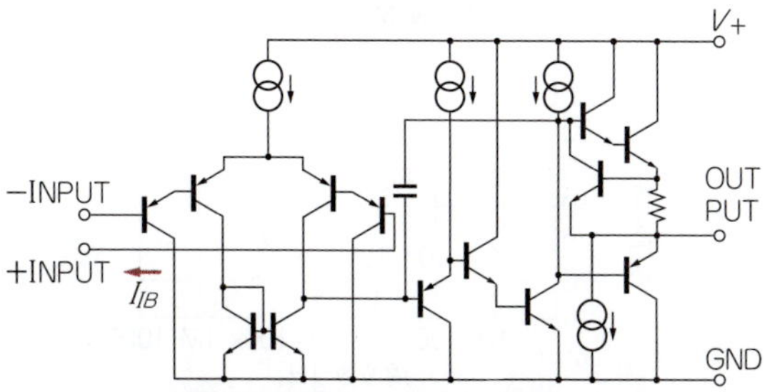

(c) 単電源動作OPアンプ**NJM2904**

図2-3[30] **各OPアンプの内部等価回路**

アンプでは数十p～数百pA/℃程度です．この値も小さいほうが良いです．詳しくは次章以降で解説します．

● 入力抵抗 R_{in}

二つの入力端子間の差動入力抵抗です．この値は大きいほうが良いのですが，V_{IO}やI_{IB}に比べ，OPアンプの動作に与える影響が小さく，実用上無視してかまいません．R_{in}は微小交流信号で定義されます．V_{IO}とI_{IB}の比(V_{IO}/I_{IB})ではないので注意してください．たとえば，$V_{IO}=1$ V，$I_{IB}=1$ AのOPアンプのR_{in}は1 Ωではなく，100 MΩということもあり得ます．

入力端子とグラウンド間の同相入力抵抗は，R_{in}の10～1000倍程度ですから，これも無視できます．

● 電圧利得 A_V

差動電圧利得とも言います．OPアンプは，反転入力端子と非反転入力端子間の電圧を利得A_Vで増幅して出力します．A_Vは理想OPアンプでは無限大です．

表2-4からわかるように，現実のOPアンプのA_Vも約百dB(10万倍)ととても大きな値です．**図2-4**

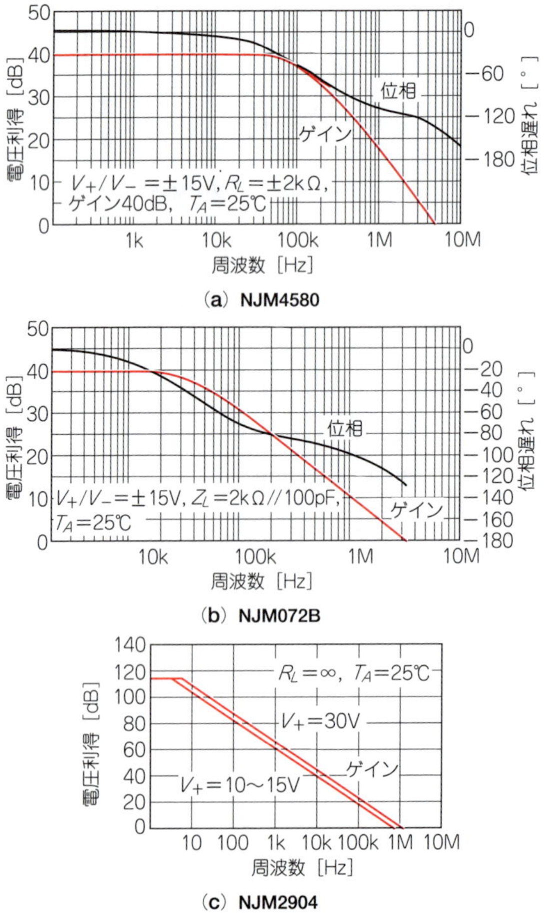

図2-4[30] **各OPアンプの電圧利得と位相の周波数特性**

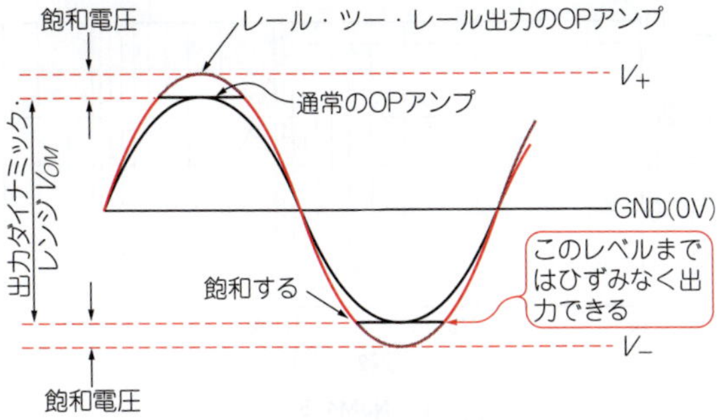

図2-5　出力ダイナミック・レンジと飽和電圧

に示すように，A_Vは直流～10 Hz程度の超低周波に限って一定で，周波数が高くなると－6 dB/oct.の比率で減少します．A_Vはゲイン安定度に影響するため大きいほうが良いのですが，この値が大きなOPアンプは，A_V一定の周波数範囲がさらに狭くなっています．

● 最大出力電圧 V_{OM}

図2-5に示すように，現実のOPアンプの出力信号は，振幅が大きくなると正負の電源電圧近くで飽和してひずみ始めます．**表2-4**の電源電圧仕様（± 15 V）と最大出力電圧仕様（± 13.5 V）からわかるように，通常のOPアンプの飽和電圧は約1.5 Vです．

V_{OM}は，電源電圧や負荷抵抗値によって変化します．**図2-6**に示すV_{OM}の周波数特性は，後述のスルー・レートと関係しています．

飽和直前の電圧を最大出力電圧と呼びます．また，負の飽和直前電圧から正の飽和直前電圧までの範囲を出力ダイナミック・レンジと言います．正負の電源電圧ぎりぎりまで出力できる，理想的な特性を示すOPアンプが存在し，出力レール・ツー・レール（rail to rail）OPアンプと呼ばれています．

● 同相入力電圧範囲 V_{ICM}

二つの入力端子とグラウンド間に加えることができる同相電圧の範囲を示します．

この範囲を越えた同相電圧を入力すると，壊れはしませんが，増幅器としての機能が停止します．差動入力電圧は，増幅器として正常に動作していればほぼ0 Vです．V_{ICM}は，正負の電源電圧と等しいのが理想で，入力レール・ツー・レールOPアンプがこれに近い特性を示します．

● 同相信号除去比 *CMRR*

表2-3では*CMR*と標記されています．

二つの入力端子とグラウンド間に，同じ信号を加えたときの，入出力間のゲインを同相電圧利得A_{VC}［倍］と呼びます．*CMRR*（Common Mode Rejection Ratio）は，前述の差動電圧利得A_V［倍］を使って，

$$CMRR = \frac{A_V}{A_{VC}}$$

で定義されます．

OPアンプは，反転入力と非反転入力の差分を増幅する素子ですから，同相電圧利得は0倍が理想ですが現実は違います．*CMRR*が大きいほど，ゲイン安定度が良く，小さいとゲインの誤差が大きくな

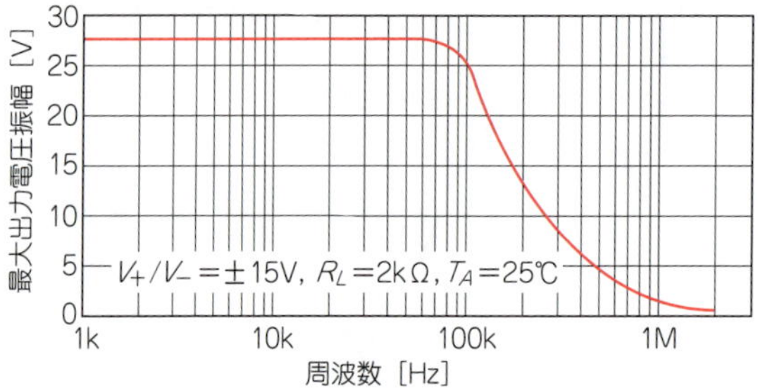

（a）NJM4580

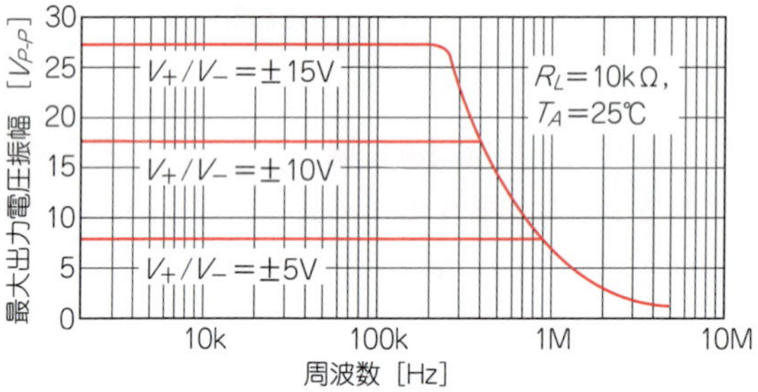

（b）NJM072B

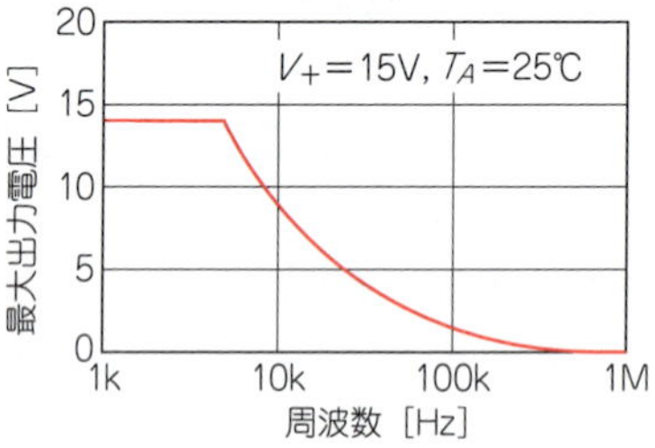

（c）NJM2904

図2-6[30]　**各OPアンプの最大出力電圧振幅の周波数特性**

るばかりでなく，信号のひずみが増加します．

表2-3に示されている*CMRR*は，DCのときの値です．周波数が高くなると低下するため，扱う信号周波数が1 kHz以上の非反転増幅器では，*CMRR*による誤差に注意が必要です．

● **電源電圧除去比*SVRR***

表2-3では*SVR*と標記されています．

正や負の電源電圧が変動すると，OPアンプの出力にその変動分が現れます．*SVRR*(Supply Voltage Rejection Ratio)は，この出力の変動分をOPアンプの入力に換算した値です．

*SVRR*は，電源がΔv_S[V]変化したときの，等価入力換算電圧をΔv_{in}[V]とすると，

$$SVRR=\frac{\Delta v_S}{\Delta v_{in}}$$

で定義されます．この値は大きいほうが良く，小さいと出力に電源ノイズが出てきます．

表2-3に示されている*SVRR*はDCのときの値で，周波数が高くなると低下します．また，正負の電

源でその特性が異なります．正負間の電源電圧を，その絶対値を等しくしたまま変動させたときより，片側だけ変動させたときのほうが影響が大きくなります．

*SVRR*の影響を緩和するために，正負の電源に必ずバイパス・コンデンサを入れます．

● 消費電流I_{CC}

OPアンプの電源端子に流れる電流です．

外部に付加する回路や電源電圧によって変化します．**表2-3**に示す値は無負荷のときです．負荷を接続すると増加します．この値は小さいほうが良く，大きいと発熱が大きくなります．発熱による一番の問題は，出力の直流ドリフトが増大することです．**図2-7**からわかるように，電源電圧に対するI_{CC}の変動は，NJM2904を除いてごくわずかです．

● スルー・レート*SR*

入力信号の変化が速くなると，OPアンプの出力は追随できなくなります．*SR*(Slew Rate)は，この追従性能を示すパラメータです．単位時間(通常1 μs)当たりに変化できる出力電圧値で，単位は[V/μ

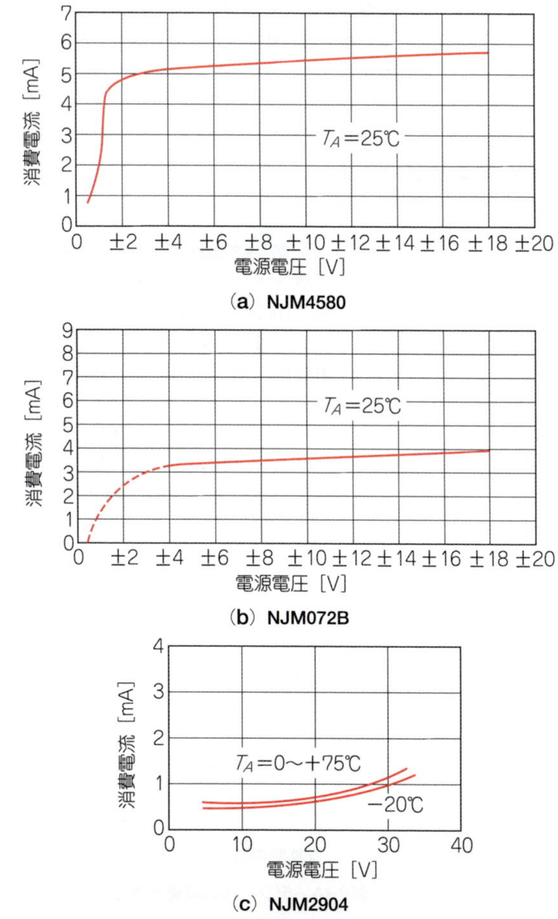

図2-7[30] **各OPアンプの電源電圧–消費電流特性**

s]です．理想OPアンプでは無限大です．この値は大きいほうが良いのですが，一般にこの値が大きなOPアンプは他の特性が貧弱です．

*SR*は，OPアンプ内部の回路構成で決まり，**図2-6**に示す最大出力電圧振幅の周波数特性を決定しています．詳しくは次章以降で解説します．

● 利得帯域幅積 *GB*

OPアンプの電圧利得の周波数特性を表すパラメータです．単位は[MHz]です．

GB(Gain Bandwidth)は，**図2-4**に示す電圧利得の傾斜が－6 dB/oct.のところで測定した電圧利得を A_f 倍と仮定すると，その点の周波数 f [Hz]と A_f との積です．次式で表されます．

デシベルとは

● dB

dB(deciBel)とは，もともと電話の発明者ベルから取った通信線の損失を表す単位です．「デシベル」と読みます．ゲイン A[倍]とデシベル値 G[dB]の間には，

$$G = 20\log|A| \quad \cdots\cdots (2\text{-}A)$$

の関係があります．d(デシ)は1/10のことですが，10 dBを1 Bとは言いません．

増幅率[倍]を対数[dB]に変換することで，桁数が圧縮されるだけでなく，ゲインどうしの乗算は加算で，除算は減算で求めることができます．

表2-A　倍率のdBへの換算表

倍	[dB]
1	0
$\sqrt{2}$	3
2	6
3	9.5
4	12
5	14
6	15.5
7	17
8	18
9	19
10	20
100	40
1000	60

$\sqrt{10}$[倍] = 3.1623 = 20[dB] ÷ 2 = 10[dB]
4[倍] = 2 × 2 = 6[dB] × 2 = 12[dB]
5[倍] = 10 ÷ 2 = 20[dB] − 6[dB] = 14[dB]
8[倍] = 2^3 = 6[dB] × 3 = 18[dB]
9[倍] = 3^2 = 9.5[dB] × 2 = 19[dB]

0.1[dB] = + 1.2[%]　(= 1.012[倍])
1[dB] = + 12[%]　(= 1.12[倍])
∴ 0.1 dB～1 dBの間は，0.1 dBにつき + 1.2%加算

$$\frac{1}{|A|} = -A[\text{dB}]$$

$$\left|\frac{A_1}{A_2}\right| = A_1[\text{dB}] - A_2[\text{dB}]$$

$$|A_1| \times |A_2| = A_1[\text{dB}] + A_2[\text{dB}]$$

$$|A|^n = n \times A[\text{dB}]$$

注： 上記の値は概略値で，詳しい値が必要な場合は定義式から計算する．
例：3[dB] ≒ 1.41254
≠ 1.41421 ≒ $\sqrt{2}$
(概算時の誤差：0.12% = 0.01 dB)

図2-A　デシベルの概略計算法

$GB = A_f f$

fは，通常10 kHzが多い(31)ようです．

利得が1倍(0 dB)になる周波数をユニティ・ゲイン周波数と呼び，f_Tと表します．一般に，

$GB \geqq f_T$

の関係が成り立ちます．詳しくは次章以降で解説します．

GBも大きいほうが良いのですが，この値が大きなOPアンプは，SRが大きなOPアンプと同様に他の特性が貧弱です．

コラム

いちいち対数に変換して計算するのは面倒なので，多くの回路設計者は，抵抗のカラー・コードのようにいくつかの換算値を覚えています．**表2-A**に覚えておくと便利な換算値を示します．概略値の計算方法を**図2-A**に示します．正確な値が必要な場合は式(2-A)を使って計算してください．

dBの後ろに添字をつけてレベルを表す場合もあります．たとえば，dBm，dBV，dBμなどです．dBmは電力を表し，

0 dBm = 1 mW ……(2-B)

です．低周波では600 Ω，高周波では50 Ωのインピーダンスに対する電力を表す場合が多いです．0 dBmを電圧に換算すると，下記の値になります．

0 dBm = 0.224 V(50 Ωにて) ……(2-C)

0 dBm = 0.775 V(600 Ωにて) ……(2-D)

dBV，dBμは，電圧を表し，下記の値になります．

0 dBV = 1 V ……(2-E)

0 dBμ = 1 μV ……(2-F)

このほかにもありますが，いずれにしろ，測定に使用する計測器の取り扱い説明書にSI単位への換算法が載っています．

● dB/oct.

周波数特性の単位[dB/oct.]についても触れておきましょう．oct.はoctaveの略で「オクターブ」と呼び，2倍(1音階)という意味です．たとえば，－6 dB/oct.とは，周波数が2倍になると利得が6 dBずつ減衰する(1/2になる)ことを意味します．oct.のほかによく使われる表記に，dec.があります．decadeの略で「ディケード」と呼び，10倍という意味です．たとえば，－6 dB/oct.をdec.で書き直すと，－20 dB/dec.になります．

第3章

OPアンプの基礎知識

使うまえに知っておきたい常識

ここでは，OPアンプを使うまえにこれだけは知っておいてほしい常識を紹介します．OPアンプICだけではなく，ディジタルも含めたIC一般を使用するときの注意点です．

(1)電源のバイパス・コンデンサは必ずつける

(2)未使用端子の処理方法

(3)外部装置と接続するときの入出力端子の処理方法

この三つを注意するだけで，誤動作，破壊が起きにくくなります．

3-1　電源はどうするか

電源の重要性

OPアンプを使用して増幅回路を設計するとき，何に注意したらよいのでしょうか．

目的を明確にしておくと，迷ったときに正しい方向性を打ち出すことができます．優れた増幅回路の特徴を列挙すると，

(1)壊れにくい

(2)ゲインなどの電気的特性が安定している

(3)入出力ダイナミック・レンジが広い

(4)電気的特性が良い

などです．設計するときはこれらの特徴を仕様として数値で明確にして実現します．

「電源はどうしたの？」と思うかもしれませんが，上記すべてに電源が関係します．壊れにくさと安定性を実現するには，必要最小限の電源電圧を安定に供給することが必要です．電源電圧が低いほど回路の消費電力は小さくなり，温度上昇が小さくなって，電子回路の信頼性は向上します．動作上無駄な電力消費はできるだけ小さくします．

外来サージと呼ばれる外部商用電源ラインからの異常な高電圧がOPアンプの絶対最大定格以下に減衰されない電源を使用すると，OPアンプが壊れる可能性もあります．また，雑音の多い電源を使用す

ると，増幅回路の出力雑音が増加します．

入出力ダイナミック・レンジは，動作時の電源電圧最小値を決定します．要求仕様で最大入出力電圧が決定されますが，同じ電源電圧で入出力ダイナミック・レンジが広いほど，電源電圧最小値を小さくできますから，壊れにくく安定な設計が可能になります．

電子回路の電源は，心臓部とも言えますから，常に安定な電源電圧をOPアンプに供給して，はじめて上記の各項が満足されます．

一つの電源で動くものと二つの電源で動くものがある

OPアンプICのデータシートには，明確に単電源用と書かれたもの(NJM2904)と，何も書かれていないが仕様の動作条件に電源電圧±15 Vと書かれたもの(NJM4580，NJM072B)があります．後者を両電源用と言います．OPアンプIC自体にはグラウンド端子はなく，信号入出力端子と，$+V_{CC}$端子，$-V_{EE}$端子(単電源用ではGNDと表記)があるだけです．電源電圧の印加方法は，最大入出力電圧から**図3-1**に示すようにユーザが決定します．**図3-1(c)**の例は極端すぎると思われるかもしれませんが，高圧電源の内部制御回路では一般的に使用されています．

入出力ダイナミック・レンジが$-V_{EE}$まで許容されている場合に単電源用と言われます．詳しくは第5章で述べます．データシートの表記にこだわり，単電源だから単電源用，両電源だから両電源用を使わなくてはいけないと思い込む必要はありません．入出力ダイナミック・レンジに注意すれば，どちらでも使用可能です．

電源電圧はいくつで使うか

一般に使用されている電源電圧は，±15 V，±12 V，±5 V，+5 V，+3 Vなどです．

(3)項のダイナミック・レンジがなぜ重要かと言うと，要求仕様で最大入出力電圧が決定され，ダイナミック・レンジから電源電圧が決定されるからです．ダイナミック・レンジが広いと，電源電圧を低くできます．

OPアンプICは，電源電圧が高くなると，電源電流も増加して，消費電力が増大します．消費電力はすべて熱に変わり，ICの温度も上昇します．OPアンプICの故障率は，温度が10℃上がると約2.7倍になります．電源電圧が低くなれば消費電力も低下して，省エネになります．無駄な損失が減ると，発熱も減って使用部品の温度上昇が抑えられ，故障率が低くなります．

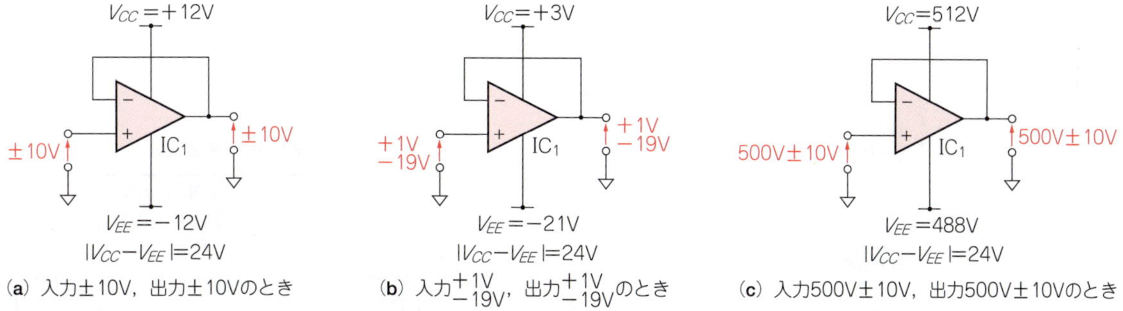

図3-1　電源電圧の印加方法

電源は，商用電源側から来るサージの影響を受けやすく，OPアンプICの最大定格を越えたサージ電圧が印可される場合があります．電源電圧を必要最小限に設定すれば，破壊耐量にも余裕ができます．

一般に使用されている標準的な電圧にすると，電源安定化用のレギュレータICが入手しやすいので，±15 V，±12 V，±5 V，+5 V，+3 Vなどのなかから，必要最小限の電圧を選択するのが現実的です．

■ **両電源で使う場合の電源投入順序**

OPアンプを両電源で使用する場合，正と負の電源のどちらを先に投入するのがよいのでしょう？

図3-2に示すように，両電源用OPアンプNJM4580を使ったボルテージ・フォロワを構成し，V_{CC}(+15 V)またはV_{EE}(−15 V)のどちらかを先に投入して，電源電流を観測します．結果を**表3-1**に示します．表から次のことがわかります．

- 正電源を先に投入すると正電源から電流がOPアンプに流れ込む
- 負電源を先に投入すると負電源の電流はほぼゼロである

この結果から実験したOPアンプでは，V_{EE}(−15 V)を先に投入するのが望ましいと言えますが，どのように電源を投入しても電流自体が小さいので動作上支障はありません．しかしデータ・ブック[30]を見ると，V_{CC}(+15 V)を後で投入してはいけないOPアンプ(オーディオ用のNJM5532など)もあります．特に高速用と低ノイズ用のOPアンプは要注意です．実際の設計に当たっては，1種類のOPアンプだけを使用することはほとんどないので，正負の電源を同時に投入して遮断するようにします．

■ **パスコンは必ずつける**

電源-グラウンド間のバイパス・コンデンサ(パスコン)を省略している回路図が多いですが，発振やノイズで悩まされないように実際の回路では必ず入れましょう．メーカは，OPアンプの電源にパスコンを入れるように推奨しています．

図3-3に示す二つの増幅回路で，パスコンがないときの動作を実験してみましょう．電源の配線のインダクタンスを模擬するため，電源ラインに4.7 μHのインダクタを挿入しました．OPアンプはNJM4580です．

写真3-1(a)に**図3-3**の出力波形を示します．輝線が太くなっており，発振しているのがわかります．

次にOPアンプを変えながら，発振のレベルと周波数を調べました．結果を**表3-2**に示します．

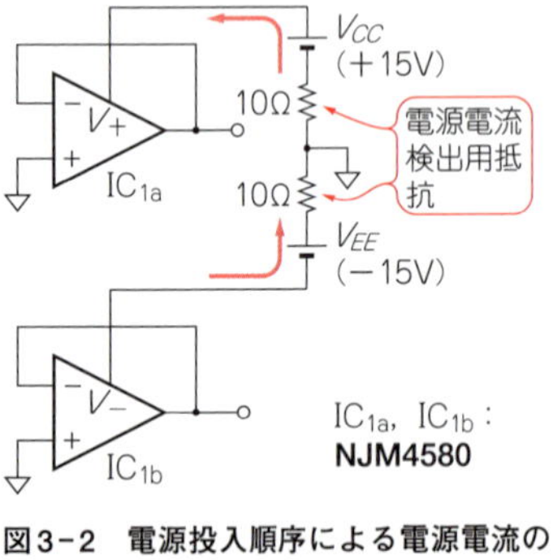

図3-2　電源投入順序による電源電流の変化を測定する回路

表3-1　電源の投入順序と電源電流

型　名	電源電流[mA]		
	V_{CC}(+15 V)を先に投入	V_{EE}(−15 V)を先に投入	動作中
NJM4580	3.5	0	±5.91
NJM072B	1.14	0	±3.42
NJM2904	1.68	0	±0.86

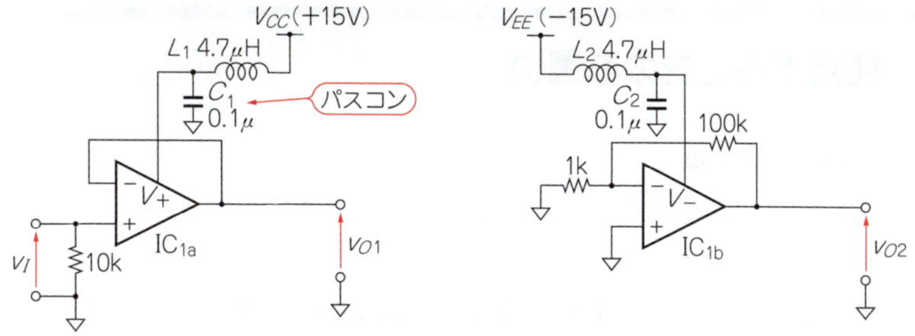

IC_{1a}, IC_{1b} : **NJM4580**

図3-3　パスコンの効果を調べる実験回路

表3-2　発振しやすさと発振周波数および発振のレベル

型　名	発振するL_1, L_2のインダクタンス[μH]	発振周波数[MHz]	発振振幅[V_{P-P}]
NJM4580	4.7	10.3	2.8
NJM072B	33	5.3	1.9
NJM2904	10	5.3	0.071

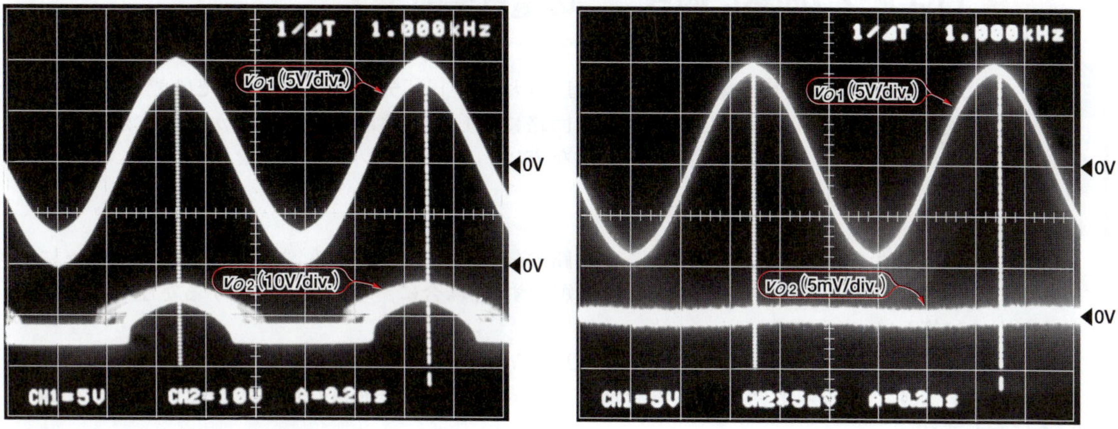

(a) パスコンなし　　(b) パスコンあり

写真3-1　パスコンがないと発振する (0.2 ms/div., f_{in} = 1 kHz)

NJM4580のように電源ラインのインダクタンスに敏感で発振しやすいものと，NJM072Bのように発振しにくいものがあります．発振波形の振幅にも大小があります．

写真3-1(b)は，0.1 μFのパスコンを接続したときの出力波形です．発振はきれいに止まっています．

このように，パスコンを省略すると思わぬ発振に悩まされます．発振させて動作させるのは論外です．できるなら，IC 1個の両電源に2個の小容量の0.1 μF程度のパスコンと，IC数個に2個の割合で100 μF程度の電解コンデンサを入れておきましょう．回路図では，当然入れるものとしてパスコンの記載を省略することも多いのですが，発振やノイズで悩まされる前に入れておきます．

3-2　使用するときの心遣い

■ 未使用OPアンプの端子の処理

OPアンプIC内に使わないOPアンプがある場合，その端子をオープンにしたままにすると，動作が不安定になる場合があるので必ず処理します．特にデータ・ブックで抵抗を入れるよう指示があるNJM5532[30]や，ゲイン10倍以上で安定動作するというμPC4556[31]などは，**図3-4(a)**に示すように抵抗を外付けして，ゲインを10倍以上に設定します．実験で使用したOPアンプは，処理しなくても壊れることはありません．

■ 外部の装置と接続するときの処理

OPアンプを使用した回路と外部の装置とをインターフェースすると，ケーブルなどから高圧のパルス・ノイズが注入されることがあります．このノイズがOPアンプの絶対最大定格を越えると，内部の

OPアンプ回路に使う二つの電気法則

OPアンプ回路の計算に使用する電気の法則は「重ねの理」と「テブナンの定理」だけで十分です．複雑な回路もこれらを適用し，少しずつ簡単な回路に直していけば，時間はかかりますがわかりやすい式を立てることができます．計算の得意な方は，キルヒホッフの法則を適用して，マトリックスで解くと計算時間を短縮できます．

■ 重ねの理

線形回路が多数の電圧源をもつ場合，この回路の任意の枝路に生じる電圧は，電圧源が個々に一つずつ存在する（ほかの電圧源は0Vすなわち短絡する）場合に，その枝路に生ずる電圧を重ね合わせたものに等しい．

これは証明すべき法則ではなくて原理です．L，C，Rのような線形素子で構成された回路を線形回路といいます．その線形回路の本質を別な形で表現したのが重ねの理です．その適用例を**図3-A**に示します．

■ テブナンの定理

図3-Bにおいて，ブラック・ボックスの開放端電圧Vと開放端抵抗R(交流の場合はインピーダ

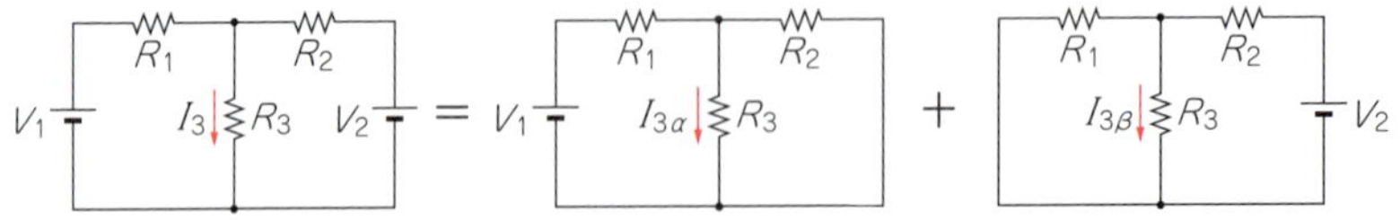

$$I_3 = I_{3\alpha} + I_{3\beta} = \frac{R_2V_1 + R_1V_2}{R_1R_2 + R_2R_3 + R_3R_1}$$

$$I_{3\alpha} = \frac{R_2}{R_1R_2 + R_2R_3 + R_3R_1}V_1 \qquad I_{3\beta} = \frac{R_1}{R_1R_2 + R_2R_3 + R_3R_1}V_2$$

図3-A　重ねの理の適用例

寄生ダイオードが導通し，OPアンプが破壊することがあります．このような場合は，**図3-5**のようにダイオードを追加します．ダイオードは，順方向電圧降下が寄生ダイオード(約0.7 V)よりも小さいショットキー・バリア・ダイオードが望ましいのですが，漏れ電流と寄生容量が大きくて使いにくいので，一般には高速スイッチング・ダイオードで保護します．

■ クロストーク

クロストーク(cross-talk)とは，OPアンプIC内の一つのOPアンプの信号がほかのOPアンプの出力に漏れることを言います．**写真3-2**は，**図3-3**の回路でIC_{1a}にだけ10 kHzの正弦波を入力したときの，IC_{1b}への信号の漏れを観測した結果です．**写真3-1(b)**と比較するとわかるように，1 kHzから10 kHzへと周波数を高くするとクロストークが増加します．クロストークは，入力信号の周波数が高くなると増加します．これを防ぐには同一IC内のOPアンプを使用しないことです．

コラム

ンスZ)がわかれば，左図は右図と等価である．

開放端抵抗(インピーダンス)とは，開放端からブラック・ボックス内部を見たときの抵抗(インピーダンス)です．

■ 電圧源と電流源の等価変換

図3-Cにおいて，左図と右図が等価であるとき，

$V = IZ$　または　$I = V/Z$

である．

重ねの理とテブナンの定理を電圧源で説明しましたが，電圧源と電流源の等価変換を行えば電流源でも成立します．重ねの理では着目していない電流源は開放します．テブナンの定理は，電流源の場合「ノートンの定理」と呼び方が変わり，開放端電圧を短絡電流に変えます．一般には電圧源で考えますが，並列素子が多い場合は，電流源とアドミタンスで考えたほうが計算が容易になります．

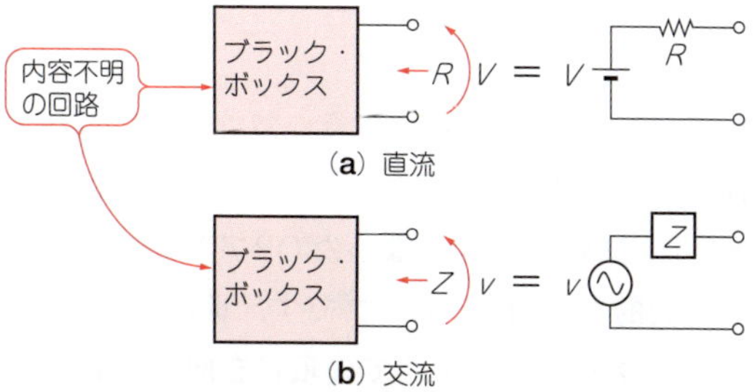

図3-B　テブナンの定理

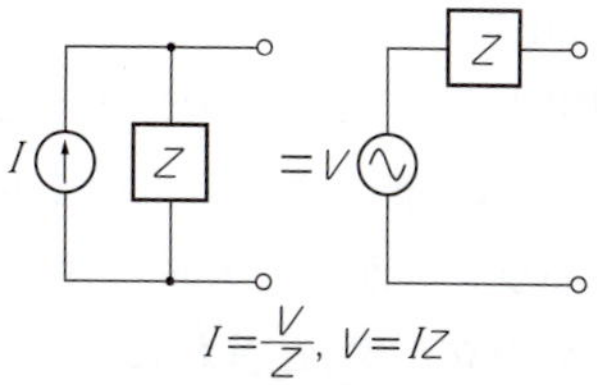

図3-C　電圧源と電流源の等価変換

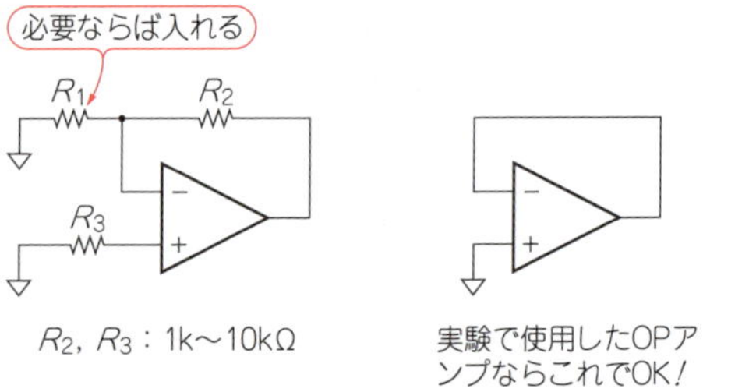

（a）NJM5532や μPC4556　（b）NJM4580，NJM2904，NJM072B

図3-4　未使用OPアンプの端子処理

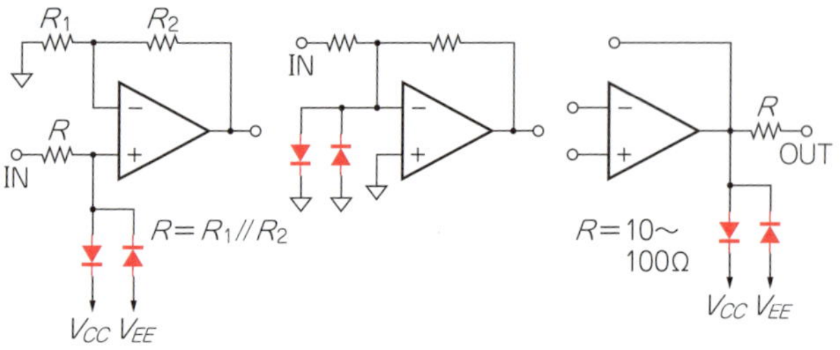

（a）非反転増幅回路の入力保護　（b）反転増幅回路の入力保護　（c）出力保護

図3-5　入出力保護回路

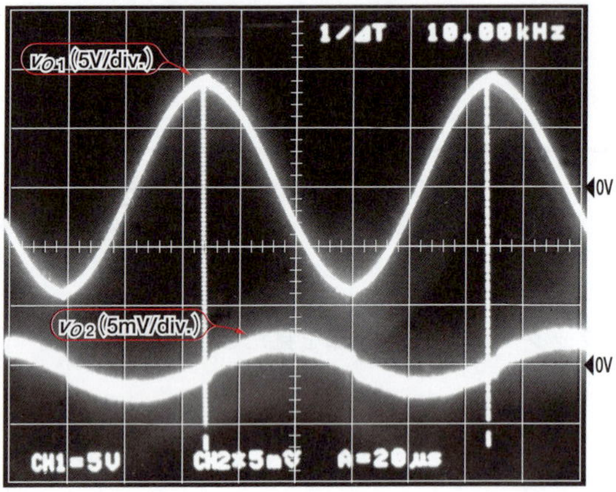

写真3-2　クロストークの発生（20 μs/div.，f_{in} = 10 kHz）

3-3　OPアンプの種類と使い分け

■ OPアンプの種類

理想のOPアンプを考えてみると，**表3-3**の「理想特性」の項に示すような特性が上げられます．理想に近い現実のOPアンプを分類すると，**表3-3**の「現実の特性」の項のようになります．比較のため載せたNJM4558は本書では取り上げませんでしたが，NJM4580の元になったOPアンプで，交流特性と直流特性のバランスが良く大量に使用されている代表的な汎用OPアンプです．世の中では「あちら立てればこちらが立たず」と言われていますが，OPアンプでもこのすべての項目を同時に満足することはできません．用途に応じて，おのおのの項目が優れている高性能OPアンプが作られています．表に上げた以外にも，出力電力の大きなパワーOPアンプなどがあります．

表3-3　理想に近い高性能OPアンプの特性

項目	理想特性	理想に近いOPアンプの種類	現実の特性	NJM4558の特性
入力オフセット電圧	0 V	高精度OPアンプ	25 μV以下	0.5 mV
入力バイアス電流	0 A	CMOS・OPアンプ	1 pA以下	25 nA
入力抵抗	∞	CMOS・OPアンプ	1T(テラ)Ω以上	5 MΩ
電圧利得	∞	高精度OPアンプ	130 dB以上	100 dB
最大出力電圧	∞	レール・ツー・レール出力OPアンプ	電源電圧まで	± 14 V
同相入力電圧範囲	∞	レール・ツー・レール入力OPアンプ	電源電圧まで	± 14 V
スルー・レート	∞	高速OPアンプ	1000 V/μs以上	1 V/μs
利得帯域幅積	∞	広帯域OPアンプ	1 GHz以上	3 MHz

注＊理想に近いOPアンプは，超高性能品は除き，入手容易な品種を参考にした．
NJM4558の特性は，± 15 V電源で周囲温度25℃のときの標準値．

表3-4　代表的な2個入り汎用OPアンプ

JRC	NEC	NS	TI	オリジナル
NJM4558	μPC4558	−	RC4558	FS(RC4558)
NJM4580	μPC4572 *	LM833 *	RC4580	−
NJM072B	μPC4072	LF412 *	TL072	TI
NJM082B	μPC7082	TL082	TL082	TI
NJM2904	μPC358	LM2904	LM2904	NS(LM358)

(注)JRC：新日本無線，NEC：NECエレクトロニクス，NS：ナショナル セミコンダクター，TI：テキサス・インスツルメンツ，FS：フェアチャイルド セミコンダクター，＊印はほぼ同特性を示す．

汎用OPアンプとは，おのおのの項目は取り立てて高性能ではありませんが，気軽に使用できる安価なOPアンプを意味しています．一般的な使用では汎用OPアンプで充分な場合が多く，大量に生産/使用されているため安価になっています．トランジスタ数石で増幅回路を組む場合と比較すれば，安く，簡単に，充分な特性をもつ増幅回路が実現できます．

■ 汎用OPアンプとは

汎用OPアンプとは，上述のような実用的特性のOPアンプです．**表3-4**に代表的な2個入り汎用OPアンプを示します．表には上げていませんが2個入りのほかに同特性の1個入り，4個入りなどがあるものもあります．NJM082はNJM072よりも仕様上特性が落ちますが，ほぼ同特性です．

型名の一部が共通な同等品が多くてわかりやすくなっているのは，オリジナル・メーカの製品が業界標準になっているためです．NJM4580のタイプには業界標準がありません．アナログICの場合，他社同等品に載せ換えるときは動作の確認が必要です．

取り上げたメーカは，日米の代表的なメーカです．そのほかのメーカにも同等品があります．世界市場でOPアンプICのトップ・メーカと言えばアナログ・デバイセズ社ですが，**表3-5**に載せた安価な汎用OPアンプのようなロー・エンドの製品はなく，ミッド・レンジからハイ・エンドの高性能OPアンプが主です．

■ OPアンプの使い分け

OPアンプの使い分けを一般的に言えば，要求仕様を満足するOPアンプを選択し，周辺部品と実装技術も要求仕様を満足するようにします．とはいっても，最初から高性能OPアンプを使用した設計は

表3-5　2個入り汎用CMOS・OPアンプ

JRC	NS	TI	ST
NJU7002	−	TLC27L2C	TS27L2C
NJU7022	LMC662C＊	TLC27M2C	TS27M2C
NJU7032	LMC662C＊	TLC272C	TS272C

(注)ST：STマイクロエレクトロニクス，＊印はほぼ同特性を示す．

表3-6　2個入り汎用CMOS・OPアンプの概略特性

品番	推奨電源電圧	電源電流	利得帯域幅積	スルー・レート
NJU7002	1～16 V	15 μA	0.1 MHz	0.05 V/μs
NJU7022	3～16 V	150 μA	0.4 MHz	0.4 V/μs
NJU7032	3～16 V	1000 μA	1.5 MHz	3.5 V/μs

(注)3品種とも，最大電源電圧：18 V，入力オフセット電圧：10 mV_{MAX}，入力バイアス電流：1 pA_{TYP}，出力振幅はレール・ツー・レール．

初心者には荷が重いので，最初は汎用OPアンプを使うことを薦めます．高性能を目的としない回路に，高性能OPアンプを使用することはトラブルの元です．特に，高速/広帯域OPアンプは，高度な実装技術を要求します．汎用OPアンプの感覚で組み立てると，発振して手が付けられない場合もあります．

最初は汎用OPアンプを使って，OPアンプの使いこなしを習得しましょう．

■ バイポーラとCMOSの使い分け

現在の電子機器は，省電力化のため低電圧動作が増えています．汎用OPアンプにも省電力で，低電圧動作に最適なCMOS OPアンプが増えています．

汎用CMOS OPアンプの長所は，ほとんどの品種で出力電圧が電源電圧までのフル・スイング(レール・ツー・レール出力)が可能となっていることです．なかには入力電圧がレール・ツー・レールとなっているものもあります．汎用バイポーラOPアンプでは，プロセス上の問題(文献(12)参照)でPNPトランジスタの特性が悪くてレール・ツー・レール出力は難しくなっています．

汎用CMOS OPアンプの欠点は，1/*f*ノイズ(第11章参照)がバイポーラOPアンプに比べて大きいことです．この欠点は入力段MOSFETのゲート面積を大きくすれば改善されます(文献(13)参照)が，チップ・サイズが大きくなってコストの上昇を招きます．汎用的な用途では，1/*f*ノイズが問題になることはほとんどありませんから，低電圧/小電力動作では汎用CMOS OPアンプの採用も考慮します．

表3-5に2個入り汎用CMOS OPアンプ，**表3-6**にその概略特性を示します．細かい特性は各社で異なりますから，使用するときは確認が必要です．

汎用CMOS OPアンプの場合は未だに新製品が発表され続けていて，業界標準が確立していないため，型名から各社同等品の類推ができにくくなっています．

基本的な使い分けは，電源電圧が±12 V～±15 Vの高圧動作のときはバイポーラ，±5 V(＋10 V)以下の低電圧動作で省電力やレール・ツー・レール出力が要求されるときはCMOS，＋3.3 V以下の電源電圧ではCMOSを使用します．

第4章

OPアンプの基本動作

OPアンプの性能を100%引き出すために

OPアンプの使い方の基本は，安定に広いダイナミック・レンジを確保することです．ここでは，反転増幅回路，非反転増幅回路という二つの基本増幅回路を例に，OPアンプへの適切な電源供給の方法，単電源での使用法，電源ラインの処理，低抵抗負荷への対処法について実験をとおして解説したいと思います．

4-1　各端子の働きを見てみよう

■ OPアンプには二つの入力端子と一つの出力端子がある

第2章で説明したように，OPアンプには**図4-1**に示す五つの端子があります．ここでは，各端子の働きを詳しく見てみましょう．

二つの入力端子には，微少なバイアス電流が流れるだけで，ほとんど電流は流れません．**図4-2(a)**のように，二つの入力端子間に信号を加えてみると，バイアス電流が入力端子とグラウンド間に流れませんから，この回路は動作しません．いくら微少とはいえ，バイアス電流が流れないとOPアンプは動作しませんから，バイアス電流を入力端子とグラウンドに流すような帰路が必要です．

図4-2(b)のように，反転入力を接地すると，出力には入力と同じ極性の信号が現れます．非反転入力を接地すれば，出力には入力と逆極性の信号が現れます．ただし，OPアンプのゲインは，ほとんど

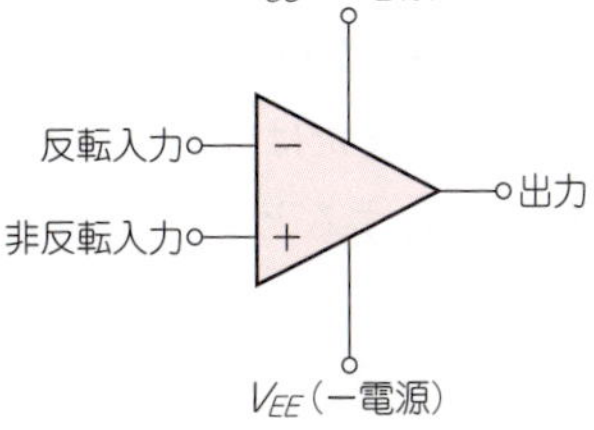

図4-1　OPアンプの外部接続端子

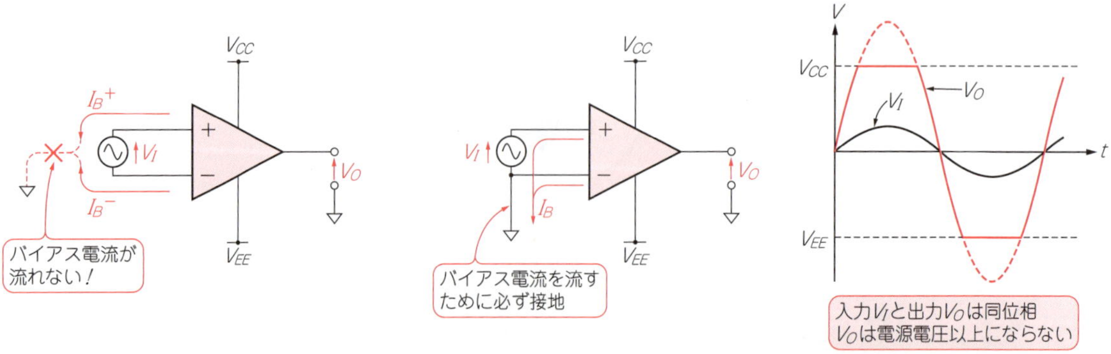

(a) 信号源のまちがった接続方法　　(b) 信号源の正しい接続方法

図4-2 信号源の接続

無限大と言ってよいほど大きく，OPアンプは電源電圧以上の出力電圧を出せませんから，出力波形は図のようにクリップします．OPアンプは後述するように，出力がクリップしないように，負帰還を施して使用します．

■ OPアンプは電源を加えないと動かない

OPアンプに限らず，電子回路は電源を加えないと動作しません．OPアンプを使用して増幅回路を作り動作しなかった場合，OPアンプや周辺部品をやみくもに交換するまえに，各端子の電圧をオシロスコープでチェックしましょう．電源端子に規定の電圧が与えられていないことが，不具合の原因という場合がよくあります．

OPアンプに規定の電源電圧を加えたとき，どのくらい電源電流が流れるのでしょうか．第2章で説明したように，OPアンプの規格表で規定されている消費電流は無負荷のときの値です．負荷を取ったときは，無負荷時消費電流に負荷電流が加算されます．負荷を10 kΩ程度とすれば，データシートにある無負荷時消費電流の最大値を用いて電源電流を計算すると，OPアンプIC自体の電源電流としては，ほとんどの場合十分な精度で概算できます．

4-2 信号増幅時のOPアンプの動作

■ 二つの入力端子間の電圧差はいつも0V

OPアンプに負帰還を施した基本増幅回路には，入力信号が反転して逆位相で出力される反転増幅回路(**図4-3**)と，入力信号が反転しないで同位相で出力される非反転増幅回路(**図4-4**)があります．

図4-3と**図4-4**に示すように，負帰還をかけたOPアンプの入力端子間の電圧差はいつも0Vで，この状態をバーチャル・ショート(virtual short)または仮想短絡と呼びます．

図4-3において，OPアンプが理想的と仮定するとゲインAが無限大のため，二つの入力端子間の電圧v_1は次のようにゼロとなります．

$$v_1 = \frac{v_O}{A} = \frac{v_O}{\infty} \rightarrow 0$$

このように，負帰還をかけたOPアンプは常に $v_1 = 0$ Vの状態で動作します．

■ バーチャル・ショートの適用例

このバーチャル・ショートの考え方を利用すると，複雑なOPアンプ回路でも簡単にゲインを求められます．**図4-3**と**図4-4**では，$v_1 = 0$ または $v_1 = v_I$ というようにバーチャル・ショートを適用して，ゲインを算出しています．

反転増幅回路の入出力間ゲイン G_I は，バーチャル・ショートという概念を適用して次式で求まります．

$$G_I = -\frac{R_2}{R_1}$$

非反転増幅回路の入出力間ゲイン G_{NI} は，同様に次式で求まります．

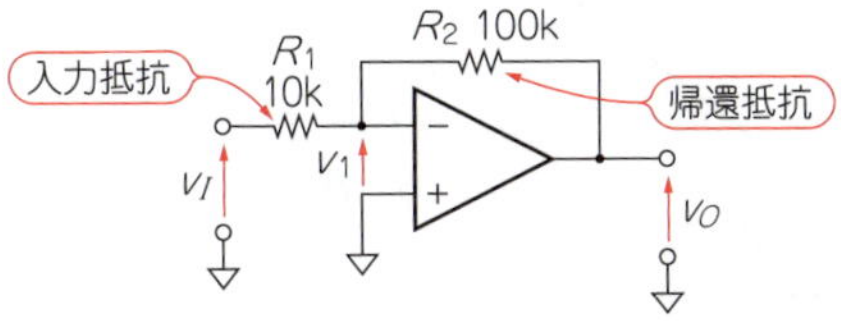

重ねの理から

$$v_1 = \underbrace{\frac{R_2}{R_1+R_2}}_{\text{分圧比}} v_I + \underbrace{\frac{R_1}{R_1+R_2}}_{\text{帰還率}} v_O$$

$v_1 = 0$ ← バーチャル・ショート

$$\therefore v_O = -\frac{R_2}{R_1} v_I$$

$$G_I = \frac{v_O}{v_I} = -\frac{R_2}{R_1} \quad \cdots\cdots (4\text{-}1)$$

R_1 と R_2 の抵抗比が等しくても，反転増幅回路のゲイン G_I と非反転増幅回路のゲイン G_N (**図4-4**)は1異なる．これは，反転増幅回路では入力電圧が $R_2/(R_1+R_2)$ に分圧されて，アンプの入力端子に加えられるからである．つまり，G_I と G_N には次のような関係がある

$$G_I = -\frac{R_2}{R_1+R_2} G_N$$

$$= -\frac{R_2}{R_1+R_2} \times \frac{R_1+R_2}{R_1} = -\frac{R_2}{R_1}$$

(**a**) 増幅率の算出法

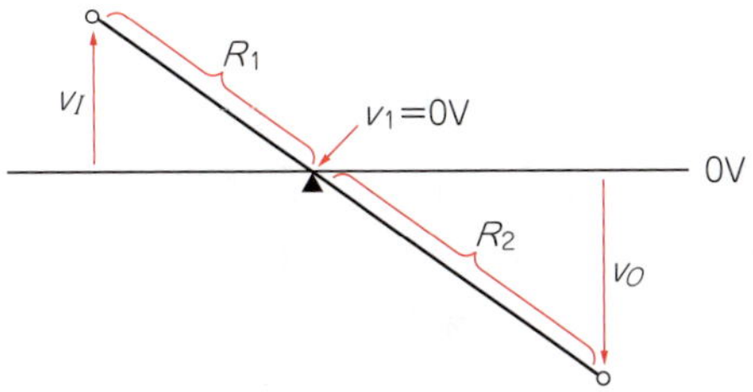

$R_1 : R_2 = v_I : -v_O$

この絵から連想して「シーソー帰還」とも呼ばれる

(**b**) 考え方

図4-3　反転増幅回路の増幅動作

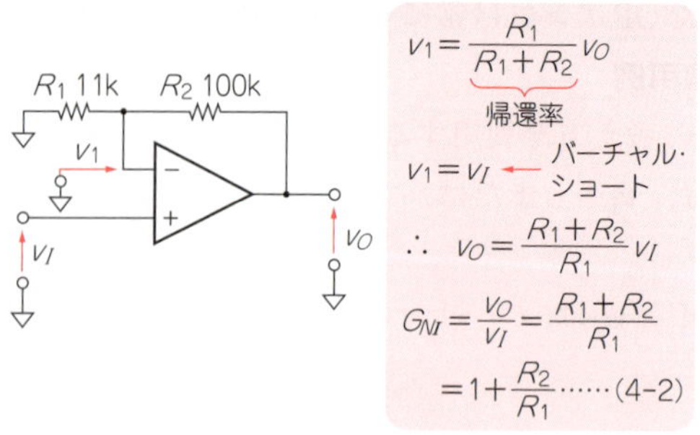

$$v_1 = \frac{R_1}{R_1+R_2} v_O$$
帰還率

$$v_1 = v_I \leftarrow \text{バーチャル・ショート}$$

$$\therefore v_O = \frac{R_1+R_2}{R_1} v_I$$

$$G_{NI} = \frac{v_O}{v_I} = \frac{R_1+R_2}{R_1}$$

$$= 1 + \frac{R_2}{R_1} \cdots\cdots (4\text{-}2)$$

(a) 増幅率の算出法

$R_1 : R_2 = v_I : (v_O - v_I)$
または
$R_1 : (R_1 + R_2) = v_I : v_O$

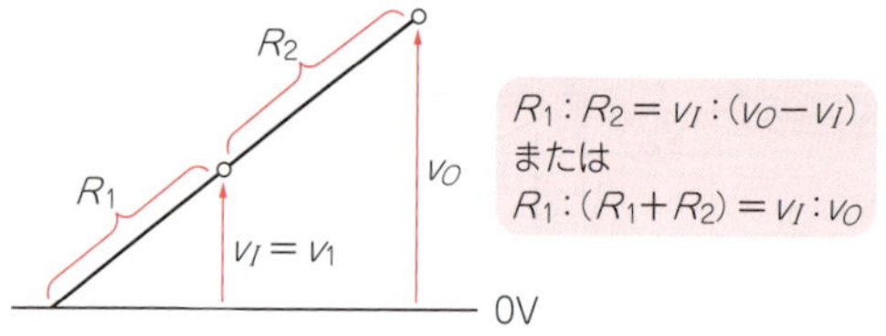

(b) 考え方

図4-4 非反転増幅回路の増幅動作

$$G_{NI} = \frac{R_2}{R_1} + 1$$

図4-3と図4-4にある「てこ」の図は，バーチャル・ショートという概念を図示したものです．これを覚えておくと，複雑な回路のゲインを求めるとき簡単に計算できます．どちらの増幅器も出力から反転入力に信号が帰還されていて，出力電圧に対する比は，$R_1/(R_1+R_2)$です．この比を帰還率といい，伝統的にβで表します．もう一つ注目すべき点は，反転増幅回路では入力信号が$R_2/(R_1+R_2)$に分圧されて，OPアンプの反転入力端子に加えられることです．この分圧の影響で，同じβでも反転増幅回路のゲインは非反転増幅回路のゲインよりも1だけ小さくなり，「てこ」の支点が入力電圧ではなく0Vとなります．

■ 実験でバーチャル・ショートを見てみよう

図4-5に示すゲイン-1の反転増幅回路で，負帰還をかけたOPアンプの入力端子が本当にバーチャル・ショート状態のまま増幅動作するかどうか見てみましょう．$R_3(1\text{k}\Omega)$は，オシロスコープのプローブがOPアンプの動作に影響しないように挿入した保護用の抵抗です．ゲイン-1といっても，R_1に加えられた信号に対して-1であって，反転入力端子に直接加えられたノイズに対しては無限大（オープン・ループ・ゲイン倍）の増幅をします．オシロスコープのプローブからノイズが直接注入されないように，必ず保護抵抗を入れます．

特に断らない限り，抵抗は±1%の金属皮膜抵抗をディジタル・マルチメータで±0.5%以内に選別して使います．コンデンサは，1000p～1μFまではポリエステル・フィルム，それ以下は温度補償タイプ（CHまたはSL特性）のセラミック，それ以上はアルミ電解コンデンサを使います．

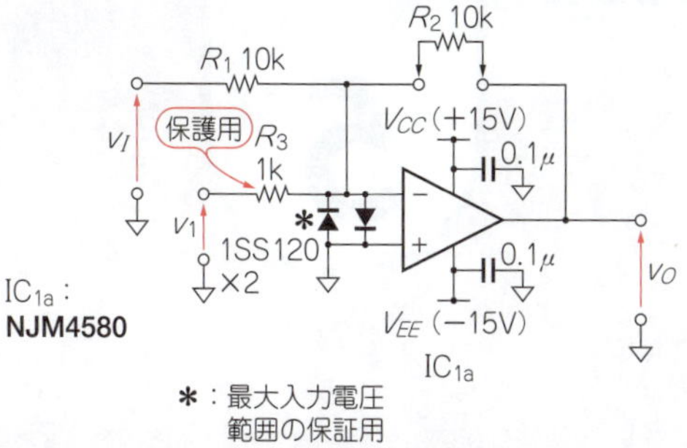

図4-5　バーチャル・ショートを見る実験回路

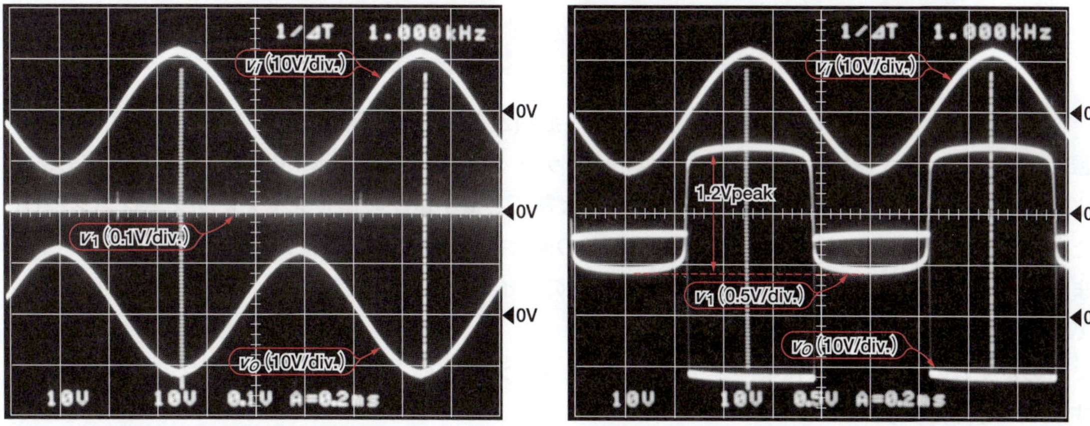

(a) R_2=10k（帰還あり）　(b) R_2=∞（帰還なし）

写真4-1　帰還の有無とバーチャル・ショートのようす（0.2 ms/div.，f_{in} = 1 kHz）

写真4-1からわかるように，帰還をかけたときは，v_1 = 0 Vになり，バーチャル・ショートが確認できます．R_2をオープンにして帰還をかけないと，保護ダイオードによってv_1 ≒ ± 0.6 V_{peak}となり，バーチャル・ショートが生じないことがわかります．

第二部　使い方編
OPアンプの性能を100％
引き出すテクニック

第5章 ダイナミック・レンジを確保する

電源電圧を有効に使って

ダイナミック・レンジとは正常に動作する最小振幅と最大振幅の範囲を表します．たとえば，最小振幅が－14 V，最大振幅が＋14 Vであれば，ダイナミック・レンジは±14 Vです．別の表し方もあります．振幅を絶対値あるいは実効値で表し，最大電圧と最小電圧の比をダイナミック・レンジとし，たとえば何dBと言うこともあります．このときの最大振幅は電源電圧で決定され，最少振幅はノイズまたはオフセット電圧で決定されます．最小振幅のノイズについては第11章，オフセット電圧については第7章で説明します．

この章では，正負の最大振幅＝ダイナミック・レンジとして，いかにダイナミック・レンジを確保するのかを考えます．

もっとも簡単なダイナミック・レンジの確保は，電源電圧を高くすることです．最大振幅は電源電圧を高くすれば大きくすることができます．電源電圧を高くすると，第3章で説明したように，効率が低下して無駄な電力を消費するばかりではなく，信頼性も低下します．この章では，できるだけ低い電源電圧で最大振幅を確保するための手法を紹介します．

5-1　広いダイナミック・レンジを確保するには

■ 入力ダイナミック・レンジと出力ダイナミック・レンジ

前述のように，ダイナミック・レンジ(dynamic range)とはOPアンプが飽和しないで正常に動作する入力または出力の電圧範囲です．ダイナミック・レンジが広ければ，電源電圧を有効に利用できます．同じ信号レベルを扱う場合でも電源電圧を高くする必要がありませんから，省エネ動作に有効です．特に最近の携帯機器は低電圧・電池動作のため，非常に重視されています．

第2章で触れたレール・ツー・レールOPアンプは，正負の電源電圧まで入出力ダイナミック・レンジが得られます．レールとは電源電圧のことです．

OPアンプは，V_{CC}～V_{EE}の正負電源電圧の中点に動作点であるグラウンド電位を設定したとき，最も広いダイナミック・レンジが得られます．一般に，増幅の結果である出力のダイナミック・レンジを損なわないように，入力のダイナミック・レンジは出力のダイナミック・レンジよりも広くなっています．

■ データシートに見るOPアンプのダイナミック・レンジ

NJM2904のデータシート（第2章の表2-2）を見ると，

- 入力電圧範囲：0 V～V_{CC} − 1.5 V
- 出力電圧範囲：0 V～V_{CC} − 1.5 V

となっており，0 V信号を入出力できること，つまり単電源動作が可能なことを謳っています．動作条件も＋5 V単一です．NJM072B，NJM4580の動作条件は±15 Vです．

後述のように，両電源用も直流動作点を$V_{CC}/2$に設定すれば単電源動作しますし，単電源用も両電源動作が可能です．また，単電源用OPアンプの記号にはグラウンド端子が示されていますが，実はV_{EE}端子です．表記をグラウンドとしているだけにすぎません．

■ 実験で見るOPアンプのダイナミック・レンジ

● 汎用OPアンプのダイナミック・レンジ

図5-1に示す二つの増幅回路を使って，入出力ダイナミック・レンジを測定してみます．OPアンプは，NJM4580です．**図5-1**(**a**)の反転増幅回路で，入力ダイナミック・レンジと出力ダイナミック・レンジを分離して測定します．**図5-1**(**b**)の非反転増幅回路は，ゲインが1しかなく，大信号入力時の入出力ダイナミック・レンジを測定できます．

実験で使用したOPアンプは，入力と出力のダイナミック・レンジが異なります．出力ダイナミック・レンジは，ゲインを1より大きくすれば，出力振幅が飽和する点で測定できます．入力ダイナミック・レンジは，**図5-2**に示すように，**図5-1**(**a**)に示す反転増幅回路でV_{CC}とV_{EE}を独立に可変して測定します．反転増幅回路では，入力端子の電圧はグラウンド電位になるので，反転増幅回路として正常に動作する範囲が入力ダイナミック・レンジとなります．ただし，出力が飽和しない程度の大きな信号を入力して測定します．V_{CC}- V_{EE}間の電圧は30 Vです．動作点を変えながら測定しました．

写真5-1(**a**)に**図5-1**の回路の入出力波形を示します．動作点をV_{EE}＋5 Vに設定し，8 V_{P-P}の三角波を入力しました．v_{O1}は飽和しています．v_{O2}は，負側が飽和してさらに入力振幅が増加すると，極性が反転して正の最大電圧が出力されます．

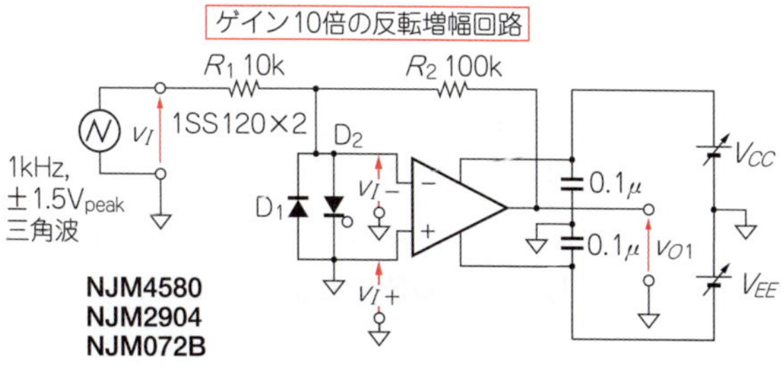

(**a**) 出力ダイナミック・レンジ確認用

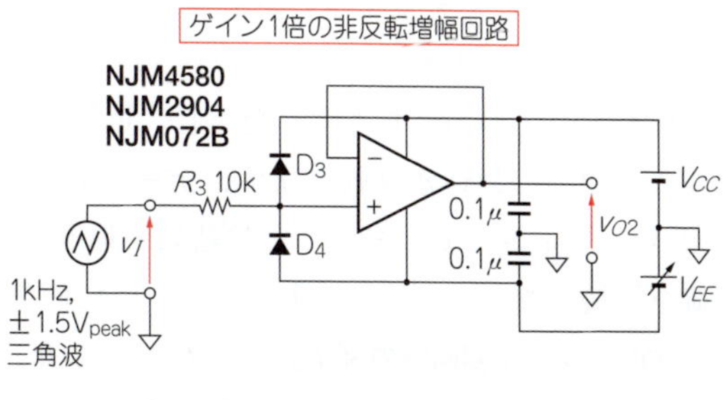

(**b**) 入力ダイナミック・レンジ確認用

図5-1　OPアンプの入出力ダイナミック・レンジ測定回路

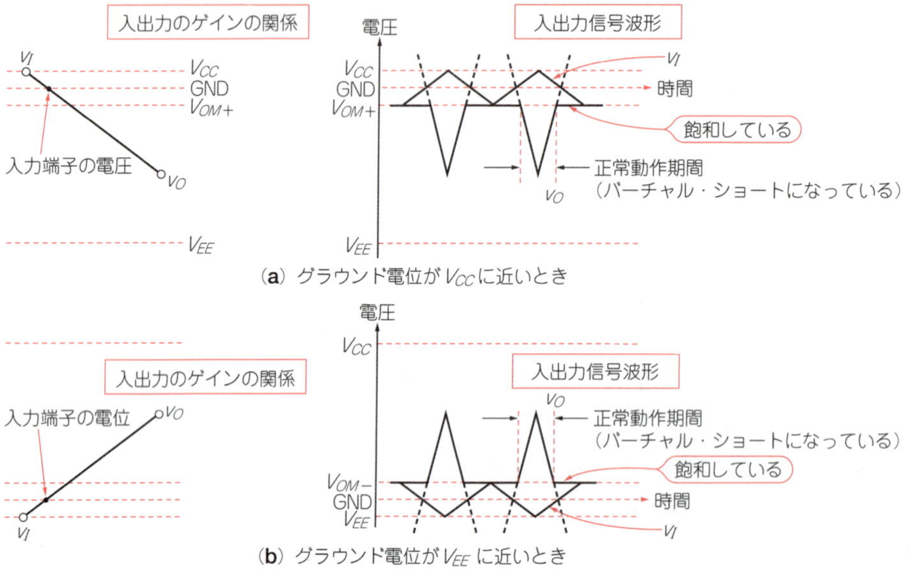

図5-2　入力ダイナミック・レンジ測定時の入出力関係

● 単電源用は V_{EE} まで信号を入力できる

写真5-1(a)の v_{O2} の波形からわかるように，入力信号の電位が V_{EE} + 1 V で極性が反転しています．過大入力で出力が飽和するのは許せても，極性反転は許されない場合がほとんどです．

他のOPアンプの入出力特性も見てみましょう．結果を**写真5-1**(b)(c)(d)に示します．**写真5-1**(b)のNJM072Bは，NJM4580と同様な結果ですが，**写真5-1**(c)のNJM2904だけは，入力が V_{EE} を越えた点（V_{EE} − 0.5 V）で極性が反転します．

写真5-1(c)において入力信号レベルを1.2 $V_{P\text{-}P}$ としたのは，IC内部の寄生ダイオードが導通しないようにするためです．v_{O1} の波形が出力ダイナミック・レンジ以内で正常なことは，NJM2904の入力ダイナミック・レンジが V_{EE} までであることを意味しています．

写真5-1(d)では，NJM072Bを使用し，グラウンド電位を V_{EE} + 30 V = V_{CC} としました．v_{O1} が出力ダイナミック・レンジ以内で正常な波形になっているのは，NJM072Bの入力ダイナミック・レンジが V_{CC} までであることを意味しています．

以上から，両電源用は入力信号が V_{EE} に達する前に出力が反転しますが，単電源用は V_{EE} まで正常に動作することがわかります．ただし，単電源用でも V_{EE} を0.5 V程度越える，つまり V_{EE} − 0.5 V以下になると出力の極性が反転します．データシートによれば，NJM2904の出力電圧範囲は，V_{EE}〜 V_{CC} − 1.5 Vと規定されています．実験結果と違うと思われるかもしれませんが，これは出力端子と V_{EE} に負荷を接続したときの値で，実験のように負荷を電源の中点に接続したときの値ではありません．

● OPアンプ増幅回路のダイナミック・レンジは出力で決まる

図5-3は，**図5-1**(a)の回路でNJM4580，NJM072B，NJM2904の入出力ダイナミック・レンジを測定した結果です．汎用OPアンプのダイナミック・レンジは，出力より入力のほうが広く，ゲイン1の

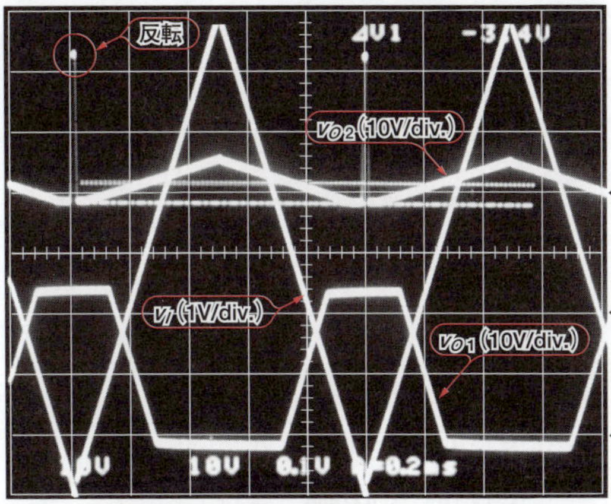

(a) 両電源用OPアンプ **NJM4580**（V_{CC}=25V，V_{EE}=−5V）

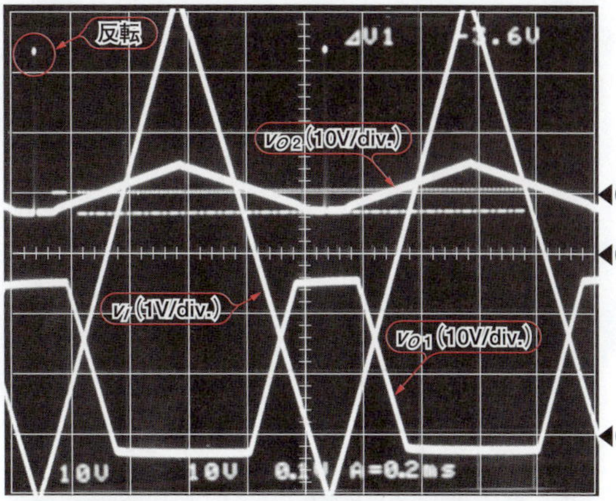

(b) 両電源用OPアンプ **NJM072B**（V_{CC}=25V，V_{EE}=−5V）

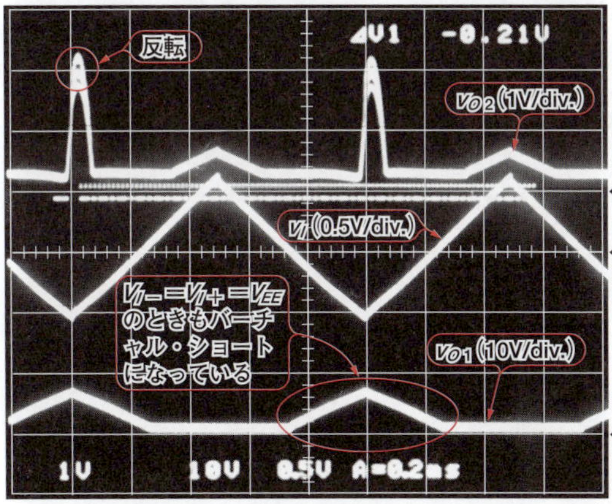

(c) 片電源用OPアンプ **NJM2904**（V_{CC}=30V，V_{EE}=0V）

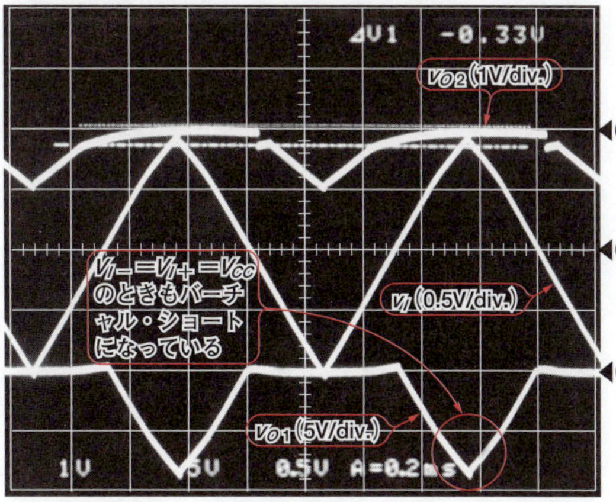

(d) 両電源用OPアンプ **NJM072B**（V_{CC}=0V，V_{EE}=−30V）

写真5-1　OPアンプの入出力ダイナミック・レンジの測定(0.2 ms/div.)

非反転増幅回路（ボルテージ・フォロワと言う）は，入出力のダイナミック・レンジが出力のダイナミック・レンジで決まることがわかります．また，グラウンド電位をV_{CC}～V_{EE}のほぼ中点に設定したとき，最も広いダイナミック・レンジが得られます．

詳しくは後に触れますが，入力のダイナミック・レンジが出力のダイナミック・レンジよりも広いことを積極的に活用できます．仮に，入力のダイナミック・レンジがV_{CC}(15 V)，出力のダイナミック・レンジがV_{CC} − 2 V(13 V)だったとします．入力信号がV_{CC}近くまで振幅し，これをひずみなく出力したいときは，**図5-4**のように2 Vのレベル・シフトを行います．

● 動作点は正電源と負電源の中点に設定する

単電源で両電源用と片電源用OPアンプを使う方法を検討してみましょう．OPアンプのV_+端子をV_{CC}(12 V)に，V_-端子をグラウンド(0 V)に接続します．

前述のように，両電源で使う場合（第2章の図2-2）は，故意にほかの電位に設定しなければ，動作点は正電源(+ 15 V)と負電源(− 15 V)の中点のグラウンド電位(0 V)に設定されます．単電源の場合は動

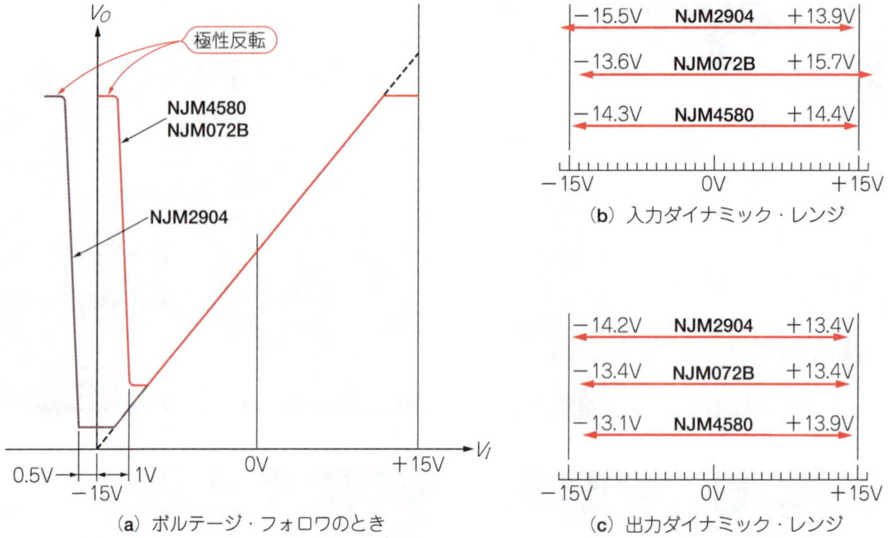

図5-3　汎用OPアンプの入力と出力のダイナミック測定結果

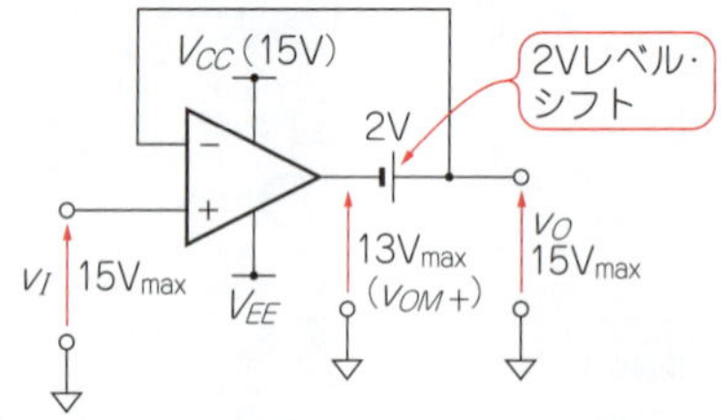

図5-4　入力ダイナミック・レンジの活用法

作点を自分で設定する必要があります．

図5-5に，OPアンプの動作点を6Vに設定したゲイン10倍の増幅回路を示します．V_{CC}(12V)を二つの10kΩ抵抗(R_7とR_8)で分圧し，非反転端子に供給するだけで，出力の無信号時の電位は6Vに設定され，出力信号は6Vを中心に振幅するようになります．このように，OPアンプの動作点の設定はトランジスタに比べてとても簡単です．非反転入力端子に加える直流電圧に設定されます．動作点を正電源と負電源の中点である6Vにした理由は，ダイナミック・レンジが最も広くなるからです．

C_5は，動作点を0Vにシフトするために追加したコンデンサです．カップリング・コンデンサと呼びます．コンデンサは直流を伝達しないので，C_5の入力側の動作点は6V，出力側は0Vになります．

図5-5に示す二つの増幅回路に振幅1.2V_{P-P}の三角波を入力して，出力信号を観測しました．結果を**写真5-2**に示します．OPアンプは両電源用のNJM4580です．出力ダイナミック・レンジは+2～+11Vが確保されています．NJM4580は，動作点を6Vよりも6.5Vに設定したほうが，上下のクリップ点がそろってダイナミック・レンジの点で望ましいと言えます．他のOPアンプは，NJM072Bでは動作点を6.6V，NJM2904では5.6Vに設定するのが望ましいでしょう．

このように，OPアンプを単電源で使用する場合は，ほぼ$V_{CC}/2$に動作点を設定すると，最も広いダ

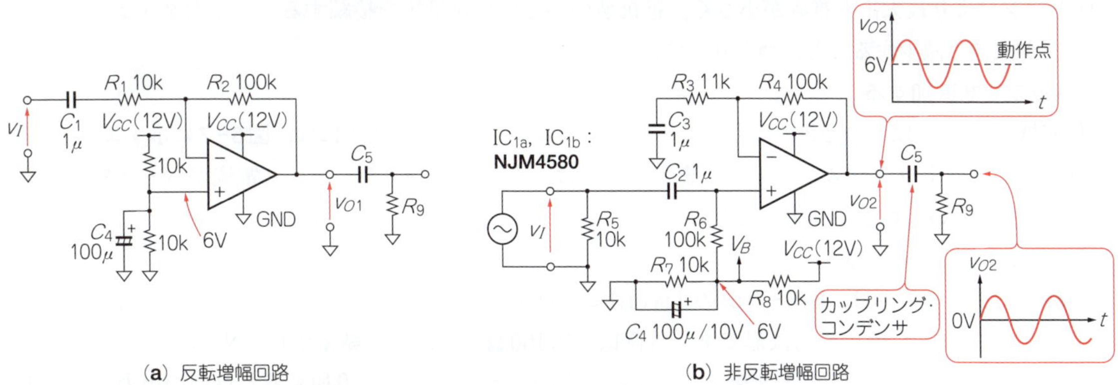

（a）反転増幅回路　　（b）非反転増幅回路

図5-5　片電源動作のOPアンプ増幅回路

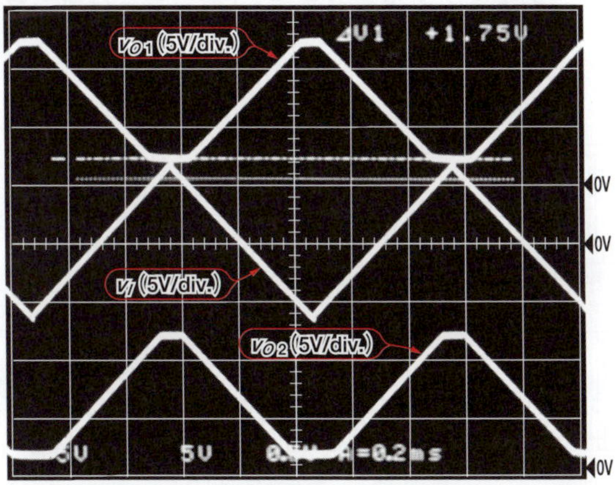

写真5-2　単電源動作のNJM2904の入出力信号（0.2ms/div）

イナミック・レンジが得られます．ただし，OPアンプ内部の動作点は外部のグラウンドと直流的な電位差をもつので，OPアンプの入力部と出力部に直流カット用のコンデンサが必要になります．電源が＋12 Vの単電源で，入力が0～＋10.5 V，出力が0～＋10.5 Vのような場合は，NJM2904を使ったカップリング・コンデンサなしの回路でOKです．

5-2　出力電流を大きくするには

■ 負荷電流が大きくなると出力ダイナミック・レンジが減少する

図5-6に，OPアンプの負荷特性を示します．NJM4580とNJM2904は，$R_L \geqq 1\,\mathrm{k\Omega}$の負荷に対して最大出力電圧は一定で，これ以上出力電圧の振幅は大きくなりません．$R_L \leqq 1\,\mathrm{k\Omega}$では，負荷抵抗が小さくなるほど出力電圧が低下し，出力ダイナミック・レンジが減少します．これは，OPアンプ出力段のトランジスタの電流供給能力に限界があるからです．

NJM072Bは，$R_L \leqq 10\,\mathrm{k\Omega}$で負荷抵抗が小さくなるほど出力電圧が低下します．NJM072Bは他の二つのOPアンプより最大出力電流が小さく，抵抗値の小さい負荷抵抗を接続すると，出力ダイナミック・レンジが大きく減少することがわかります．

■ バッファを追加する

負荷抵抗が2 kΩ以下のときの出力ダイナミック・レンジの低下を防ぐには，**図5-7**に示すようにOPアンプの出力にトランジスタを追加します．これは，トランジスタのエミッタ電流がベース電流の約h_{FE}倍であるという特性を利用したものです．逆にOPアンプが出力する電流は，負荷電流の$1/h_{FE}$ですみます．

写真5-3の下の波形は，**図5-7(a)**のTr_1(J_1)またはTr_2(J_2)だけを追加したときの出力信号，上側の波形v_{O2}は，**図5-7(b)**の出力波形です．負荷抵抗は100 Ωです．この結果から，NPNトランジスタを追加すると正側の出力ダイナミック・レンジが，PNPトランジスタを追加すると負側の出力ダイナミック・レンジが改善されることがわかります．また，NPNとPNPのトランジスタを追加すると，両極性の出力ダイナミック・レンジが大きく改善されます．「バッファはコンプリメンタリ回路に限る」と

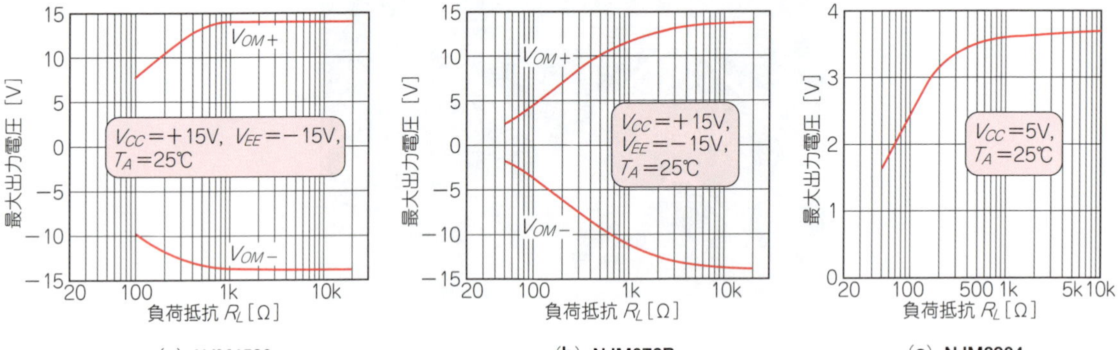

(a) NJM4580　(b) NJM072B　(c) NJM2904

図5-6[30] **汎用OPアンプの最大出力電圧対負荷抵抗特性**

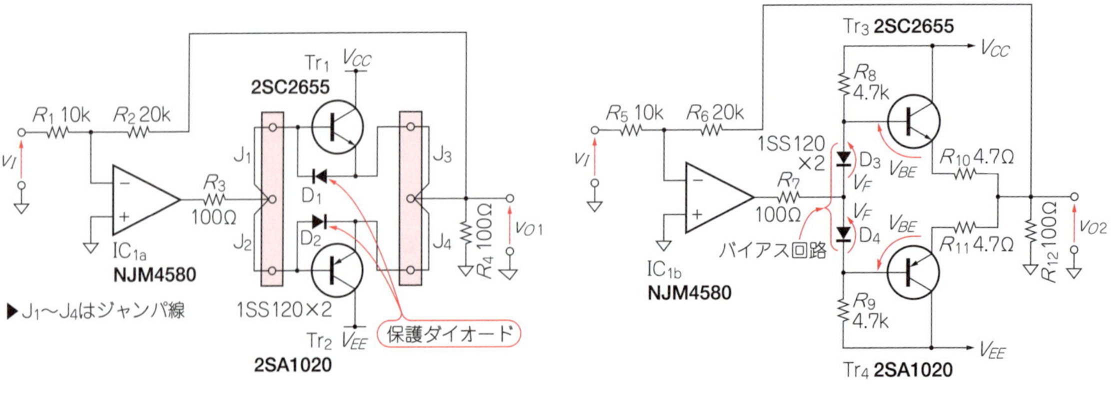

(a) バイアス回路なし　(b) バイアス回路あり

図5-7　バッファを追加したOPアンプ回路

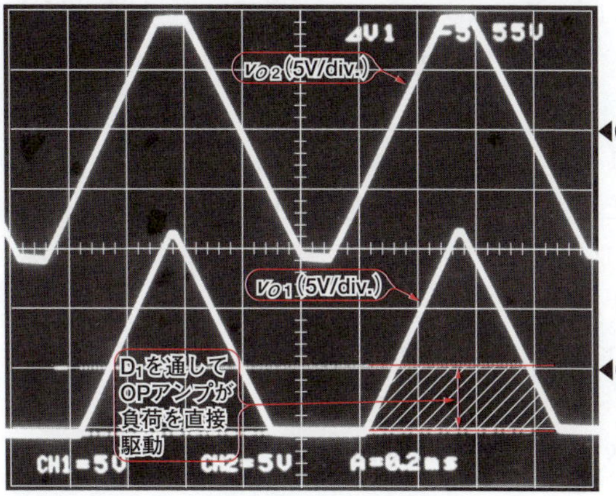

(a) Tr_1だけを追加

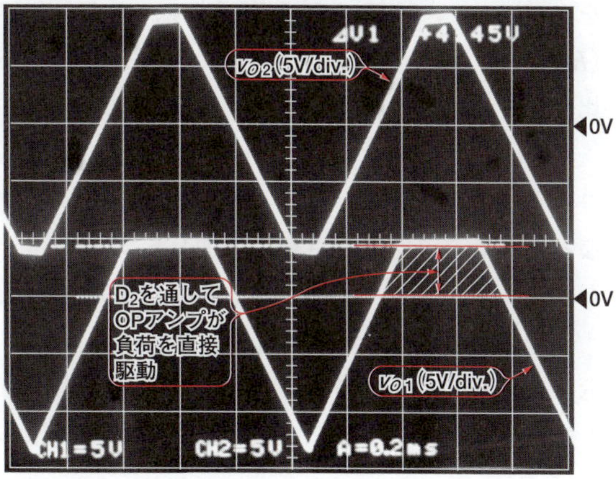

(b) Tr_2だけを追加

写真5-3　バッファ回路を追加して出力ダイナミック・レンジを拡大する(0.2 ms/div)

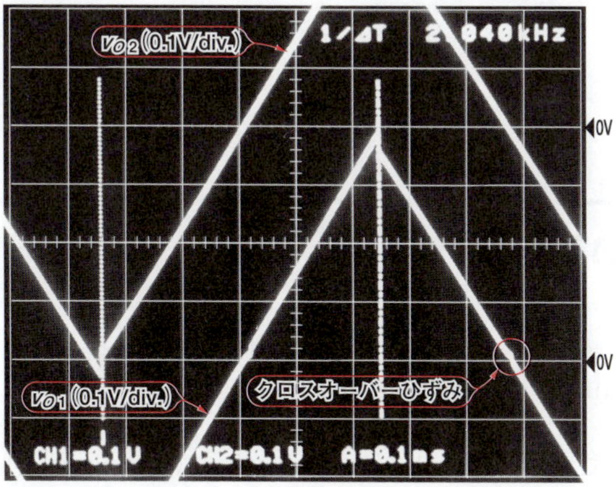

写真5-4　クロスオーバーひずみの発生(0.1 ms/div.)

考えていた方も多いかもしれませんが，負荷が出力と正または負の電源間に存在する場合は，その限りではなく，トランジスタ1石だけのバッファ回路も検討する必要があります.

保護ダイオードを通して100 Ωを直接駆動する期間の波形から，NJM4580は100 Ω負荷に対しても＋5～－6 V程度を駆動できることがわかります．なお，**図5-7(a)**のベース-エミッタ間のダイオード(D_1，D_2)は，V_{BE}の最大定格(5 V)をオーバしないようにするためです．V_{BE}は意外と耐圧が低く，いったん越えるとノイズが増加し，h_{FE}も低下して元の特性には戻りません.

■ バイアス回路を追加する

交流信号を増幅する場合は，**図5-7(b)**に示すように，トランジスタのベース－エミッタ間にV_{BE}(約0.6 V)分の電圧が加わるように，その順方向電圧V_FがV_{BE}とほぼ等しい部品，つまりダイオードを追加します．これを｢バイアスする｣と言います．**写真5-4**は，**図5-7**の二つの回路の出力信号波形です．バイアス回路のない**図5-7(a)**（J_1とJ_2ともにON)の出力v_{O1}は，0 V付近でひずみます．このひずみを**クロスオーバーひずみ**と呼びます．ただし，ベースにバイアスを与えると，電源-ベース間の抵抗(R_8，R_9)がトランジスタのベース電流を供給するため，OPアンプ出力で直接ベースを駆動する場合に比べて，最大出力振幅は1V程度低下します．

V_{BE}は，トランジスタの温度が上昇すると小さくなりますから，バイアス電圧V_Fが変化しなければ，コレクタ電流が増加します．コレクタ電流が増加すると，トランジスタの温度が上昇し，V_{BE}が小さくなってコレクタ電流がさらに増加します．これを**熱暴走**と呼びます．この電流の自己増加を軽減するために，エミッタと直列に抵抗(R_{10}，R_{11})を挿入します．

ベースと直列に入れた抵抗(R_7)は，エミッタ・フォロワの寄生発振防止用です(第23章参照)．**この抵抗を省略すると超高周波の寄生発振を起こし，トランジスタが過熱したり動作点がふらついたりする異常動作を起こします**．発振波形は，広帯域オシロスコープでないと観測できません．

用語について　コラム

電子回路で使われる用語については，最近では以前の欧州語(イギリス英語含む)由来の用語から，アメリカ英語(米語)由来に変わってきています．

▶コンデンサ(condenser)

コンデンサは英語由来ですが，最近は米語のキャパシタ(capacitor)という呼びかたが増えてきました．欧州では各国語とも「コンデンサ…」となっていて，コンデンサ/キャパシタどちらでも通じます．

面白いことに米国でも「コンデンサ・マイク」は「キャパシタ・マイク」とも言いますが,「コンデンサ…」と言われることが多いです．以前は「蓄電器」とも言いましたが最近では使われません．

よく使用されるケミコン(ケミカル・コンデンサ)は製造会社名の転用ですから，正規の文書では電解コンデンサ(electrolytic capacitor)を使用しましょう．

▶コイル(coil)

米語のインダクタ(inductor)を使用するのが一般的です．

英語由来のリアクタ(reactor)は使用されませんが，独語由来のリアクトルはパワー・エレクトロニクスで使用されています．

▶スナバ(snubber)

英語由来のサージ・アブソーバ(surge - absorber)は最近では使用されず，米語由来のスナバを使用するのが一般的です．よく使用される「スパーク・キラー」は商品名ですから，正規の文書にはスナバを使用しましょう．

第 6 章

負帰還をかけて使う

安定な動作特性を得るために

本章では，OPアンプに負帰還を掛けることによってゲイン精度やノイズなど，増幅回路としての性能が改善されるようすを実験をしながら検証します．

6-1　負帰還による諸特性の改善効果

OPアンプはせっかく大きな電圧ゲインをもっているのに，負帰還を掛けてゲインを小さくして使うのはなぜでしょうか？

ほとんどの増幅回路には，ゲインが一定であることが求められますが，負帰還を掛けていないOPアンプのゲインは，温度，電源電圧，出力電圧レベル，周波数によって大きく変わり一定ではありません．ところが，負帰還を掛けるとこの問題をうまいぐあいに解決できます．

増幅回路の主な特性パラメータは，ゲイン，ノイズ，入力インピーダンス，出力インピーダンスなどです．負帰還を掛けるとゲインが安定するだけでなく，ノイズ，ひずみ，出力インピーダンスが低減し，入力インピーダンスが上がります．**図6-1**に示すのは，これらのパラメータを考慮して描いたOPアンプの等価回路です．ここでは，これらのパラメータが無視できない場合，負帰還によって各パラメータがどのように変化するかを，要因ごとに検討してみます．各要因に分けて検討できる理由は，

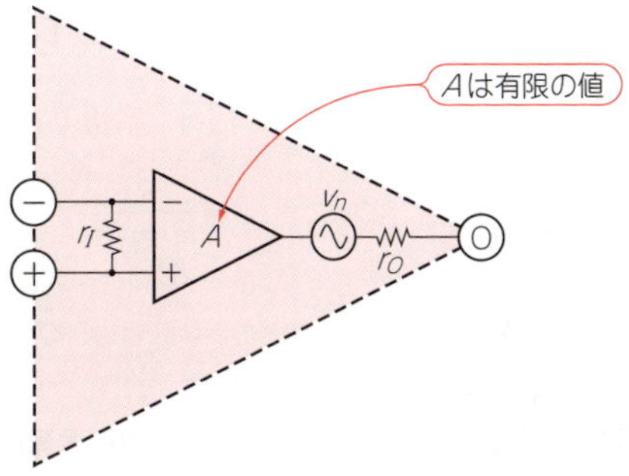

図6-1　誤差要因を配慮したOPアンプ等価回路

重ねの理によります.とても難しい問題として,負帰還安定度がありますが,これについては後ほど解説しますので,ここでは負帰還は安定と仮定します.

■ ゲイン精度の向上
● 帰還効果はループ・ゲインで予測する

前章で説明したように,非反転増幅回路と反転増幅回路はクローズド・ループ・ゲインが同じでも,反転増幅回路の場合は入力電圧が$(1-\beta)$倍に分圧されるため,そのループ・ゲインは非反転増幅回路よりも小さくなります.

そこで,帰還増幅回路自体のループ・ゲイン$A\beta$を考え,反転増幅回路でも非反転増幅回路でも,同じパラメータで負帰還による改善の度合いを予測できるようにします.たとえば図6-2に示す非反転増幅回路と反転増幅回路において,$R_1 = R_2$のときのクローズド・ループ・ゲインはそれぞれ2と-1で異なりますが,ループ・ゲインは等しいですから,ゲイン,ノイズ,入出力抵抗の改善の度合いは同じです.

● 負帰還によりゲイン精度は抵抗によって決まる

図6-2において,Aが有限のときの非反転増幅回路と反転増幅回路のクローズド・ループ・ゲインGは,理想OPアンプを使用したときのクローズド・ループ・ゲインをG_{ideal}とすると,

$$G = G_{ideal} \frac{1}{1+1/(A\beta)} \fallingdotseq G_{ideal}\left(1-\frac{1}{A\beta}\right) \quad \cdots\cdots (6\text{-}1)$$

ただし,$A\beta \gg 1$

と表されます.G_{ideal}は$A = \infty$のときの増幅回路のクローズド・ループ・ゲインですから,非反転増幅回路の場合$G_{ideal} = 1/\beta$,反転増幅回路の場合$G_{ideal} = 1 - 1/\beta$です.式(6-1)から,抵抗値が正確ならばゲイン誤差はループ・ゲイン$A\beta$の逆数になることがわかります.ここで「抵抗値が正確ならば」ということが問題です.

$G = 40$ dB(100倍)の増幅回路のゲイン誤差を概算してみましょう.実際のOPアンプのオープン・ループ・ゲインは100 dB程度ですから,ループ・ゲインは60 dB(1000倍)程度確保できます.したがって,ゲイン誤差は0.1%程度になります.これは,比較的入手が容易な±1%金属皮膜抵抗よりも小さ

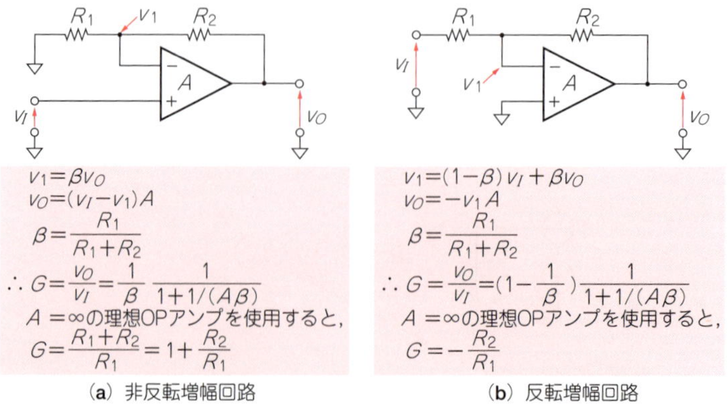

(a) 非反転増幅回路

$v_1 = \beta v_O$
$v_O = (v_I - v_1)A$
$\beta = \dfrac{R_1}{R_1+R_2}$
$\therefore G = \dfrac{v_O}{v_I} = \dfrac{1}{\beta}\dfrac{1}{1+1/(A\beta)}$
$A = \infty$の理想OPアンプを使用すると,
$G = \dfrac{R_1+R_2}{R_1} = 1 + \dfrac{R_2}{R_1}$

(b) 反転増幅回路

$v_1 = (1-\beta)v_I + \beta v_O$
$v_O = -v_1 A$
$\beta = \dfrac{R_1}{R_1+R_2}$
$\therefore G = \dfrac{v_O}{v_I} = \left(1-\dfrac{1}{\beta}\right)\dfrac{1}{1+1/(A\beta)}$
$A = \infty$の理想OPアンプを使用すると,
$G = -\dfrac{R_2}{R_1}$

図6-2 オープン・ループ・ゲインが有限のときのクローズド・ループ・ゲイン

い誤差です．このように負帰還を掛けた増幅回路のゲイン誤差は，ほとんどの場合，使用する抵抗の精度で決まります．誤差を減少させるには抵抗に高精度のものを使用すればよいのですが，問題は高精度抵抗は高価で納期がかかるということです．

抵抗値が安定しているのは100 Ω～1 MΩ程度です．100 Ω以下では，プリント基板のパターン，リード線などの抵抗やコネクタの接触抵抗などが無視できませんし，安定な高抵抗は入手しにくくて，しかもプリント基板の絶縁抵抗などの影響を防ぐには，ある程度の実装技術が要求されます．

● 実験で見るオープン・ループ・ゲインとクローズド・ループ・ゲインの関係

OPアンプの規格にあるオープン・ループ・ゲインの項目を見ると，最小値は保証していますが，多くの場合ばらつきまでは示していません．そこで，**図6-3**に示すようにNJM2904を使って，Aが一定（11倍）の等価OPアンプを製作しました．これは差動増幅回路と呼ばれる回路です．この等価OPアンプに負帰還を掛けて，反転増幅回路と非反転増幅回路のゲインがいくつになるか実験してみます．βは1/2に設定し，このときループ・ゲイン$A\beta$は5.5です．OPアンプにはNJM2904を使いましたが，ほかのOPアンプは後述の位相補償を入れないと発振して実験できません．

等価OPアンプのオープン・ループ・ゲインの計算値は，

$$A = 1 + \frac{R_3}{R_4} = 1 + \frac{100 \times 10^3}{10 \times 10^3} = 11 \cdots\cdots (6\text{-}2)$$

となります．実測値は**図6-3(c)**に示すとおりで，計算値とぴったり一致しています．**写真6-1**に示すのは入出力波形です．反転入力，非反転入力どちらに信号を加えてもオープン・ループ・ゲインは11倍になっています．

では，等価OPアンプに負帰還を掛けてみましょう．実験回路を**図6-4**に示します．クローズド・ループ・ゲインGは，

$$G = \frac{G_{ideal}}{1 + (1/5.5)} \fallingdotseq 0.846\ G_{ideal} \cdots\cdots (6\text{-}3)$$

で表されますから，非反転増幅回路のクローズド・ループ・ゲインG_{NI}は，次のように求まります．

$$G_{NI} = 0.846 \times 2 \fallingdotseq 1.69$$

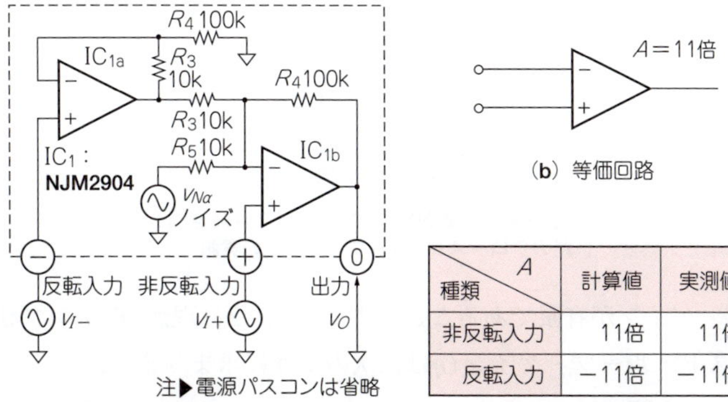

(a) 実験回路

(b) 等価回路

種類 ＼ A	計算値	実測値
非反転入力	11倍	11倍
反転入力	−11倍	−11倍

(c) 実験結果

図6-3　実験に使用するオープン・ループ・ゲイン11倍の等価OPアンプ回路

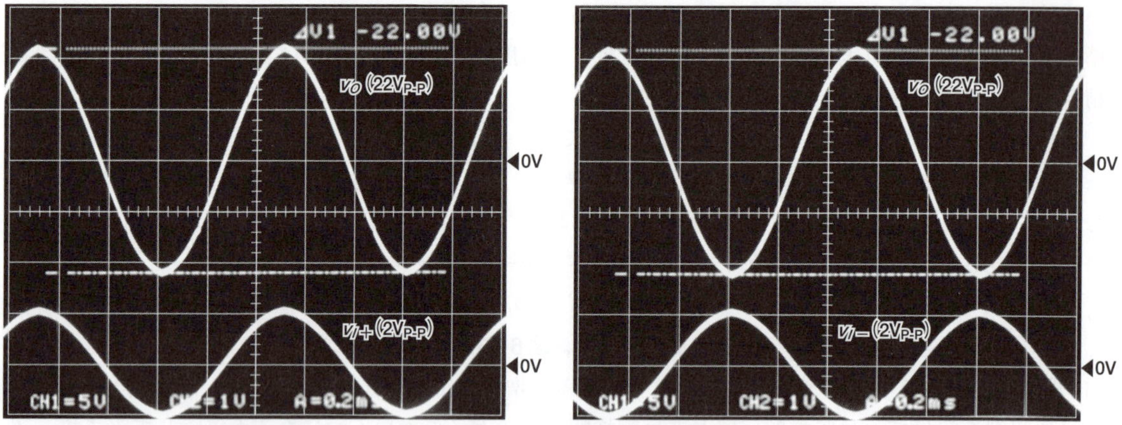

(a) 非反転入力　　(b) 反転入力

写真6-1　図6-3の等価OPアンプ回路の入出力波形(上：5 V/div.，下：1 V/div.，0.2 ms/div.)

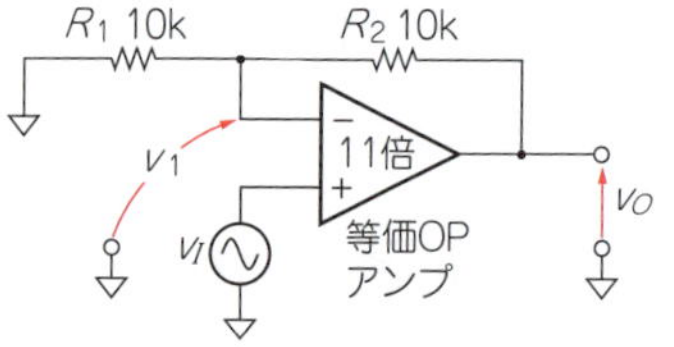

ゲイン $\left(\frac{v_O}{v_I}\right)$	
計算値	実測値
1.69倍	1.69倍

(a) 非反転増幅器

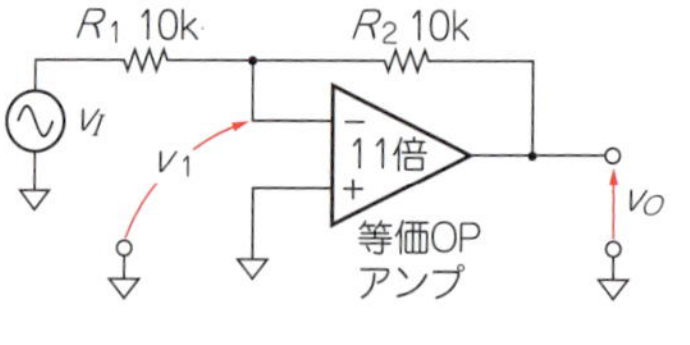

ゲイン $\left(\frac{v_O}{v_I}\right)$	
計算値	実測値
−0.85倍	−0.85倍

(b) 反転増幅器

図6-4　等価OPアンプを使った負帰還回路のクローズド・ループ・ゲインの実測

ここで，0.846はループ・ゲインが有限であることによる係数，2は理想OPアンプ使用時のゲインです．

反転増幅回路のクローズド・ループ・ゲインG_Iは，次のように求まります．

$$G_I = 0.846 \times (-1) \fallingdotseq -0.85 \quad \cdots\cdots (6\text{-}4)$$

同様にして，0.846はループ・ゲインが有限であることによる係数，−1は理想OPアンプ使用時のゲイ

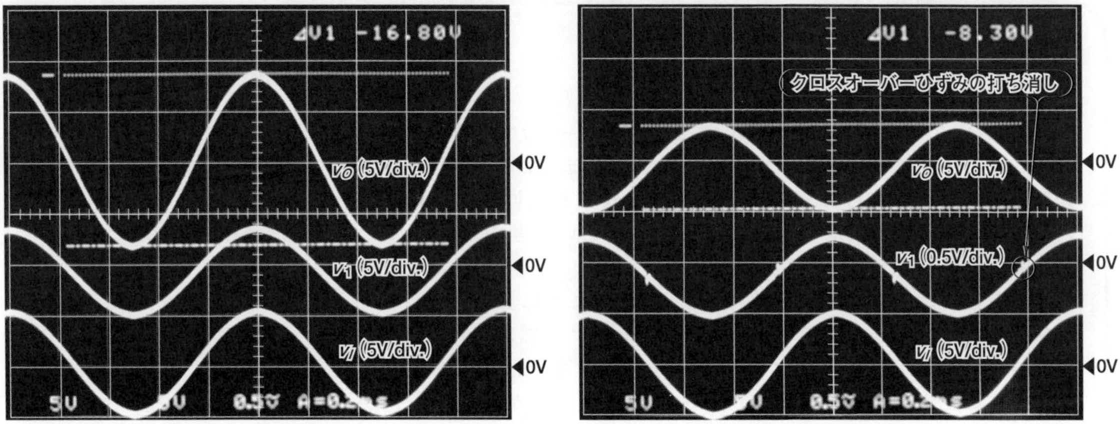

(a) 非反転増幅器　(b) 反転増幅器

写真6-2　図6-4の実験回路の入出力波形(0.2 ms/div.)

ンです．

図6-4に示すように，実測のクローズド・ループ・ゲインは計算値と一致します．**写真6-2**に示すのは，**図6-4**の実験回路の入出力波形です．

写真6-2(b)を見るとわかるように，反転増幅回路の反転入力端子の波形v_1は，オープン・ループ・ゲインが低く帰還量が少ないため，バーチャル・ショート状態になっていません．出力電圧の1/Aつまり$v_O/11$の波形が観測されています．面白いことに，反転入力端子にはひずみと逆位相のスパイク状の波形が観測されており，帰還量が小さいにもかかわらず，クロスオーバーひずみを打ち消そうとしています．

反転入力端子は，入力信号と帰還信号が加算される箇所なので，別名サミング・ポイント(summing point；加算点)ともいわれています．OPアンプが使われる以前の帰還増幅回路は，ループ・ゲインが小さかったため，サミング・ポイントに観測できるくらい大きなレベルの電圧が現れており，その電圧波形がアンプの内部状態を表していました．当時は「サミング・ポイントはすべてを語る」という帰還増幅回路に関する名言があったほどですが，OPアンプ時代になって死語になりました．もちろん，現在では「バーチャル・ショート」です．

● 高精度な緩衝器「ボルテージ・フォロワ」の応用

図6-2(a)において$R_1=\infty$，$R_2=0$とすると，ゲイン1の非反転増幅回路になります．ボルテージ・フォロワまたはユニティ・ゲイン・バッファと呼び，緩衝器(バッファ)としてよく利用されています．ユニティとは1のことですから，ユニティ・ゲインとはゲイン1倍のことです．$\beta=1$ですから，最もループ・ゲインが大きく，その値はAです．ゲインを決定する抵抗を使っていないので，とても出力電圧精度が高くなります．この回路は，入力インピーダンスがとても高いため，前段の回路に負荷効果を与えません．また，出力インピーダンスがほとんどゼロのため，後段の回路の入力インピーダンスの影響を受けることがありません．

図6-5(a)に示すように，反転増幅回路のクローズド・ループ・ゲインは信号源抵抗R_Sの影響を受け

負帰還について

一般にOPアンプは負帰還を掛けて使います．そうすると，安定なゲイン，低雑音，低ひずみなどすばらしい特性のアンプが誰でも簡単に作れます．しかも，OPアンプICは負帰還を掛けて使用することを前提に作られているため，安定な負帰還回路を簡単に作れます．OPアンプと異なり，トランジスタ回路の負帰還安定度はとても難しい問題です．これについては書籍「はじめてのトランジスタ回路設計」[11]に解説されています．

負帰還を掛けた帰還増幅回路は，**図6-A**のように表せます．負帰還ループの一巡ゲイン$A\beta$をループ・ゲイン，βを帰還率，AまたはA_vをオープン・ループ・ゲイン，帰還増幅回路としての仕上がりゲインをクローズド・ループ・ゲインまたは単にゲインと呼びます．無帰還時のゲインAは，帰還を掛けると$A/(1+A\beta)$になり，ゲインの変化が$1/(1+A\beta)$になることから，$(1+A\beta)$を特に帰還量または負帰還量と呼びます．負帰還回路の用語を**表6-A**に示します．

反転増幅回路についても，**図6-B**(**b**)のように減衰器とゲイン－1の理想インバータ(反転器)を使用して表せば，入力部分が少し変わるだけで，**図6-A**に帰着します．

実際のOPアンプのループ・ゲインについて少し触れておきましょう．データシート[30]から，NJM4580のオープン・ループ・ゲインAの周波数特性を描くと**図6-C**のようになります．ここに，

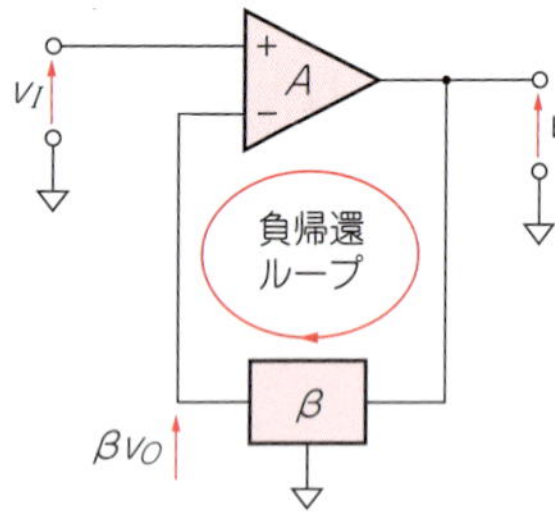

- 無帰還時の入出力の関係
  $v_O = A v_I$
- 負帰還を掛けたときの入出力の関係
  $$v_O = \frac{A}{1+A\beta} v_I$$
  ($1+A\beta$：帰還量)

A：オープン・ループ・ゲイン
$A\beta$：ループ・ゲイン(負帰還ループを一巡したときのゲイン)
$1+A\beta$：帰還量

図6-A　帰還増幅回路の基本回路

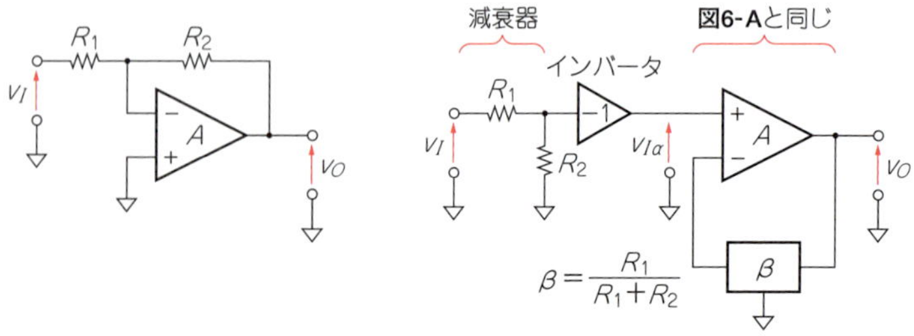

〈図6-B〉反転増幅回路　(**a**) 基本回路　(**b**) 非反転増幅回路を作って表現すると

コラム

クローズド・ループ・ゲインGが100倍(40 dB)の増幅回路を作ったときのGの周波数特性を描き込んでみます．AとGの差分が帰還量$(1+A\beta)$です．これからわかることは，14 Hz以下の$(1+A\beta)$は70 dBありますが，それより高い周波数では－6 dB/oct.で減衰していき，10 kHzでは24 dBしかありません．図示したように，Aと低周波で一定なGとの交点で$(1+A\beta)=1$となります．これをループが切れるといい，このときの周波数は130 kHzです．

より広帯域の増幅回路が必要な場合はGを小さくします．たとえば，Gを10倍(20 dB)とすると，ループが切れるのは1 MHz近辺になります．このように周波数が高くなるとAが減少し，それにつれて$A\beta$も減少します．本文中では$A\beta$は十分に大きいという前提ですが，**図6-C**からわかるように，実際には低周波でしか大きくありません．高周波では$A\beta$は小さいので，割り引いて考える必要があります．なお，Gは$|1+A\beta|=1$までフラットではなく，かなり手前の周波数から落ち始めています．そして，$|1+A\beta|=1$のとき-3 dB$(=1/\sqrt{2})$となっています．

この理由は$A\beta$の位相の問題ですが，次章以降で説明します．このオープン・ループ・ゲインの周波数特性は標準値ですから，すべてのICがこの値になるとは限りません．

〈表6-A〉負帰還回路の用語

本書の用語	記号	同類語
オープン・ループ・ゲイン	A	無帰還ゲイン，μ，前向ゲイン(forward gain)
帰還率	β	帰還回路損失
ループ・ゲイン	$A\beta$	還送比(return ratio)，$\mu\beta$
帰還量	$1+A\beta$	還送差(return difference)，帰還(feedback)
クローズド・ループ・ゲイン	G	外部ゲイン(external gain)

注：ゲインを利得と表記する場合も多い．

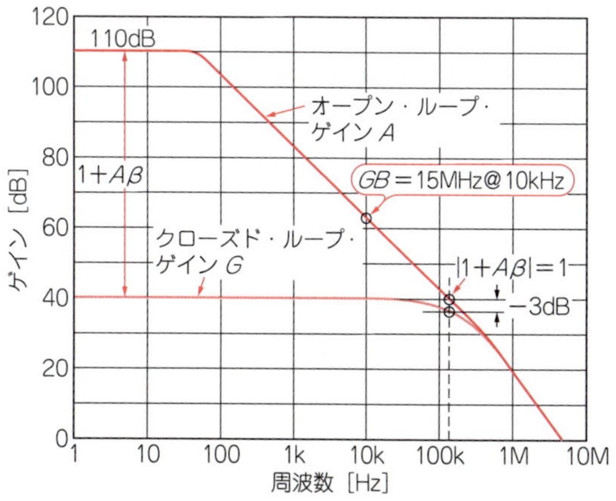

図6-C　NJM4580のオープン・ループ・ゲイン特性

ますから，あくまでもゲインは，図に示すv_Iに対してしか規定できません．実際にはv_Sを希望の値まで増幅したい場合が多いので，図6-5(b)に示すように，高入力抵抗のボルテージ・フォロワを挿入して，R_Sの影響を受けないようにします．

■ ノイズとひずみの低減
● 帰還量分の1になる

図6-6(a)に示すように，ノイズv_Nを注入すると出力ノイズv_{NO}は，

$$v_{NO} = \frac{v_N}{1 + A\beta} \quad \cdots\cdots (6\text{-}5)$$

と，帰還量分の1になります．

入力換算ノイズv_{NI}は，非反転増幅時のゲインをG_{NI}とすると，

$$v_{NI} = \frac{v_{NO}}{G_{NI}} \quad \cdots\cdots (6\text{-}6)$$

と求まり，変形すると，

$$v_{NO} = G_{NI} v_{NI} \quad \cdots\cdots (6\text{-}7)$$

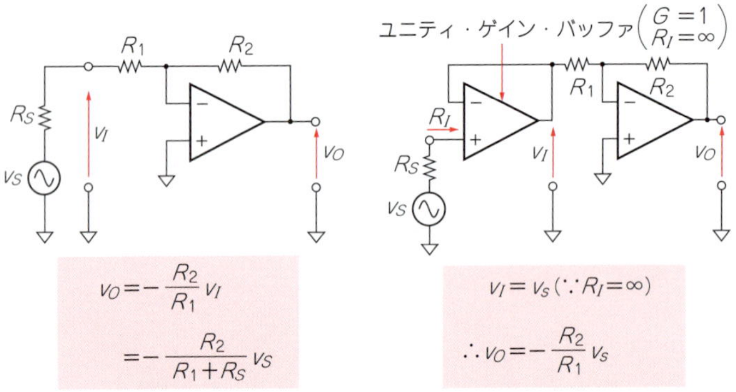

(a) 信号源抵抗の影響

$$v_O = -\frac{R_2}{R_1} v_I = -\frac{R_2}{R_1 + R_S} v_S$$

(b) バッファを追加

$$v_I = v_S \ (\because R_I = \infty)$$
$$\therefore v_O = -\frac{R_2}{R_1} v_S$$

図6-5 バッファを追加して信号源抵抗の影響をなくした反転増幅回路

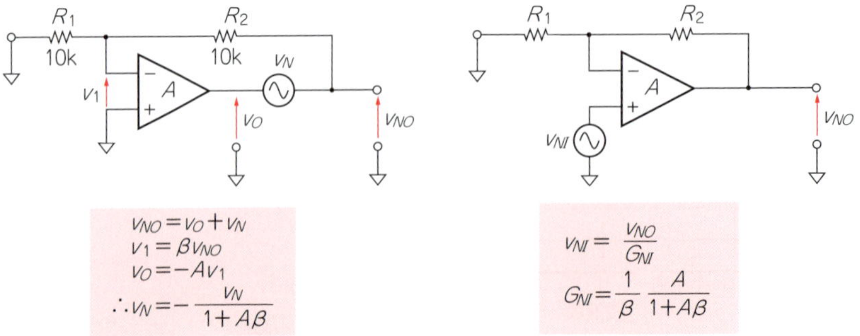

(a) 出力ノイズ

$$v_{NO} = v_O + v_N$$
$$v_1 = \beta v_{NO}$$
$$v_O = -A v_1$$
$$\therefore v_N = -\frac{v_N}{1 + A\beta}$$

(b) 入力換算ノイズ

$$v_{NI} = \frac{v_{NO}}{G_{NI}}$$
$$G_{NI} = \frac{1}{\beta} \frac{A}{1 + A\beta}$$

計算値	実測値
0.77V	0.77V

v_N=5V，A=11，β=0.5
等価OPアンプ(図3-4)を使用

(c) 出力ノイズの実測値

図6-6 負帰還によるノイズの低減

となります．「なぁんだ，出力ノイズが改善されたのは負帰還によってゲインが小さくなったからであって，OPアンプ本来のノイズ性能は改善されてないじゃないか」と思われたかもしれませんね．そのとおり，v_{NI}は改善されません．後述のオフセット電圧もいわば直流ノイズですから，入力換算値は負帰還では改善できません．入力換算ノイズの改善は，とても奥の深い問題ですから，第11章で説明します．

ノイズと同様，ひずみも式(6-5)にしたがって帰還量分の1に低減します．ひずみは一般に振幅の大きなところで発生し，出力振幅が大きくなると増大します．OPアンプの場合，ひずみは内部回路の入力段ではなくて出力段で発生しますが，ノイズは入力段で発生します．ですから，入力換算ひずみというのは回路動作上無意味になり，インチキなしに負帰還量分の1になるといえます．測定時には，無帰還時と負帰還時の出力電圧振幅を同じにして，内部で発生するひずみを等しくし，負帰還の効果を見ます．

図6-3に示すように，等価OPアンプ内に$v_{N\alpha} = 0.5$ Vのノイズ源を注入し，無帰還で使用すると出力ノイズ・レベルは5Vになります．次に帰還を掛けると，**図6-6**に示すように計算どおり，

$$v_{NO} = \frac{5}{1 + 5.5} \fallingdotseq 0.77 \text{ V} \quad \cdots\cdots (6\text{-}8)$$

に低減します．

■ 出力インピーダンスの低減

● 帰還量分の1になる

出力インピーダンスZ_Oは，出力電流と出力電圧からではなく，**図6-7**に示すように，

$$v_O = v_{O\alpha} \frac{R_L}{Z_O + R_L} \quad \cdots\cdots (6\text{-}9)$$

という形に式を変形して求めるほうが簡単です．

$R_O \ll R_1$，$R_O \ll R_2$と仮定してR_1とR_2の影響を無視すると，**図6-7(a)**からZ_Oは，

$$Z_O = \frac{R_O}{1 + A\beta} \quad \cdots\cdots (6\text{-}10)$$

と帰還量分の1になることがわかります．これは，負帰還増幅回路では当然のことです．OPアンプは，負荷変動，出力インピーダンス変動があっても出力電圧が変化しないようにがんばるからです．

6-2　負帰還の効果を実験で見てみる

図6-7に示すように，**図6-4**で製作した等価OPアンプを使用し，$R_O = 1$ kΩを付加して帰還を掛けると，出力インピーダンスは，

$$Z_O = \frac{1000}{1 + 5.5} \fallingdotseq 154\ \Omega \quad \cdots\cdots (6\text{-}11)$$

に低減するはずです．**図6-7(c)**に実測値と計算値を示します．計算値と実測値はほぼ一致していますが，R_1とR_2の影響で微少な誤差が生じています．測定は，簡単のためDMM(ディジタル・マルチ・メ

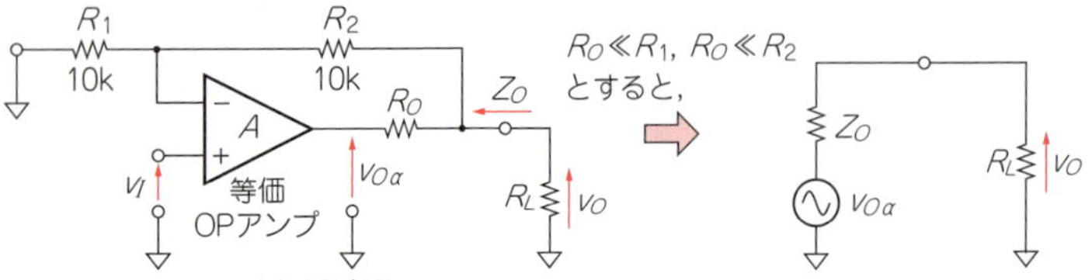

(a) 回路図

$$v_O = v_{O\alpha}\frac{R_L}{R_O + R_L} = A(v_I - \beta v_O)\frac{R_L}{R_O + R_L}$$

$$\therefore v_O = \underbrace{\frac{A}{1 + A\beta}v_I}_{v_{O\alpha}}\frac{R_L}{\underbrace{\frac{R_O}{1 + A\beta}}_{\text{等価出力の抵抗}} + R_L}$$

$$\therefore Z_O = \frac{R_O}{1 + A\beta}$$

(b) 計算式

計算値	実測値	
	DMM	LCRメータ @1kHz
154Ω	152Ω	153Ω

R_O＝1kΩ, A＝11, v_I＝0V
等価OPアンプ(**図6-4**)を使用

(c) 実測値

図6-7　負帰還による出力インピーダンスの低減

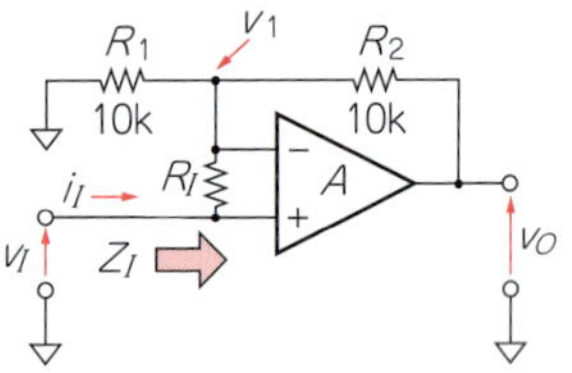

(a) 回路図

$R_I \gg R_1$ であり,

$\beta\left(=\dfrac{R_1}{R_1 + R_2}\right)$ は R_I に影響されないとすると,

$$v_1 = v_O\beta$$

$$v_O = A(v_I - v_1)$$

$$Z_I = \frac{v_I - v_1}{i_I} + R_1 // R_2$$

$$\therefore Z_I = R_I(1 + A\beta) + R_1 // R_2$$

$$\fallingdotseq R_I(1 + A\beta)$$

(b) 計算式

式中の//は並列を表す.

$$R_1 // R_2 // \cdots // R_n = \frac{1}{\dfrac{1}{R_1} + \dfrac{1}{R_2} + \cdots + \dfrac{1}{R_n}}$$

計算値	測定値	
	DMM	LCRメータ @1kHz
70kΩ	70kΩ	71kΩ

R_I＝10kΩ, A＝11, β＝0.5
等価OPアンプ(**図6-4**)を使用

(c) 実測値

図6-8　負帰還による非反転増幅回路の入力インピーダンスの増大

ータ)とLCRメータ(@1 kHz)で測定しました．DMMとLCRメータの測定値の違いは，それぞれの特性誤差だけでなく，被測定回路のオフセット電圧・電流の影響があり，直流を測定できるDMMでは誤差が大きくなるからです．

■ 入力インピーダンスの増大

● 入力抵抗を外付けしてみる

図6-8に示すように，入力抵抗R_Iを挿入すると，βは影響を受けますが，一般に$R_I \gg R_1$であり，βはR_Iに影響されないと考えてかまいません．これも負帰還増幅回路では当然のことです．OPアンプは2入力間の電位差をできるだけ小さくし，2入力間の抵抗に流れる電流ができるだけ小さくなるように動作します．つまり，2入力間に追加した抵抗の影響を軽減するように，OPアンプががんばるわけです．

▶ 非反転増幅回路

図6-8(a)から入力インピーダンスZ_Iは(//は並列を表す),

$$Z_I = R_I(1 + A\beta) + R_1 // R_2 \quad \cdots\cdots (6\text{-}12)$$

$$\fallingdotseq R_I(1 + A\beta) \quad \cdots\cdots (6\text{-}13)$$

と，R_Iのほぼ帰還量倍になります．

▶ 反転増幅回路

図6-9(**a**)からZ_Iは，

$$Z_I = \frac{R_1(1 + A\beta)}{\beta + A\beta} \cdots\cdots (6\text{-}14)$$

$$\fallingdotseq R_1 (\because A\beta \gg 1 > \beta) \cdots\cdots (6\text{-}15)$$

と，R_1と等しくなります．実は，R_Iを入れなくてもこの式は成立します．R_Iの影響を見るには，**図6-9**(**a**)に示す複雑な計算式を使う必要がありますが，無意味でしょう．

● **実験**

DMMとLCRメータ(@1 kHz)で入力抵抗を測定しました．

▶ 非反転増幅回路

図6-8(**a**)に示す非反転増幅回路に$R_I = 10\ \text{k}\Omega$を挿入すると，Z_Iの計算値は，

$$Z_I = 10 \times 10^3 \times (1 + 5.5) + 5 = 70\ \text{k}\Omega \cdots\cdots (6\text{-}16)$$

となります．**図6-8**(**c**)に示す実測結果と比べると，よく一致しています．式(6-13)の近似式で計算すると65 kΩとなって，約10％程度の誤差になります．これは，R_IとR_1が等しく，$R_I \gg R_1$の関係が成り立っていないからです．

▶ 反転増幅回路

図6-9(**a**)に示す反転増幅回路に$R_I = 10\ \text{k}\Omega$を挿入すると，Z_Iの計算値は，

$$Z_I = \frac{10 \times 10^3 \times (1 + 5.5)}{0.5 + 5.5} \fallingdotseq 10.8\ \text{k}\Omega \cdots\cdots (6\text{-}17)$$

となります．**図6-9**(**c**)に示す実測値と計算値は約10％程度の誤差があっても当然ですが，ほとんど誤差がなくよく一致しています．測定値のうち，10 kΩはR_1，0.8 kΩはR_IとR_2で決定される値です．$R_I = R_1$なのに，実測値と計算値が一致した理由は測定器にあります．測定器は，定電流源と考えることができて，信号源抵抗を含めた実効的なR_1が無限大となり，βがR_2と$R_I (= R_1)$で決定されるからです．この回路の入力インピーダンスは，ループ・ゲインが小さくてもほぼR_1に等しくなると考えてよいでしょう．

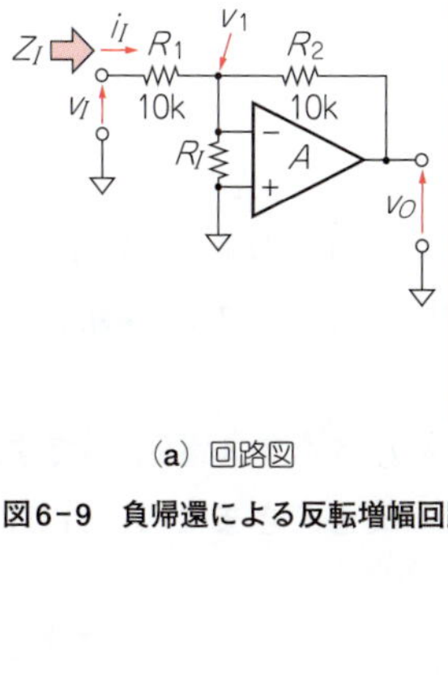

(**a**) 回路図

$$v_1 = \frac{R_2 /\!/ R_I}{R_1 + R_2 /\!/ R_I} v_I + \frac{R_1 /\!/ R_I}{R_2 + R_1 /\!/ R_I} v_O$$

$$v_O = -A v_1$$

$$i_I = \frac{v_I - v_1}{R_1}$$

$$Z_I = \frac{v_I}{i_I}$$

$$\therefore Z_I = \frac{\left(1 + A \dfrac{R_1 /\!/ R_I}{R_2 + R_1 /\!/ R_I}\right) R_1}{1 + A \dfrac{R_1 /\!/ R_I}{R_2 + R_1 /\!/ R_I} - \dfrac{R_2 /\!/ R_I}{R_1 + R_2 /\!/ R_I}}$$

$R_I \gg R_1$，$R_I \gg R_2$とすると，

$$Z_I = \frac{1 + A\beta}{\beta + A\beta} R_1 \left(\because \beta = \frac{R_1}{R_1 + R_2}\right)$$

(**b**) 計算式

計算値	測定値	
	DMM	LCRメータ @1kHz
10.8kΩ	10.7kΩ	10.8kΩ

$R_I = 10\text{k}\Omega$，$A = 11$，$\beta = 0.5$
等価OPアンプ(**図6-4**)を使用

(**c**) 実測値

図6-9　負帰還による反転増幅回路の入力インピーダンスの増大

第7章 出力オフセット電圧の低減

負帰還では改善できない直流誤差の処理

第6章で，入力換算ノイズは負帰還では改善できず，仕上がりゲインが減少するため出力換算ノイズが減少するだけであると説明しました．本章では，直流増幅回路でもっとも問題になる出力オフセット電圧の低減方法について説明します．

7-1 出力オフセットの原因と算出

■ ノイズ・ゲインを使って評価する

二つの入力端子をグラウンドに接続すると，理想OPアンプなら出力は0Vになりますが，実際のOPアンプでは0Vにならず，直流が出力されます．この直流電圧を出力オフセット電圧V_{OS}と呼びます．オフセット発生の原因は，内部素子，特に入力段にある二つのトランジスタの特性のアンバランスです．これを理解するにはトランジスタ回路の知識が必要です．ここでは詳しくは触れませんので，文献(13)を見てください．

オフセット電圧は直流ノイズと考えられ，ノイズを評価するときは，ノイズ・ゲインを使うと便利です．ノイズ・ゲインとは，増幅回路を非反転増幅回路と考えたときのクローズド・ループ・ゲインです．

$$G_{noise} = G_{NI} \fallingdotseq \frac{1}{\beta} \quad \cdots\cdots (7\text{-}1)$$

ただし，G_{noise}：ノイズ・ゲイン，G_{NI}：非反転増幅器のクローズド・ループ・ゲイン

反転増幅回路でも非反転増幅回路でも，出力には，OPアンプ内部で発生する入力換算ノイズのG_{NI}倍した電圧が出力されます．ノイズ・ゲインで考えると，仕上がりゲインの違う反転増幅回路でも非反転増幅回路でも同じように，オフセット電圧の影響の度合いを比較検討できます(コラム参照)．

■ 二つの要因…入力換算オフセット電圧と入力バイアス電流

出力オフセット電圧に関係するのは，入力換算オフセット電圧V_{IO}と入力バイアス電流I_{IB}です．**図7-1**に示すOPアンプの等価回路からわかるように，V_{IO}とI_{IB}は負帰還では改善できません．出力には，

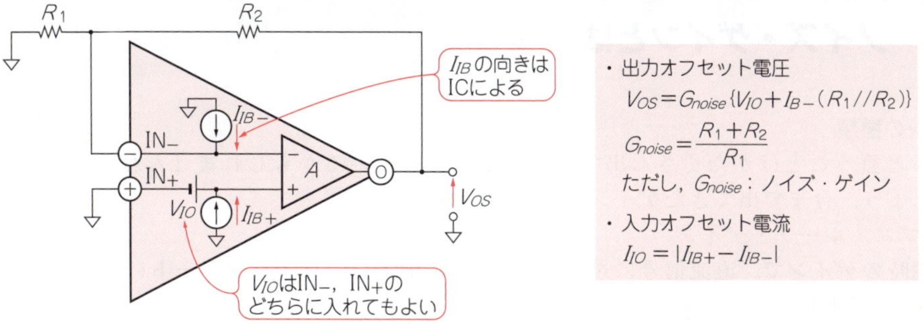

図7-1 入力換算オフセット電圧と入力バイアス電流を考慮したOPアンプの等価回路

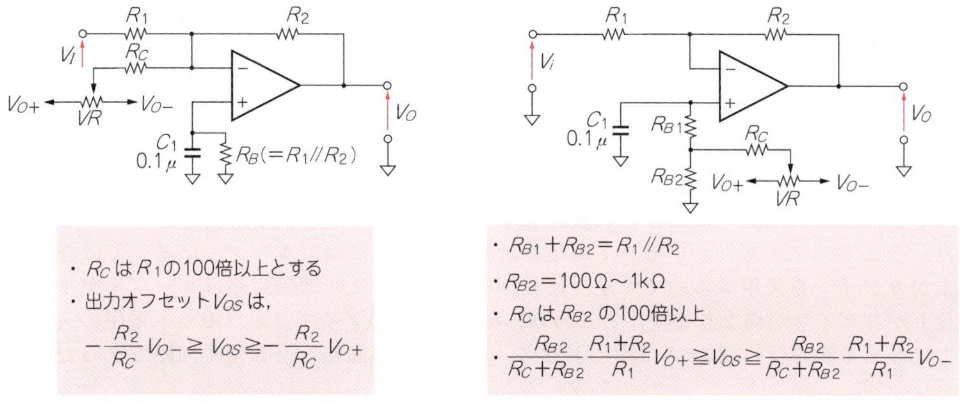

- 出力オフセット電圧
$$V_{OS} = G_{noise}\{V_{IO} + I_{IB-}(R_1 // R_2)\}$$
$$G_{noise} = \frac{R_1 + R_2}{R_1}$$
ただし、G_{noise}：ノイズ・ゲイン

- 入力オフセット電流
$$I_{IO} = |I_{IB+} - I_{IB-}|$$

I_{IB}の向きはICによる

V_{IO}はIN−, IN+のどちらに入れてもよい

(a) 反転入力端子に直流を供給

- R_C は R_1 の100倍以上とする
- 出力オフセット V_{OS} は，
$$-\frac{R_2}{R_C}V_{O-} \geq V_{OS} \geq -\frac{R_2}{R_C}V_{O+}$$

(b) 非反転入力端子に直流を供給

- $R_{B1} + R_{B2} = R_1 // R_2$
- $R_{B2} = 100\,\Omega \sim 1\,\mathrm{k}\Omega$
- R_C は R_{B2} の100倍以上
- $\dfrac{R_{B2}}{R_C + R_{B2}} \dfrac{R_1 + R_2}{R_1} V_{O+} \geq V_{OS} \geq \dfrac{R_{B2}}{R_C + R_{B2}} \dfrac{R_1 + R_2}{R_1} V_{O-}$

図7-2 反転増幅回路のオフセット電圧のキャンセル方法

V_{IO} が G_{noise} 倍された直流電圧が出力されます．つまり次式が成り立ちます．

$$V_{OS} = G_{noise}(V_{IO} + I_{IB}R_B) \quad \cdots\cdots\cdots (7\text{-}2)$$

ただし，G_{noise}：ノイズ・ゲイン，V_{IO}：入力換算オフセット電圧，I_{IB}：入力バイアス電流，R_B：$R_1 // R_2$

7-2 入力換算オフセット電圧を減らす方法

入力換算オフセット電圧の影響を取り除くには，次の方法があります．
① 入力オフセット電圧と逆極性の直流電圧を加えて打ち消す
② オフセット調整端子付きのOPアンプICを使用してゼロ調整する
③ 要求されている特性に対して無視できる入力オフセット電圧性能をもつ高精度OPアンプICを使う

■ ①の方法

実験に使うOPアンプICにはオフセット調整端子がありません．

図7-2(a)に示すように，反転増幅回路の場合，反転入力にバイアスを加える抵抗は値の高いものが必要ですから，図7-2(b)に示すように，一般に非反転入力端子に加えます．コンデンサ C_1 は，注入ノ

ノイズ・ゲインとは

● ゲインの種類
　ゲインと言うことばがたくさん出てきて，とまどっているかもしれませんね．ここで整理しておきましょう．今まで出てきたゲインは，次の四つです．
(1) オープン・ループ・ゲイン
　無帰還時のゲインで，直流信号に対する最小値がOPアンプのデータシートに載っています．
(2) ループ・ゲイン
　負帰還回路の一巡ゲインで，$A\beta$です．
(3) クローズド・ループ・ゲイン
　負帰還をかけた増幅回路の仕上がりゲインで，入力信号に対するゲインです．
(4) ノイズ・ゲイン
　OPアンプ内部で発生するノイズに対するゲインです．負帰還をかけた増幅回路を，非反転増幅回路と見たときのクローズド・ループ・ゲインに等しくなります．

● ノイズ・ゲインを使う理由
　第6章で，負帰還の効果を見るにはループ・ゲインを使用すると説明しました．また，ノイズとオフセット電圧は負帰還では改善されず，仕上がりゲインが小さくなれば小さくなるとも説明しました．そこで，ノイズとオフセット電圧を評価するためには，ループ・ゲインではなく帰還時の仕上がりゲインを使用するのですが，反転増幅回路と非反転増幅回路はループ・ゲインが同じでも仕上がりゲインが異なります．ところが，OPアンプのノイズとオフセット電圧の入力換算値が出力に与える影響は，図7-Aに示すように，非反転増幅回路と反転増幅回路でまったく同じ等

$$v_{out} = \underbrace{\frac{R_1 + R_2}{R_1}}_{\substack{\text{ノイズ・}\\\text{ゲイン}}} \underbrace{(V_{OFS} + v_{noise})}_{\text{オフセット＋ノイズ}}$$

(a) 非反転増幅回路

$$v_{out} = \frac{R_1 + R_2}{R_1}(V_{OFS} + v_{noise})$$

(b) 反転増幅回路

等しい！

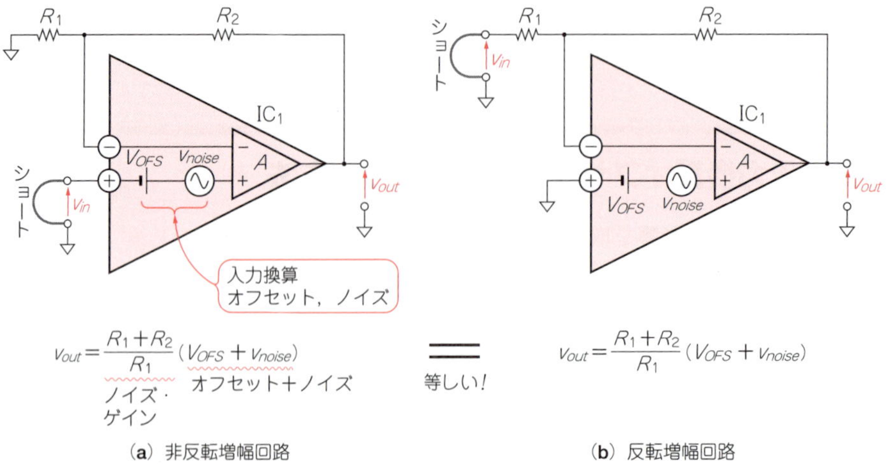

図7-A　ノイズ・ゲイン

価回路となり，入力換算値の仕上がりゲイン倍ではなく，増幅回路を非反転増幅回路と考えたときの仕上がりゲイン倍になります．そこで，ノイズとオフセット電圧の評価には，非反転増幅回路のクローズド・ループ・ゲインをノイズ・ゲインとして使用します．

● ノイズ・ゲインの増加方法

ノイズ・ゲインは，本文中の式(7-1)に示したようになりますが，正確に書くと，

$$G_{noise} = \frac{A}{1+A\beta} \quad \cdots\cdots\cdots\cdots\cdots\cdots\cdots\cdots\cdots\cdots\cdots\cdots\cdots\cdots\cdots\cdots\cdots\cdots\cdots\cdots\cdots\cdots (7-A)$$

です．本文中で考えているオフセット電圧に対しては，直流ループ・ゲイン A が非常に大きいため，式(7-1)の値は $1/\beta$ になります．直流ループ・ゲインが小さかったらどうなるのかと言うと，汎用OPアンプで直流ループ・ゲインの小さな千倍以上の直流アンプを作ってみればわかりますが，不安定で使用できませんから考える必要はありません．第11章で取り上げるノイズに対しては，周波数が高くてループ・ゲインが小さくなるので，この式を適用します．

ノイズ・ゲインに慣れるために，仕上がりゲインに対してノイズ・ゲインが大きくなる増幅回路を図7-Bに示します．図7-B(a)は反転増幅回路のノイズ・ゲインを大きくする手法です．OPアンプによっては，ゲイン何倍以上で安定とデータシートに記載されているものがあります．そのときに，ノイズ・ゲインを安定な大きさにして，仕上がりゲインを小さくするために使用します．図7-B(b)は直流のノイズ・ゲインを小さくして出力オフセット電圧を下げ，交流のノイズ・ゲインを上げて負帰還安定性を確保するために使用します．負帰還安定性については第10章で説明しますが，ノイズ・ゲインを大きくしてループ・ゲインを小さくすると，安定な負帰還がかけられます．

ノイズ・ゲイン G_{noise} は

$$G_{noise} = \frac{R_1 /\!/ R_3 + R_2}{R_1 /\!/ R_3}$$

仕上がりゲイン G_I は

$$G_I = -\frac{R_2}{R_1}$$

(a) ノイズ・ゲインの増加

直流ノイズ・ゲインは

$$G_{noise\,(DC)} = \frac{R_1 + R_2}{R_1}$$

C_1 のインピーダンスが小さくなる交流のノイズ・ゲインは

$$G_{noise\,(AC)} = \frac{R_1 /\!/ R_3 + R_2}{R_1 /\!/ R_3}$$

仕上がりゲインは

$$G_I = -\frac{R_2}{R_1}$$

(b) 交流ノイズ・ゲインの増加

図7-B　ノイズ・ゲインの増加方法

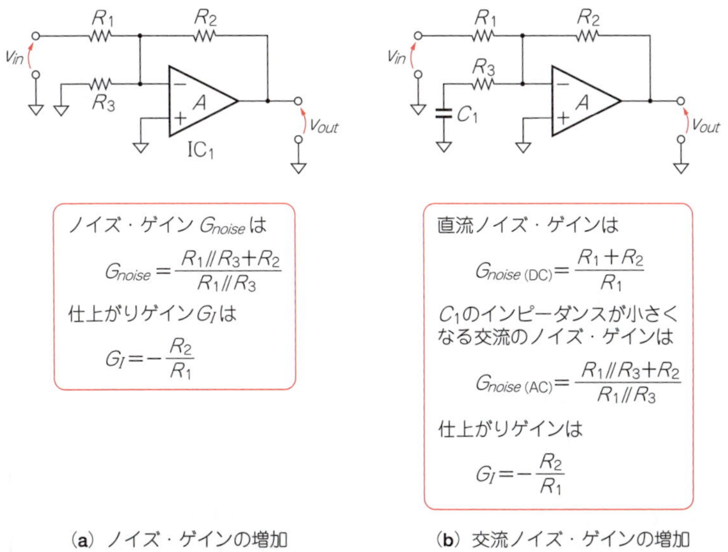

イズと抵抗ノイズを低減する働きがあります．

図7-3(a)に示す非反転増幅回路の場合は，帰還回路側に直流電圧を入れざるを得ないので，ゲインに影響しないように注意します．注入する直流電圧が変動すると，その変動が出力に影響するので，その場合は，図7-3(b)に示すように，精度の高いオフセット調整用の基準電圧を用意します．基準電圧用のICとしては，NJM431（新日本無線）または他社同等品が安価で，安定度も約30 ppm/℃とそこそこ良いです．

抵抗値設定のこつは，ゲイン誤差が無視できる（0.1％以内）ように抵抗値の比を設定することと，調整範囲をオフセット規格最大値の3倍程度にすることです．可変抵抗は，汎用OPアンプの場合は1回転タイプでかまいませんが，高精度OPアンプを使用する場合は多回転のトリマ・ポテンショメータを使います．抵抗体の材質にはサーメットを選び，経年変化の大きなカーボンは使用を避けます．

図7-2に示す方法を採用すると，入力バイアス電流I_{IB}または入力オフセット電流I_{IO}による出力オフセット電圧も調整できます．

■ ②の方法

特にボルテージ・フォロワの場合は，注入する箇所がないので，オフセット調整端子付きのOPアンプICを使います．オフセット調整端子付きのOPアンプICは1個入りがほとんどです．古くから有名なものにテキサス・インスツルメンツ社のμA741やナショナル セミコンダクター社のLM741，LF356，

- $R_{1\beta}$は$R_{1\alpha}$の1/10以下
- R_Cは$R_{1\beta}$の100倍以上

$$-\frac{R_{1\beta}}{R_C+R_{1\beta}}\frac{R_2}{R_1}V_{O-} \geq V_{OS} \geq -\frac{R_{1\beta}}{R_C+R_{1\beta}}\frac{R_2}{R_1}V_{O+}$$

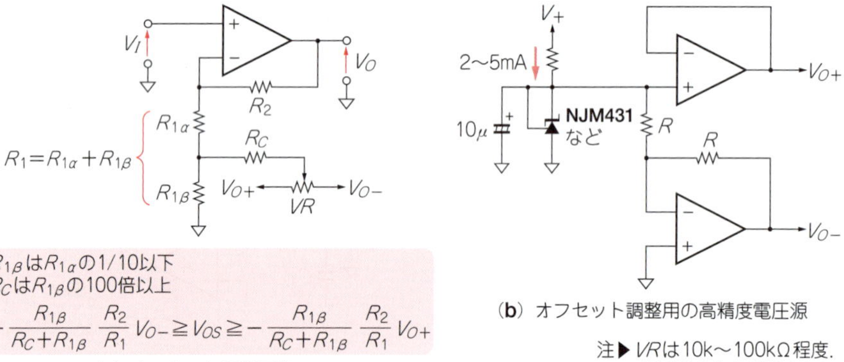

(a) オフセット調整回路

(b) オフセット調整用の高精度電圧源

注▶ VRは10k～100kΩ程度．多回転のものが望ましい

図7-3 非反転増幅回路のオフセット電圧のキャンセル方法

表7-1 NJMOP-07の主な電気的特性（$T_a = 0 \sim +70$℃）

項 目	記号	標準	最大	単位	備 考
入力オフセット電圧	V_{IO}	85	250	μV	
入力オフセット電圧ドリフト	—	0.5	1.8	μV/℃	オフセット調整なし
入力オフセット電圧ドリフト	—	0.4	1.6	μV/℃	オフセット調整あり（R_p=20 k）
入力バイアス電流	I_{IB}	±2.2	±9	nA	
入力バイアス電流ドリフト	—	18	50	pA/℃	
入力オフセット電流	I_{IO}	1.6	8	nA	
入力オフセット電流ドリフト	—	12	50	pA/℃	
電圧利得	A_v	100	400	mV/V	

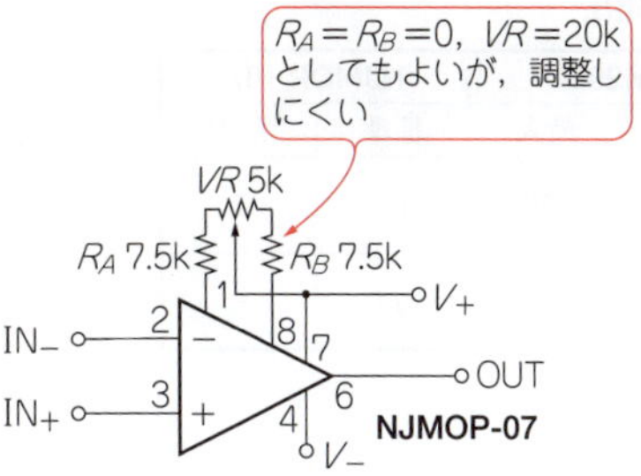

図7-4　高精度OPアンプIC NJMOP-07のオフセット調整の方法

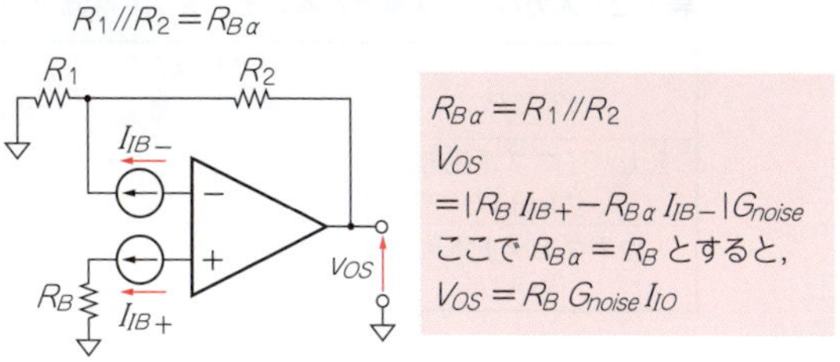

図7-5　入力バイアス電流と出力オフセット電圧

LF411などがあります．

オフセット調整端子で入力バイアス電流I_{IB}または入力オフセット電流I_{IO}による出力オフセット電圧を調整すると，問題になる場合があります．

■ ③の方法

高精度OPアンプICは各社から多くの品種が出されていますが，欠点は価格が高いことです．なかでも比較的安価なのがOP-07です．

表7-1に新日本無線製のNJMOP-07の主な電気的特性を示します．**図7-4**にNJMOP-07のオフセット調整回路の例を示します．可変範囲は狭くしたほうが調整が楽です．

7-3　入力バイアス電流の影響を低減する方法

■ 反転端子と非反転端子に接続する抵抗値を合わせる

反転入力端子に接続する抵抗R_{B+}と非反転入力端子に接続する抵抗R_{B-}を等しくすれば，入力バイアス電流によるオフセット電圧を低減できます．**図7-5**において，$R_B (= R_1 // R_2)$を追加すると，入力換算オフセット電圧V_{IIO}は，

$$V_{IIO} = I_{IO} R_B \quad \cdots\cdots (7\text{-}3)$$

ただし，I_{IO}：入力オフセット電流

となります．この状態でR_Bをショートしてしまうと，V_{IIO}は，

$$V_{IIO} = I_{IB} R_1 // R_2 = I_{IB} R_B \quad \cdots\cdots (7\text{-}4)$$

となります．データシートには，入力バイアス電流I_{IB}だけでなく，入力オフセット電流I_{IO}も規定されており，一般に$I_{IO} \ll I_{IB}$ですから，R_Bを追加することによって，入力バイアス電流の影響を大幅に低減できることがわかります．

FET入力のOPアンプはI_{IB}が極小ですから，入力バイアス電流に対する配慮はほとんど不要です．ただし，高温にさらされる場合は，それなりに高精度なFET入力OPアンプを選択する必要があります．

■ R_Bの値は？

表7-2に，R_BとI_{IB}，I_{IO}による入力換算オフセット電圧の関係を示します．これを見ると，R_B(=

表7-2　入力バイアス電流と入力オフセット電流から算出した出力オフセット電圧

項　目	NJM4580		NJM072B		NJM2904		NJMOP-07	
	標準	最大	標準	最大	標準	最大	標準	最大
入力バイアス電流 I_{IB} [nA]	100	500	0.03	0.25	25	250	1.8	7
入力オフセット電流 I_{IO} [nA]	5	50	0.005	0.05	5	50	0.4	6

(a) 入力バイアス電流と入力オフセット電流

項　目		NJM4580		NJM072B		NJM2904		NJMOP-07	
		標準	最大	標準	最大	標準	最大	標準	最大
R_B = 1 kΩ	入力バイアス電流によるオフセット電圧 V_{IIB} [μV]	100	500	0.03	0.25	25	250	1.8	7
	入力オフセット電流によるオフセット電圧 V_{IIO} [μV]	5	50	0.005	0.05	5	50	0.4	6
R_B = 10 kΩ	入力バイアス電流によるオフセット電圧 V_{IIB} [μV]	1000	5000	300	2.5	250	2500	18	70
	入力オフセット電流によるオフセット電圧 V_{IIO} [μV]	50	500	0.05	0.5	50	500	4	60
R_B = 100 kΩ	入力バイアス電流によるオフセット電圧 V_{IIB} [μV]	10000	50000	3	25	2500	25000	180	700
	入力オフセット電流によるオフセット電圧 V_{IIO} [μV]	500	5000	500	5	500	5000	40	600
R_B = 1 MΩ	入力バイアス電流によるオフセット電圧 V_{IIB} [μV]	100000	500000	30	250	25000	250000	1800	7000
	入力オフセット電流によるオフセット電圧 V_{IIO} [μV]	5000	50000	5	50	5000	50000	400	6000
入力換算オフセット電圧 V_{IO}(参考) [μV]		300	3000	3000	10000	2000	7000	60	150

(b) R_Bを変えながら算出した入力換算オフセット電圧

$R_1/\!/R_2$)を10 kΩ以下にすれば，

$$V_{IO} \gg V_{IIO} \quad \cdots\cdots (7\text{-}5)$$

となって，入力オフセット電流の影響が無視できることがわかります．

FET入力のNJM072Bは，R_B(= $R_1/\!/R_2$)を1 MΩ以下にすれば，非反転入力にR_Bを入れる必要もありません．標準値と最大値で計算しましたが，実際の量産設計にあたっては最大値を採用します．標準値をあてにしてはいけません．

■ オフセット電圧の温度特性

カタログから実験に使用しているOPアンプの入力オフセット電圧，入力バイアス電流の温度特性(代表値)を抜粋したのが**図7-6～図7-8**です．

これらを見ると，NJM072Bは入力バイアス電流を気にしないで使用できる温度が50℃以下ということはわかります．そのほかは，こういうデータもあるという程度で，あてにしてはいけません．

汎用OPアンプでは，入力オフセット電圧，入力バイアス電流の温度特性の最悪値が規定されていま

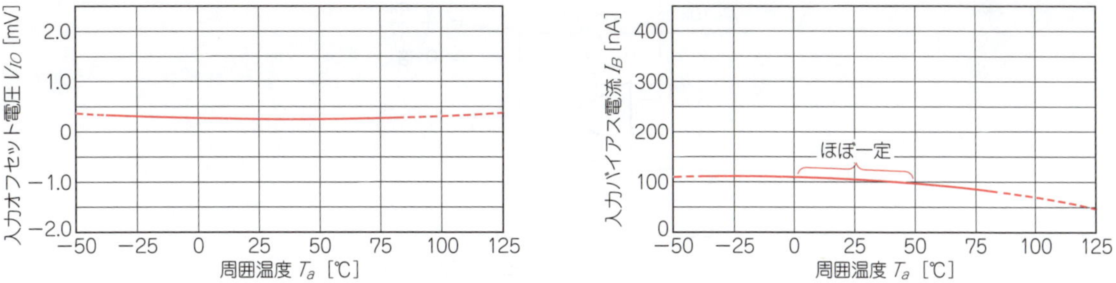

(a) 入力オフセット電圧温度特性例　(b) 入力バイアス電流温度特性例

図7-6　NJM4580の入力オフセット電圧と入力バイアス電流の温度特性（$V_+/V_- = \pm 15$ V）

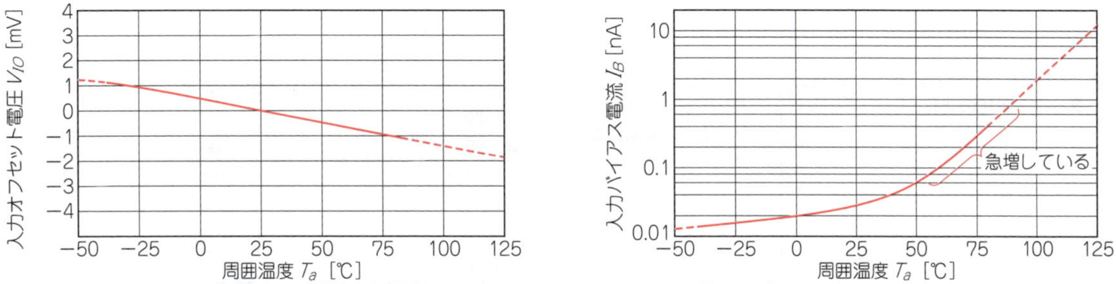

(a) 入力オフセット電圧温度特性例　(b) 入力バイアス電流温度特性例

図7-7　NJM072Bの入力オフセット電圧と入力バイアス電流の温度特性（$V_+/V_- = \pm 15$ V）

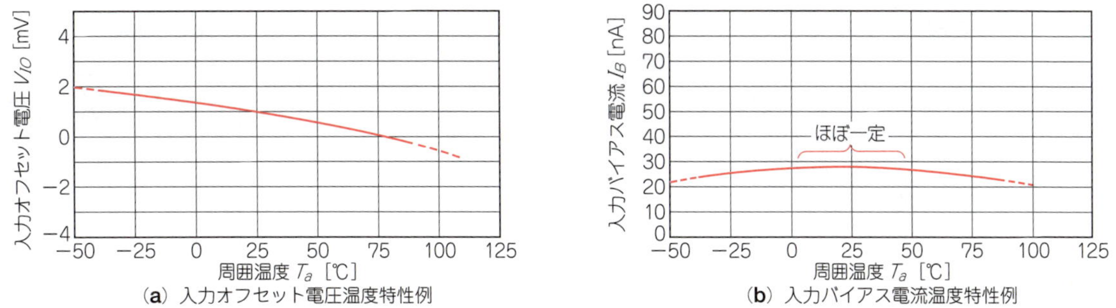

(a) 入力オフセット電圧温度特性例　(b) 入力バイアス電流温度特性例

図7-8　NJM2904の入力オフセット電圧と入力バイアス電流の温度特性（$V_+ = 5$ V）

せんが，だいたい数μ～数十μV/℃，数十p～数百pA/℃程度です．この値を規定したい場合は，OP-07などの高精度OPアンプを使います．その場合，OPアンプを発熱部品から離して配置することは当然のことですが，OPアンプ自体を発熱させないよう負荷抵抗はできるだけ大きくし，できないようならば第5章で実験したトランジスタによるバッファを入れます．

R_1 10k　R_2 1M　$G_{noise} = 1 + \dfrac{R_2}{R_1}$
　　　　　　　　　　　　$= 101$ 倍

V_{CC} (+15V)
R_{B-}
R_{B+}
V_{EE} (−15V)
SW$_1$　ON
R_3 10k
V_{OS}

$R_{B-} \fallingdotseq 10\text{k}\Omega$
$R_{B+} = 0\Omega$ (SW$_1$:ON)
　　　$= 10\text{k}\Omega$ (SW$_1$:OFF)

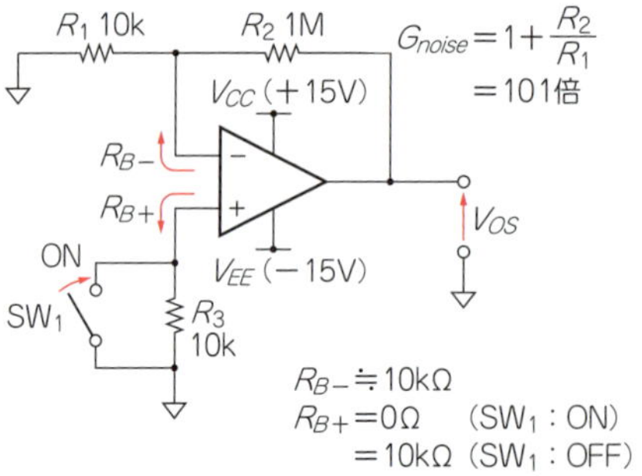

図7-9　OPアンプに接続する抵抗と出力オフセット電圧の変化を観測する実験回路

表7-3　図7-9のR_{B+}の有無と出力オフセット電圧の変化

項目	IC	条件	計算値(最大値)[mV]	実測値[mV]
入力バイアス電流による出力オフセット電圧	NJM4580	$R_{B+} = 0\,\Omega$, $R_{B-} = 10\,\text{k}\Omega$	556	−170
	NJM072B		1000	294
	NJM2904		960	34.5
入力オフセット電流による出力オフセット電圧	NJM4580	$R_{B+} = 10\,\text{k}\Omega$, $R_{B-} = 10\,\text{k}\Omega$	354	−19.3
	NJM072B		1000	294
	NJM2904		758	−53.8

$R_1 = R_3, R_2 = R_4$

R_2　R_1　R_3　R_4
IC$_{1a}$　IC$_{1b}$
V_{IO1}　V_{IO2}
I_{IB1}　I_{IB2}
IN−　IN+　V_1　V_{OS}

たとえばゲイン1000倍の増幅器
SW$_1$　マルチプレクサ　A-Dコンバータ
V_1（数mV程度）
CH-1, CH-2, CH-3, CH-4

$R_B = R_1 // R_2$, $G_{noise} = \dfrac{R_1+R_2}{R_1}$ とする.

$V_1 = (V_{IO1} + I_{IB1}R_B)\dfrac{R_1+R_2}{R_2}$

$V_{OS} = (V_{IO2} + I_{IB2}R_B)\dfrac{R_1+R_2}{R_1} - V_1\dfrac{R_2}{R_1}$

∴ $V_{OS} = \{(I_{IB2}-I_{IB1})R_B + (V_{IO2}-V_{IO1})\}G_{noise}$

バイアス電流とオフセット電圧がマッチングしていれば$V_{OS} \to 0$となるはず

信号測定
SW$_1$　1, 2
マルチプレクサ (CH-1)　ON / OFF
スイッチング・トランジェント期間はA-D変換しない
N_1　S_1
信号測定値は$S_1 − N_1$
A-Dコンバータ出力データ

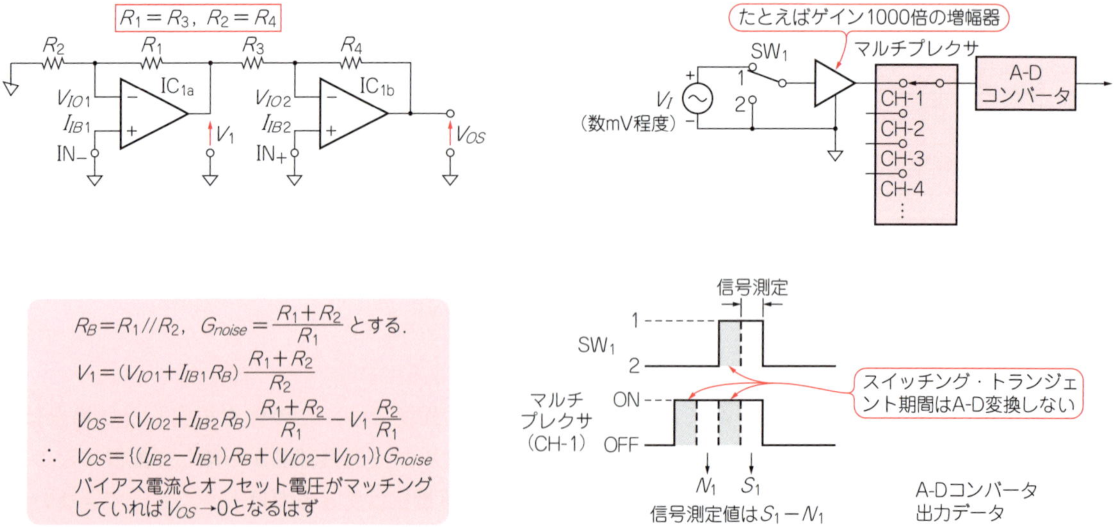

(a) 2回路入りOPアンプのオフセット低減法　　**(b) A-D変換によるオフセット打ち消し法**

図7-10　オフセット低減の方法

7-4　実験で見る出力オフセット電圧の低減効果

最初に断っておきますが，実際の V_{IO}，I_{IB}，I_{IO} はばらつきがとても大きく，ここで示した実測データはたまたま得られたものです．すべてに当てはまるデータではありません．皆さんが実験すれば当然違ったデータになります．

■ R_B の有無と出力オフセット電圧の変化

図7-9の回路でSW_1をON/OFFして，出力オフセット電圧を測定しました．ノイズ・ゲイン G_{noise}（$= G_{NI}$）は101倍です．計算値と実測値を**表7-3**に示します．出力オフセット電圧 V_{OS} の最大値の計算値は，下記の二つの式から算出しました．

$$V_{OS} = (V_{IO} + I_{IB} \times 10\ \mathrm{k\Omega})\, G_{noise} \cdots\cdots (7\text{-}6)$$

および，

$$V_{OS} = (V_{IO} + I_{IO} \times 10\ \mathrm{k\Omega})\, G_{noise} \cdots\cdots (7\text{-}7)$$

NJM4580は入力に接続される抵抗(R_B)を両入力で等しくすると，－170 mVから－19.3 mVへと大幅に V_{OS} が低下します．このことから，入力バイアス電流の V_{OS} に対する影響の大きさがわかります．

FET入力のNJM072Bは R_B = 10 kΩではまったく変化せず，この程度の R_B では入力バイアス電流が V_{OS} にまったく影響しないことを示しています．面白いのはNJM2904で，R_B を両入力で等しくすると，－34.5 mVから－53.8 mVと V_{OS} が増加します．これは V_{IO} と I_{IB} × 10 kΩの極性が逆の場合に発生する現象です．

■ オフセット低減の裏技と秘技

実験に使用しているOPアンプは2個入りですから，温度特性を含めた特性のマッチングを期待した裏技があります．

図7-10(a)は，V_{IO} と I_{IB} をともに打ち消そうという回路[19]です．実際に使用してみると，ICによってはそこそこの特性が得られます．ただし，保証できるわけではありません．IC間のばらつきが大きく，高精度OPアンプにはかないません．

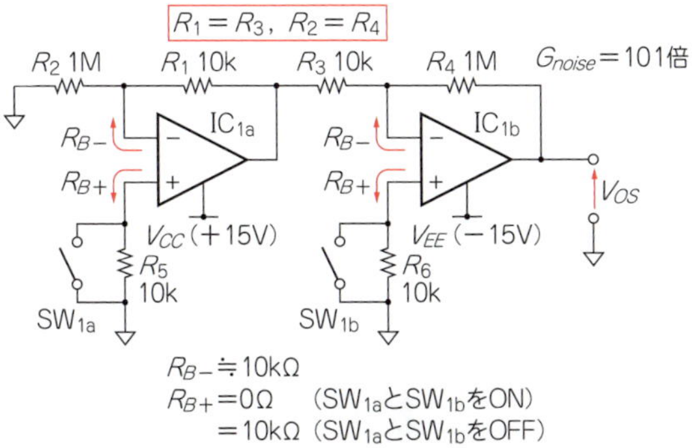

図7-11　図7-10のオフセット低減回路の効果を見る実験回路

表7-4　図7-11のR_{B+}の有無と出力オフセット電圧の変化

項　目	IC	条　件	計算値(最大値)[mV]	実測値[mV]
入力バイアス電流による出力オフセット電圧	NJM4580	$R_{B+}=0\,\Omega$, $R_{B-}=10\,\mathrm{k\Omega}$	—	1.5
	NJM072B			276
	NJM2904			−66.7
入力オフセット電流による出力オフセット電圧	NJM4580	$R_{B+}=10\,\mathrm{k\Omega}$, $R_{B-}=10\,\mathrm{k\Omega}$	—	1.0
	NJM072B			276
	NJM2904			−47.6

現在では，増幅した信号をA-D変換してディジタル処理するケースがほとんどです．その場合は，**図7-10(b)**に示すように，測定のときだけ，オフセット電圧とともに増幅された信号をA-D変換し，そのほかの期間にオフセット電圧をA-D変換して減算すれば，オフセットは温度・時間ドリフトも含めて打ち消されます．あまりにオフセットの大きなOPアンプを使用すると，出力最大電圧を越える可能性があるので，クローズド・ループ・ゲインに見合ったOPアンプを選択します．また，アナログ・スイッチのスイッチング・トランジェント(スイッチング時に出るスパイク状のノイズなど)の影響を受けないよう，信号とオフセットの取り込みタイミングでは，トランジェント期間を避ける配慮が必要です．

■ 実験で見るオフセット低減の裏技

図7-11の回路で，SW_{1a}とSW_{1b}をON/OFFして出力オフセット電圧を測定してみました．ノイズ・ゲインG_{noise}は101倍です．結果を**表7-4**に追加しました．

オフセット打ち消しの効果について見てみると，使用したNJM4580は2個の特性がそろっているようで，入力換算で10 μVとOP-07も顔負けになります．しかし，NJM072Bでは期待したほどの効果はなく，NJM2904では逆効果です．このように，オフセット低減の裏技はとても効くこともありますが，効くどころか，悪化する場合もあります．効果のある場合もその特性は保証されていないので量産には向いていません．少量生産で，OPアンプが選別可能な場合には使用してもよいでしょう．

第8章

基本増幅回路

実用的な増幅回路を作るには

基本増幅回路である反転増幅回路と非反転増幅回路については，すでに第6章で説明しました．ここでは反転増幅回路と非反転増幅回路を実際に使用する場合について，注意点と応用例を紹介します．

ゲインやレベルを調整する場合には，抵抗値が可変できる可変抵抗器(通称：ボリューム)を使用します．可変抵抗器は機械的な可動部分を含み，抵抗体が固定抵抗器のように塗膜で保護されていませんから，信頼性上の問題があります．ここでは，知っているようで知られていない可変抵抗器について，使用するうえで最低限押さえておくべきことも紹介します．

8-1 反転増幅回路

■ 反転増幅回路はCMRRが無視できる

図8-1(**a**)の反転増幅回路において，OPアンプ反転入力端子の電圧v_1は，バーチャル・ショートからほぼ0Vになります．コモン・モード電圧が0Vですから，同相信号除去比CMRR(Common Mode Rejection Retio)は無視できます．特に，OPアンプ自体のCMRRが低下する高周波で反転増幅回路はCMRRの影響を低減できます．

■ 反転増幅回路は入力インピーダンスが低い

図8-1(**a**)の反転増幅回路の入力インピーダンスはR_1になります．R_1が信号源インピーダンスR_sよりも充分(たとえば100倍以上)大きければ，ゲインの誤差E_Gは少なくなります．R_1を大きくすると，R_2も大きくなり，入力バイアス電流の影響を受けやすくなります．抵抗が大きいと第11章で説明する抵抗の熱雑音も大きくなります．

これらの影響を低減して，R_sによるゲイン誤差を小さくするには**図8-1**(**b**)に示すように，ゲイン1倍のボルテージ・フォロワを入れますが，ボルテージ・フォロワ部分のCMRRによる誤差は大きくなります．

■ 交流反転増幅回路

交流信号だけを増幅するには，**図8-2**に示すようにR_1に直列にコンデンサC_1を入れます．コンデンサの値は，増幅する最低周波数f_Lに対して，図中の式(8-4)のようにするのが一般的です．**図8-2**の回路の直流ノイズ・ゲインは1倍ですから，出力オフセット電圧は最少になります．

8-2　T型帰還回路

T型帰還回路の良い点

図8-3(a)に示す反転増幅回路において，入力抵抗R_1を大きく設定した場合，回路のゲインを大きく

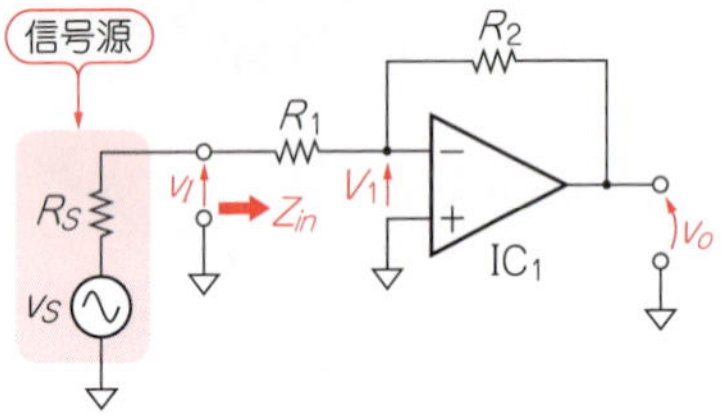

Z_{in}：入力インピーダンス

$Z_{in} \fallingdotseq R_1$, $V_1 \fallingdotseq 0$V

$$v_O = -\frac{R}{R_1} v_I$$

$$= -\frac{R_2}{R_S + R_1} v_S$$

$$G = \frac{v_O}{v_S} = -\frac{R_2}{R_S + R_1} \cdots\cdots\cdots\cdots (8\text{-}1)$$

理想ゲインG_Iを

$$G_I = -\frac{R_2}{R_1}$$

とすると，ゲイン誤差E_Gは

$$E_G = 1 - \frac{G}{G_I} = \frac{R_S}{R_S + R_1} \cdots\cdots (8\text{-}2)$$

$R_S/R_1 \to 0$とすると，$E_G \to 0$

(**a**) 反転増幅回路の入力インピーダンス

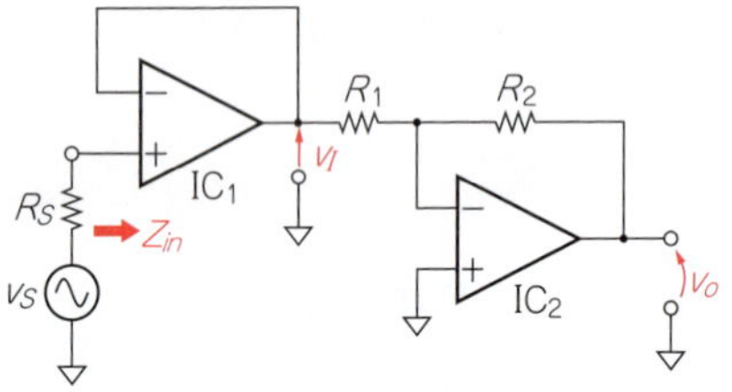

$Z_{in} \fallingdotseq \infty$, $v_I \fallingdotseq v_S$より，

$$v_O = -\frac{R_2}{R_1} v_S$$

$$\therefore G = -\frac{R_2}{R_1} = G_I \cdots (8\text{-}3)$$

(**b**) 高入力インピーダンス反転増幅回路

図8-1　反転増幅回路

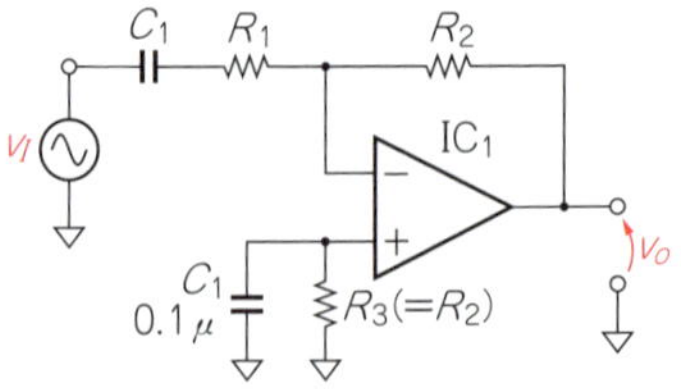

周波数$f \geqq f_L$にて

$$v_O \fallingdotseq -\frac{R_2}{R_1} v_I$$

$$C_1 \geqq \frac{1}{20\pi R_1} \cdots (8\text{-}4)$$

図8-2　交流反転増幅回路

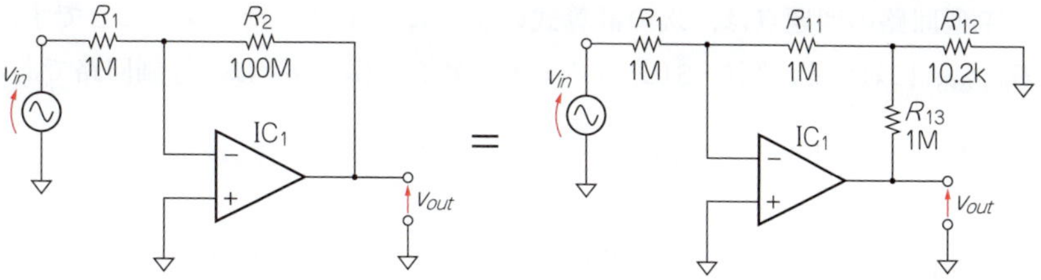

$G=\dfrac{v_{out}}{v_{in}}=-\dfrac{R_2}{R_1}$

上記定数設定の場合，$G=100$倍.

(a) 高抵抗を使用する反転増幅回路

$G=-\dfrac{1}{R_1}\left\{R_{11}+R_{13}\left(1+\dfrac{R_{11}}{R_{12}}\right)\right\}$

上記定数設定の場合，$G=100$倍.

(b) 抵抗値を下げたT型帰還回路

図8-3　T型帰還回路

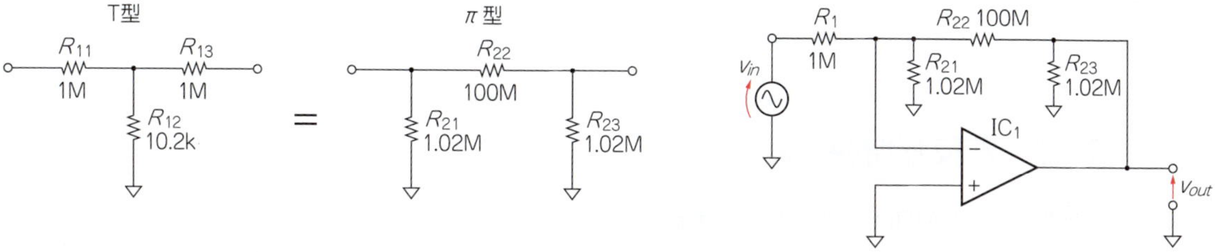

$R_{21}=A/R_{13}$ (=1.02M)

$R_{22}=A/R_{12}$ (=100M)

$R_{23}=A/R_{11}$ (=1.02M)

ただし，$A=R_{11}R_{12}+R_{12}R_{13}+R_{13}R_{11}$ ($\fallingdotseq 1.02\times10^{12}$)

(a) Y-$\varDelta$変換

$G=-\dfrac{R_{22}}{R_1}$

$G_{noise(T)}=1+\dfrac{R_{22}}{R_1//R_{21}}$

ただし，$G_{noise(T)}$：ノイズ・ゲイン

(b) **図8-3**(**b**)の等価回路

図8-4　T型帰還の等価回路

とろうとすると帰還抵抗R_2が非常に大きくなり，実装や入手が困難になる場合があります．そのときは，**図8-3**(**b**)のようなT型帰還回路を使用します．

このときゲインGは，

$$G=-\frac{R_{11}+R_{13}\left(1+\dfrac{R_{11}}{R_{12}}\right)}{R_1}\quad\cdots\cdots(8\text{-}5)$$

となります．定数の設定は$R_1=R_{11}$とし，R_{12}とR_{13}でゲインを決定するのが一般的です．図中に記入した定数は，$R_1=1\,\mathrm{M}\Omega$時にゲインを100倍にしたときの値です．

図8-3(**b**)では使用抵抗が2本増加しますが，抵抗値は(**a**)のR_2が100 MΩだったのに対して，10.2 k～1 MΩと容易に入手・製作可能な値になっているのがわかります．

■ 問題点はノイズ・ゲインが増えること

図8-4(**a**)に示すように，T型回路はY-Δ(スター・デルタ)変換により，π型回路に変換できます．π型回路を反転増幅回路に適用すると，**図8-4**(**b**)のように$R_{22}=100\,\mathrm{M}\Omega$となってしまいます．しかし，図からもわかるようにπ型回路では，動作上ないほうが良い抵抗R_{21}，R_{23}が接続された形となります．このようにπ型回路に等価変換すると，T型回路の問題点が明らかになります．

T型回路の問題点は，次の計算式のようにノイズが増加することです．図8-3(a)のノイズ・ゲイン $G_{noise(S)}$ に対する，図8-3(b)のノイズ・ゲイン $G_{noise(T)}$ は，等価回路である図8-4(b)から求められ，

$$G_{noise(S)} = 1 + \frac{R_2}{R_1} = 101$$

$$G_{noise(T)} = 1 + \frac{R_{22}}{R_1 /\!/ R_{21}} = 199 \quad \cdots\cdots\cdots (8\text{-}6)$$

となります．ノイズ・ゲインが，およそ2倍になっていることがわかります．

定数設定に当たっては，R_{21} ができるだけ大きくなるようにします．

このT型帰還回路は，反転増幅回路やその変形である電流-電圧変換回路などには使用されます（第14章参照）．しかし，入力インピーダンスと帰還回路のインピーダンスを独立に設定できる非反転増幅回路では，ノイズ・ゲインの増加が嫌われ，ほとんど使用されません．

8-3 非反転増幅回路

■ 非反転増幅回路はCMRRによる誤差が大きい

図8-5の非反転増幅回路において，OPアンプ入力端子の電圧は，入力信号電圧と等しくなります．コモン・モード電圧が v_I ですから，同相信号除去比CMRRによる誤差は，OPアンプ自体のCMRRが低下する高周波では無視できません．回路的に反転増幅回路が使用できない場合は，CMRRの大きい高速/広帯域OPアンプを使用します．CMRRの悪化はひずみ率の増加となって現れる場合が多いので，低ひずみOPアンプを選択する場合もあります．

■ 非反転増幅回路は入力インピーダンスが高い

図8-5の非反転増幅回路の入力インピーダンスは，第6章で説明したように負帰還の効果で，無視できるほど大きくなります．

R_I：内部入力抵抗
A：オープン・ループ・ゲイン
Z_{in}：入力インピーダンス
$\beta = \dfrac{R_1}{R_1+R_2}$
$Z_{in} = R_I(1+A\beta) \to \infty$
$G = \dfrac{v_O}{v_I} = \dfrac{1}{\beta}\dfrac{1}{1+A\beta} \to \dfrac{1}{\beta}$

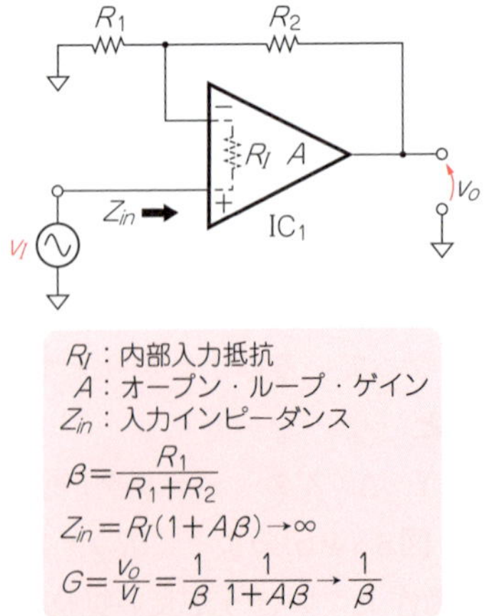

図8-5 非反転増幅回路

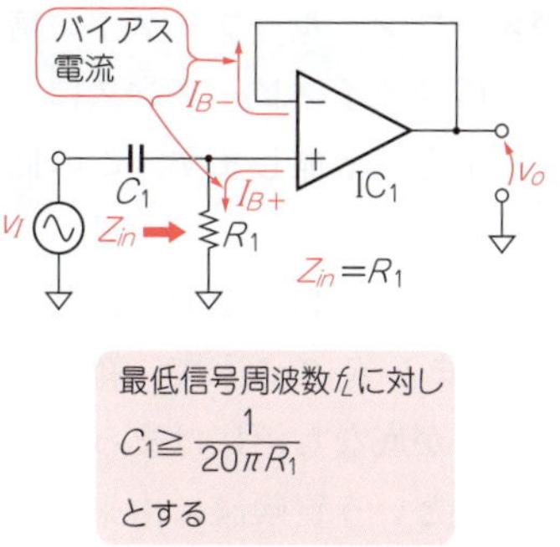

(a) 入力インピーダンスR_1の非反転増幅回路

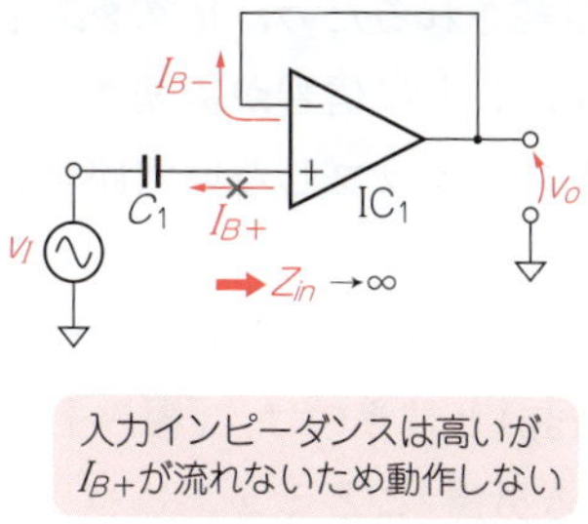

(b) 動作しない高入力インピーダンス非反転増幅回路

図8-6　交流非反転増幅回路

(定数は，入力信号が10Hz以上のとき)

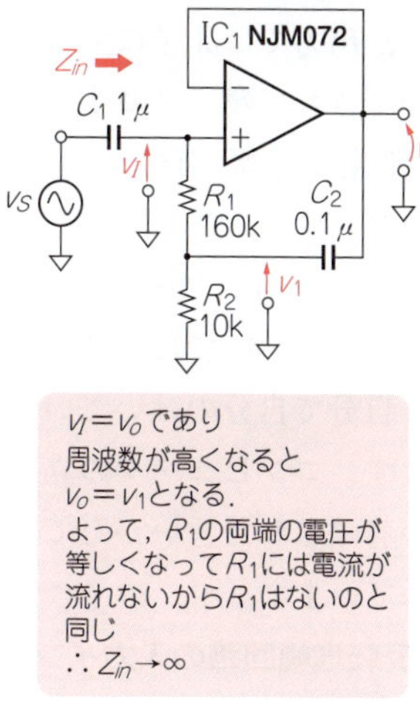

図8-7　ブートストラップ回路

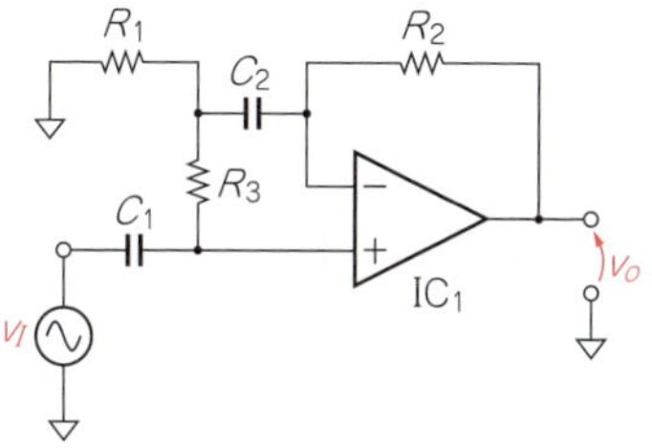

図8-8　高入力インピーダンス交流非反転増幅回路

■ 交流非反転増幅回路の入力インピーダンス

図8-6(a)に交流非反転増幅回路を示します．入力バイアス電流を流すために入れたR_1のため，使用周波数での入力インピーダンスはR_1になってしまいます．負帰還の効果で増加した入力インピーダンスを活かすため**図8-6(b)**のようにしたいところですが，入力バイアス電流を流せませんから，この回路は動作しません．

8-4　ブートストラップ回路

■ 交流非反転増幅回路の入力インピーダンス増加方法

交流非反転増幅回路の入力インピーダンスを大きくする回路にブートストラップ回路があります．ブートストラップ回路は**図8-7**に示す回路で，入力に出力信号を正帰還しています．周波数が高くなると，**図8-7**のv_Iとv_1は等しくなって，R_1には電流が流れないため，入力インピーダンスは理論上無限大になります．**図8-8**に，一般的な高入力インピーダンス交流非反転増幅回路を示します．

この回路の設計にあたっては，信号源インピーダンスを入れて等価回路を書き，回路シミュレーションで定数を決定するのが現実的です．

この回路の欠点は，入力オープン時，出力雑音が非反転入力に正帰還されるとともに，R_1が等価的にOPアンプの反転入力-非反転入力間に接続されるため，R_1の熱雑音がオープン・ループ・ゲイン倍され，出力では非常に大きくなることです．入力に信号が接続されれば，信号源インピーダンスにより分圧されて雑音は減少しますが，ブートストラップしない回路に比べて雑音は増加します．この回路は低雑音増幅回路には向いていません．

余談ですが，この回路をなぜブートストラップ回路と呼ぶのかと言うと，「自分で自分を引っ張り上げる」からです．ブートストラップ(bootstrap)と言うのは，「編み上げ靴のつまみ革」のことで，靴ひも(ブートレイス)ではありません．「ほら吹き男爵」ことミュンヒハウゼン男爵が底なし沼にはまったとき，自分で自分のはいている靴のブートストラップを引っぱって引き上げたという冒険談に由来しています．コンピュータの立ち上げ作業をブート(長靴)と言いますが，由来は同じで，ブートストラップが省略された言いかたです．アナログ回路では，ブートストラップの技法はいろいろなところで使われています．

■ 反転増幅回路の入力インピーダンス増加方法

ブートストラップ回路を使用すれば，反転増幅回路の入力インピーダンスも理論上無限大にできます．回路を**図8-9**に示します．

第10章で説明しますが，増幅回路の発振は負帰還が正帰還になって起こります．**図8-9**の回路は負帰還と正帰還の微妙なバランスの上で動作していますから，抵抗値の変動により発振する危険性があります．特に理由がなければ，**図8-1(b)**の回路を使用します．

8-5 可変抵抗器の使い方

■ 基本構造

特殊なものを除くと，**図8-10(a)**のように端子が3個出ていて，図のような番号がついています．

②はスライダで**S**(Slider)という記号で表します．時計方向に回しきったとき，スライダが接触する端子が③で**CW**(Clock Wise)で表します．

$R_3 = R_2$, $R_4 = 2R_1$ とする
$R_5 \geqq R_1$ ならば
$$v_O = -\frac{R_2}{R_1} v_I$$
$$Z_{in} = \frac{R_1 R_5}{R_5 - R_1}$$

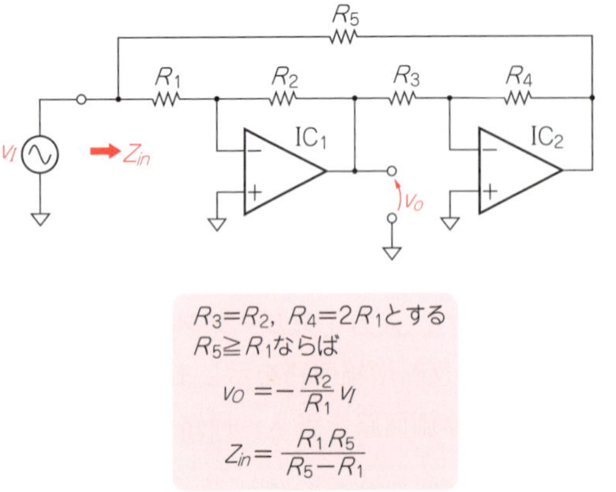

図8-9 高入力インピーダンス反転増幅回路

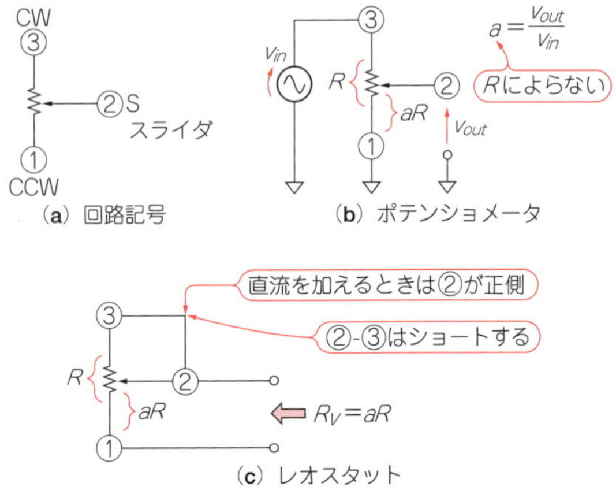

図8-10 可変抵抗器

反時計方向に回しきったときスライダが接触する端子が①で**CCW**(Counter Clock Wise)で表します．

■ レオスタットとポテンショメータ

可変抵抗器には，つまみとともにパネルに取り付けて使用するボリュームと，機器内(基板上)に取り付けて調整時以外は可変しない半固定抵抗器があります．

使用方法から**図8-10**(**b**)のように③～①に加えた電圧を②～①で分圧して取り出すポテンショメータ(電圧分圧型)と，**図8-10**(**c**)のように②～①間の抵抗値を可変するレオスタット(電流制御型)に分けられます．

ポテンショメータではRとaRの相対精度が安定であれば良く，絶対精度は無視できます．レオスタットではaRの絶対精度が問題になります．

レオスタットは，②～③間はスライダの接触不良でも最大Rの抵抗値に収まってオープンにならないように，ショートして使います．

直流電流を流す場合は，スライダを正側に接続すると電食を起こしにくいといわれています．①～③間の抵抗値誤差は一般的なもので±20％(M)，巻き線型精密ポテンショメータでも±3％ですから，レオスタットとして使用する場合は可変範囲に注意が必要です．

■ カーボン可変抵抗器の使い方

可変抵抗器には，高価な多回転の精密ポテンショメータもありますが，よく使われるのは安価なカーボン可変抵抗器です．**図8-11**にカーボン可変抵抗器の変化特性を示します．**B**カーブは変化が回転角に対し直線的で，各種のレベル調整に使われます．**A**カーブは，回転角に対して逆対数(指数)関数的に変化し，音量調整などに使われます．**C**カーブは，回転角に対して対数関数的に変化します．音質調整に使われます．

最近はD-Aコンバータを使用した電子ボリュームICがほとんどで，カーボン可変抵抗器を使うことはまれになり，品種も少なくなっています．

■ 選び方の基本

設定精度が問題になるときは精密ポテンショメータ，ずれを再調整するときはカーボン可変抵抗器，中間的な設定精度だったら巻き線やサーメット(金属皮膜)可変抵抗器を選びます．ただし，カーボン可変抵抗器は抵抗値の経年変化が大きいので，レオスタットとしては使用しないようにします．

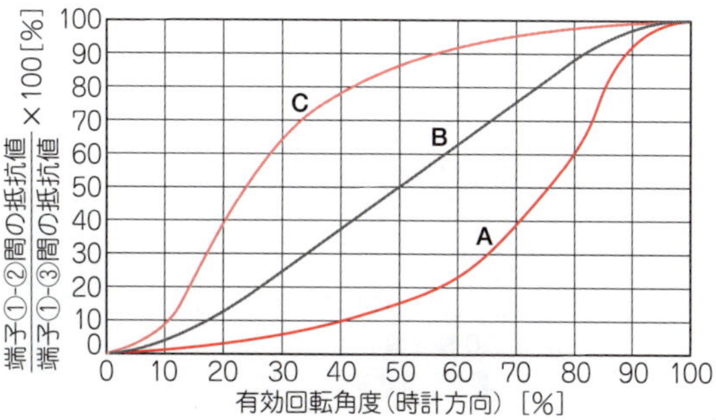

図8-11　カーボン可変抵抗器の回転角と抵抗値の変化

半固定抵抗器は，材質がサーメットで精密調整のときは多回転，一般用には1回転を勧めます．注意すべき点として，半固定抵抗器は材質によらず許容回転回数が少ないので，常に調整して使うようなときは可変抵抗器にします．文献(17)に詳しい説明がありますから，ぜひ読んでみてください．

8-6　ゲインとレベルの調整方法

■ レベル調整

▶非反転増幅回路

図8-12は非反転増幅回路のレベル調整です．

VR_1がBカーブの可変抵抗器ならば，出力電圧v_{out}の変化は可変抵抗器の回転位置$a (0 \leq a \leq 1)$により，次式のように直線的に変化します．

$$v_{out} = a \frac{R_1 + R_2}{R_1} v_{in} \quad \cdots \cdots (8-7)$$

▶反転増幅回路

図8-13(a)は反転増幅回路のレベル調整です．反転増幅回路の場合，入力インピーダンスが低いため，次式のように出力電圧v_{out}の変化は直線からずれます．

$$v_{out} = -\frac{a}{1+(a-a^2)\frac{R}{R_1}} \frac{R_2}{R_1} v_{in} \quad \cdots \cdots (8-8)$$

図8-13(b)に理想状態($R_1 \to \infty$)と，$R = R_1$のときの可変抵抗器の回転位置と理想状態からの誤差を示します．誤差εは，

$v_1 = \frac{aR}{R} v_{in} = a v_{in}$

$\therefore v_{out} = a \frac{R_1 + R_2}{R_1} v_{in}$

ただし，aはVRの回転により，
$0 \leq a \leq 1$
の範囲で変化する

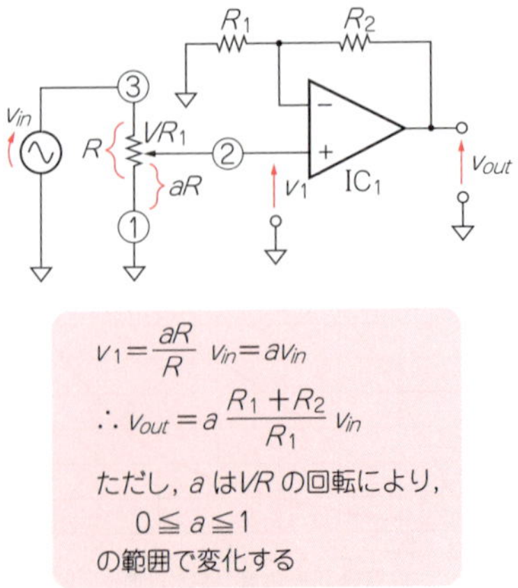

図8-12　非反転増幅回路のレベル調整

$$\varepsilon = \frac{\left(a - a^2\right)\dfrac{R}{R_1}}{1 + \left(a - a^2\right)\dfrac{R}{R_1}} \quad \cdots\cdots (8\text{-}9)$$

で与えられます．

誤差が最大になるときのaは，$\partial\varepsilon/\partial a = 0$とすると，$a = 0.5$となり，最大誤差$\varepsilon_{\max}$は，

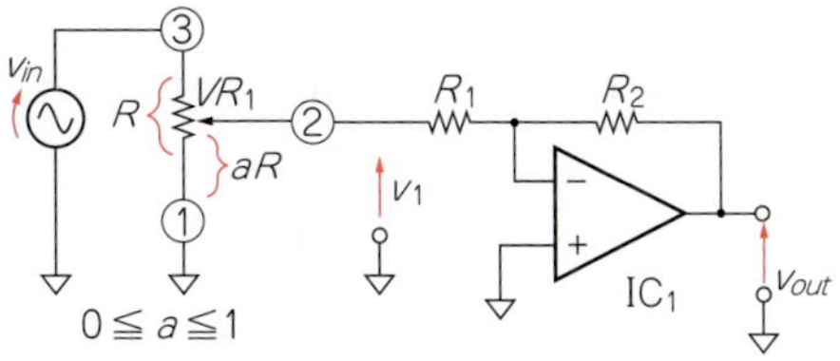

$$v_1 = \frac{aR /\!/ R_1}{(1-a)R + aR /\!/ R_1} v_{in} = \frac{a}{1+(a-a^2)\dfrac{R}{R_1}} v_{in}$$

$$\therefore\ v_{out} = -\frac{a}{1+(a-a^2)\dfrac{R}{R_1}} \frac{R_2}{R_1} v_{in}$$

理想的にはv_{out}はaに比例するのが望ましい．
そこで理想からの誤差εを求める．

$$\varepsilon = \frac{a-b}{a} = \frac{(a-a^2)\dfrac{R}{R_1}}{1+(a-a^2)\dfrac{R}{R_1}}$$

ただし，$b = \dfrac{a}{1+(a-a^2)\dfrac{R}{R_1}}$

とする．

$\dfrac{\partial\varepsilon}{\partial a} = 0$とすると$a = 0.5$となる．

つまり，$a = 0.5$のとき誤差εは最大となる

(a) 回路

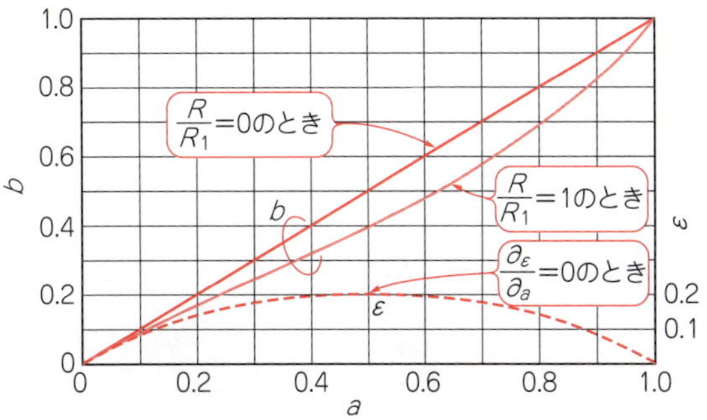

(b) aを変化させたときの誤差

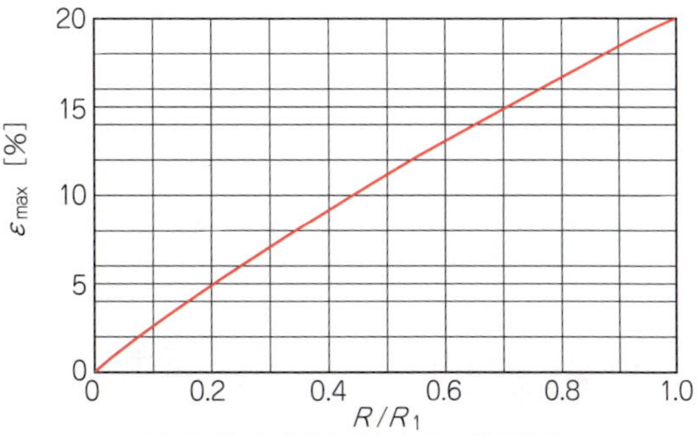

(c) R/R_1を変化させたときの最大誤差

図8-13　反転増幅回路のレベル調整

$$\varepsilon_{max} = \frac{\dfrac{R}{R_1}}{4 + \dfrac{R}{R_1}} \qquad \cdots\cdots (8\text{-}10)$$

となります．

R/R_1を0から1まで変化したときの最大誤差を示したのが，**図8-13(c)**です．設計に当たっては，許される最大設定誤差が与えられますから，この図，または式(8-10)から可変抵抗器の抵抗値RとR_1を決定します．

■ ゲイン調整

図8-14は非反転増幅回路のゲイン調整です．図の(**a**)と(**b**)ではどちらの接続がよいでしょうか？

図8-14(**a**)は可変抵抗器のスライダに電流が流れませんから，接触抵抗の影響を受けません．しかし，OPアンプの反転入力に可変抵抗器のスライダが接続され，可変抵抗器の物理的な大きさが固定抵抗よりも大きいため，外部からノイズの誘導を受けやすくなります．

図8-14(**b**)は可変抵抗器のスライダが接地されるため，外部ノイズの影響は少なくなりますが．接触抵抗の影響を受けます．

図8-15は反転増幅回路のゲイン調整です．この図の(**a**)と(**b**)の特性も非反転増幅回路のゲイン調整と同様です．ポテンショメータ式，レオスタット式どちらも一長一短があり，一概にどちらが良いとは言えません．しかし現在は，スイッチング電源が主流になったことや，電子回路の動作高速化により，電子機器内部のノイズ環境が悪化しています．したがって**図8-14(b)または図8-15(b)を勧めます**．

■ ゲインとレベルの切り替え

スイッチによるゲインとレベルの切り替えは，可変抵抗器を抵抗とスイッチに換えて**図8-16**のように行います．以前はメカニカル・スイッチ(リレーも含む)で行われてきましたが，現在では半導体アナログ・スイッチで行われています．機械的接点をもたないため信頼性が高く，外部制御可能でマイコンとの接続も容易です．欠点は，メカニカル・スイッチの接触抵抗よりも大きなオン抵抗をもつことと，OFFのときにもリーク電流が流れて完全な絶縁状態にはならないこと，信号を加えたまま電源

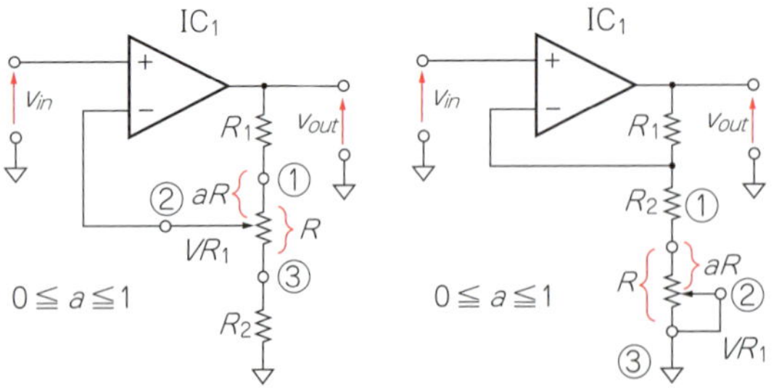

$$\frac{V_{out}}{V_{in}} = \frac{R_1 + R_2 + R}{R_2 + (1-a)R}$$

(**a**) ポテンショメータ式

$$\frac{V_{out}}{V_{in}} = \frac{R_1 + R_2 + aR}{R_2 + aR}$$

(**b**) レオスタット式

図8-14　非反転増幅回路のゲイン調整

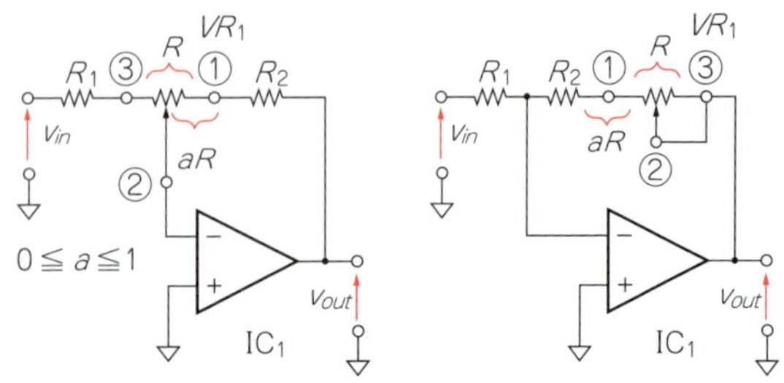

$$\frac{V_{out}}{V_{in}} = -\frac{R_2 + aR}{R_1 + (1-a)R}$$

(**a**) ポテンショメータ式

$$\frac{V_{out}}{V_{in}} = -\frac{R_2 + aR}{R_1}$$

(**b**) レオスタット式

図8-15　反転増幅回路のゲイン調整

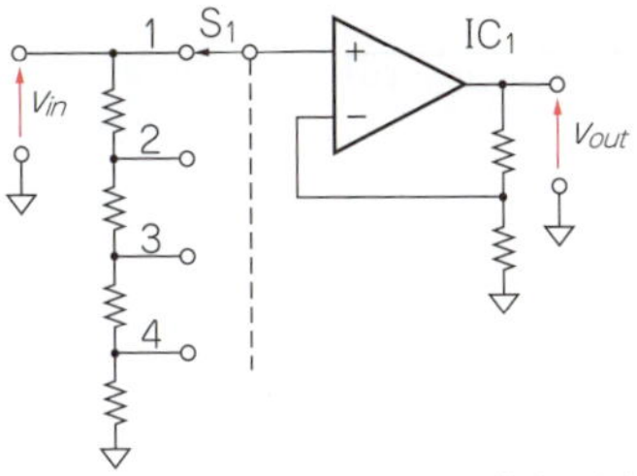

(a) スイッチによるレベル切り換えの例

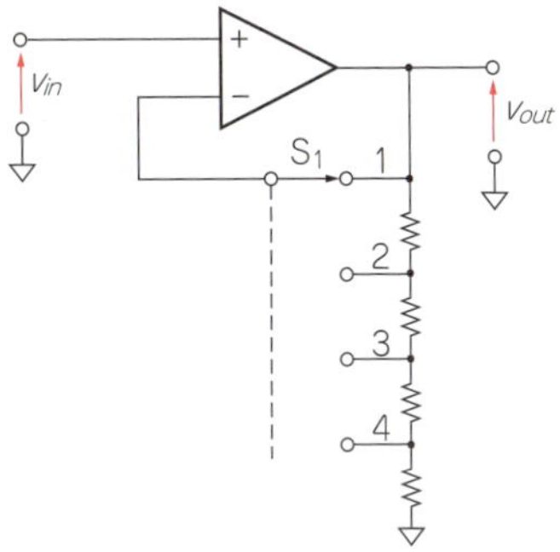

(b) スイッチによるゲイン切り換えの例

図8-16　スイッチによるレベルとゲインの切り換え

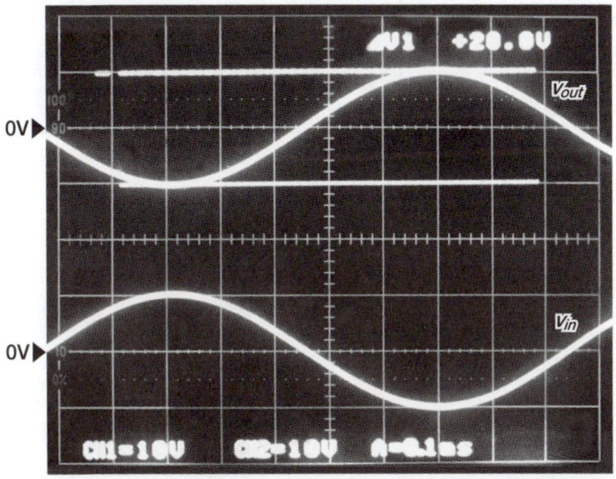

(a) スライダを①側に回しきったとき

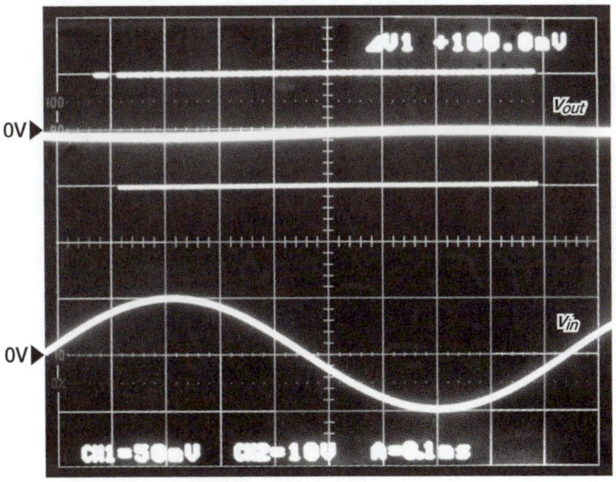

(b) スライダを中点にしたとき

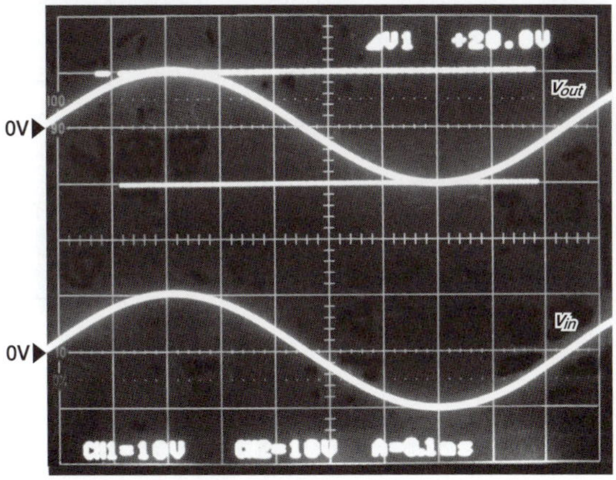

(c) スライダを③側に回しきったとき

写真8-1　実験でみるゲイン調整

をOFFしたときに問題になる場合があることです．

長所は，メカニカル・スイッチに比べ高速動作が可能なことと，切り替えのときの過渡期間にON/OFFを繰り返すチャッタリングという現象がないことです．安価なCMOS 74HCシリーズのアナログ・スイッチ一覧表[40]を**表8-1**に示します．

表8-1[40]　TC74HCシリーズ　アナログ・スイッチ一覧表

型　名		TC74HC4051AP	TC74HC4052AP	TC74HC4053AP	TC74HC4066AP
使用電源電圧[V]	V_{CC}	2〜6	2〜6	2〜6	2〜12
	V_{EE}	－6〜0	－6〜0	－6〜0	－
オン抵抗［Ω］		50 typ.	50 typ.	50 typ.	50 typ.
スイッチ構成	回路数	1	2	3	4
	接点数	8	4	2	1
内部回路		(1回路8接点)	(2回路4接点)	(3回路2接点)	(4回路1接点)

(a) 実験回路
注▶電源とパスコンは省略

(b) スライダを①側に回しきったとき
$$\frac{V_{out}}{V_{in}} = -\frac{R_2}{R_1} = -1 \text{（反転増幅回路のゲイン）}$$

(c) スライダを中点に設定したとき
$$\frac{V_{out}}{V_{in}} = 0 \text{（差動増幅回路の同相ゲイン）}$$

(d) スライダを③側に回しきったとき
$$V_{out\alpha} = -\frac{R_2}{R_1} v_{in}$$
$$V_{out\beta} = \frac{R_1+R_2}{R_1} v_{in}$$
$$\frac{V_{out}}{V_{in}} = \frac{V_{out\alpha}+V_{out\beta}}{V_{in}} = -\frac{R_2}{R_1} + \frac{R_1+R_2}{R_1} = \frac{R_1}{R_1} = 1 \text{（∵重ねの理）}$$

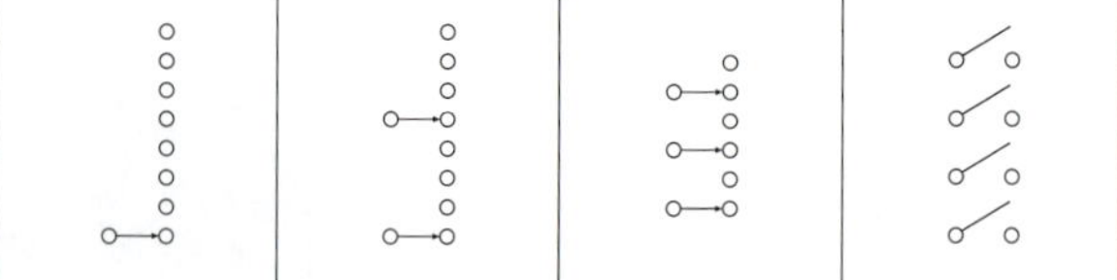

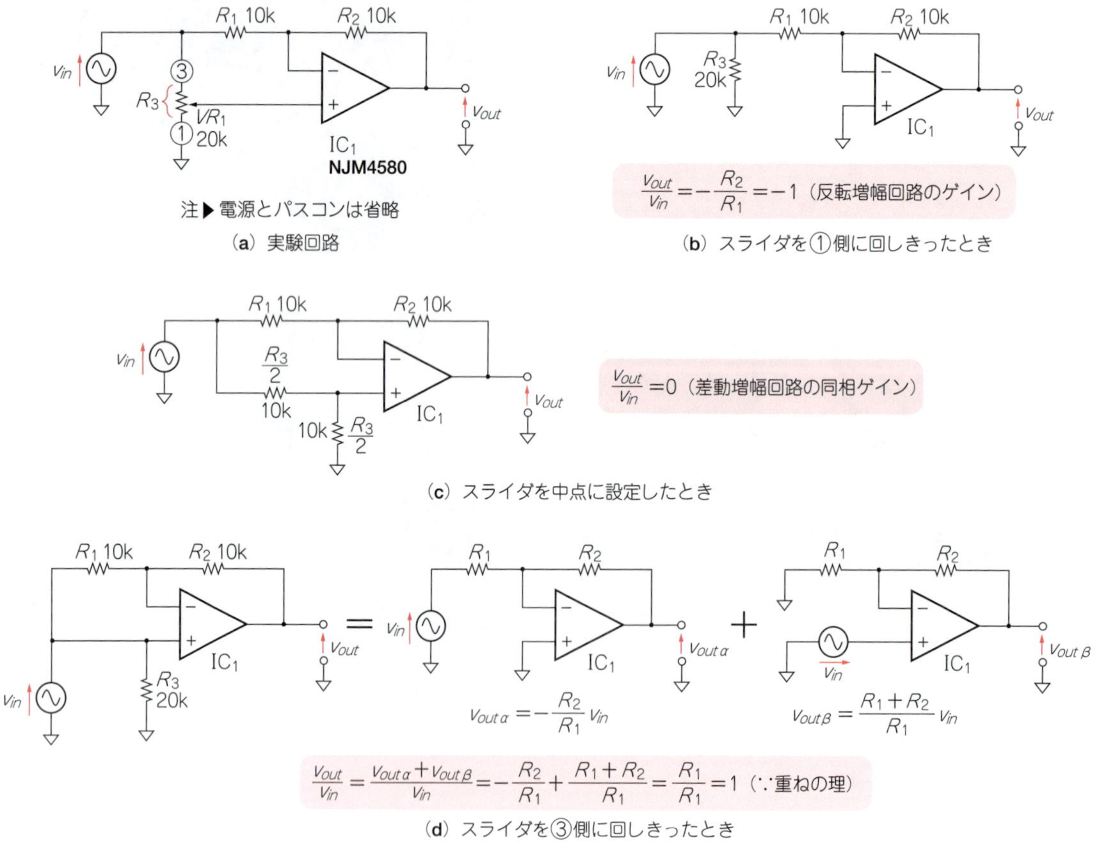

図8-17　実験でみるゲイン調整

■ 実験で見るゲイン調整

可変抵抗器を回して，ゲインの変化を図8-17(a)の回路で見てみます．この回路はゲインが－1倍から0倍，さらに＋1倍に変わるという回路です．図(b)のようにスライダを左(端子①側)に回しきると反転増幅回路，**図(c)**のように中点では差動増幅回路になります．

図(d)のように右(端子③側)に回しきると，ゲイン2倍の非反転増幅回路とゲイン－1倍の反転増幅回路になり，ゲインは合計で2－1＝1倍となります．

後述する差動増幅回路とあわせて三つの基本増幅回路が，可変抵抗器の回転位置ですべて含まれるという面白い回路です．**写真8-1(a)**が可変抵抗器を端子①側に回しきったとき，**(b)**が中点，**(c)**が端子③側に回しきったときで，ゲインが－1倍，0倍，＋1倍と変わっているのがわかります．

Eシリーズ数値と許容差記号　コラム

抵抗やコンデンサの値は，製造時に無駄が出ないように等比級数になっています．

この等比級数による数列は，1～10までを何等分するかで，E6，E12…と呼ばれます．電解コンデンサではE6，一般のコンデンサでE12，抵抗でE24，精密抵抗でE96(またはE192)が使用されています．

表8-AにE6～E96系列の数値を，**表8-B**に許容差記号の一覧を示します．

表8-A　E6～E96系列の数値

E6	E12	E24
10	10	10
		11
	12	12
		13
15	15	15
		16
	18	18
		20
22	22	22
		24
	27	27
		30
33	33	33
		36
	39	39
		43
47	47	47
		51
	56	56
		62
68	68	68
		75
	82	82
		91

E96			
100	178	316	562
102	182	324	576
105	187	332	590
107	191	340	604
110	196	348	619
113	200	357	634
115	205	365	649
118	210	374	665
121	215	383	681
124	221	392	698
127	226	402	715
130	232	412	732
133	237	422	750
137	243	432	768
140	249	442	787
143	255	453	806
147	261	464	825
150	267	475	845
154	274	487	866
158	280	499	887
162	287	511	909
165	294	523	931
169	301	536	953
174	309	549	976

表8-B　許容差記号

記号	許容差
E	±0.025％
A	±0.05％
B	±0.1％
C	±0.25％
D	±0.5％
F	±1％
G	±2％
J	±5％
K	±10％
M	±20％

第 9 章

積分回路と微分回路

ゲインと位相の周波数特性を見る

前章までの負帰還回路は抵抗で構成してきました．しかし，OPアンプの負帰還素子は抵抗だけではありません．

ここでは抵抗とコンデンサで負帰還回路を構成し，微分・積分の演算を行ってみます．特に積分回路はほとんどのアナログ回路に使用されていますから，重点的に説明します．

章末のAppendixでは，微分・積分回路を理解するための基礎理論を復習します．

9-1　積分回路

積分回路は非常に応用範囲の広い回路で，ほとんどのアナログ回路に使われています．積分操作は信号の変動を平均化して，雑音の影響を低減します．

最近では，アナログ回路の構成要素としてではなく単体で使用される積分演算回路はほとんど見られなくなりました．私もその場合には対象となる波形をA-D変換し，ディジタル・データを積分(和分)しています．

積分回路の概念

図9-1(a)の回路が積分回路の概念図です．この回路の入出力特性は，次式で表せます．

$$v_{out}(t) = k\int v_{in}(t)\,dt + v_{out}(0) \quad \cdots\cdots (9\text{-}1)$$

ただし，k：比例定数，$v_{out}(0)$：時刻$t=0$における初期値

通常，$v_{out}(0)$の初期値は0として考えますが，実際の動作では無視できないこともあり，その場合には後述の積分コンデンサを短絡して，積極的にゼロにリセットします．式(9-1)を記号を使って書き直すと，入出力伝達関数$G(j\omega)$は，

$$G(j\omega) = \frac{v_{out}}{v_{in}} = \frac{k}{j\omega} \quad \cdots\cdots (9\text{-}2)$$

となり，ゲインと位相は次式となります．

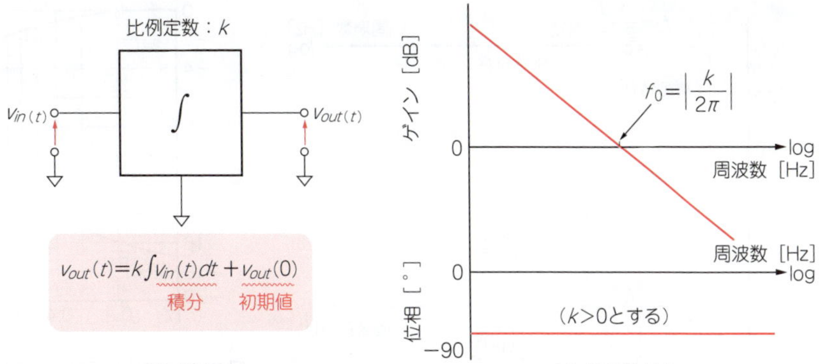

図9-1　積分回路の概念図と周波数特性

(a) 概念図　(b) 周波数特性

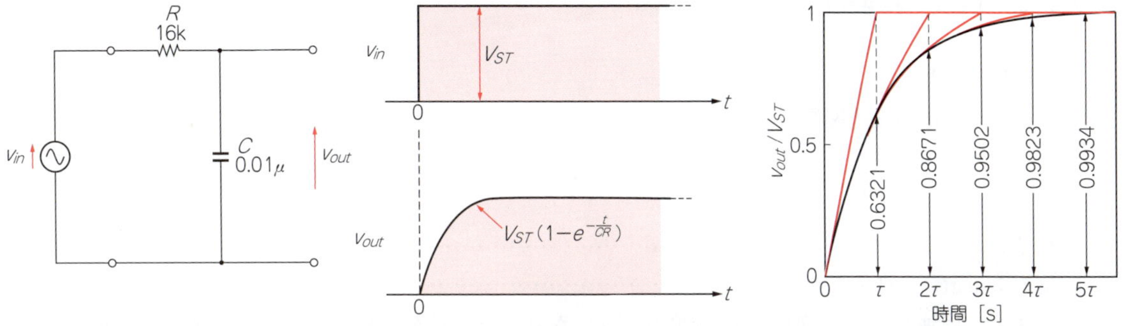

(a) *CR*積分回路　(b) ステップ関数入力時の応答　(c) 時定数と応答時間

図9-2　*CR*積分回路と応答時間

$$\text{ゲイン：}|G(j\omega)|=\left|\frac{k}{\omega}\right| \quad \cdots\cdots (9\text{-}3)$$

$$\text{位相：}\arg G(j\omega)=\frac{1}{j}=-90°,\ (k>0) \quad \cdots\cdots (9\text{-}4)$$

$$\arg G(j\omega)=-\frac{1}{j}=90°,\ (k<0) \quad \cdots\cdots (9\text{-}5)$$

これを図示すると，周波数特性は**図9-1(b)**のようになります．このように積分回路は，ゲインが周波数に反比例して−6 dB/oct.で変化し，位相は90°遅れます．

■ *CR*による積分回路

図9-2(a)が*CR*積分回路です．この回路に**図9-2(b)**のような信号V_{ST}(ステップ関数)を入力すると出力v_{out}は，

$$v_{out}=V_{ST}\left(1-e^{-\frac{t}{CR}}\right) \quad \cdots\cdots (9\text{-}6)$$

となります．*CR*は時間の次元をもち，時定数(τ)と言います．

時間と出力電圧の応答特性を**図9-2(c)**に示します．これから，5τ以上の時間待てば，出力電圧は

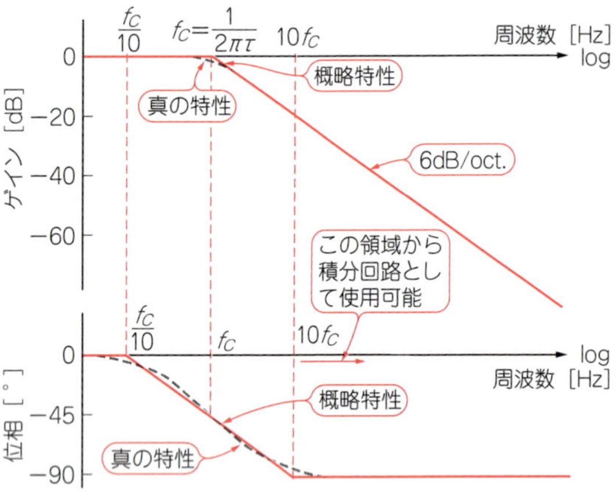

図9-3　*CR*積分回路の周波数特性

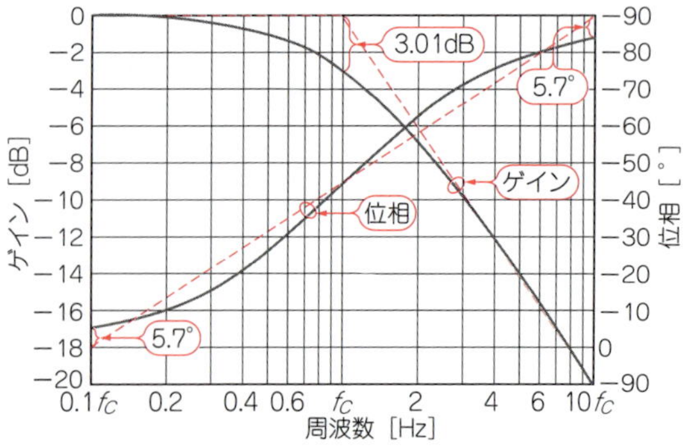

図9-4　*CR*積分回路の周波数特性詳細

入力電圧にほぼ等しくなると言えます．

この回路の入出力伝達関数$G(j\omega)$は，

$$G(j\omega)=\frac{1}{1+j\omega CR} \quad\cdots\cdots(9\text{-}7)$$

$$\text{ゲイン}：|G(j\omega)|=1/\sqrt{1+(\omega CR)^2} \quad\cdots\cdots(9\text{-}8)$$

$$\text{位相}：\arg G(j\omega)=-\tan^{-1}\omega CR \quad\cdots\cdots(9\text{-}9)$$

となります．周波数特性は**図9-3**の破線のようになり，真の積分回路ではありません．近似的に積分動作をさせるためには，$\omega \gg 1/CR$，具体的には$\omega > 10/CR$にする必要があります．

■ 簡略ボーデ線図の描き方

▶ bodeではなくBode

ボーデ(Bode)線図は「ボード線図」と書かれることが多いようですが，Bodeは動詞bode(ボード)ではなく人名です．Bodeは負帰還増幅器の設計理論を確立した人です．ここでは，Bode氏の出身地の呼び方からボーデと表記します(25)．

▶書き方を覚えれば簡単

伝達関数のゲインと位相の周波数特性を**図9-3**のように描いたグラフをボーデ線図といいます．実線が簡略化したボーデ線図，破線が真のボーデ線図です．

図9-4に詳細周波数特性を示します．簡略化しても誤差は，ゲインで3dB以下，位相で5.7°以下です．この図の主目的である後述の負帰還安定度の検討では無視できます．しかも，覚えれば簡単に書け，負帰還安定度の設計に欠かせません．

▶計算方法と描き方

まず，伝達関数を式(9-7)としてカットオフ周波数f_Cを求めます．f_Cは分母をゼロにする周波数の絶対値です．

$$1+j\omega_C CR=0 \quad\cdots\cdots(9\text{-}10)$$

$$\omega_C = -\frac{1}{jCR} \quad \cdots\cdots (9\text{-}11)$$

$$\therefore f_C = \frac{\omega_C}{2\pi} = \frac{1}{2\pi CR} = \frac{1}{2\pi\tau} \quad \cdots\cdots (9\text{-}12)$$

図9-3のように，グラフにf_Cをプロットし，f_Cより低い周波数ではゲインを1倍(0 dB)一定とし，f_Cより高い周波数ではゲインを－6 dB/oct.で直線的に低下させます．位相特性は，f_Cで－45°ですから，$f_C/10$以下で0°，$10f_C$以上で－90°になるように直線近似します．

つまり，ゲイン特性の折点はf_Cの1点，位相特性の折点は$f_C/10$と$10f_C$の2点となります．

▶真のボーデ線図との誤差は？

誤差は折点で最大となり，

$$\omega_C = 2\pi f_C = \frac{1}{CR} \quad \cdots\cdots (9\text{-}13)$$

$f = f_C$のときのゲインG_Cは，

$$G_C = \frac{1}{\sqrt{2}} \quad \cdots\cdots (9\text{-}14)$$

dBで表すと，

$$20\log(1/\sqrt{2}) = -3.01 \fallingdotseq -3\ \text{dB} \quad \cdots\cdots (9\text{-}15)$$

となります．

$f = \dfrac{f_C}{10}$のときの位相θ_aは，

$$\theta_a = -\tan^{-1}\frac{\omega_C CR}{10} = -\tan^{-1}\frac{1}{10} \fallingdotseq -5.7° \quad \cdots\cdots (9\text{-}16)$$

$f = 10f_C$のときの位相θ_bは，

$$\theta_b = -\tan^{-1}10\,\omega_C CR = \tan^{-1}10 \fallingdotseq -84.3° \quad \cdots\cdots (9\text{-}17)$$

となります．

したがって，ゲイン誤差は約－3 dB，位相誤差は約5.7°となります．

▶n個の回路には，n個のボーデ線図を描き加算する

式(9-7)は1次遅れ伝達関数と呼ばれ，伝達関数の基本です．特にOPアンプは，オープン・ループの伝達関数が近似的に1次遅れ特性になっている場合が多く，この簡略ボーデ線図をよく使います．

図9-5のように1次伝達関数をn個縦続接続した回路を考えてみます．図中の式で示したようにトータルの伝達関数$G(j\omega)$は各々の積で表されますから，ゲインはdBで表すと和になり，位相もベクトル演算から和になります．

したがって，一つのグラフにn個のボーデ線図を描き，それらを加算すれば全体のボーデ線図になります．

このように，ボーデ線図は簡単に描けますからぜひ覚えましょう．

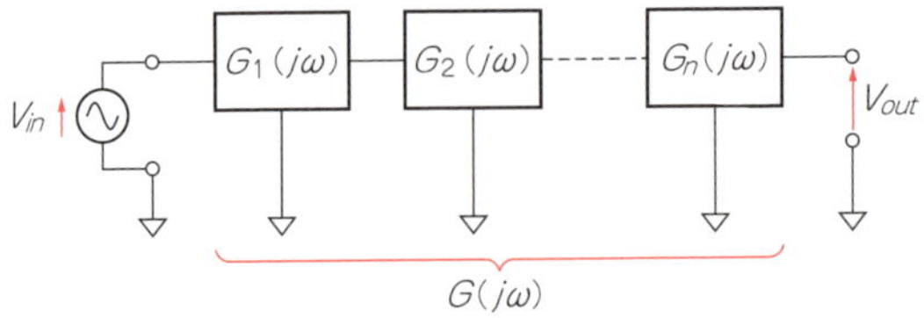

$$G(j\omega)=G_1(j\omega)\,G_2(j\omega)\cdots G_n(j\omega)$$
$$\therefore 20\log|G(j\omega)|=20\log|G_1(j\omega)|+20\log|G_2(j\omega)|+\cdots+20\log|G_n(j\omega)|$$
$$\arg G(j\omega)=\arg G_1(j\omega)+\arg G_2(j\omega)+\cdots+\arg G_n(j\omega)$$

図9-5　縦続回路の伝達関数

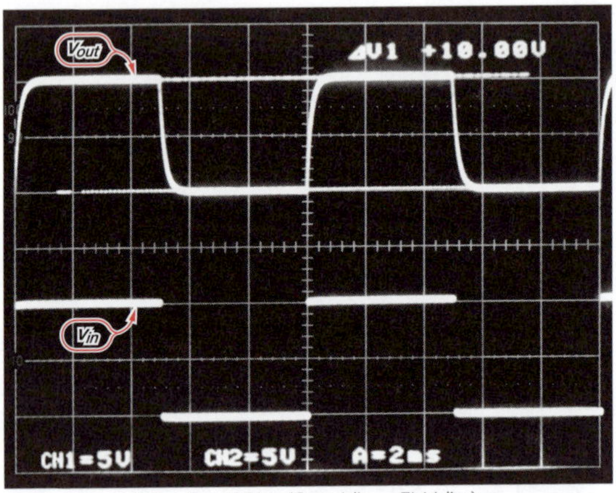

(a)　f=100Hz (2ms/div.,　5V/div.)

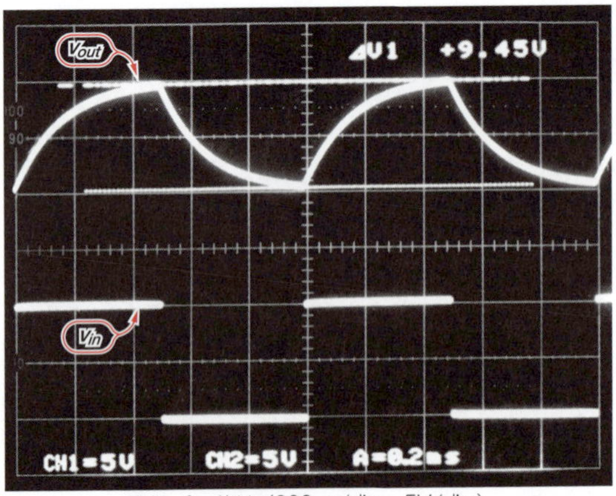

(b)　f=1kHz (200μs/div.,　5V/div.)

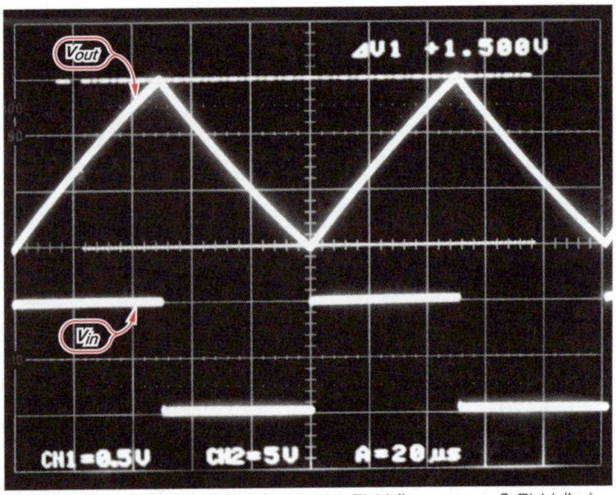

(c)　f=10kHz (20μs/div.,　V_{in}: 5V/div.,　V_{out}: 0.5V/div.)

写真9-1　*CR*積分回路の周波数による入出力波形

CRによる積分回路の実験

図9-2(a)の回路中の定数で実験してみました．この回路のf_C[Hz]は，

$$f_C=\frac{1}{2\pi CR}=\frac{1}{2\pi\times 0.01\times 10^{-6}\times 16\times 10^{3}}\fallingdotseq 1\,\mathrm{kHz}\cdots\cdots(9\text{-}18)$$

となります．

方形波入力時の波形は**写真9-1**のようになりました．真の積分動作では，入力電圧が一定の期間，出力は直線的に変化し，その波形は三角波になるはずです．

写真9-1(a)は$f=100$ Hz($f_C/10$)時の入出力波形です．出力は少しなまっていますが，入力とほぼ同等です．

写真9-1(b)は$f=1$ kHz(f_C)時の入出力波形です．出力は非常になまっており，原型をとどめていません．

写真9-1(c)は$f=10$ kHz($10\,f_C$)時の入出力波形です．出力に三角波が観測でき，積分動作をしていることがわかります．

波形伝送を考えると，高域のf_Cは，使用する信号周波数の10倍以上に設定する必要があります．

ミラー積分回路

図9-6にOPアンプを使ったミラー積分回路を示します．「ミラー積分回路(Miller Integrator)」とい

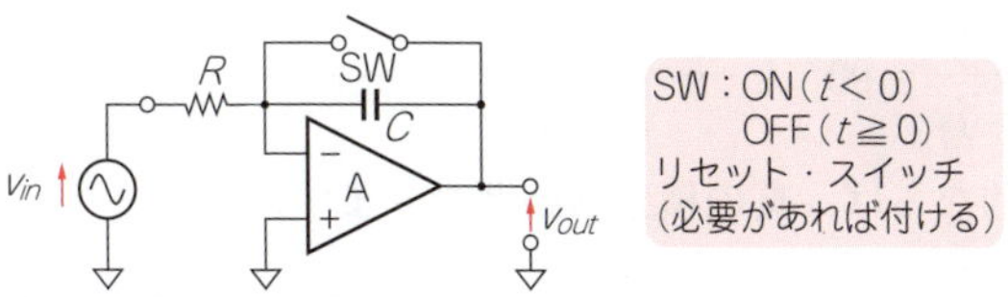

$$v_{out}=-\frac{1}{RC}\int v_{in}dt$$

$$v_{out}=-\frac{1}{j\omega CR}v_{in}\ (\because A\to\infty)$$

$$\therefore G(j\omega)=-\frac{1}{j\omega CR}$$

OPアンプが理想的でなければ，

$$G(j\omega)=-\frac{1}{j\omega CR}\,\frac{1}{1+\dfrac{1}{A(j\omega)}\left(1+\dfrac{1}{j\omega CR}\right)}$$

$$=-\frac{1}{j\omega CR}\,\frac{1}{1+\dfrac{1}{A(j\omega)\dfrac{j\omega CR}{1+j\omega CR}}}$$

ここで，

$$\beta(j\omega)=\frac{j\omega CR}{1+j\omega CR}$$

とすると，

$$G(j\omega)=-\frac{1}{j\omega CR}\,\frac{1}{1+\underbrace{\dfrac{1}{A(j\omega)\beta(j\omega)}}_{\text{ループ・ゲインによる誤差}}}\text{ となる．}$$

ただし，$A(j\omega)$：オープン・ループ・ゲイン
$\beta(j\omega)$：帰還率
とする．

図9-6　ミラー積分回路

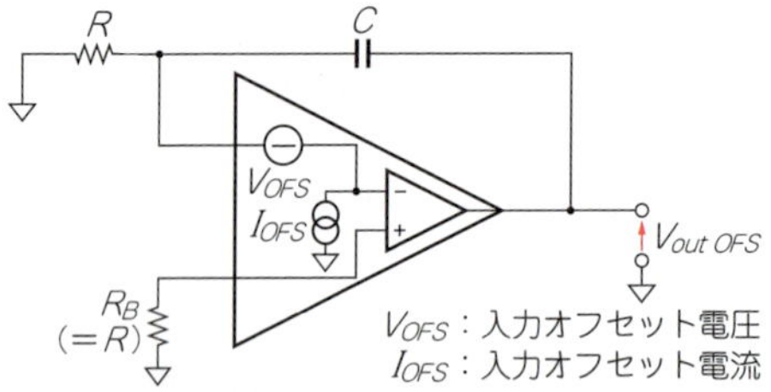

$$V_{out\ OFS}=\frac{1}{RC}\int(V_{OFS}+RI_{OFS})\,dt$$

$$\therefore\ \frac{dV_{out\ OFS}}{dt}=\frac{V_{OFS}}{RC}+\frac{I_{OFS}}{C}$$

図9-7　積分回路のオフセット誤差

う名称は，真空管の入力インピーダンスが内部の帰還容量によって影響されることを指摘したJ. M. Millerを記念して，考案者のA. D. Blumleinにより名付けられました[(2)]．

この回路の入出力伝達関数$G(j\omega)$は，

$$G(j\omega)=-\frac{1}{j\omega CR} \quad\cdots\cdots(9\text{-}19)$$

$$\text{ゲイン：}|G(j\omega)|=\frac{1}{\omega CR} \quad\cdots\cdots(9\text{-}20)$$

$$\text{位相：}\arg G(j\omega)=-\frac{1}{j}=90^\circ \quad\cdots\cdots(9\text{-}21)$$

となり，OPアンプが理想的ならば，真の積分回路となります．

■ OPアンプ積分回路の誤差

OPアンプ積分回路の誤差は，次の五つの要因で決まります．

(1) 入力オフセット電圧と入力オフセット電流の存在

これは，直流増幅回路でも問題になりました．積分回路の場合，式(9-19)において直流ゲイン$G(j\omega)$は，$\omega\to 0$とすれば，無限大$A(0)$になります．したがって，積分回路での入力オフセット電圧は，直流増幅回路よりさらに問題です．

オフセット誤差について**図9-7**に示します．オフセット誤差を低下させるには，入力オフセット電圧，入力オフセット電流の小さな高精度OPアンプを使用することと，抵抗を小さくすること，積分コンデンサを大きくすればよいことがわかります．

最も積分回路を使用するのは，制御系の構成要素としてです．その場合，直流的な負帰還はメイン・ループでかけられていますから，高精度OPアンプをオフセット調整して使用すれば，入力オフセット電圧と入力オフセット電流の影響は，ほとんどありません．

(2) オープン・ループ・ゲインが有限

これは信号周波数が高くなると，ほとんどの回路で問題になります．**図9-6**に示したOPアンプのオープン・ループ・ゲインが有限$A(j\omega)$としたときの式から，誤差は増幅器のゲイン誤差(第6章参照)とまったく同じになり，ループ・ゲインによることがわかります．

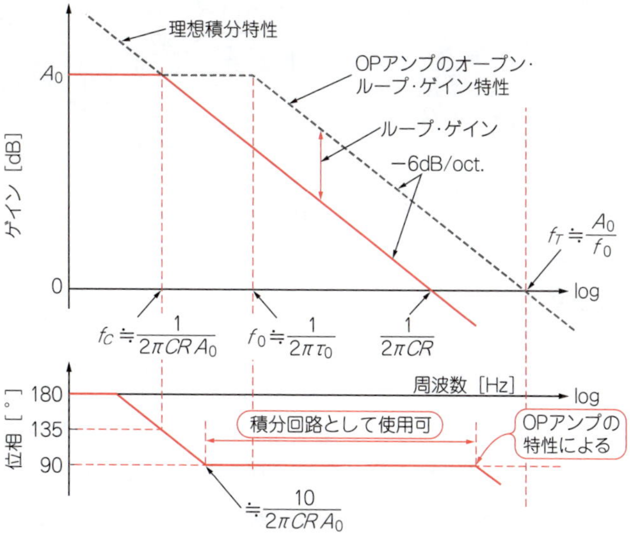

図9-8　積分回路としての使用可能範囲

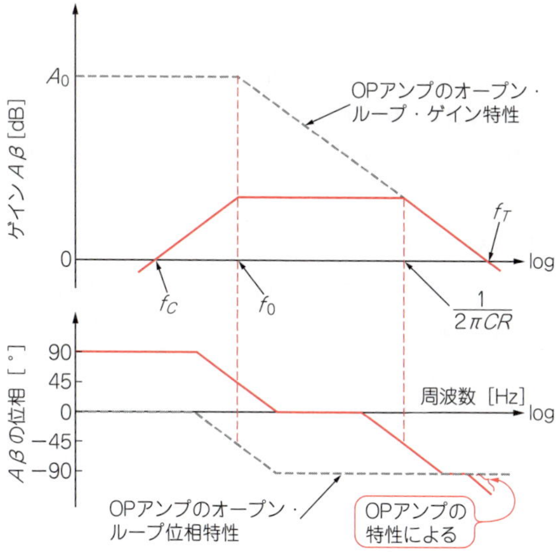

図9-9　積分回路のループ・ゲイン

図9-8にミラー積分回路のボーデ線図を示します．ミラー積分回路のボーデ線図は，制御系の構成要素として使用する場合に必要です．

図9-8から，f_Cは下限積分周波数の1/10以下に設定する必要があります．上限はOPアンプの特性で決まり，一般にf_Tより低くなります．

図9-9にループ・ゲインのボーデ線図を示します．

図9-9から，$1/(2\pi CR)$以上の周波数では帰還率βは1となることがわかり，積分回路に使用するOPアンプはゲイン1まで安定なものが必要となります．

(a) 誘電体吸収の等価回路

$\tan\delta = \omega CR$

$R_1 \gg R$
$C_1 \ll C$

瞬時に充放電できない

(b) 誘電体吸収の測定回路

右図のシーケンスで測定

誘電体吸収は $\frac{V_R}{V_{in}} \times 100$ [%]

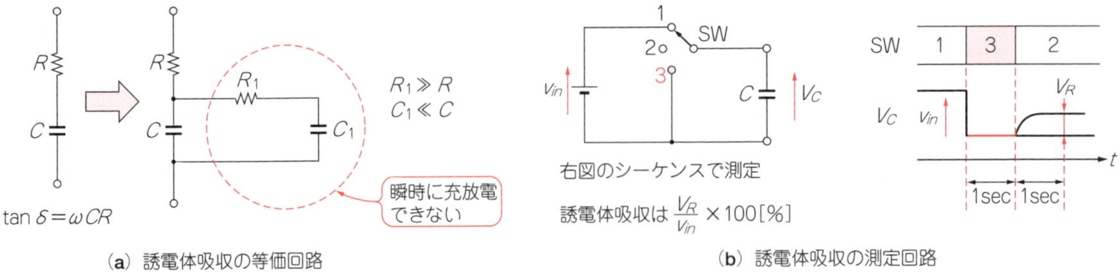

図9-10 誘電体吸収の等価回路と原理

(3) コンデンサの特性

積分回路には，誘電体吸収の少ないコンデンサを使用します．誘電体吸収を図9-10に示します．誘電体吸収が起きる原因は，誘電体のすべてが瞬時には分極しないからです．

したがって，コンデンサ等価回路のC_1とR_1は物理現象をインピーダンスで表した便宜的なものであり，常に一定の値を示すわけではありません．カタログには誘電体吸収は載っていませんが，一般に誘電体損失$\tan\delta$の少ないコンデンサは誘電体吸収も少なくなっています．

ポリプロピレン・フィルム・コンデンサはポリエステル（マイラ）・フィルム・コンデンサよりも1桁以上特性が良いです．高精度A-Dコンバータには積分回路を使用した積分型A-Dコンバータがあります．この回路の積分コンデンサにはポリプロピレン・フィルム・コンデンサを使用します．

漏れ電流が少ないことも必要ですが，フィルム・コンデンサを使用する限り通常は無視できます．

(4) 出力ダイナミック・レンジ

積分回路は直流ゲインが無限大になりますから，出力ダイナミック・レンジに対する考慮が必要です．OPアンプの最大出力電圧以下で動作させるよう，前回までの増幅回路と同様な考慮を払うばかりでなく，必要があれば後述の出力振幅制限回路（リミッタ）を入れます．

(5) 漏洩電流の反転入力端子への流れ込み

実装上の問題で，プリント基板の漏洩電流が反転入力端子に流れ込まないようにしないと，特性の良い部品を採用しても無意味になります．これについては文献[5]を参照ください．

■ 実験で見る積分回路

図9-11(a)の回路で実験してみました．R_2は直流でのゲインを抑えるための抵抗です．これがないと出力が飽和してしまい実験できません．この回路は交流積分回路と呼ばれ，低周波の積分可能周波数範囲が狭くなります．

図9-11(a)中の式からわかるように高域では積分特性を示します．図9-11(b)にボーデ線図を示します．実験の結果を写真9-2に示します．正弦波の応答はボーデ線図どおりであり，高い周波数成分を含む方形波を入力すると積分されて三角波になります．

■ スピード・アップ抵抗

実際の回路では，図9-12(a)のように積分コンデンサC_1に，直列抵抗R_2が入っている場合が多々あります．

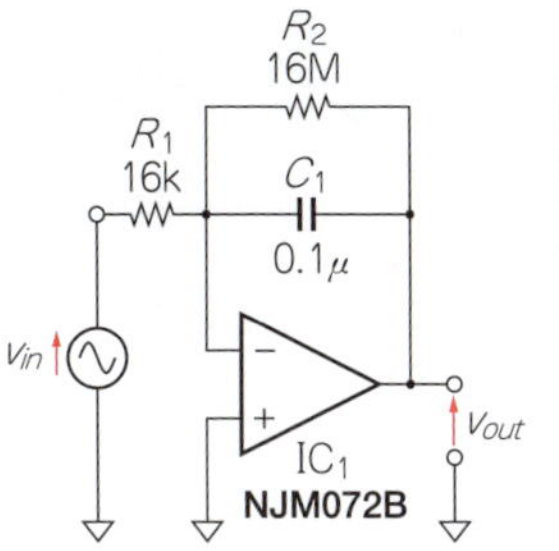

$$G(j\omega) = -\frac{R_2}{R_1}\frac{1}{1+j\omega C_1 R_2}$$
$$= -\frac{1}{R_1}\frac{1}{\frac{1}{R_2}+j\omega C_1}$$

$R_2 \gg 1/\omega C_1$ とすると，

$$G(j\omega) \fallingdotseq -\frac{1}{j\omega C_1 R_1}$$

積分回路

(a) 実験回路

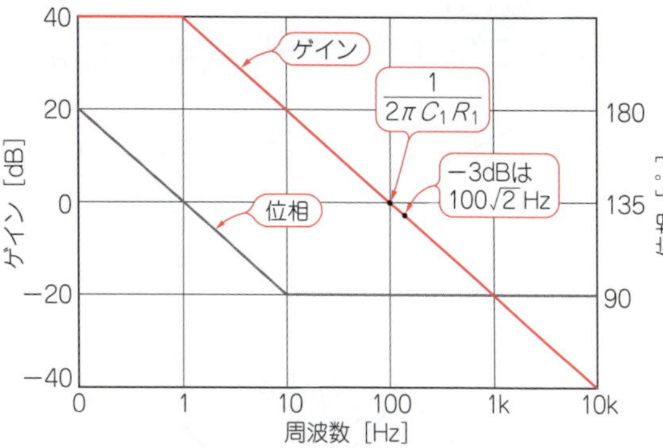

(b) ボーデ線図

図9-11　交流積分回路とボーデ線図

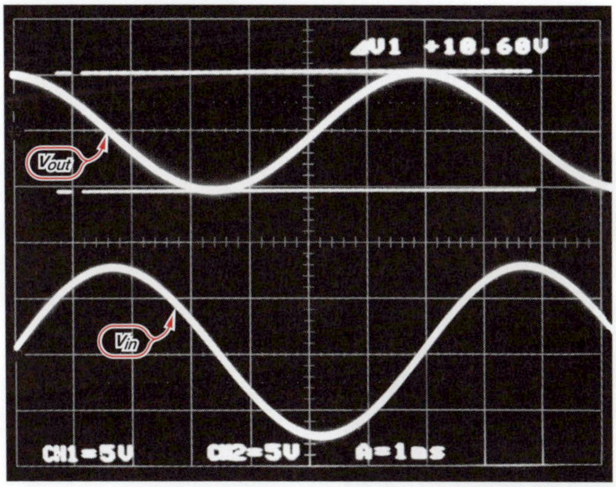

(a) v_{in} が正弦波（1ms/div.，5V/div.）

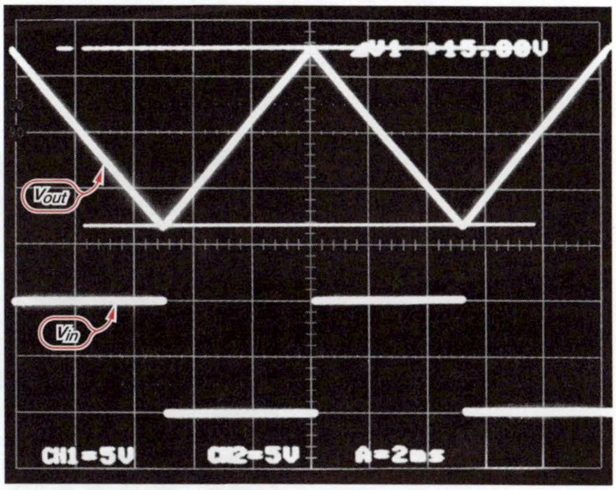

(b) v_{in} が方形波（2ms/div.，5V/div.）

写真9-2　交流積分回路の入力波形による応答の違い

図9-12(a)中の式からわかるように，この抵抗による効果は出力信号に積分要素だけではなく，比例要素が加わることです．

さらに，**図9-12**(b)のボーデ線図からわかるように，高域の位相も元の180°に戻ります．この抵抗 R_2 はスピード・アップ抵抗と呼ばれています．

理由は，**図9-12**(c)に示すように，応答時間が等価的に短くなったように見えるからです．

図9-12(a)の回路で R_2 を入れて実験してみると，**写真9-3**のようになります．R_2 がないとき（$R_2 = 0\,\Omega$）に比べ，あるとき（$R_2 = 1.6\,\mathrm{k\Omega}$）の v_{out} はスピード・アップされています．

各種積分回路

今までは反転積分回路だけを説明しましたが，各種積分回路を紹介します．

図9-13(a)は非反転積分回路です．これはOPアンプのCMRRの影響を受けますので，**図9-13**(b)のような構成が良いでしょう．

図9-13(c)は差動積分回路です．この回路の問題は時定数のマッチングが取りにくいことで，**図9-**

(a) スピード・アップ抵抗挿入回路

$$G(j\omega) = -\left(\frac{R_2}{R_1} + \frac{1}{j\omega C_1 R_1}\right)$$

　　　　　　　比例　　　積分

ただし，R_3 は無視（必要なとき入れる）

(c) 入出力波形

$R_2 = 0\,\Omega$ のとき
R_2 があるとき
Δt だけ応答が早くなったと考えられる

注▶ $G_a = R_2/R_1$, $f_a = 1/(2\pi C_1 R_2)$ とする．
(b) ボーデ線図

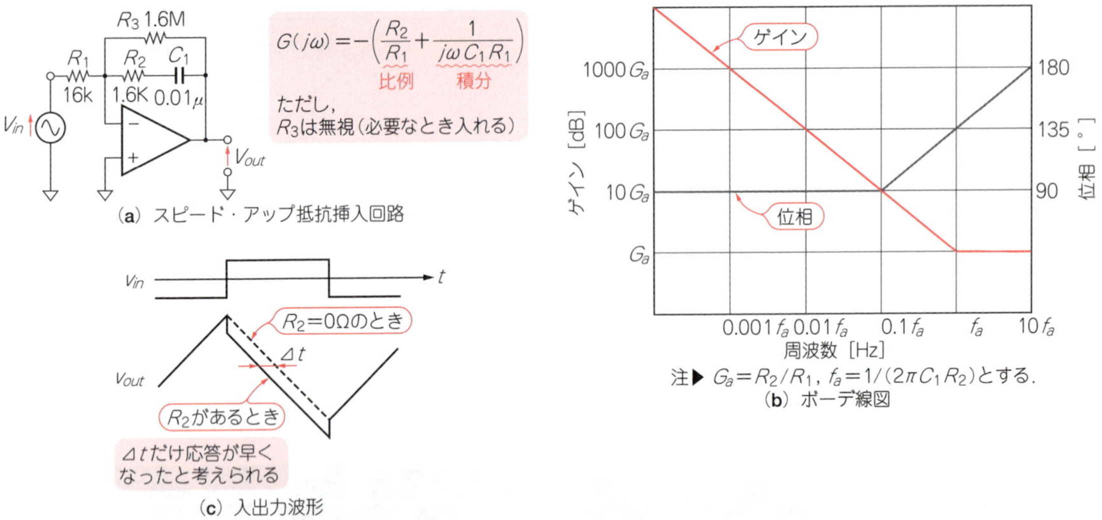

図9-12　スピード・アップ抵抗を挿入した回路と波形

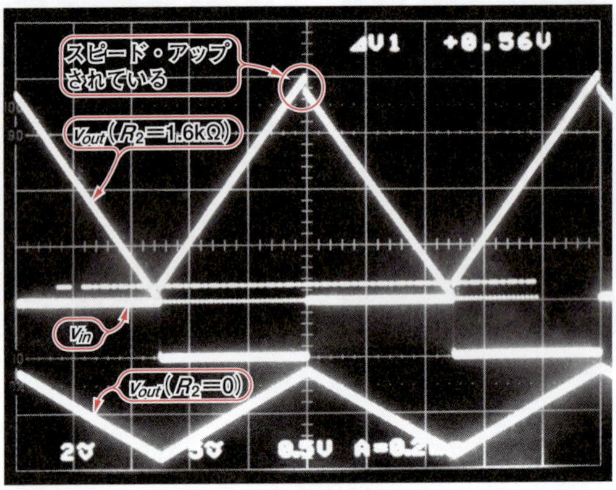

写真9-3　スピード・アップ抵抗挿入後の波形（0.2 ms/div., v_{in}：5 V/div., $v_{out}(R_2=0)$：5 V/div., $v_{out}(R_2=1.6\,\text{k}\Omega)$：2 V/div.）

13(d)のように抵抗のマッチングだけで済む差動増幅回路と反転積分回路を組み合わせたほうが使いやすいでしょう．差動増幅回路については第12章で説明します．

図9-13(e)は加算積分回路です．第15章で紹介する加算回路と積分回路を組み合わせたものです．さらに，第8章で紹介したT型回路による時定数の拡張方法もありますが，一般的ではありません．

実際の制御系で，どのように積分回路を組み込むのかは，次章以降に譲ります．

9-2　微分回路

微分回路はOPアンプ回路の文献には載っていますが，制御用途以外にはほとんど使われません．な

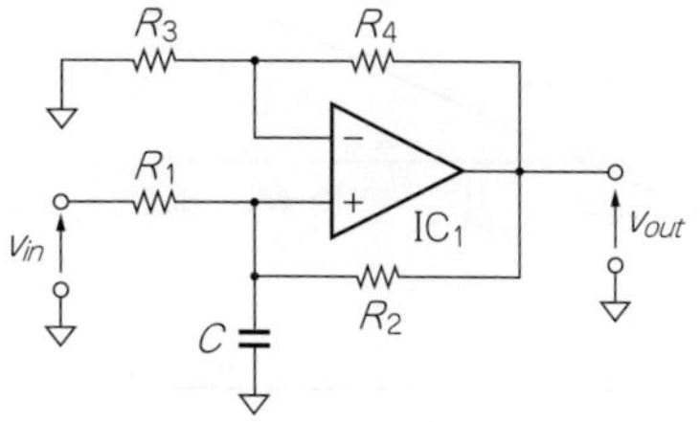

$R_1 = R_3$，$R_2 = R_4$のとき，
$$G = \left(1 + \frac{R_2}{R_1}\right)\frac{1}{j\omega CR_1}$$

（a）非反転積分回路

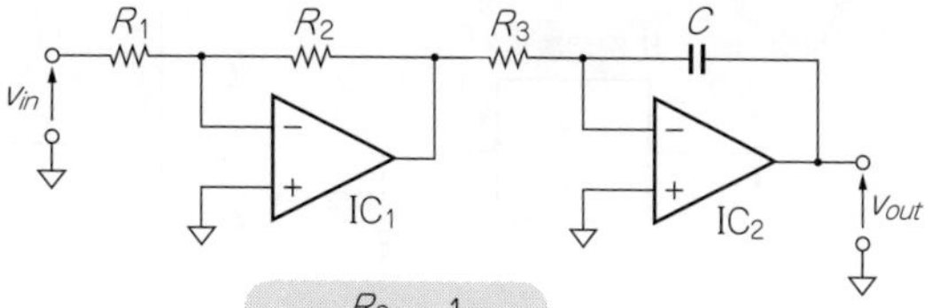

$$G = \frac{R_2}{R_1}\,\frac{1}{j\omega CR_3}$$

（b）実用的な非反転積分回路

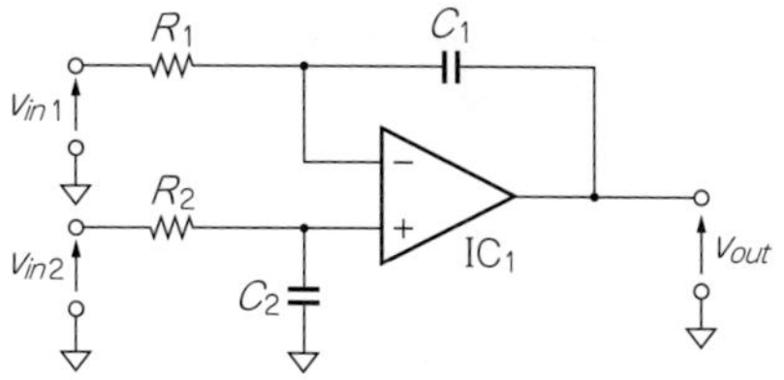

$R_1C_1 = R_2C_2$とすると，
$$v_{out} = \frac{1}{j\omega C_1R_1}(v_{in2} - v_{in1})$$

（c）差動積分回路

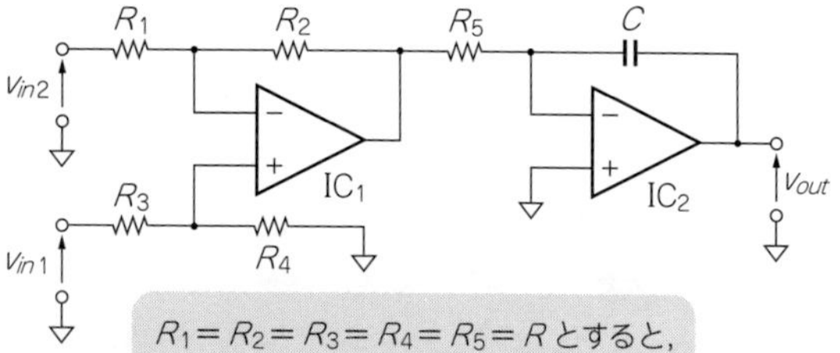

$R_1 = R_2 = R_3 = R_4 = R_5 = R$とすると，
$$v_{out} = \frac{1}{j\omega CR}(v_{in2} - v_{in1})$$

（d）実用的な差動積分回路

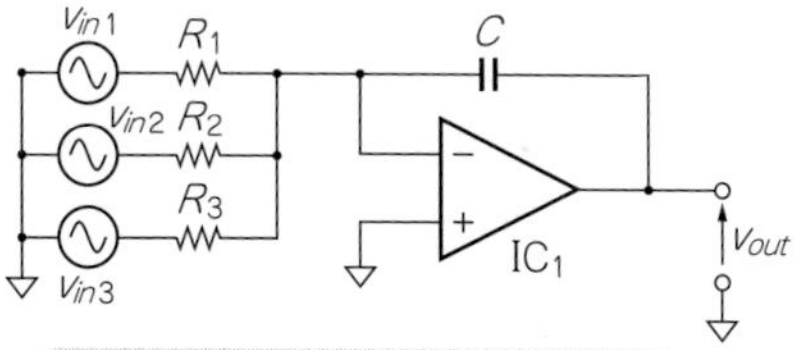

$$v_{out} = -\frac{1}{j\omega C}\left(\frac{v_{in1}}{R_1} + \frac{v_{in2}}{R_2} + \frac{v_{in3}}{R_3}\right)$$

（e）加算積分回路

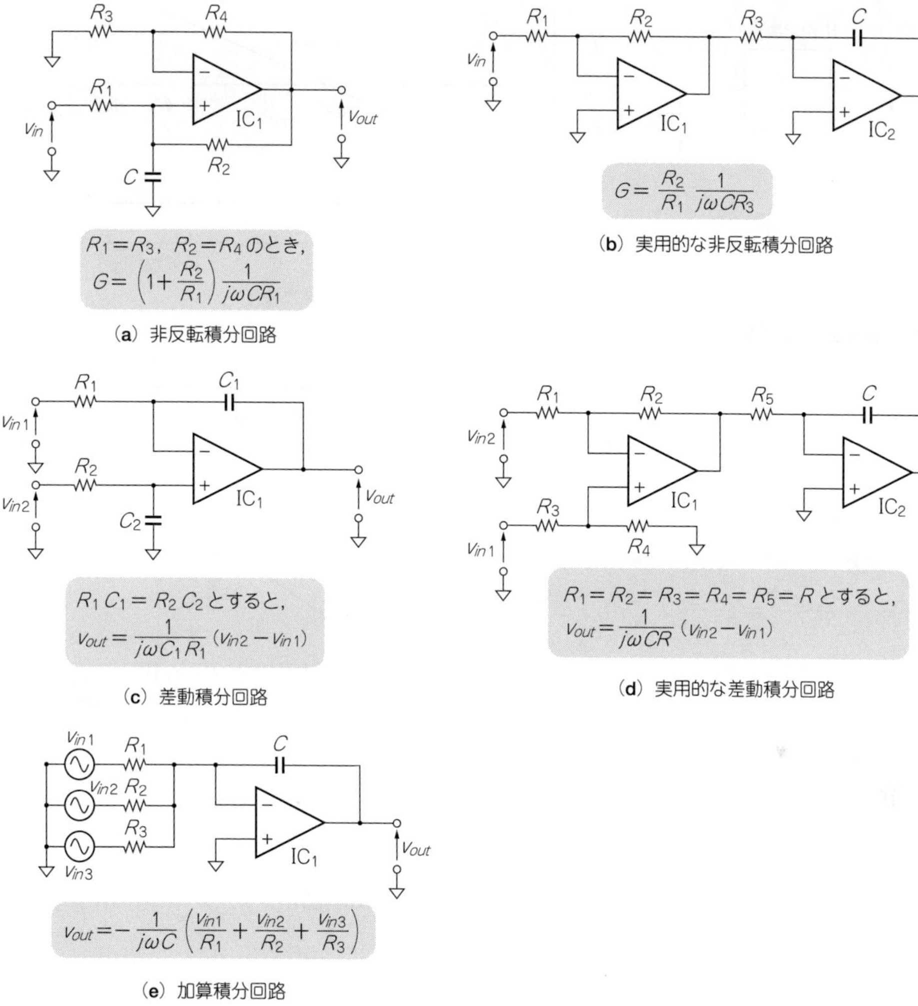

図9-13　各種積分回路

ぜ使われないのかというと，微分は信号の変動ぶんを取り出す操作，言い換えるとノイズも取り出してしまう操作だからです．

なぜあえて説明するのかというと，本人が微分回路を作るつもりがないのにできてしまう場合があるからです．これは，帰還回路にOPアンプを入れた場合に起こりやすく，発振します．

■ 微分回路の概念

図9-14の回路が微分回路の概念図です．この回路の入出力特性は次式となります．

$$v_{out}(t) = k\frac{d}{dt}v_{in}(t) \cdots\cdots (9\text{-}22)$$

ただし，k：比例定数

式(9-22)を記号を使って書き直すと，入出力伝達関数$G(j\omega)$は，

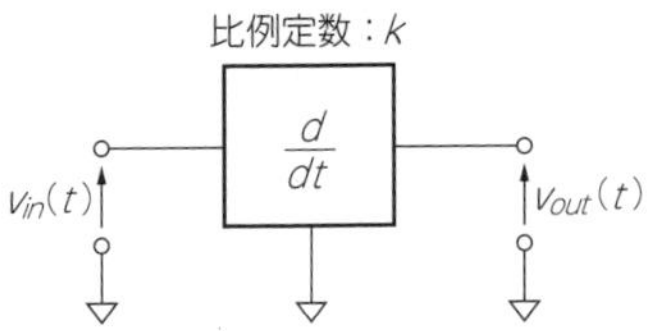

$$v_{out}(t)=k\frac{d}{dt}v_{in}(t)$$

(a) 概念図

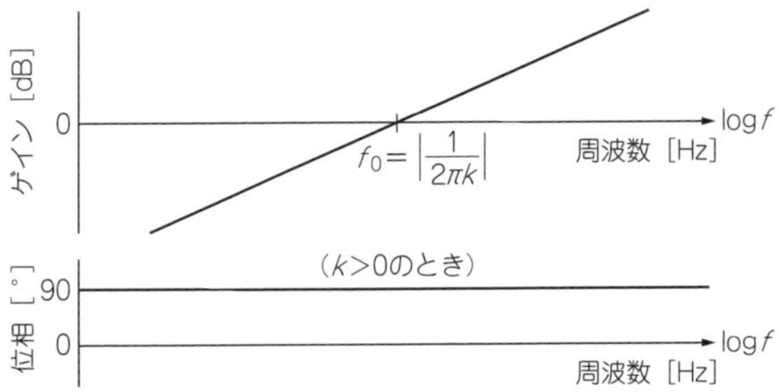

(b) 周波数特性

図9-14　微分回路の概念図と周波数特性

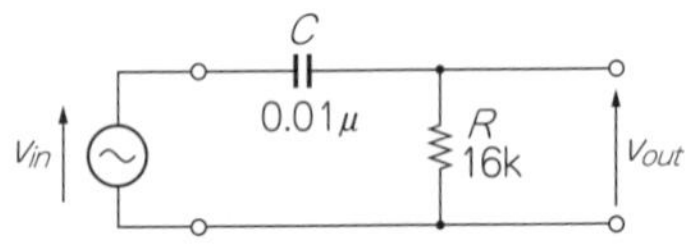

$$G=\frac{j\omega CR}{1+j\omega CR}$$

$$\text{ゲイン}\ |G|=\left|\frac{\omega^2C^2R^2+j\omega CR}{1+\omega^2C^2R^2}\right|=\frac{\omega CR}{1+\omega^2C^2R^2}\ |j+\omega CR|$$

$$=\frac{\omega CR}{1+\omega^2C^2R^2}\sqrt{1+\omega^2C^2R^2}$$

$$\text{位相}\ \arg G=\tan^{-1}\frac{1}{\omega CR}$$

(a) 回路

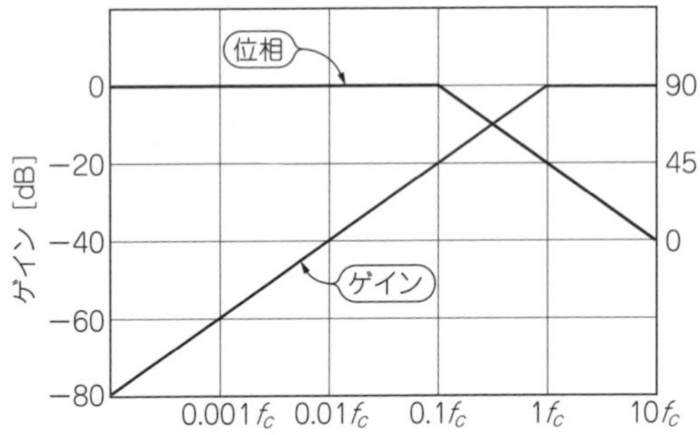

ただし，$f_c=\dfrac{1}{2\pi CR}$とする．

(b) ボーデ線図

図9-15　*CR*微分回路とボーデ線図

$$G(j\omega)=\frac{v_{out}}{v_{in}}=kj\omega \quad \cdots\cdots (9\text{-}23)$$

となり，ゲインと位相は次式となります．

$$\text{ゲイン：}|G(j\omega)|=|k\omega| \quad \cdots\cdots (9\text{-}24)$$

$$\text{位相：}\arg G(j\omega)=j=90°,\ (k>0) \quad \cdots\cdots (9\text{-}25)$$

$$\arg G(j\omega)=-j=-90°,\ (k<0) \quad \cdots\cdots (9\text{-}26)$$

このように微分回路はゲインが周波数に比例して6 dB/oct.で上昇し，位相は90°進みます．

■ *CR*による微分回路

図9-15(a)が*CR*微分回路，**図9-15(b)**がそのボーデ線図です．この回路の入出力伝達関数$G(j\omega)$は図示のとおりですが，それからわかるように，この回路は真の微分回路ではありません．近似的に微分動作をさせるためには，$\omega \ll 1/CR$，具体的には$\omega < 1/(10CR)$にする必要があります．

■ 実験で見る*CR*による微分回路

図9-15(a)の回路中の定数で実験してみました．この回路のf_C[Hz]は，

$$f_C=\frac{1}{2\pi CR}=\frac{1}{2\pi\times0.01\times10^{-6}\times16\times10^3}\fallingdotseq 1\,\text{kHz} \quad \cdots\cdots (9\text{-}27)$$

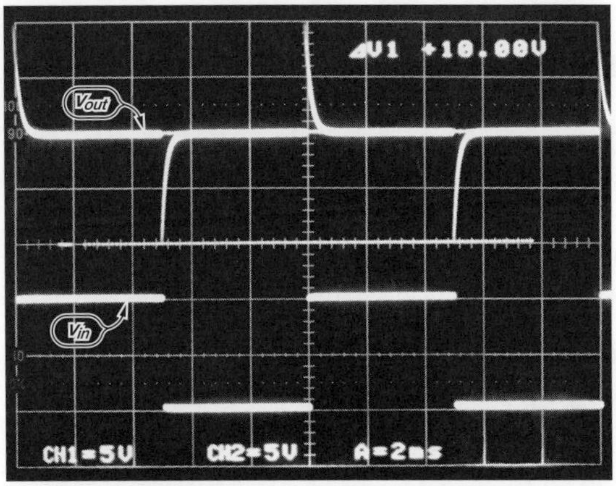

（**a**）　f＝100Hz（2ms/div.，5V/div.）

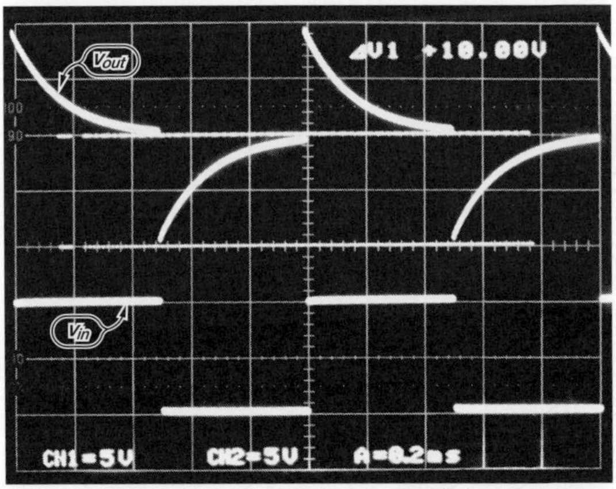

（**b**）　f＝1kHz（0.2ms/div.，5V/div.）

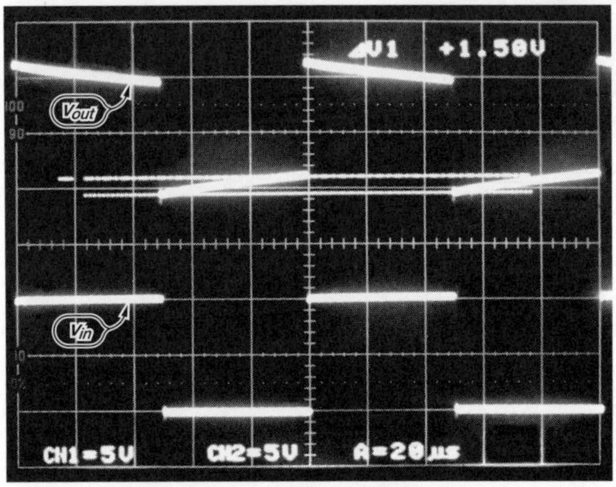

（**c**）　f＝10kHz（20μs/div.，5V/div.）

写真9-4　*CR*微分回路の周波数による入出力波形

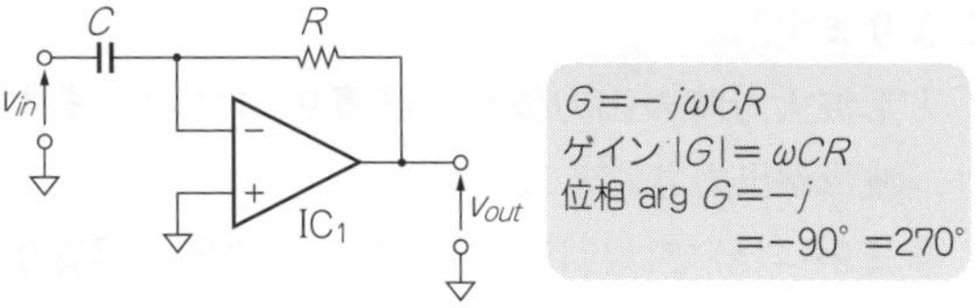

（**a**）回路

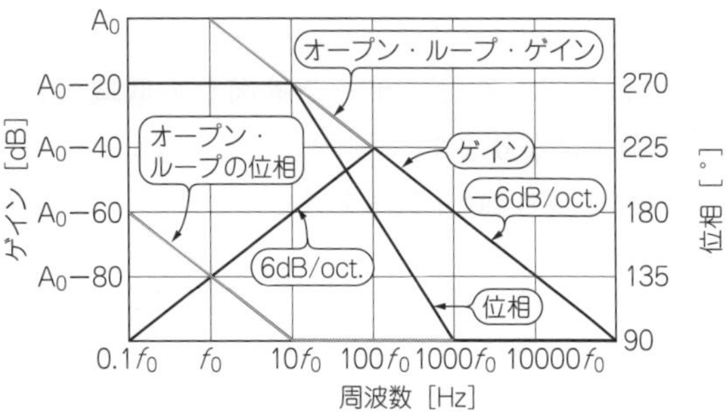

（**b**）伝達関数のボーデ線図

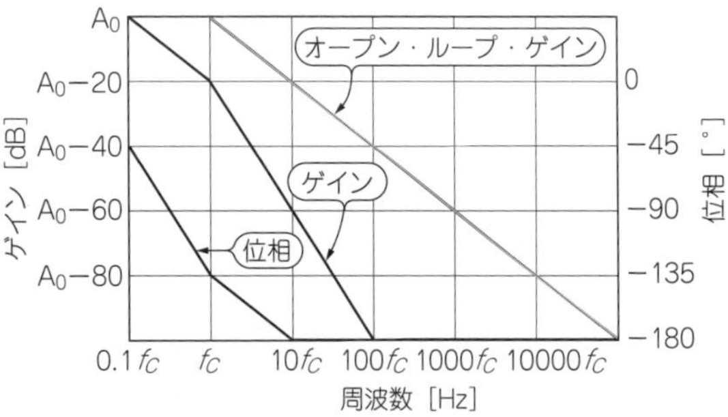

（**c**）ループ・ゲインのボーデ線図

図9-16　OPアンプによる微分回路

となります.

方形波入力時の出力波形を**写真9-4**に示します．真の微分動作ですと，入力電圧が変化するときだけ，波形が出力されるはずです．

写真9-4(a)ではほぼ期待どおりの波形，**写真9-4**(b)では非常になまっています．**写真9-4**(c)では入力波形に近い波形ですが，サグが15%もあり非常に目立ちます．ビデオ信号のような波形伝送を考えると**写真9-4**(c)から，低域のf_Cは信号周波数の1/10としてもサグが出ることから，さらに下げる必要があることがわかります．

正弦波伝送ならば，ボーデ線図から低域のf_Cを最低信号周波数の1/10にすれば，ゲイン誤差は0.1 dB以下になります．

CR微分回路は微分動作をさせるよりも，直流カットの交流結合回路として使用する場合がほとんど

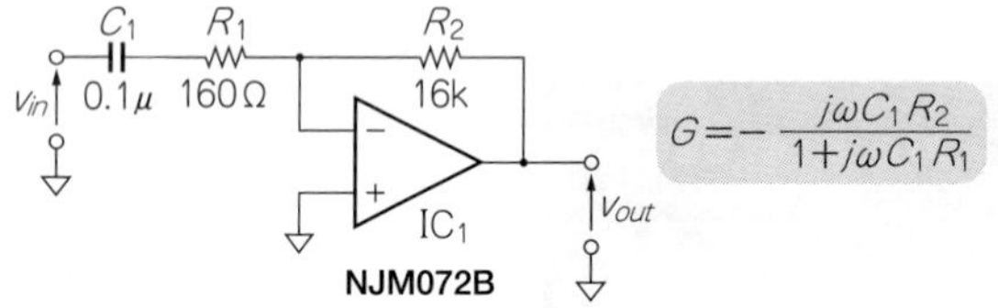

$$G = -\frac{j\omega C_1 R_2}{1 + j\omega C_1 R_1}$$

(a) 回路

(b) 伝達関数のボーデ線図

ここで，$f_0 = \dfrac{1}{2\pi C_1 R_1}$，$\dfrac{f_0}{100} = \dfrac{1}{2\pi C_1 R_2}$ とする．

(c) ループ・ゲインのボーデ線図

ここで，$f_C = \dfrac{1}{2\pi C_1 R_1}$，$\dfrac{f_C}{100} = \dfrac{1}{2\pi C_1 R_2}$ とする．

図9-17 実際の微分回路とボーデ線図

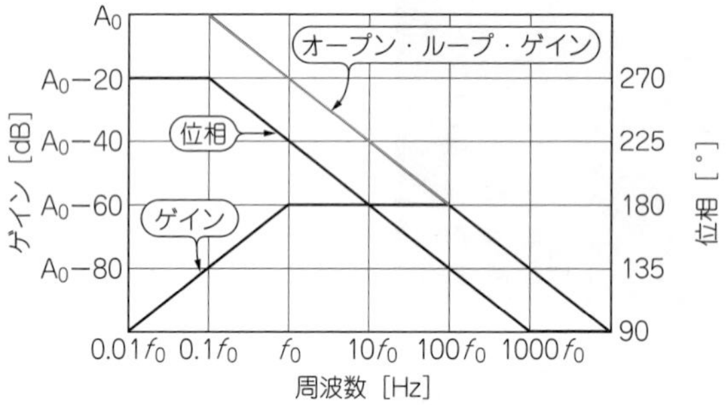

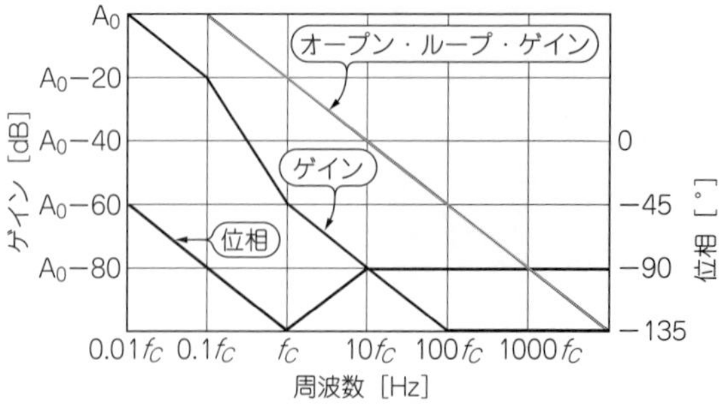

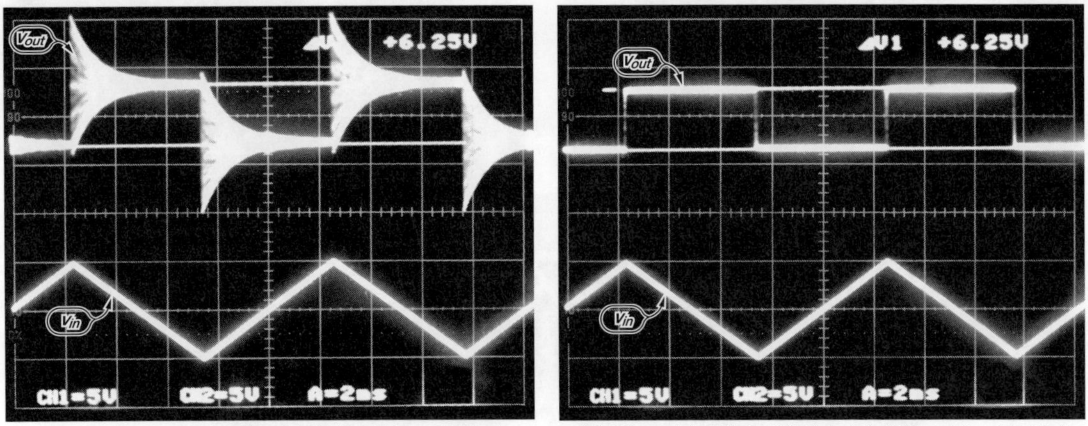

(a) 図9-17(a)のR_1を短絡したとき(2ms/div., 5V/div.)　(b) 図9-17(a)のR_1を160Ωとしたとき(2ms/div., 5V/div.)

写真9-5　発振防止抵抗R_1の有無による違い

です.

■ OPアンプによる微分回路

図9-16(a)にOPアンプによる微分回路を示します．この回路の入出力伝達関数Gは図中のとおりです．OPアンプが理想的ならば，真の微分回路となります．しかし，現実のOPアンプでは問題があります．

図9-16(b)に現実のOPアンプを使用した場合の伝達関数のボーデ線図，**図9-16(c)**にループ・ゲインのボーデ線図を示します．

図9-16(c)を見るとわかるように，位相が180°回りますから，負帰還が正帰還となり発振します．発振しないまでも非常に不安定になります．

そこで，**図9-17(a)**のように実際の微分回路では抵抗R_1をコンデンサC_1に直列に入れます．こうすると，**図9-17(b)**に示す伝達関数のボーデ線図から，微分可能範囲が狭くなることがわかります．その見返りとして，**図9-17(c)**に示すループ・ゲインのボーデ線図から，安定に動作することがわかります．

この回路は，交流結合反転増幅回路と同じです．微分回路として，**図9-17(b)**の伝達関数のボーデ線図のゲインが6 dB/oct.で上昇する部分を使用し，交流結合反転増幅回路としてゲインが一定の期間を使用できます．つまり，同じ回路を要求する機能により使い分けるのです．

■ 実験で見る微分回路

図9-17(a)の回路中の定数で実験しました．まず，R_1を短絡したのが**写真9-5(a)**です．発振しているのがわかります．次に$R_1 = 160\ \Omega$を入れると**写真9-5(b)**のように安定に動作します．

傾きが一定の期間を微分すると出力は一定になりますから，三角波を微分すれば方形波になるはずで，**写真9-5(b)**から結果もそうなっています．

図9-11(a)の回路と合わせると，方形波→積分→三角波→微分→方形波となることがわかります．

Appendix

交流理論の基本を復習する

本文中でインピーダンスの話が出てきますから，ここで交流理論の復習をします．

■ 交流電圧と交流電流の時間表現

vを交流電圧，V_Mをvの最大値とします．電流i, I_Mも同様とします．

図9-Aにおいて，電圧$v = V_M\cos(\omega t)$を加えたときの電流を求めます．位相こそ違いますが，電圧波形と電流波形は相似ですから，電流$i = I_M\cos(\omega t + \theta)$とします．$\theta$は電圧に対する電流の位相，$\omega$は角速度です．

この式から交流電圧vの，任意の瞬時における値と位相は，

$$v = V_M\cos\omega t,\ i = I_M\cos(\omega t + \theta)$$

$$V_M\cos\omega t = RI_M\cos(\omega t + \theta) + L\frac{d}{dt}I_M\cos(\omega t + \theta) + \frac{1}{C}\int I_M\cos(\omega t + \theta)\,dt \quad \cdots\cdots (9\text{-}A)$$

となります．

■ 交流電圧と交流電流の周波数表現

式(9-A)に示す微積分方程式を解いて，I_Mとθを求めれば電流は求められますが面倒です．

そこで，オイラーの公式，

$$e^{j\omega t} = \cos\omega t + j\sin\omega t \quad \cdots\cdots (9\text{-}B)$$

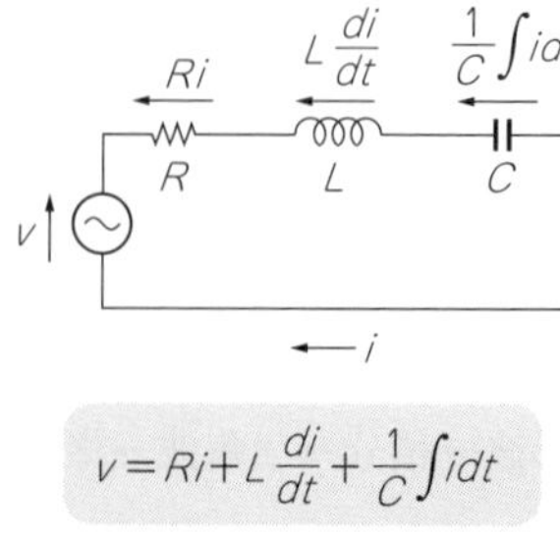

図9-A　*RLC*直列回路

から，式(9-A)を複素関数の実数成分と考えて，

$$V = V_M e^{j\omega t} \quad \cdots\cdots (9\text{-}C)$$

$$I = I_M e^{j\omega t + \theta} \quad \cdots\cdots (9\text{-}D)$$

とおくと，指数関数の微分および積分は，

$$\frac{d}{dt} e^{j\omega t} = j\omega e^{j\omega t} \quad \cdots\cdots (9\text{-}E)$$

$$\int e^{j\omega t} dt = \frac{1}{j\omega} e^{j\omega t} \quad \cdots\cdots (9\text{-}F)$$

と，微分は$j\omega$を掛け，積分は$j\omega$で割るという簡単な形になりますから，式(9-A)は，

$$V = I\left(R + j\omega L + \frac{1}{j\omega C}\right) \quad \cdots\cdots (9\text{-}G)$$

$$\therefore I = \frac{V}{R + j\omega L + \frac{1}{j\omega C}} \quad \cdots\cdots (9\text{-}H)$$

$$I_M = \frac{V_M}{\sqrt{R^2 + \left(\omega L - \frac{1}{\omega C}\right)^2}} \quad \cdots\cdots (9\text{-}I)$$

$$\angle\theta = \tan^{-1} \frac{\omega L - \frac{1}{\omega C}}{R} \quad \cdots\cdots (9\text{-}J)$$

となります．最大値I_MはIの絶対値として表し**図9-B**から，ピタゴラスの定理によって求めます．角

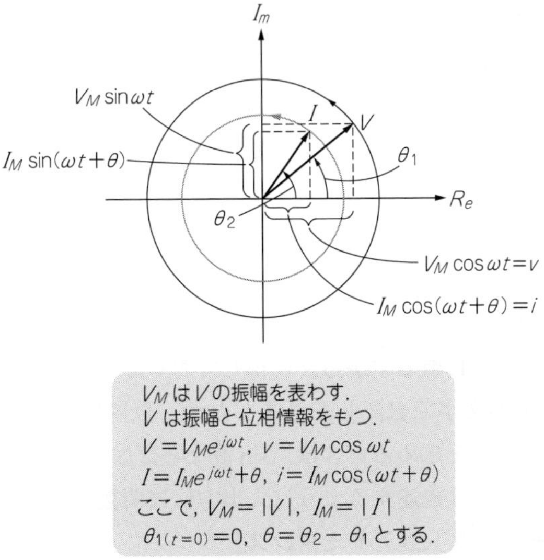

図9-B　*V*，*I*と*v*，*i*の関係

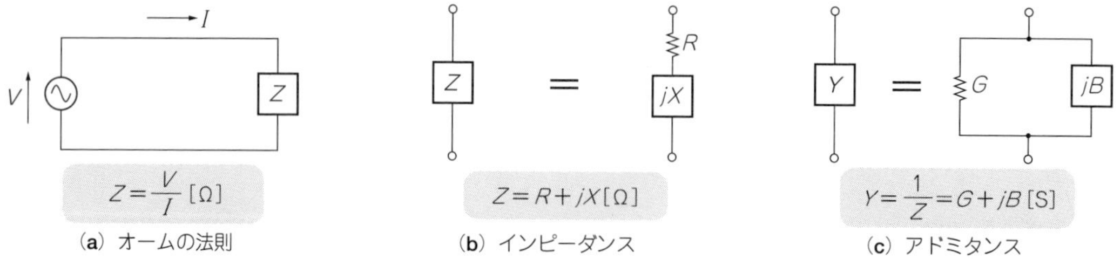

図9-C　インピーダンスとアドミタンス

θはIの偏角(arg)として表し，図で$\theta_1 = 0$のときの値です．

V，Iとv，iの関係は**図9-B**のように，複素量の回転ベクトルV，Iの実軸への投影になります．v，iがsin波の場合は，式(9-B)から，虚軸への投影になります．

角周波数ω[rad/s]は1秒間の回転角度であり，周波数f[Hz]との間には，

$$\omega = 2\pi f \cdots\cdots (9\text{-}K)$$

という関係があります．また，$t = 0$において，$\theta_1 = 0$とするのは，計算を簡単にするためです．

瞬時値による時間領域(time domain)解析に対し，周波数領域(frequency domain)解析を記号演算といい，1893年にA. E. Kennellyが始めて，後にC. P. Steinmetzが普及させました(1)．

回路の定常状態において，レベルと位相差が求まれば，信号は一義的に定まりますから，いちいち微・積分方程式を解かなくても，代数的に解ける記号演算により，電気工学は飛躍的に発展したと言ってよいでしょう．

■ 過渡時はs，定常時は$j\omega$

過渡現象は記号演算では解けませんが，微分演算子$j\omega$をsとおいて解く演算子法(ラプラス変換)があります．微分演算子$s = \sigma + j\omega$を使用すれば，過渡現象も代数的に解くことができます．σは振幅V_M，I_Mの過渡的な変動を表す包絡(envelope)定数です．sは定常応答を求める$j\omega$に，過渡応答を求めるσが追加された便利な微分演算子です．

$j\omega$と書くよりもsと書いたほうが簡単ですから，回路の応答を表す関数はsの関数として書く場合がほとんどです．そのようにすると，$s = j\omega$として定常状態における応答も，$s = \sigma + j\omega$として過渡現象における応答も簡単に求まります．

回路の応答を表す関数を伝達関数と呼びますが，前回までの例で言えばゲインがこれに当たります．定常状態の応答を求めるときは$s = j\omega$とします．

アナログ回路の解析は，ほとんどが定常状態として考えれば良く，過渡現象を扱う比率は数%以下です．しかし，過渡現象の知識は必須ですから，修得しておくことを勧めます．

なお，前章までは，信号を小文字で表記してきましたが，以降は大文字で表記します．これはベクトルを表し，小文字で表す瞬時値を求めるときは，sin波ならば虚軸への投影，cos波ならば実軸への投影として求めます．また，ゲインは後述するように入出力伝達関数の絶対値とします．

■ 抵抗の交流表現「インピーダンス」と「アドミタンス」

インピーダンスは，直流抵抗を交流に拡張した概念で，記号Zで表します．**図9-C**のように

$$Z = V/I\,[\Omega] \qquad \text{(9-L)}$$

と単位は直流抵抗と同じΩになります．上述のようにVとIは複素ベクトルですから，インピーダンスも複素ベクトルになります．そこで，

$$Z = R + jX \qquad \text{(9-M)}$$

あるいは，

$$Z = |Z|e^{j\theta} \qquad \text{(9-N)}$$

ただし，

$$|Z| = \sqrt{R^2+X^2} \qquad \text{(9-O)}$$

$$\angle\theta = \arg Z = \tan^{-1}\frac{X}{R} \qquad \text{(9-P)}$$

と書けて，Rは抵抗，Xはリアクタンスです．式(9-I) では，

$$X = \omega L - \frac{1}{\omega C} \qquad \text{(9-Q)}$$

となります．

インピーダンスの逆数をアドミタンスと言い，記号Yで表します．

$$Y = \frac{I}{V} = \frac{1}{Z}\ [\mathrm{S}] \qquad \text{(9-R)}$$

となって単位は[S]（シーメンス）です．インピーダンスと同様に，

$$Y = G + j\mathrm{B} \qquad \text{(9-S)}$$

あるいは，

$$Y = |Y|e^{j\theta} \qquad \text{(9-T)}$$

ただし，

$$|Y| = \sqrt{G^2+B^2} \qquad \text{(9-U)}$$

$$\angle\theta = \arg Y = \tan^{-1}\frac{B}{G} \qquad \text{(9-V)}$$

と書けて，Gはコンダクタンス，Bはサセプタンスといいます．なお，抵抗，コンデンサ(キャパシタンス)，コイル(インダクタンス)で構成される受動回路のインピーダンスとアドミタンスのベクトルを複素平面上に表すと，抵抗は正の実数ですから，実軸が正の右半面，つまり，第1象限と第4象限にだけ存在します．

第10章

発振の原因と対策

増幅回路を安定に動作させる

これまでの説明では，OPアンプ回路は負帰還をかけても安定に動作するものとしてきました．しかし，実際に作ってみると，動作が不安定になり，発振に見舞われることがあります．

そこで本章では，OPアンプ回路はなぜ不安定になるのか，安定に動作させるためにはどうしたらよいのかについて考えてみることにしましょう．どのようなタイプのOPアンプ増幅回路が発振しやすいのかについても説明します．

10-1 増幅回路が発振する条件

■ OPアンプが発振しているときの出力波形

OPアンプ増幅回路の出力波形を観測したとき，**図10-1**に示すような波形が観測されたら，OPアンプが発振している可能性があります．

図10-1(a)に示すように，信号出力に一様に高周波の発振波形が重畳されていたり，**図10-1**(b)に示すように，出力波形の一部分に発振波形が重畳されていたり，**図10-1**(c)に示すように，入力をグラウンドに短絡しても，大振幅の発振波形が現れる場合もあります．

■ 発振の条件は？…「$A\beta = -1$」

OPアンプ増幅回路が負帰還をかけたことによって発振するのは，**図10-2**に示すように帰還ループ

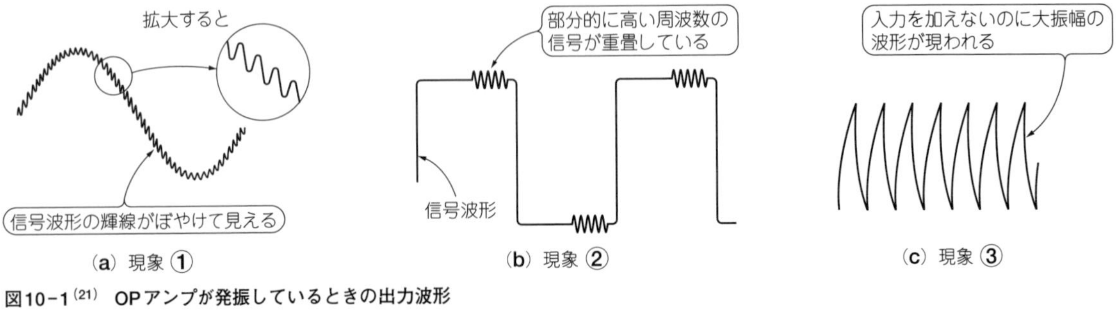

図10-1[21] OPアンプが発振しているときの出力波形

を一巡した出力信号V_{out}が，元の信号V_{out1}とレベルが等しく位相が同じときです．

元の信号は帰還回路で分圧され，OPアンプの反転入力端子に戻されていますから，正常であれば出力信号は元の信号に対して，位相が180°回っているはずです．

ところが，出力信号の位相がさらに180°余分に回り，元の信号と同じ位相，同じレベルになると発振します．このとき，帰還回路を切り離して外部からV_{out1}を加えると，V_{out}が出力されます．両者はレベルと位相が等しいので，切り離した帰還回路を再接続すれば，外部からV_{out1}を注入しなくてもV_{out}は出力され続けて，発振するというわけです．

式で表すと，

$$A\beta = -1 \quad\cdots\cdots (10\text{-}3)$$

ただし，A：OPアンプのオープン・ループ・ゲイン，β：帰還率

となります．第6章で説明したように，この$A\beta$をループ・ゲインと呼びます．

式(10-3)は，ループ・ゲインの大きさ$A\beta$が1で，位相が－180°回転したときに発振することを意味しています．

図10-2の発振の条件を示す式(10-5)では，－180°を基準にしていますが，これは位相が高周波で遅れるためです．＋180°(＝－180＋360)としても間違いではありませんが，一般にはこのようにします．

▶位相が180°回っても$|A\beta|<1$では発振しない

負帰還とは，$A\beta$の位相の回転が－180°よりも小さいときの動作モードのことで，この状態では発振はしません．

位相が－180°回っているときの動作モードは負帰還とはいいません．正帰還と呼びます．このとき$|A\beta|<1$なら，正帰還された信号は徐々に減衰しますから，オーバーシュートなど，一時的に変な出力が出ても発振状態にはなりません．

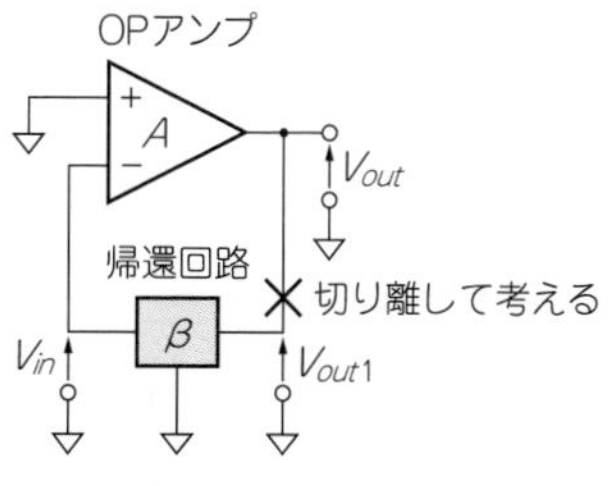

$V_{out}=-AV_{in}$ ……(10-1)
$V_{in}=\beta V_{out1}$ ……(10-2)
ここで，$V_{out}=V_{out1}$になると，
$A\beta=-1$ ……(10-3)
が成り立つ．つまり，
・$|A\beta|=1$ ……(10-4)
・$\angle A\beta=-180°\pm(n\times360°)$ (∵n=0, ±1, ±2,…)…(10-5)
が成り立つ．この条件で上記の増幅回路は発振する．

図10-2　OPアンプ増幅回路の発振の条件

▶位相が180°回り，かつ$|A\beta| \geqq 1$のとき発振する

位相が−180°回って，$|A\beta| = 1$になるとOPアンプは発振します．

$|A\beta| > 1$の場合，OPアンプ内部では，クリップなどが起きてゲインAが低下します．その結果，実効的に$|A\beta| = 1$となって発振が持続します．

図10-1(c)に示す波形が，このときの典型的な波形です．

10-2　発振しない増幅回路を設計するための基礎知識

■ ボーデ線図を使って発振しそうかどうかを判別する

OPアンプが発振の条件に対して，どのくらいの余裕があるかを判別するには，**図10-3**に示すように負帰還ループの一巡ゲイン，つまりループ・ゲインの伝達関数$A\beta$のボーデ線図を利用します．

負帰還安定度の判別には，次に示すゲイン余裕と位相余裕が現場で利用されています．

▶ゲイン余裕

図10-3において，位相が−180°になる周波数におけるループ・ゲイン$|A\beta|$が，0 dB(1倍)よりもどのくらい負になっているのかを見ます．この負の値をゲイン余裕といいます．ゲイン余裕が正の場合は発振します．

▶位相余裕

ループ・ゲイン$|A\beta|$が0 dB(1倍)になる周波数における位相が，−180°に対してどのくらい内輪になっているのかを見ます．この位相と−180°との差を位相余裕といいます．−180°以上回っていれば

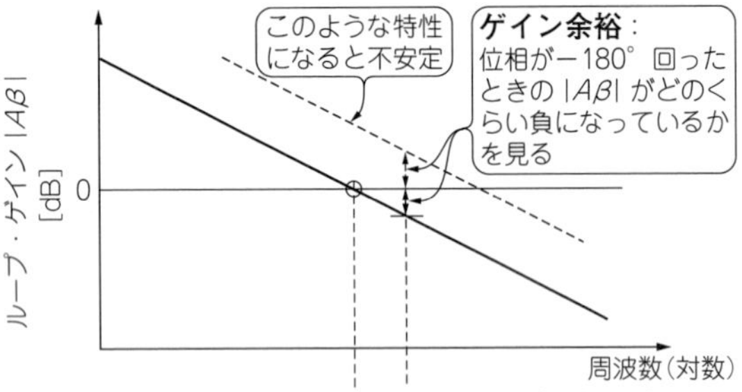

(a) ループ・ゲインの絶対値の周波数特性とゲイン余裕

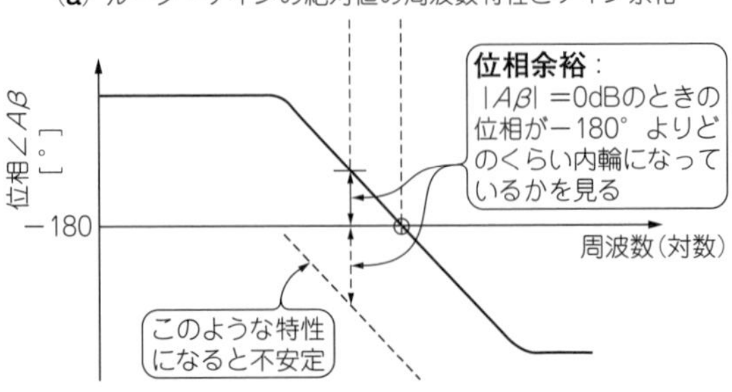

(b) ループ・ゲインの位相の周波数特性と位相余裕

図10-3　OPアンプ増幅回路の位相余裕とゲイン余裕

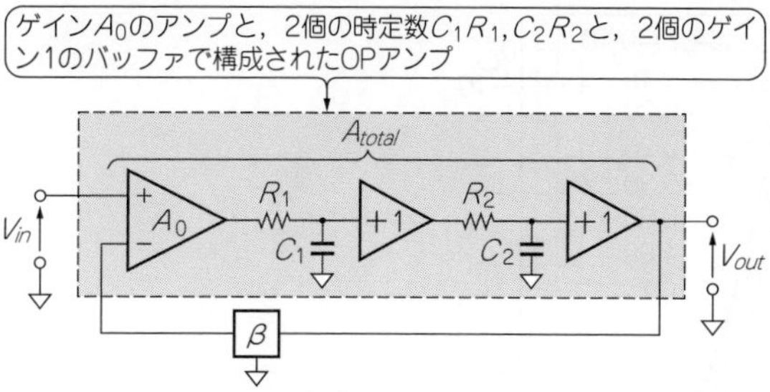

$$A_{total}=\frac{A_0}{(1+j\omega C_1R_1)(1+j\omega C_2R_2)}$$

$$=\frac{A_0}{1+2j\zeta_0\omega T_0-\omega^2T_0{}^2}\cdots\cdots(10\text{-}6)$$

ただし，$\zeta_0=\frac{1}{2}\left(\sqrt{\frac{C_2R_2}{C_1R_1}}+\sqrt{\frac{C_1R_1}{C_2R_2}}\right)\cdots\cdots(10\text{-}7)$

$$T_0{}^2=C_1C_2R_1R_2\cdots\cdots(10\text{-}8)$$

伝達関数は，次のとおり．

$$G=\frac{V_{out}}{V_{in}}=G_0\frac{1}{1+2j\zeta\omega T-\omega^2T^2}\cdots\cdots(10\text{-}9)$$

ただし，$G_0=\frac{A_0}{1+A_0\beta}$, $\zeta=\frac{\zeta_0}{\sqrt{1+A_0\beta}}$, $T=\frac{T_0}{\sqrt{1+A_0\beta}}$,

図10-4　2次遅れ特性を示す増幅回路と負帰還時の伝達関数

表10-1[(5)] **位相余裕およびゲイン余裕とステップ応答**

ゲイン余裕	位相余裕	特　徴
3 dB	20°	ひどいリンギング
5 dB	30°	多少のリンギング
7 dB	45°	応答時間が短い
10 dB	60°	一般的に適切な値
12 dB	72°	周波数特性にピークが出ない

発振します．

■ ゲイン余裕と位相余裕の最適値は？

ゲイン余裕と位相余裕はどの程度とったらよいのでしょうか．

表10-1に示すのは，ゲイン余裕と位相余裕の目安です．一般の増幅回路では位相余裕60°以上，定電圧電源では45°以上が望ましいといわれています．詳しいことは，稿末の文献(5)と(21)にわかりやすく説明されています．

▶大きすぎても小さすぎてもだめ…「応答速度とのトレードオフ」

余裕が小さすぎると回路の安定度が悪くなります．逆に大きすぎると，種々の理由からループ・ゲインが小さくなってゲイン誤差が大きくなり，応答速度が遅くなります．

■ 2次遅れ回路は発振しやすい

▶実際のOPアンプの多くは2次遅れ回路

これまで，OPアンプIC単体のオープン・ループ・ゲインの周波数特性は，近似的に1次遅れ特性を示すと説明してきました．しかし，実際のOPアンプICの多くは，オープン・ループ・ゲインが1になる周波数f_Tで2次遅れ特性を示します．f_T以下の周波数においても，寄生インピーダンスによる遅れにより2次遅れ特性を示します．

第9章の考察で，1次遅れ回路の位相回転は最大で－90°でした．この1次遅れ回路を2個接続すると，2次遅れ回路が構成されて，位相回転は無限大の周波数で－180°に増えます．

有限周波数帯域で動作する2次遅れ回路は，理論的には負帰還をかけても安定なはずですが，実際には寄生インピーダンスによる遅れがあって不安定になり，発振する可能性があります．

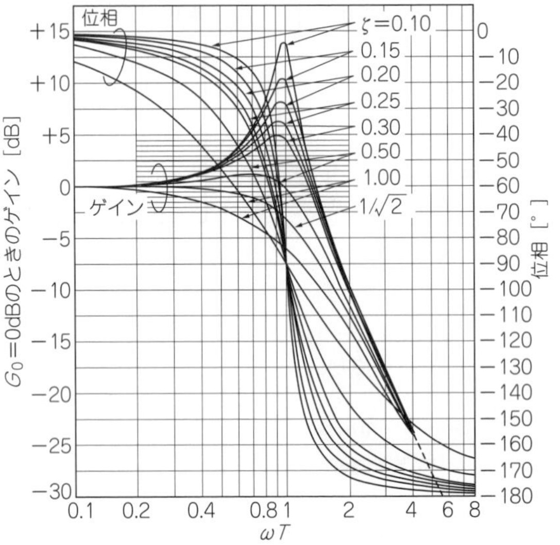

図10-5　ループ・ゲインが1になる周波数付近の伝達特性

■ 2次遅れ回路の負帰還時の応答

図10-4に示すのは，2次遅れ特性を示す増幅回路の負帰還時の伝達関数です．ζ（ジータ）は制動係数と呼ばれ，とても重要なパラメータなので覚えてください．

図中の式から，伝達関数Gは，

$$G = G_0 \frac{1}{1 + 2i\,\zeta\omega T - \omega^2 T^2} \qquad (10\text{-}9)$$

と表されます．

図10-4を見ると，ζもTも，負帰還をかけると無帰還時の$1/\sqrt{1+A_0\beta}$に減少することがわかります．このことから，負帰還をかけると次のようなことが言えます．

- ζが小さくなると，出力が制動されにくくなり不安定になる可能性が高くなる
- Tが小さくなると，$2\pi T$の逆数，つまり周波数帯域が広くなる

▶ ζとステップ応答

図10-5に，ζをパラメータとして，ループ・ゲインが1となる周波数f_C付近の伝達特性を示します．

図10-6に，ステップ応答とζをパラメータとしたオーバーシュートの比率を示します．式(10-9)に示す伝達関数の$j\omega$をsとおいてラプラス変換して求めます．

$\zeta=1$のときを臨界制動といい，オーバーシュートが出ない限界の値です．

$\zeta>1$のときを過制動といい，オーバーシュートは出ませんが，応答速度が遅くなります．

$\zeta<1$のときを不足制動といい，オーバーシュートが出ます．

$\zeta=1/\sqrt{2}$のとき，オーバーシュートは出ますが，ゲイン周波数特性が最も平たんになります．この周波数特性をフィルタ回路ではバターワース特性といいます．

$\zeta=\sqrt{3}/2$のとき，フィルタ回路ではベッセル特性といい，伝送波形ひずみが最も小さい周波数特性

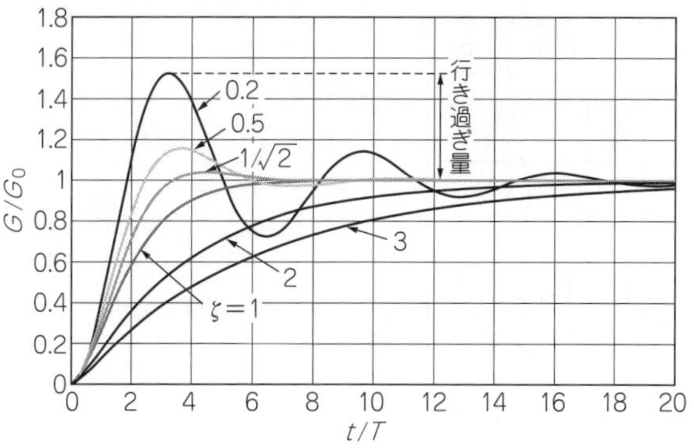

(a) ステップ応答

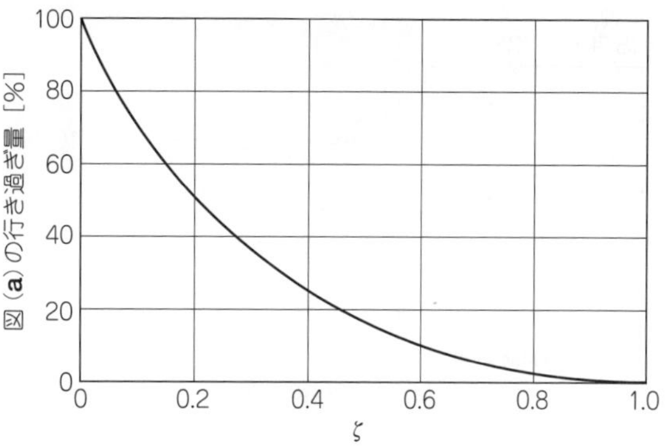

(b) オーバーシュート

図10-6　ステップ応答とζをパラメータとしたオーバーシュートの比率

です．

▶ステップ応答から周波数特性がわかる

増幅回路の周波数特性を評価するとき，方形波を利用することがあります．

これは，**図10-5**と**図10-6**の相関性に理由があります．ステップ信号では$t<0$で電圧はゼロになりますが，方形波では連続しているので，後述の実験で示すように，$t<0$の影響が無視できるような周波数で観測します．

10-3　発振しないOPアンプ増幅回路を設計するには

■ 入力容量による不安定動作の解消

● 入力容量は位相を遅らせ安定度を減らす

図10-7(a)に示すように，OPアンプの入力に容量C_1を付加すると位相遅れが生じます．

図10-7(b)と**(c)**に示すβと$A\beta$のボーデ線図からも，C_1の追加によって2次遅れ特性になり，不安定になることがわかります．

● 同容量のコンデンサを付加して補償する

図10-8(a)に示すのは，位相遅れの補償方法です．

$$R_1 : R_2 = C_{comp} : C_{in} \quad \cdots\cdots (10\text{-}11)$$

とすると完璧に補償されます．

図10-7(a)と**図10-8(a)**の回路を実際に動作させ，補償の効果を確認してみましょう．電源にはパスコン(0.1 μF)を入れて実験します．

写真10-1に，方形波入力時の応答波形を示します．

補償されていないV_{out1}の波形に対し，補償されたV_{out2}では，オーバーシュートがなくなっているのがわかります．C_{comp} = 100 pFにすると波形がなまっています．この波形のなまりはOPアンプの特性によるものです．

その約半分の47 pFでは，OPアンプの特性による波形のなまりをオーバーシュートが打ち消して，

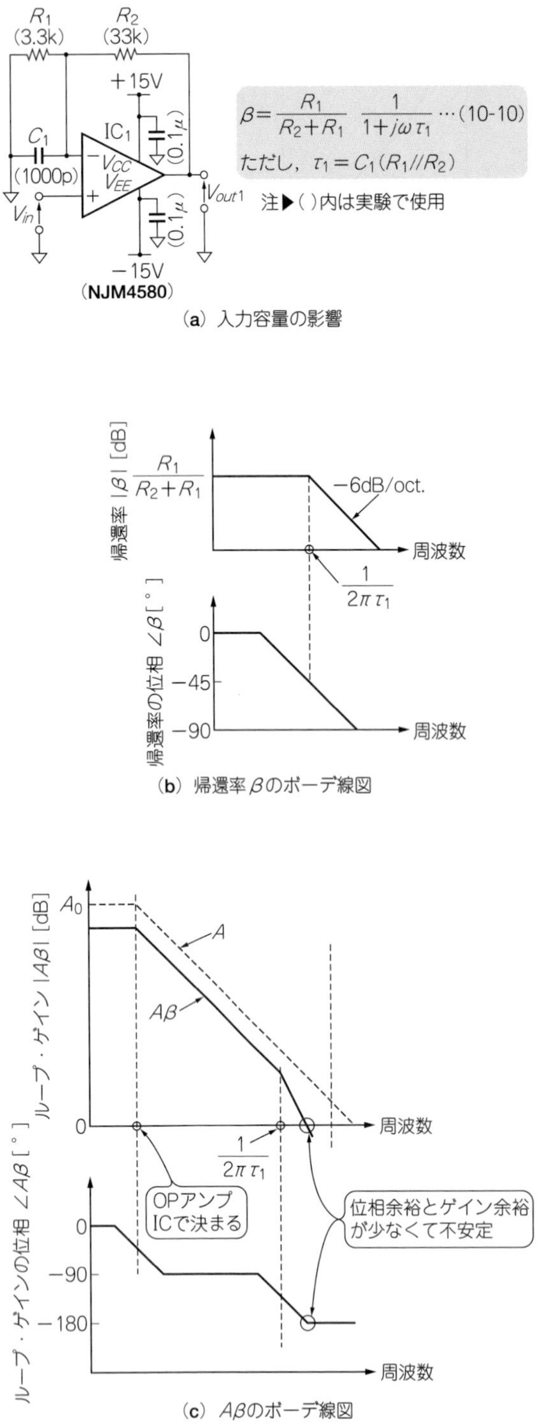

左側回路：
- R_1 (3.3k), R_2 (33k), $+15V$, $-15V$, C_1 (1000p), 0.1μ, IC$_1$ (NJM4580), V_{in}, V_{out1}

$$\beta = \frac{R_1}{R_2+R_1}\frac{1}{1+j\omega\tau_1} \cdots (10\text{-}10)$$

ただし，$\tau_1 = C_1(R_1//R_2)$

注▶ ( )内は実験で使用

(a) 入力容量の影響

右側回路：
- C_{comp} (47p/100p), R_1 (3.3k), R_2 (33k), $+15V$, $-15V$, C_{in} (1000p), 0.1μ, IC$_1$ (NJM4580), V_{in}, V_{out2}

$$\beta = \frac{\dfrac{R_1}{1+j\omega C_{in}R_1}}{\dfrac{R_1}{1+j\omega C_{in}R_1}+\dfrac{R_2}{1+j\omega C_{comp}R_2}} \cdots (12\text{-}12)$$

注▶ ( )内は実験で使用

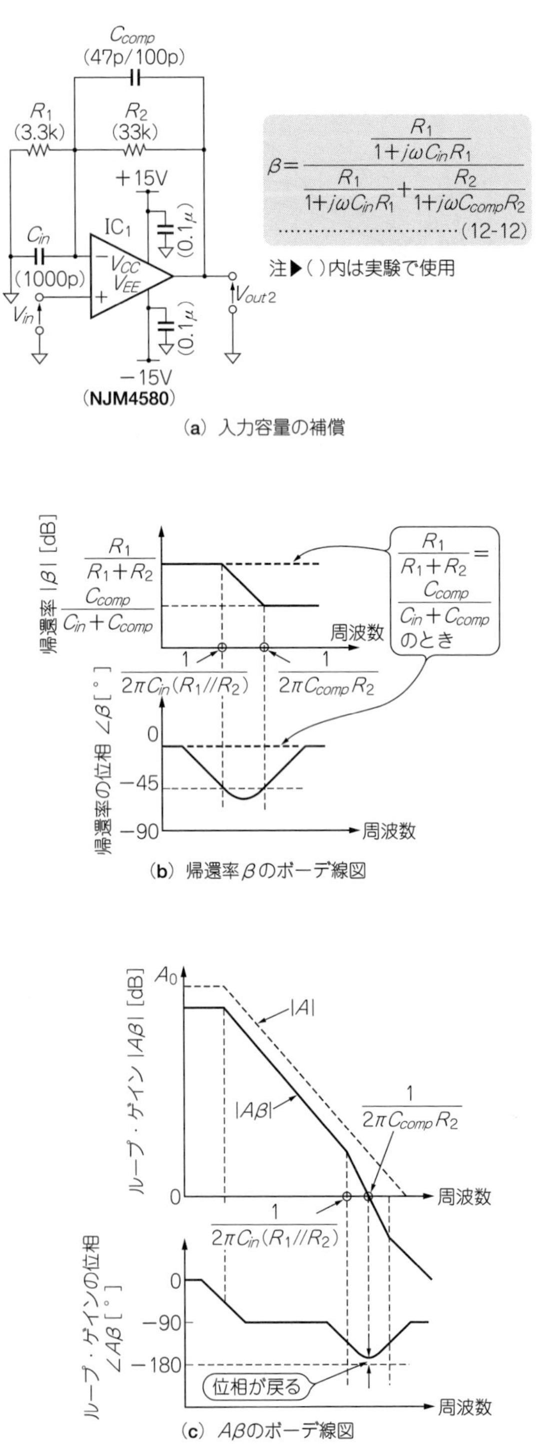

(a) 入力容量の補償

(b) 帰還率 β のボーデ線図（左）
- 帰還率 $|\beta|$ [dB]: $\dfrac{R_1}{R_2+R_1}$, -6dB/oct., $\dfrac{1}{2\pi\tau_1}$
- 帰還率の位相 $\angle\beta$ [°]: 0, -45, -90

(b) 帰還率 β のボーデ線図（右）
- 帰還率 $|\beta|$ [dB]: $\dfrac{R_1}{R_1+R_2}$, $\dfrac{C_{comp}}{C_{in}+C_{comp}}$, $\dfrac{1}{2\pi C_{in}(R_1//R_2)}$, $\dfrac{1}{2\pi C_{comp}R_2}$
- $\dfrac{R_1}{R_1+R_2}=\dfrac{C_{comp}}{C_{in}+C_{comp}}$ のとき
- 帰還率の位相 $\angle\beta$ [°]: 0, -45, -90

(c) $A\beta$ のボーデ線図（左）
- ループ・ゲイン $|A\beta|$ [dB]: A_0, A, $A\beta$, $\dfrac{1}{2\pi\tau_1}$
- OPアンプICで決まる
- 位相余裕とゲイン余裕が少なくて不安定
- ループ・ゲインの位相 $\angle A\beta$ [°]: 0, -90, -180

(c) $A\beta$ のボーデ線図（右）
- ループ・ゲイン $|A\beta|$ [dB]: A_0, $|A|$, $|A\beta|$, $\dfrac{1}{2\pi C_{in}(R_1//R_2)}$, $\dfrac{1}{2\pi C_{comp}R_2}$
- ループ・ゲインの位相 $\angle A\beta$ [°]: 0, -90, -180
- 位相が戻る

図10-7　OPアンプの入力に容量が接続されたときのループ・ゲインの周波数特性

図10-8　入力容量の補償法とループ・ゲインの周波数特性

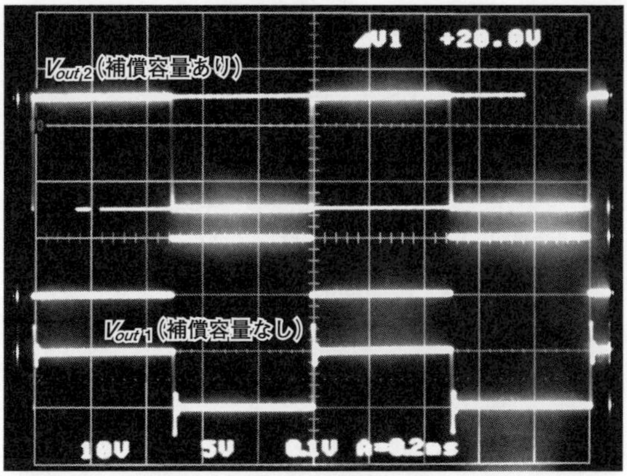

(a) 補償容量47pF

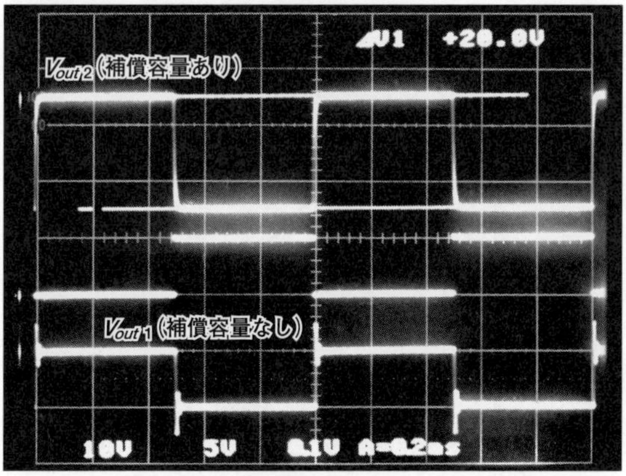

(b) 補償容量100pF

写真10-1　ステップ応答に見る入力容量の補償のようす
(0.2 ms/div.，上：5 V/div.，中：1 V/div.，下：10 V/div.)

出力ではほとんどなまりがなくなっていますが，少しリンギングが出ます.

■ 負荷容量による不安定動作の解消

● 抵抗とコンデンサを追加して補償する

図10-9(a)に示すのは，OPアンプの出力に付加された容量C_{out}により位相遅れが生じる例です．**図10-9(c)**に示すように，抵抗とコンデンサを追加して補償します.

▶シミュレーションで容量を求める

図10-10(a)に示すのは，OPアンプにNJM072Bを使用し，**図10-9(c)**中の定数を入れたシミュレーション回路です.

NJM072Bのデータシート[30]から，f_0を16 Hz，オープン・ループ・ゲインを20万倍(106 dB)とし，等価出力抵抗は文献(5)を参照して210 Ωとしました.

図10-10(b)に周波数特性の解析結果を示します．C_{out} = 0.01 μFの場合，補償容量C_{comp} = 200 pFでは周波数特性にピークは出ないことがわかります．**図10-10(c)**にステップ応答の解析結果を示します.

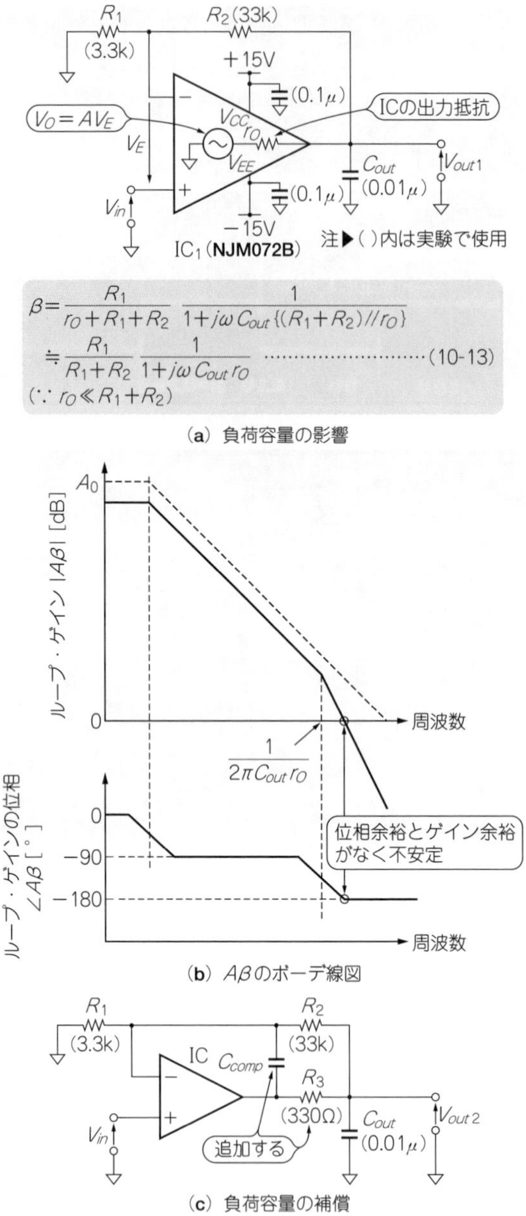

$$\beta = \frac{R_1}{r_O + R_1 + R_2} \frac{1}{1 + j\omega C_{out}\{(R_1 + R_2)//r_O\}}$$

$$\fallingdotseq \frac{R_1}{R_1 + R_2} \frac{1}{1 + j\omega C_{out} r_O} \quad \cdots\cdots (10\text{-}13)$$

$(\because r_O \ll R_1 + R_2)$

(a) 負荷容量の影響

(b) $A\beta$のボーデ線図

(c) 負荷容量の補償

図10-9　負荷容量の補償法とループ・ゲインの周波数特性

C_{comp} = 300 pF以上でオーバーシュートが出なくなります．

▶手計算しなかった理由

OPアンプ回路の文献を何冊か読まれている人も多いと思いますが，最適補償容量C_{comp}の値を求める式について書かれている文献は見たことがないはずです．これは，**図10-9(c)**の回路の伝達関数を求めてみるとわかりますが，無意味に複雑な式になるからです．これを手計算で解くのは時間のむだ

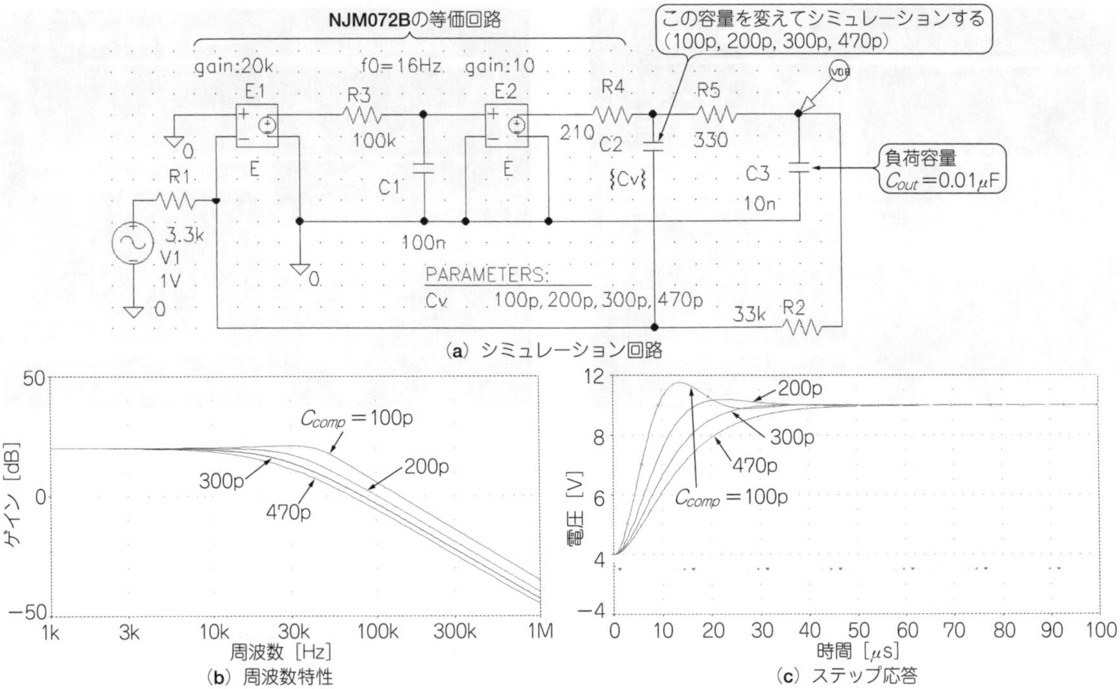

図10-10　負荷容量による補償のようすをシミュレーション解析する

ですから，シミュレーションを使いました．

本書では，シミュレーションを使わず，式を立てて実験で確認するという方針でやってきました．式を立てると，どのパラメータがどのように影響するのか，設計に必要な重要な情報が得られるからです．シミュレータは道具にすぎず，回路を設計してくれるわけではありません．

▶実験で確認

図10-9(a)と**(c)**の回路を実際に動作させ，補償の効果を確認しましょう．ここでも，電源にはパスコン(0.1 μF)を入れて実験します．

写真10-2に方形波入力時の応答波形を示します．

図10-9(a)の補償容量 C_{comp} = 220 pFでは，オーバーシュートが出ます．シミュレーションよりもオーバーシュートが大きくなっています．これは，**図10-10**に示す等価回路が簡略化されていて，実際のOPアンプICのすべての寄生容量が考慮されていないからでしょう．C_{comp} = 330 pFでは，寄生容量が完全に補償され，オーバーシュートが出なくなっています．

10-4　うっかり作ってしまう微分回路への対応

■ 微分回路は発振しやすい

第9章で説明したように，微分回路は発振しやすくて不安定です．

これは，微分回路の帰還率 β が1次遅れ特性になっていて，オープン・ループ・ゲイン A の1次遅れ

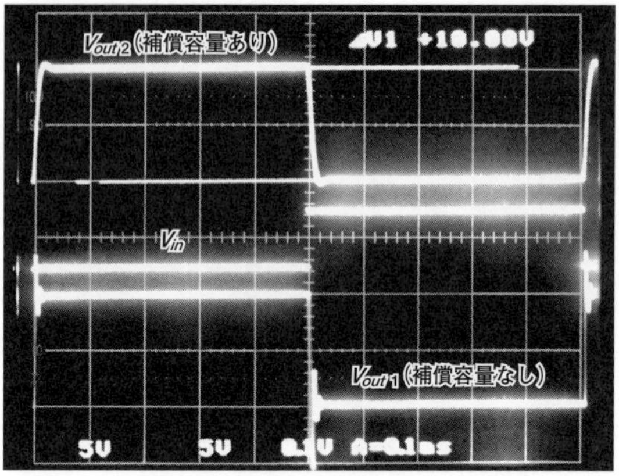

(a) 補償容量220pF

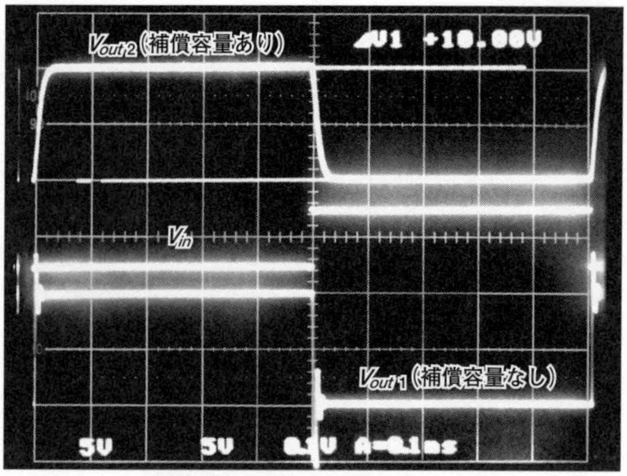

(b) 補償容量330pF

写真10-2　ステップ応答に見る負荷容量の補償のようす(0.2 ms/div., 上：5 V/div., 中：1 V/div., 下：10 V/div.)

特性と合成され，$A\beta$が2次遅れ特性になるからです.

■ 典型的な失敗例

図10-11(a)に，知らず知らずのうちに作ってしまう微分回路の典型を示します.

コンデンサが入っている場合は，明らかに微分回路とわかりますが，帰還回路にOPアンプ IC_2のクローズド・ループ・ゲインG_2の1次遅れ特性があると，これは立派な微分回路になります．この回路は，発振させてから気がつくことが多いので要注意です.

この回路が一番使用されるのは可変ゲイン回路です．図のR_3とR_4を1個の可変抵抗器にすると，回転角に対してゲインを直線的に可変できます.

OPアンプIC_2を取り去ると，第8章で紹介したT型帰還回路になります．T型帰還回路のさまざまな欠点がOPアンプIC_2の追加で解消されますからよく使われています．また第12章で，差動増幅器の可変ゲイン，オフセット調整回路としてもこの回路を「発振に注意！」として紹介しています．いずれにしろ，帰還回路にOPアンプICを入れる場合は注意が必要です.

なお，前述の**図10-7**(a)も微分回路の一種です.

■ 対策は？

図10-11(a)に示すβと，**図10-11**(c)の点線で示すOPアンプIC_1のオープン・ループ・ゲインA_1の積$A_1\beta$は，**図10-11**(c)の実線で示されます．これは，図のように2次遅れ特性となり位相余裕がありません.

そこで，C_1を付加してOPアンプIC_1の実効的なオープン・ループ・ゲインA_1を下げ，ループ・ゲイン$A_1\beta$を図の1点鎖線のようにすれば，位相余裕を確保できます．定量的に示すと，次のようになります.

$$f_{C1} < f_{C2} \quad \cdots\cdots (10\text{-}16)$$

ただし，f_{C1}：OPアンプIC_1のループ・ゲインが1(0 dB)となる周波数，f_{C2}：OPアンプIC_2のクローズド・ループ・ゲインが－3 dBとなる周波数

$C_1 = 0\mathrm{pF}$ とすると,
$$\beta = \frac{R_4}{R_3+R_4} G_2 \cdots\cdots (12\text{-}14)$$
$$G_2 = \frac{R_1+R_2}{R_1} \cdot \frac{1}{1+\dfrac{1}{A_2}\dfrac{R_1}{R_1+R_2}}$$
$$\cdots\cdots (12\text{-}15)$$

R_3, R_4を可変し，可変ゲイン回路として使用する

(a) 知らずに作る微分回路

(b) βのボーデ線図

(c) $A_1\beta$のボーデ線図

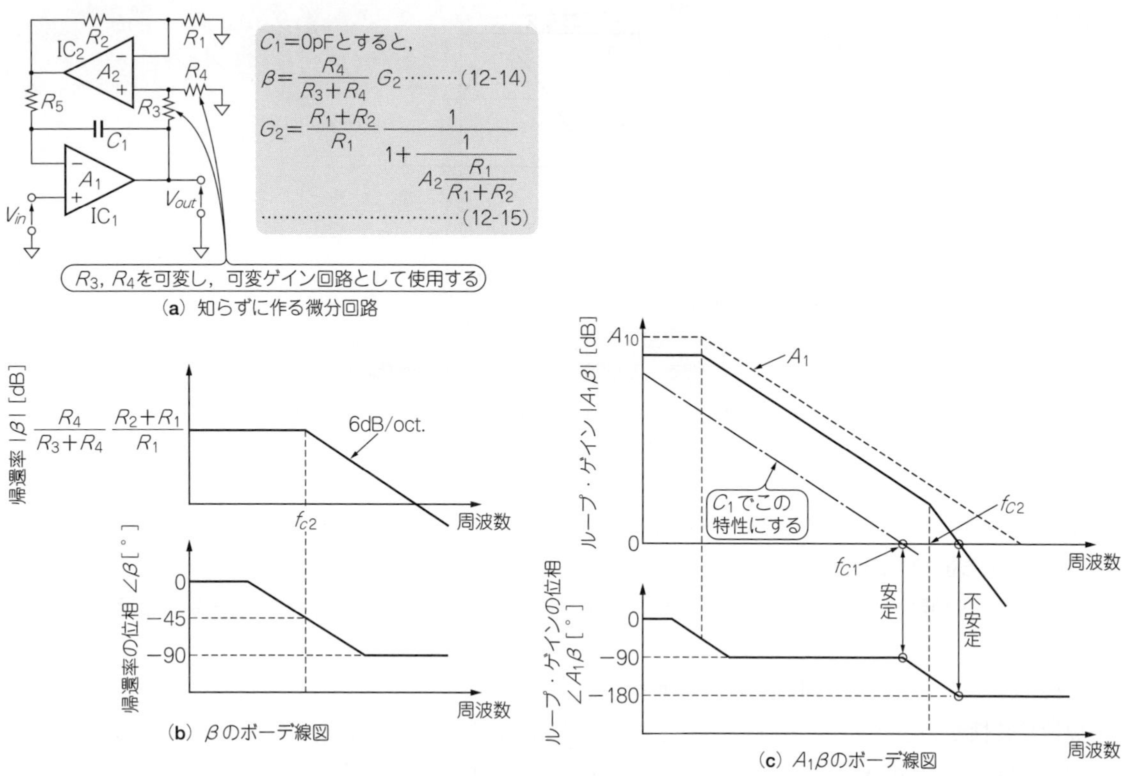

図10-11 可変ゲイン回路を作ったつもりが微分回路に…

つまり，f_{C2}で決定される帰還率の遅れをループ・ゲインが1になる周波数よりも高い周波数で起こるようにC_1とR_5を入れて，$|A_1\beta|=1$では帰還率の遅れが影響しないようにします．

10-5 OPアンプIC以外の発振要因への対応

■ エミッタ・フォロワを追加するときは抵抗を忘れずに

今までの実験から，電源のパスコンさえ入れておけば，汎用のOPアンプを利用したシンプルな増幅回路では，多少の入力容量や負荷容量があっても発振にはいたらず，とても安定に動作することがわかります．

しかし実際には，OPアンプICとトランジスタやFETなどと組み合わせることも多く，OPアンプIC以外の能動素子の安定度への影響を考慮する必要があります．たとえば，出力電圧を±100Vにしたい場合には，出力段の時定数がOPアンプICの時定数に近づきますから，きちんとボーデ線図を書いて検討する必要があります．

出力電流だけ増加させたい場合には，エミッタ・フォロワを接続することが多くなりますが，これは要注意です．エミッタ・フォロワの時定数はOPアンプICの時定数よりもはるかに小さく，帰還ループの安定度に影響することはほとんどありませんが，ベースに直列抵抗を入れないと発振する場合が

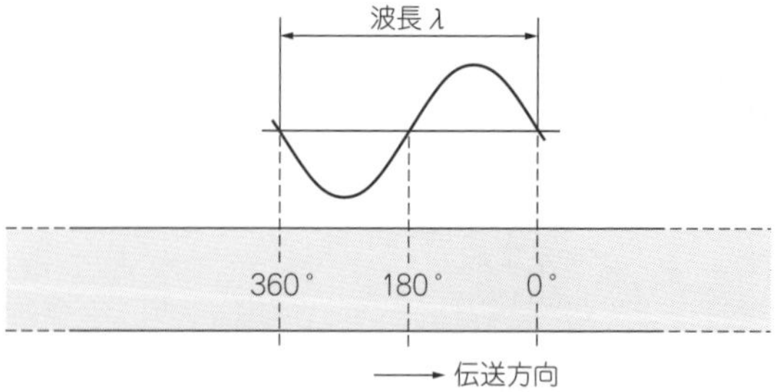

1m当たりの位相回転 ϕ_{norm} は，

$$\phi_{norm} = \frac{f}{c} \times 360° = 1.2°/\mathrm{MHz/m} \quad \cdots\cdots (10\text{-}17)$$

ただし，c：光速（2.9979×10^8）[m/s]，f：周波数［MHz］

図10-12　帯域が数十MHz以上の増幅回路では伝送線路による位相の回転を考慮する

あります．この発振は帰還ループの発振ではなく，トランジスタ単体の寄生発振です．

■ 配線による位相の回転に注意！

増幅回路の帯域によっては，プリント基板に実装するときの配線の影響なども配慮しなければなりません．

一般に，ゲインと位相の周波数特性は独立した関係ではなく，ゲインの周波数特性を見れば，位相の周波数特性がわかります．ゲインが一定ならば位相は回転せず(0°)，減衰傾度が－6 dB/oct.ならば位相は－90°まで回転し，－12 dB/oct.ならば－180°まで回転するというぐあいです．

ところが，ゲインは減衰せず位相だけ回転する回路があります．この回路の一つが伝送線路です．低周波では信号の波長を考慮しませんが，周波数が高くなるとその影響が出てきます．

▶帯域数十MHz以上の増幅回路で影響が出る

図10-12に示す無損失伝送線路を考えると，信号が伝わっていく時間に相当するぶん位相が回ります．1波長λに相当する長さでは減衰がなくても位相は360°回転します．

負帰還ループの配線長が半波長λ/2あると，位相が180°回転しますから，負帰還をかけることができません．

位相の回転量は，空気中で1.2°/MHz/m，つまり配線長1 mのとき，周波数1 MHz当たり，1.2°回ります．配線長1 mのとき，周波数が100 MHzだと，120°回ります．プリント基板などの絶縁物があると，その誘電率の影響で波長が短縮されて，さらに回転します．たとえば，ガラス・エポキシ基板では波長は約55％になります．

このように，数十MHz以上の帯域幅をもつ増幅回路を設計する場合は考慮が必要です．

第11章

雑音の低減
雑音を知らずして雑音対策はできない

電子回路では，必要とする信号以外の電気的信号を雑音(ノイズ)と呼びます．不要なものはないほうがよいですから，出力に現れる雑音を低減する「雑音対策技術」はとても重要です．

雑音の文献では，統計学の知識が必須ですが，ここではそういった高度な定量的解析には触れず，定性的な話と実験をします．雑音に影響するパラメータにどのようなものがあるかを明確にするために，いくつか数式を示しましたが，これらは定量的な解析のためではありません．というのは，雑音に影響する要因は他にもたくさんあり，一筋縄ではいかないからです．興味のある人は，巻末の文献(5)または(7)を参照してください．

11-1　テーマは真性雑音

■ 誘導雑音以外の雑音「真性雑音」

図11-1に示すように，雑音にはさまざまな種類があります．

発生源で分けると「外来雑音」と「内部雑音」の2種類あります．

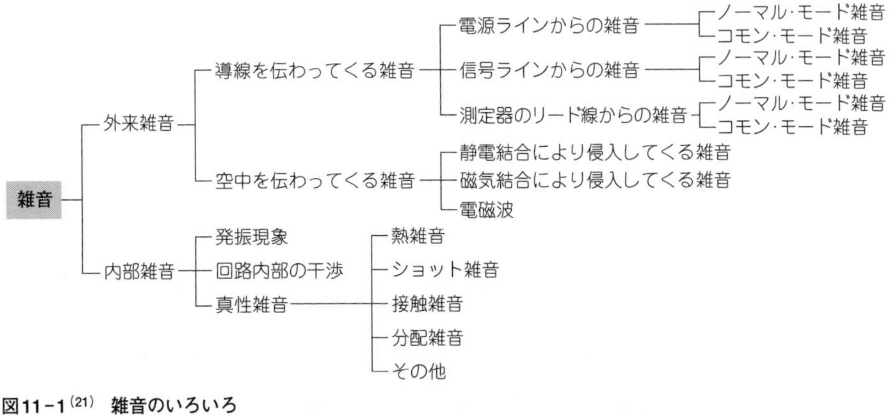

図11-1[21]　雑音のいろいろ

外来雑音は，第12章の差動増幅回路の解説のところで，信号線に乗ってくる雑音対策について触れます．外部からの磁気誘導，電源ラインに乗ってくる雑音もあります．

増幅回路自体から発生する内部雑音についても，内部回路どうしの誘導や発振などがあります．そのような「誘導雑音」をすべて対策しても，除去できない雑音が「真性雑音」です．真性雑音はすべての電子部品から発生しており，回路の理論的最低雑音レベルを決定します．ここでは，真性雑音について説明します．

■ 真性雑音の構成要素

図11-1に示すように，増幅回路の真性雑音は，熱雑音，ショット雑音，接触雑音，分配雑音が主要な雑音源です．これらの真性雑音のうち，どれが一番影響の大きい雑音源でしょうか？それは要求仕様と設計によります．

ただし，一般的な低周波増幅回路では，適切な低雑音OPアンプICを選択した場合，入力信号源抵抗による熱雑音が支配的になります．たとえば，後出の**図11-12(b)**を見るとわかるように，入力信号源抵抗1 kΩ以上で，OPアンプIC自体の雑音は無視できるほど小さくなっています．

11-2　真性雑音の性質

■ 周波数特性

図11-2に一般的な増幅回路の雑音の周波数特性を示します．縦軸は単位帯域幅当たりの雑音電圧です．

数十Hz以下の低域では，$1/f$雑音によって周波数が下がるほど増加します．$1/f$雑音は周波数に反比例します．オーディオ帯域ではピンク・ノイズと呼ぶこともあります．

数十～数百kHzの中域では周波数の変化に対し一定の白色雑音(ホワイト・ノイズ)が支配的です．白色光は周波数特性が一定なので，フラットな周波数特性を示す雑音のことをこのように呼びます．白色雑音の主な原因は熱雑音とショット雑音です．

数百kHz以上の高域では，分配雑音によって周波数が上がると増加します．

雑音電圧密度の単位が$[V_{RMS}/Hz]$ではなく，$[V_{RMS}/\sqrt{Hz}]$となっているのは，基本が電圧ではなく電

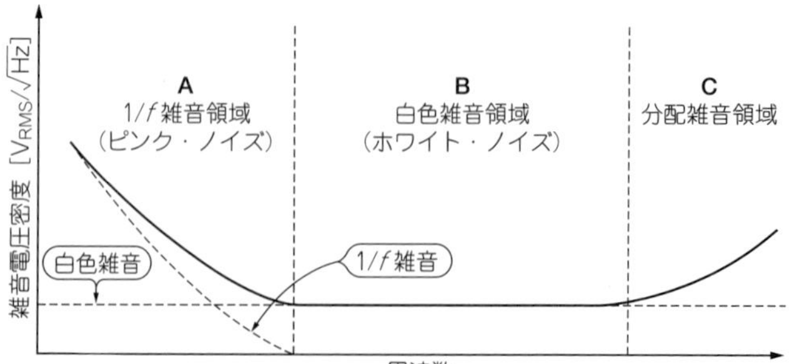

図11-2[5]　**増幅回路の雑音電圧の典型的な周波数特性**

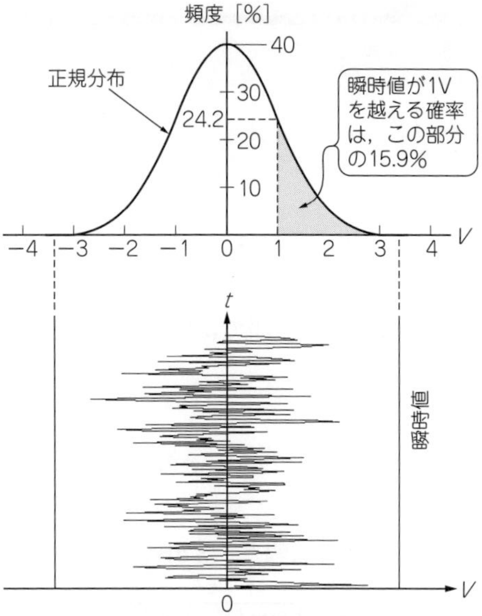

図11-3　増幅回路の雑音電圧の時間変化

表11-1　正規分布している雑音の振幅頻度と波高率

頻度 [%]	波高率 [V_{peak}/V_{RMS}]
1	2.6
0.1	3.3
0.01	3.9
0.001	4.4
0.0001	4.9

力だからです．雑音電力密度の単位が[W/Hz]となっていて，これの平方根(√‾)から雑音電圧密度を求めます．

■ **時間変化**

雑音の瞬時値は時刻の関数では表すことができませんが，瞬時値は確率的な取り扱いが可能です．**図11-2**にも示したように，雑音レベルは実効値で表します．

▶雑音レベルは正規分布する

図11-3に，実効値1 V_{RMS}の雑音レベルの時間変化を示します．

このように，雑音レベルを横軸にとり，発生頻度を縦軸にとると正規分布(ガウス分布)になります．これは雑音レベルが正規分布すると仮定しても，実際の雑音と矛盾しないことを意味しています．

▶実効値は尖頭値の約1/6

表11-1に，正規分布している雑音の振幅頻度と波高率を示します．これから，オシロスコープで雑音の尖頭値を観測して，その値の約1/6が実効値になることがわかります．

実効値は**図11-3**に示す雑音波形のだいたい1Vラインのところです．オシロスコープの波形を観測して，尖尖頭値(ピーク・ツー・ピーク)を観測した場合，発生頻度0.1～0.01%の波形を捕らえることになります．**表11-1**を見ると，発生頻度0.1%のとき6.6 V_{P-P}，0.01%のとき7.8 V_{P-P}ですから，捕らえた波形の尖尖頭値の約1/6～1/8を実効値つまり雑音レベルと考えてよいでしょう．

11-3　雑音レベルの扱い方の基本

■ 雑音源が2個以上あるときの雑音レベル

増幅回路には，複数の雑音源が含まれています．

図11-4に示すのは，雑音源が二つある場合の雑音レベルの計算法です．これは「ピタゴラスの定理」そのものです．2個の雑音源は互いに独立してランダムな挙動を示します．

統計学の用語では，これを「互いに無相関である」といいます．電気(数学)用語では「互いに直交している」といいます．

■ 雑音の帯域を表す「等価雑音帯域幅」

図11-5に示すように，全雑音電力が特定の帯域幅内に含まれると仮定したとき，その帯域幅を等価雑音帯域幅といいます．

表11-2に，周波数特性にピークがないバターワース・フィルタの等価帯域幅と－3 dB帯域幅との関

表11-2[5]　バターワース・フィルタの等価帯域幅と－3 dB帯域幅との関係

次数	減衰傾度［dB/oct.］	係数α
1	－6	1.57
2	－12	1.11
3	－18	1.05
4	－24	1.03

$f_B = \alpha f_C$
ただし，f_B：等価雑音帯域幅
f_C：－3 dB周波数

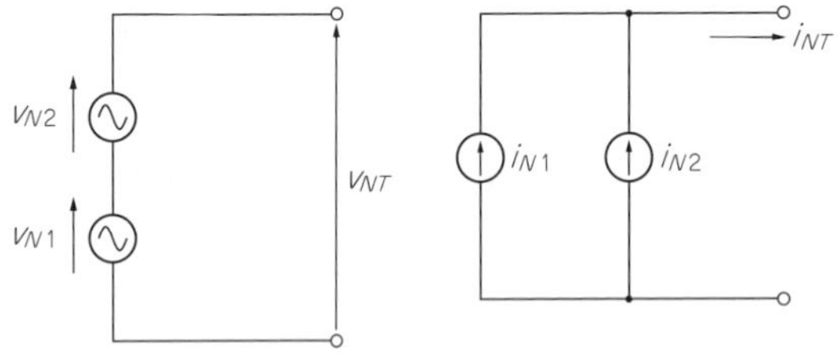

・雑音源が2個の場合
$v_{NT} = \sqrt{v_{N1}^2 + v_{N2}^2}$
・雑音源がn個の場合
$v_{NT} = \sqrt{\sum_{k=1}^{n} v_{Nk}^2}$

(**a**)　雑音電圧源

・雑音源が2個の場合
$i_{NT} = \sqrt{i_{N1}^2 + i_{N2}^2}$
・雑音源がn個の場合
$i_{NT} = \sqrt{\sum_{k=1}^{n} i_{Nk}^2}$

(**b**)　雑音電流源

図11-4　雑音源が複数ある場合の総合雑音の算出方法

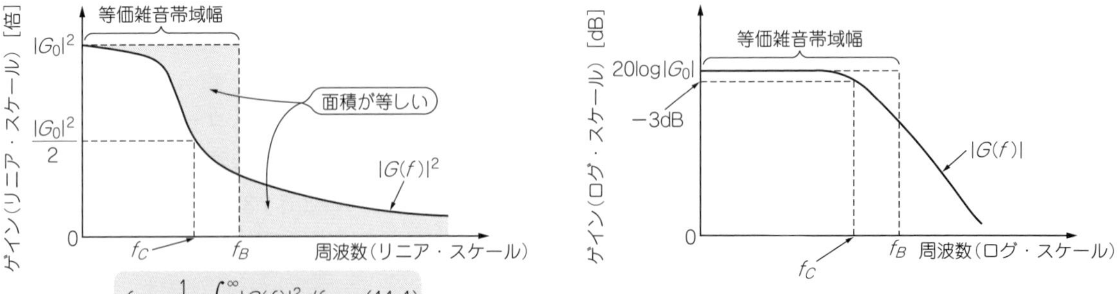

$$f_B = \frac{1}{|G_0|^2}\int_0^{\infty} |G(f)|^2 df \cdots\cdots (11\text{-}1)$$

ただし，G_0：直流ゲイン

(**a**)　リニア・スケール

(**b**)　ログ・スケール

図11-5[21]　**等価雑音帯域幅**

係を示します．このフィルタの周波数特性は，第10章の図10-5($\zeta = 1/\sqrt{2}$)を参照してください．**図11-5**中の定積分の式(11-1)は，留数定理を適用して求めます．

▶入力換算雑音電圧を算出するときに使える

等価雑音帯域幅は，白色雑音領域において，増幅回路の入力換算雑音電圧v_{NI}[V]を求めるときに使用します．雑音電圧密度をv_{ND}[V/$\sqrt{\text{Hz}}$]とおくと，

$$v_{NI} = v_{ND}\sqrt{f_B} \quad \cdots\cdots (11\text{-}2)$$

が成り立ちます．雑音電圧密度は，OPアンプICのカタログに記載された値と入力に接続される抵抗の熱雑音(後述)のベクトル和です．出力の雑音電圧は，v_{NI}に増幅回路のゲインを乗じると求まります．

図11-6に示すのは，アナログ・レコードの再生回路に使われているRIAAイコライザの等価雑音帯域幅の算出過程です．RIAAイコライザの1kHz基準入力レベルは，数mVかそれ以下と小さいことが多く，等価雑音帯域幅が109.4Hzと雑音を小さくするような録音特性になっていたのがわかります．

11-4　真性雑音を構成する雑音のいろいろ

■ エネルギを消費するものすべてから発生する「熱雑音」

● 回路の雑音レベルの下限を決める

熱雑音[22]は，ジョンソン雑音とも言われ，抵抗内の電子の熱擾乱(じょうらん)(ブラウン運動)に起因するもので，エネルギを消費するものはすべて熱雑音を発生します．回路の最低雑音レベルは熱雑音で決まります．

抵抗R[Ω]に発生する熱雑音v_T[V_{RMS}]は，理論的に次式に示すナイキストの定理で表されます．

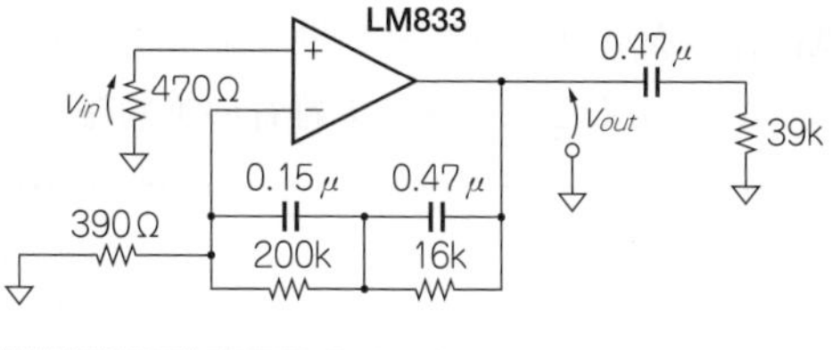

RIAA特性の伝達関数Gは，

$$G = G_0 \frac{1 + j\omega\tau_2}{(1 + j\omega\tau_1)(1 + j\omega\tau_3)}$$

ただし，$\tau_1 = 3180\mu\text{s}$，$\tau_2 = 318\mu\text{s}$，$\tau_3 = 75\mu\text{s}$

と定義されている．等価雑音帯域幅f_Bは，

$$f_B = \frac{1}{|G_0|^2}\int_0^\infty |G|^2 df$$

$$= \int_0^\infty \frac{1 + (2\pi\tau_2)^2 f^2}{\{1 + (2\pi\tau_1)^2 f^2\}\{1 + (2\pi\tau_3)^2 f^2\}} df \quad \cdots\cdots (11\text{-}3)$$

留数定理から，

$$f_B = \pi j \sum_{Im(f)>0} \text{Res}\left[\frac{1 + (2\pi\tau_2)^2 f^2}{\{1 + (2\pi\tau_1)^2 f^2\}\{1 + (2\pi\tau_3)^2 f^2\}}\right]$$

$$= \frac{1}{\tau_1^2 - \tau_3^2}\left(\frac{\tau_1^2 - \tau_2^2}{4\tau_1} + \frac{\tau_2^2 - \tau_3^2}{4\tau_3}\right)$$

$$\fallingdotseq 109.4\text{Hz}$$

図11-6[32]　RIAAイコライザ・アンプの等価雑音帯域幅の算出例

$$v_T = \sqrt{4kTf_B R} \quad \cdots\cdots\cdots (11\text{-}4)$$

ただし，k：ボルツマン定数(1.38×10^{-23})[J/K]，T：絶対温度[K]，f_B：雑音帯域幅[Hz]

式(11-4)から，熱雑音を低減するには次の三つの方法があることがわかります．

①抵抗値を小さくする

②温度を下げる

③回路の周波数帯域を狭くする

● 常温，$R=1\,\mathrm{k\Omega}$，$f_B=1\,\mathrm{Hz}$のとき$4\,\mathrm{nV_{RMS}}$

雑音電圧密度$v_{ND}[\mathrm{V_{RMS}}/\sqrt{\mathrm{Hz}}]$は，

$$v_{ND} = v_T/\sqrt{f_B} = \sqrt{4kTR} \quad \cdots\cdots\cdots (11\text{-}5)$$

で表されます．v_{ND}に等価雑音帯域幅($\sqrt{f_B}$)を乗じると熱雑音電圧v_Tが求まります．式(11-5)は，定量的な計算に使いますから，常温で$R=1\,\mathrm{k\Omega}$，$f_B=1\,\mathrm{Hz}$のとき$4\,\mathrm{nV_{RMS}}$と覚えておくと便利です．

● 熱雑音レベルの計算方法

図11-7に熱雑音の種々の計算方法を示します．

熱雑音レベルは抵抗値によりますから，まず合成抵抗を計算し，その抵抗値を式(11-4)に代入して求めます．

開放された回路では抵抗値が無限大ですから，雑音も無限大になると思われるかもしれません．しかし，図中の式(11-6)に示すように，抵抗ではなく浮遊容量によって雑音レベルが決まります．

■ 半導体素子内部で発生する「ショット雑音」

● $I_{DC}=1\,\mathrm{mA}$，$f_B=1\,\mathrm{Hz}$のとき$18\,\mathrm{pA}$

ショット雑音[22]は，半導体素子内部の電位障壁を越えて流れる電流に関係した雑音です．したがって，電位障壁のない導体や抵抗体はショット雑音を発生しません．トランジスタやダイオードのPN接合部分に流れる平均電流をI_{DC}[A]とすると，ショット雑音の実効雑音電流I_{sh}[A_{RMS}]は，

$$I_{sh} = \sqrt{2qI_{DC}f_B} \quad \cdots\cdots\cdots (11\text{-}7)$$

(a) 直列接続の場合

$v_{t1} = \sqrt{4kTf_B R_1}$
$v_{t2} = \sqrt{4kTf_B R_2}$
$= R_1 + R_2$
$v_t = \sqrt{4kTf_B(R_1+R_2)} = \sqrt{v_{t1}^2 + v_{t2}^2}$

(b) 並列接続の場合

$v_{t1} = \sqrt{4kTf_B R_1}$
$v_{t2} = \sqrt{4kTf_B R_2}$
$= \dfrac{R_1 R_2}{R_1+R_2}$
$v_t = \sqrt{4kTf_B \dfrac{R_1 R_2}{R_1+R_2}}$

(c) 並列容量がある場合

−3dB帯域に対する補正値 α

$f_B = \dfrac{\pi}{2} \dfrac{1}{2\pi RC} = \dfrac{1}{4RC}$

$\therefore v_N = \sqrt{4kTf_B R} = \sqrt{\dfrac{kT}{C}} \quad \cdots (11\text{-}6)$

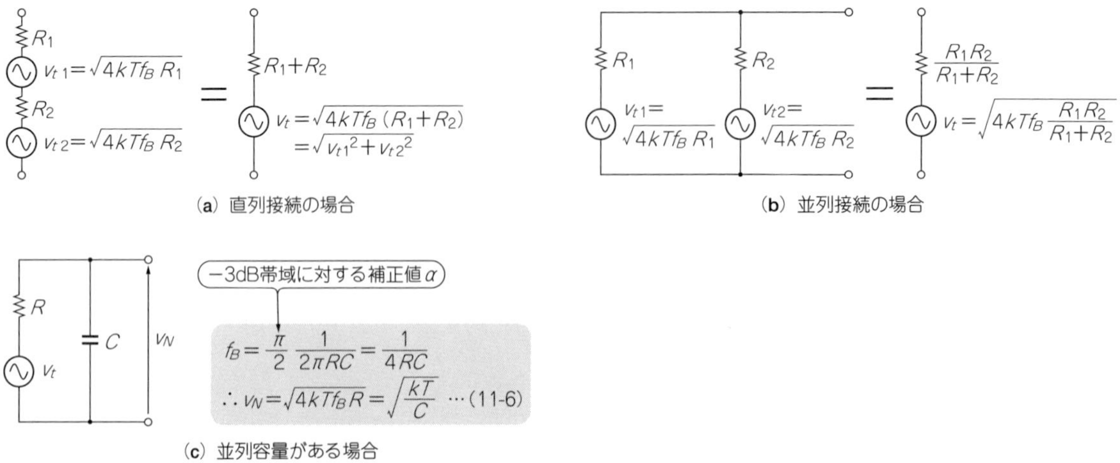

図11-7 抵抗の組み合わせと熱雑音の算出方法

ただし，q：電子の電荷（1.59×10^{-19} C），f_B：雑音帯域幅[Hz]

で与えられ，これをショットキーの定理といいます．雑音電流密度I_{shD}[$A_{RMS}/\sqrt{Hz}$]は，

$$I_{shD} = I_{sh} / \sqrt{f_B} = \sqrt{2qI_{DC}} \cdots\cdots (11\text{-}8)$$

で与えられます．この式も熱雑音ほどではありませんが，定量的な計算に使いますから，I_{DC} = 1 mA，f_B = 1 Hzのとき18 pAと覚えておくと便利です．

● **回路性能とのトレードオフを考慮して低減させる**

ショット雑音を低減するには，次のような方法が考えられます．

①PN接合部分に流れる平均電流を減少させる

②PN接合部分に電流が流れないFETを使う

③回路の周波数帯域を狭くする

電流を減少させると等価的な抵抗値が大きくなり，熱雑音が増加します．FETを使用するとゲインが減少し，これを補うため回路の構成を工夫する必要があり，他の特性が犠牲になります．

したがって，ショット雑音の低減には限度があり，実測して最低値を求める必要があります．

■ **導電率の変動によって発生する「接触雑音」**

● **数十Hz以下で支配的な雑音源**

接触雑音[23]は，材料間の接触状態の不完全さに起因する導電率の変動によって発生します．スイッチ，リレー，コネクタはもとより，トランジスタなどの半導体素子や抵抗などの受動部品と不完全なはんだ付け部分からも接触雑音は発生します．接触雑音電力は周波数に反比例して大きくなるため，「1/f雑音」とも呼びます．

接触雑音は，接触部を流れる電流の平均値I_{DC}[A]に比例して大きくなります．単位帯域幅当たりの実効雑音電流密度I_{FD}[$A_{RMS}/\sqrt{Hz}$]は次式で表されます．

$$I_{FD} = I_F / \sqrt{f_B} \fallingdotseq KI_{DC} / \sqrt{f_0} \cdots\cdots (11\text{-}9)$$

ただし，I_F：実効雑音電流[A_{RMS}]，K：材料とその形状による比例定数，f_0：注目している周波数［Hz］，f_B：f_0を中心にした雑音帯域幅[Hz]

Kがわかりませんが，一般にI_{FD}は数十Hz以下で支配的になるくらいの大きさになります．

● **接触雑音を減らすには**

▶金属皮膜抵抗器を使う

受動部品のなかでも，この雑音が多いのは，一般的に使用されている炭素皮膜抵抗器と厚膜チップ抵抗器です．炭素皮膜や厚膜メタル・グレーズは動作原理上，不完全な接触ができてしまうことが原因です．

最も低雑音な抵抗は巻き線抵抗器ですが，周波数特性と製作可能な抵抗値範囲が狭く，特殊な用途にしか使えません．次に低雑音な抵抗は金属皮膜抵抗器です．低雑音増幅回路には金属皮膜抵抗器を使用します．

▶低域でゲインを下げるか低雑音OPアンプを選ぶ

1/f雑音が支配的である数十Hz以下の信号を増幅しない交流増幅回路とするか，直流まで増幅する必要がある場合は，できるだけ1/f雑音の小さいOPアンプを選択します．

■ 二つの電極に電流が別れるとき生じる「分配雑音」

● 高周波で支配的な雑音源

二つの電極，たとえばベースとコレクタに電流が分配されるとき必ず雑音が発生します．これを分配雑音[22]といい，高周波における支配的な雑音源です．分配雑音の実効雑音電流I_{div}[A_{RMS}]の単位帯域幅当たりの値I_{divD}[$A_{RMS}/\sqrt{Hz}$]は，周波数$f_0 < f_T$において，

$$I_{divD} = \frac{I_{div}}{\sqrt{f_B}} \fallingdotseq \frac{\sqrt{2qI_E}}{\sqrt{h_{fe(f0)}}} \quad \cdots\cdots (11\text{-}10)$$

ただし，f_0：注目している周波数，$h_{fe(f0)}$：f_0での電流増幅率，I_E：トランジスタのエミッタ電流，q：電子の電荷量，f_B：雑音帯域幅[Hz]，f_T：$|h_{fe(f0)}| = 1$となる周波数[Hz]

で与えられます．高周波になると$h_{fe(f0)}$が低下し，分配雑音は増加します．

● 分配雑音を低減するには

次のような方法があります．

①電流が分配されないユニポーラ素子つまりFETを使う

②バイポーラ・トランジスタであればできるだけf_Tの大きなものを使う．
　ただし，これらの素子は低周波の雑音が大きい傾向がある

余談ですが，カスコード増幅回路は，陰極(K)から飛び出した熱電子が，陽極(P)と遮蔽格子(SG)に分配されることによって発生する5極真空管の高周波分配雑音を防止するため，Wallmanが考案したものです．

11-5　OPアンプ増幅回路の雑音

■ OPアンプICの雑音の求め方

● データシートの値を使って計算する

▶雑音電圧源と雑音電流源で表された雑音等価回路を使う

OPアンプICを使った増幅回路も例外ではなく，出力される雑音レベルは，前述のようなさまざまな要因によって決まります．

しかしこれでは複雑すぎますから，実際には**図11-8**に示すような等価回路を使います．つまり，実際のOPアンプICが，雑音のないOPアンプと入力に入れた雑音電圧源と雑音電流源でできていると考えます．厳密に言うと，二つの入力端子の入力換算雑音電流は異なりますが(無相関)，簡単のためレベルは等しいとしています．

▶各雑音源のパラメータはデータシートから得られる

一般に，雑音電圧源と雑音電流源のデータは，メーカが代表値を発表しています．

汎用OPアンプIC NJM072Bは，もともと入力バイアス電流がゼロに近いため，雑音電流のデータは発表されていません．入力バイアス電流が流れるOPアンプの場合は，信号源抵抗による雑音特性が発表されていることがあります．**図11-9**に示すのは，メーカのデータシート[30]に載っている雑音特性の例です．

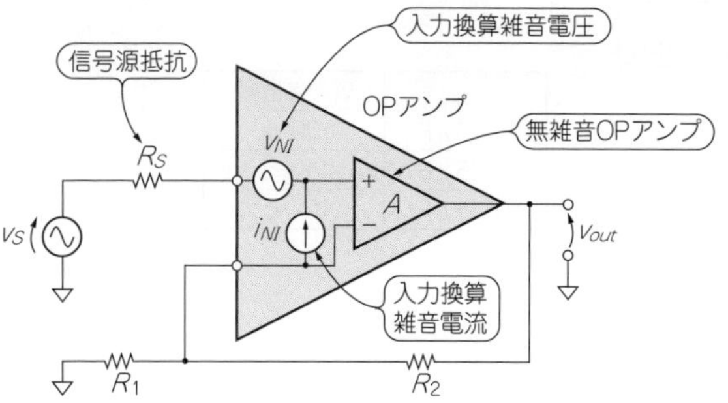

このOPアンプ回路の入力換算雑音電圧 v_{NT} は，

$$v_{NT}=\sqrt{v_{NI}{}^2+i_{NI}{}^2(R_S+R_1/\!/R_2)^2+4kTR_S+4kT(R_1/\!/R_2)}$$

熱雑音を除いた等価入力雑音電圧 v_{ND} は，

$$v_{ND}=\sqrt{v_{NI}{}^2+i_{NI}{}^2(R_S+R_1/\!/R_2)^2}$$

となる

図11-8　OPアンプICの雑音等価回路

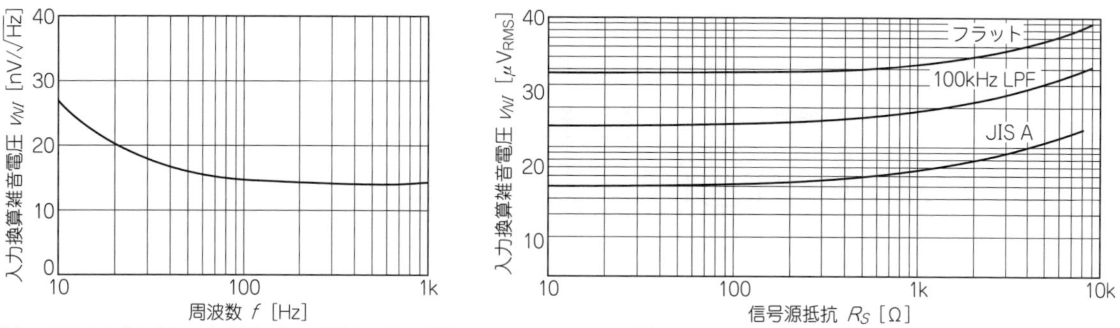

(a) **NJM072B**($V_+/V_-=\pm15$V, $R_S=100\Omega$, $T_a=25$℃)　(b) **NJM5532**($V_+/V_-=\pm15$V, $T_a=25$℃)

図11-9[30]　**実際のOPアンプICの雑音特性例**

高精度OPアンプは1/f雑音が問題になる超低周波から直流帯域で使われることが多いため，データシートに1/f雑音レベルが載っています．第7章で紹介したNJMOP-07のデータシートには，0.1 Hz～10 Hzで最大0.65 μV_{P-P}の1/fノイズが発生すると書かれています．さらに詳しいことは，文献(5)や(12)を参照してください．

● 計算値と実測値の比較

▶二つのOPアンプ増幅回路を作って実験する

図11-10に示す二つの回路を実際に作って，出力雑音を測定してみました．

図11-10(a)は，NJM072Bを使ったゲイン100倍の増幅回路です．**図11-10(b)**は，NJM072Bの前段に低雑音トランジスタ 2SC3381による差動増幅回路を追加したゲイン100倍の増幅回路です．差動増幅回路は最適化設計をしていません．**図11-11**に二つの実験回路の周波数特性を示します．**表11-3**に実験回路の出力雑音電圧と雑音電圧密度の測定結果を，**写真11-1**と**写真11-2**に出力雑音の波形を示します．

▶データシートは信用できそう

実験回路Ⅱと NJM072Bと2本の1 kΩ抵抗で計算した雑音電圧を比較してください．等価雑音帯域幅を広くすると差がなくなり，メーカ発表のデータが信頼できることがわかります．NJM072Bと2本の1 kΩ抵抗で計算した雑音電圧は，1/f雑音を無視した値です．単純な加算ではなくベクトル和ですから，**図11-4(a)**中の式を使って算出しました．

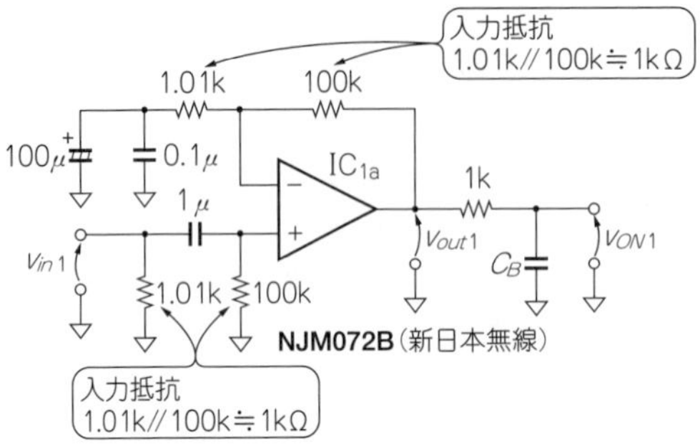

C_B	雑音帯域幅
2.5μF	100Hz
0.25μF	1kHz
0.025μF	10kHz

(a) NJM072Bによるゲイン100倍の増幅回路（実験回路Ⅰ）

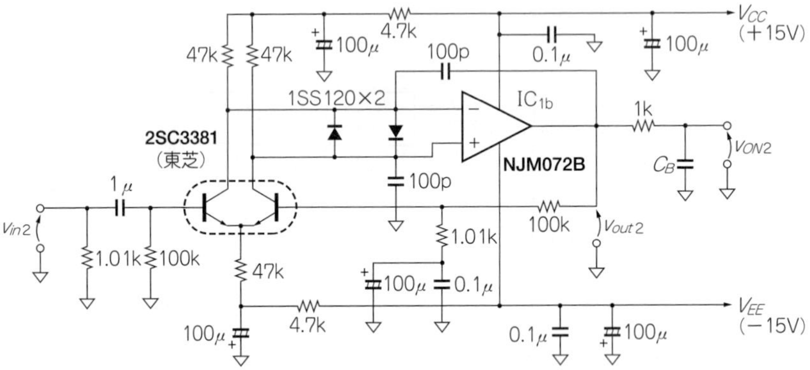

(b) 2SC3381とNJM072Bによるゲイン100倍の増幅回路（実験回路Ⅱ）

図11-10　データシートに示された雑音特性を確認するための実験回路

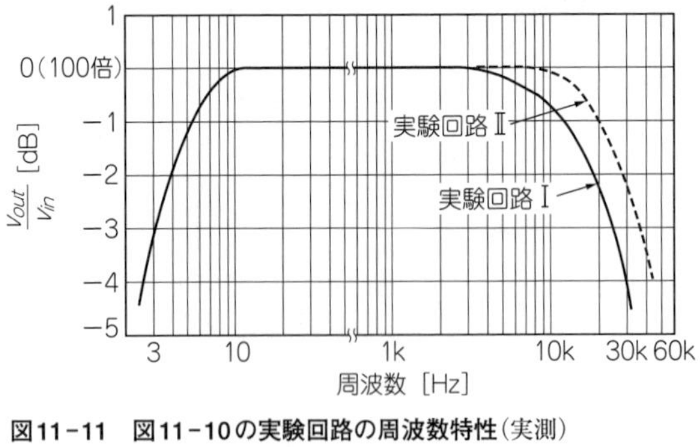

図11-11　図11-10の実験回路の周波数特性(実測)

▶低雑音トランジスタと組み合わせたほうが低雑音

表から，等価雑音帯域幅が等しい場合，出力雑音電圧は，OPアンプICに低雑音トランジスタを追加すると1/2以下に低減することがわかります．低雑音化する必要があるときは，低雑音トランジスタの使用を検討することが有効です．

■ OPアンプ増幅回路の低雑音化テクニック

● 熱雑音に見合ったOPアンプICを採用する

▶低雑音OPアンプの内部雑音は熱雑音より小さい

表11-3　図11-10の実験回路の出力雑音電圧と雑音電圧密度

雑音レベル／回路	等価雑音帯域幅					
	100 Hz		1 kHz		10 kHz	
	出力雑音電圧 [μV]	雑音電圧密度 [μV/√Hz]	出力雑音電圧 [μV]	雑音電圧密度 [μV/√Hz]	出力雑音電圧 [μV]	雑音電圧密度 [μV/√Hz]
実験回路Ⅰ(実測)	15	1.5	50	1.58	142	1.42
実験回路Ⅱ(実測)	9	0.9	21	0.664	59	0.59
1 kΩ抵抗2本(計算値)	5.7	0.57	18	0.57	57	0.57
NJM072B (2) (計算値)	13	1.3	41.1	1.3	130	1.3
NJM072B (2) と1 kΩ抵抗2本(計算値)	14.2	1.42	44.9	1.42	142	1.42

注▶ (1) 電圧はすべて実効値，(2) **NJM072B**の $1/f$ 雑音成分は含めない

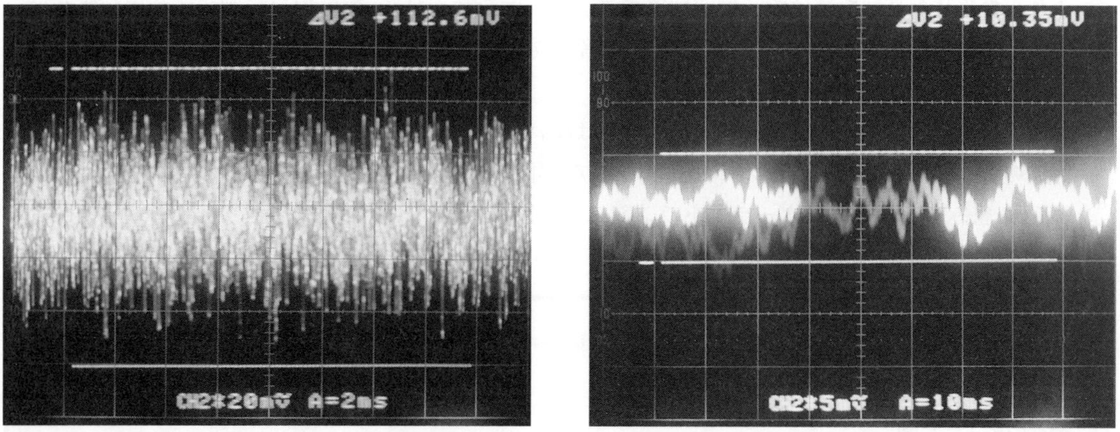

(**a**) f_B＝10 kHz (200 μV/div., 2 ms/div.)　(**b**) f_B＝100 Hz (50 μV/div., 10 ms/div.)

写真11-1　実験回路Ⅰ[図11-10(a)]の出力雑音波形

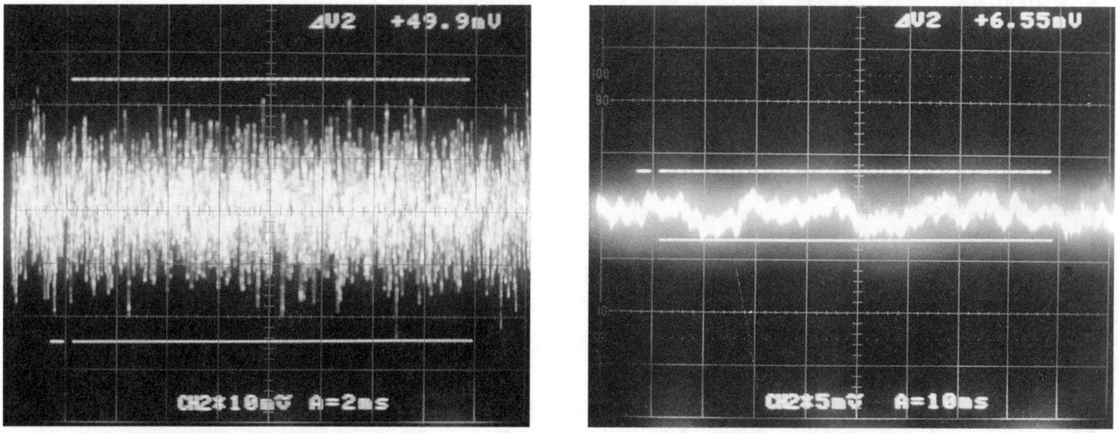

(**a**) f_B＝10 kHz (100 μV/div., 2 ms/div.)　(**b**) f_B＝100 Hz (50 μV/div., 10 ms/div.)

写真11-2　実験回路Ⅱ[図11-10(b)]の出力雑音波形

低雑音OPアンプICのデータシートを見ると，最も低雑音になるのは，入力信号源の抵抗値が特定の範囲にあるときだけです．**図11-12**に示すのは，低雑音OPアンプAD797，AD743，OP27のデータシートの一部です．いずれのOPアンプも，入力抵抗の熱雑音を含む入力換算雑音電圧が熱雑音の$\sqrt{2}$倍以下です，これは，OPアンプICの内部雑音が熱雑音よりも小さいことを意味しています．

OPアンプICを選ぶときは，設計仕様に規定された入力信号源の抵抗値を考慮して，適当なものを採用しなければなりません．たとえば，入力信号源抵抗が50Ω～2kΩのときはAD797，600Ω以上ではAD797よりも低雑音特性のAD743を選ぶわけです．

● 増幅回路の帯域は必要最小限に制限する

数十Hz以下の低域では，$1/f$雑音によって周波数が下がるほどトータルの雑音が増加します．一方，数百kHz以上の高域では分配雑音によって周波数が上がると増加します．

これらの雑音の帯域を避けて，増幅回路の周波数特性を数十Hz～数百kHzに制限すれば，雑音は白色雑音だけになります．この場合，入力換算雑音は周波数帯域の平方根に比例します．

● 直流バイアス電流は実験で決める

▶バイアス電流は小さければ良いというものではない

前述の考察によれば，熱雑音以外は直流バイアス電流を小さくするほど雑音が減りますから，OPアンプICを組み合わせるバイポーラ・トランジスタ回路の直流バイアス電流をぎりぎりまで小さくすれ

雑音に関する統計用語　コラム

■ エルゴード的

統計的に同等なn個の信号源の時刻tで求めた平均値や実効値が，その中の一つの信号を期間Tの間測定して求めた平均値や実効値に等しいとき，その信号はエルゴード的であるといいます．

つまり，$n \to \infty$のときの値と，$T \to \infty$のときの値が等しいわけです．たとえば，1個のさいころを1000回振るとき，特定の目が出る確率と1000個のさいころを1回振るときの確率は等しくなりますから，この確率過程はエルゴード的であると言えます．

本文で取り上げた真性雑音はすべてエルゴード的です．

■ 定常的信号

時刻tにおける瞬時値が確定できなくても，時刻tによらず平均値や実効値が確定できる信号を定常的信号といいます．本文で取り上げた真性雑音はすべて定常的信号です．

■ 標準偏差と分散

皆さんにもなじみのある言葉だと思います．これは，電気用語と統計用語で，同じことを意味しているのにまったく違う言い方をする典型的な例です．つまり，電気用語である「実効値」は，統計用語の「標準偏差」のことです．

図11-2に示した実効値は，標準偏差を意味しています．また，実効値の自乗を「分散」といいます．

電子回路の世界で使われている言葉が，他の分野でどのように表現されているのかをよく考えながら，いろんな文献を読むことがとても重要です．

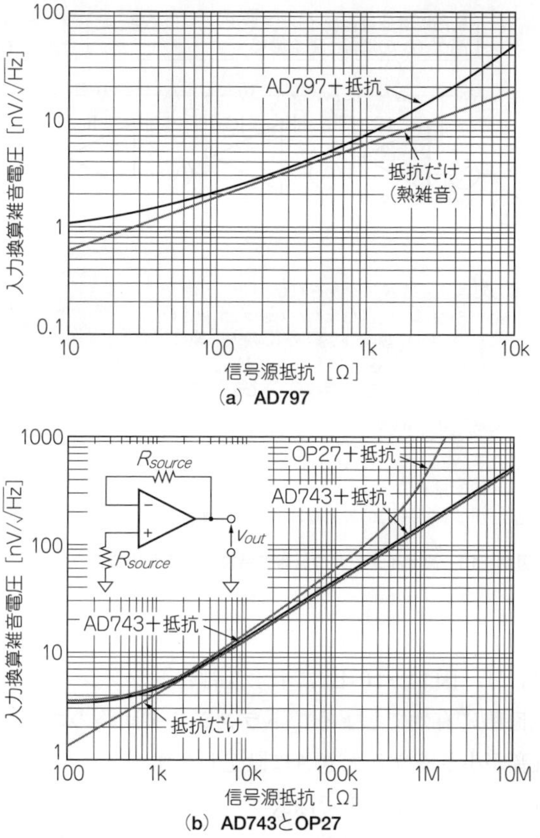

図11-12[33] **超低雑音OPアンプの入力信号源抵抗と入力換算雑音電圧密度**

ば，最も低雑音になると思うかもしれません．

しかし，内部の等価抵抗は直流バイアス電流を小さくするほど大きくなり，同時に熱雑音が増えます．また，トランジスタの小電流におけるトランジション周波数f_Tは，直流バイアス電流が小さいほど低くなって，低周波ではほとんど問題にならないはずの分配雑音が影響してくる可能性があります．

それ以外にも，製造プロセスなどの種々の要因があって，一筋縄ではいきません．実験で最適素子と最適直流バイアス電流を求めるのがよいでしょう．

● **高ゲイン増幅回路は複数のOPアンプICを使って低雑音化する**

一般に，汎用OPアンプICで増幅回路を構成する場合，最大ゲインは100倍(40 dB)以下にします．広帯域増幅回路の場合はさらに低くします．それ以上のゲインが必要な場合は，**図11-13**に示すように，いくつかのOPアンプ増幅回路を縦続接続します．

▶初段に超低雑音，高ゲインのアンプを置く

等価入力雑音電圧の等しいOPアンプICを複数個使用して，高ゲインの増幅回路を作る場合は，とにかく初段にAD797やAD743といった超低雑音OPアンプICを採用した高ゲインの増幅回路を置くこと

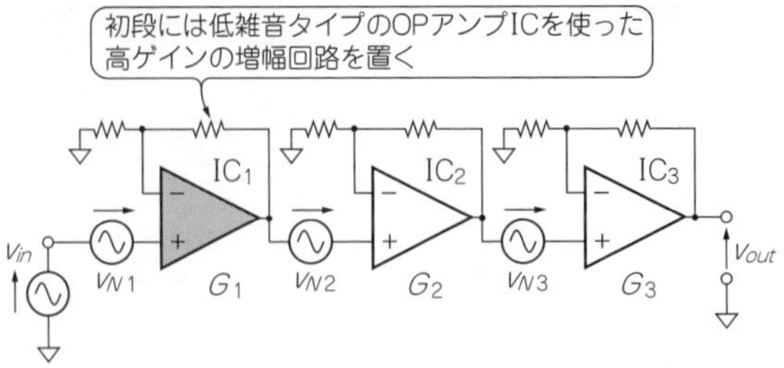

出力雑音 v_{ON} は次式で表される．

$$v_{ON} = v_{N1}G_1G_2G_3 + v_{N2}G_2G_3 + v_{N3}G_3$$

ただし，v_{N1}，v_{N2}，v_{N3}：各ICの入力換算雑音，

G_1，G_2，G_3：各ICのクローズド・ループ・ゲイン

トータル・ゲインを $G_T = G_1G_2G_3$ とすると，

$$v_{ON} = G_T\left(v_{N1} + \frac{v_{N2}}{G_1} + \frac{v_{N3}}{G_1G_2}\right)$$

ここで，$G_1 \gg G_2$，$G_1 > G_3$ とすれば，

$$v_{ON} \fallingdotseq v_{N1}G_T$$

したがって初段ICの入力換算雑音の影響が最も大きい

図11-13　高ゲインでかつ低雑音特性を得るためには…

が重要です．

コスト的な制約がある場合は，**図11-10(b)**に示す低雑音トランジスタと汎用OPアンプICとを組み合わせた回路も初段の増幅回路に有効でしょう．トランジスタ回路のコレクタに流すバイアス電流は，信号源抵抗に対して最も雑音が小さくなる大きさに設定します．

▶電源ラインから侵入するノイズをフィルタで除去

電源ラインから侵入してくるノイズへの対策，つまりフィルタの採用も重要です．OPアンプICの電源雑音除去比は一般的な使用では不足ありませんが，低雑音増幅の場合は，OPアンプICの電源雑音除去比が雑音レベルを決定する場合があります．

■ 参考文献について

高性能アナログ回路の文献はほとんどが絶版になっています．巻末で紹介する遠坂 俊昭氏と黒田 徹氏の著書を読まれるよう強く推薦します．

文献(12)には，AD797の内部等価回路にまで踏み込んだ詳しい解説があります．低雑音増幅回路の設計において参考になります．

第三部　応用回路編

第12章

差動増幅回路の設計

ノイズの海の中から信号を救い出す

OPアンプを使った基本増幅回路に，反転増幅回路と非反転増幅回路があることはすでに説明しました．ここで取り上げるのは，もう一つの基本増幅回路である差動増幅回路です．

前章までに説明した反転増幅回路と非反転増幅回路では，入力信号は一つだけで，その一つの入力信号を増幅しました．このような増幅回路を，特にシングル・エンド入力増幅回路と言います．

差動増幅回路は，二つの入力端子に加えられた信号の差分を増幅して出力する増幅回路です．両入力端子に共通に加えられた信号は増幅しません．

ここでは，この差動増幅回路の基本動作と重要な性能指標である同相信号除去比に影響を与えるパラメータについて考察してみます．また，各種の用途に使える実用的な差動増幅回路もいくつか紹介しましょう．

12-1　差動増幅回路の基本動作

■ 差動信号と同相信号

図12-1に示すように，増幅回路の二つの入力端子に加えられる信号は次の二つに分けて考えることができます．

- 差動信号…入力端子間に加わる信号の差分

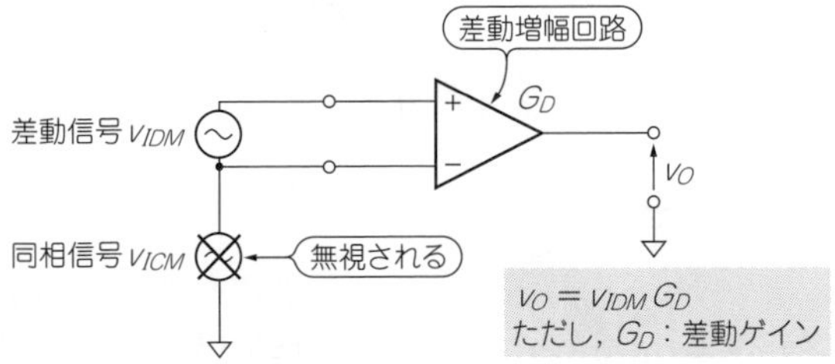

図12-1　差動増幅回路

●同相信号…両入力端子に共通に加わる信号

差動信号は，ディファレンシャル・モード（differential mode）信号またはノーマル・モード（normal mode）信号ともいいます．同相信号は，コモン・モード（common mode）信号といいます．

差動増幅回路は，このコモン・モード信号を除去しつつ，差動信号を増幅することができます．

■ コモン・モード信号とは

外部機器（機器Ⓐ）からの信号を自分のシステム（機器Ⓑ）に取り込んで増幅したい場合，**図12-2（a）** に示すように信号源（機器Ⓐ）と増幅回路（機器Ⓑ）のグラウンドをどのように接続するかが一番問題になります．これらのグラウンド間が完全に切り離されている，つまり高インピーダンスであれば，問題なく信号を増幅できます．

機器Ⓐと機器Ⓑは，それぞれ別の筐体に入れられているので，一見両者のグラウンドは完全に切り離されているように見えます．しかし実際は，商用電源（AC100 V）などを通じて，あるインピーダンスで必ず接続されています．

皆さんが経験している現象でいえば，オシロスコープのプローブにさわったとき観測されるハムがそうです．ハムというのは，商用電源の基本波周波数とその高調波のノイズの通称です．実験室中に配線されているたくさんの商用電源から，人間の身体が誘導を受けます．

身体やオシロスコープがグラウンドから完全に絶縁されていれば，ハムは観測されないはずです．

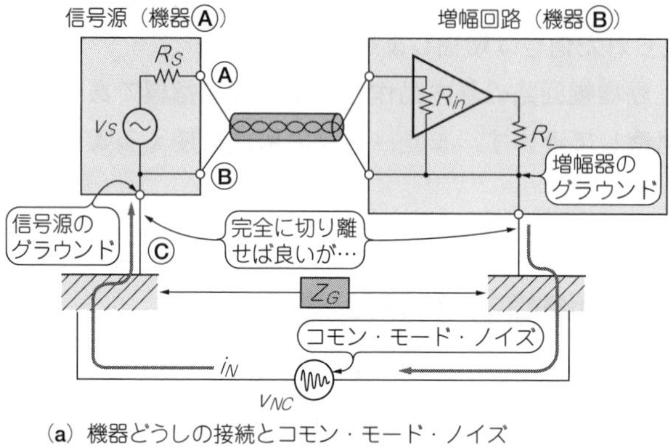

（a）機器どうしの接続とコモン・モード・ノイズ

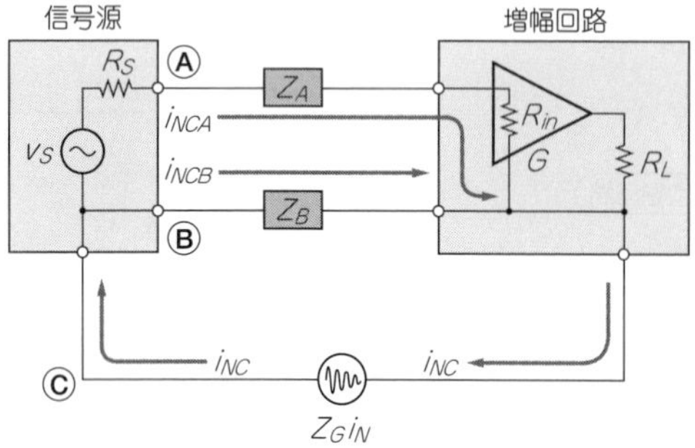

（b）コモン・モード・ノイズ電流

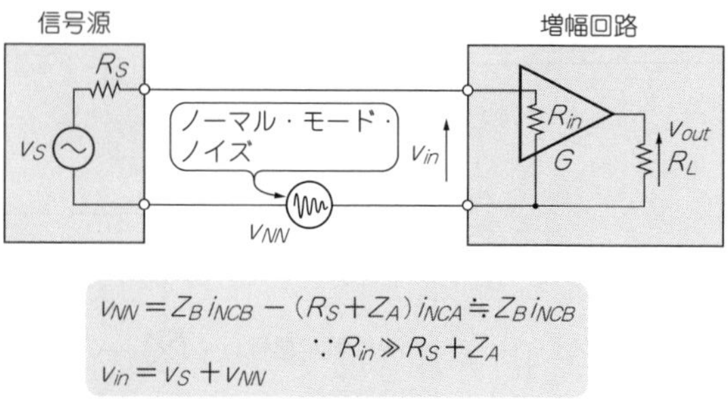

（c）コモン・モード・ノイズがノーマル・モードに変身する！！

$$v_{NN} = Z_B i_{NCB} - (R_S + Z_A) i_{NCA} \fallingdotseq Z_B i_{NCB}$$
$$\therefore R_{in} \gg R_S + Z_A$$
$$v_{in} = v_S + v_{NN}$$

図12-2[(5)] シングル・エンド増幅回路がコモン・モード・ノイズを出力するようす

しかし，図12-2(a)に示すように，身体とオシロスコープがグラウンド(大地)を介してあるインピーダンスで接続されているため，身体とグラウンド間のノイズ(図中のv_{NC})が観測されます．

身体やオシロスコープと大地間のインピーダンスは100 p～200 pF(十数MΩ@50 Hz)程度，オシロスコープと大地間は，内部のコンデンサを通して数千pF(数百kΩ@50 Hz)程度です．

■ コモン・モード信号の発生原因

図12-2(a)に示すように，反転増幅回路や非反転増幅回路では，信号源のグラウンドと増幅器のグラウンドという二つのグラウンド間に発生するノイズv_{NC}，つまりコモン・モード・ノイズを信号と一緒に取り込んで増幅してしまいます．

コモン・モード・ノイズの原因としては，前述の商用電源からの誘導，他の機器に使用されているディジタル回路，スイッチング電源からの誘導，放送電波など多岐にわたります．コモン・モード・ノイズは，静電結合，電磁誘導あるいは電磁波として直接増幅回路に飛び込みます．回路がアンテナになる場合もあります．

■ シングル・エンド増幅回路と差動増幅回路の動作

図12-2(b)は図12-2(a)の等価回路です．増幅回路の入力インピーダンスは，信号源インピーダンスや接続ケーブルのインピーダンスに比べて大きいので，図12-2(b)は(c)のように簡略化できます．増幅回路のゲインをGとすると，図12-2(c)から出力電圧v_{out}は，

$$v_{out} = G(v_S + v_{NN})$$

となります．コモン・モード・ノイズは，ノーマル・モード・ノイズに変換されて増幅されます．

差動増幅回路は図12-3のように信号だけを取り込み，二つのグラウンド間のコモン・モード・ノイズを無視してくれます．ハムが重畳した信号の増幅のようすを見てみましょう．

写真12-1は，ゲイン100倍の差動増幅回路に，50 Hzのコモン・モード・ノイズ(ハム)が重畳された1 kHzの正弦波を入力したときの出力波形です．大きなハムが排除されて，1 kHzの正弦波だけが増幅されているのがわかります．ただし，いくら優れた差動増幅回路でもノーマル・モード・ノイズは除去できず，増幅してしまいます．コモン・モード・ノイズがノーマル・モード・ノイズに変換され

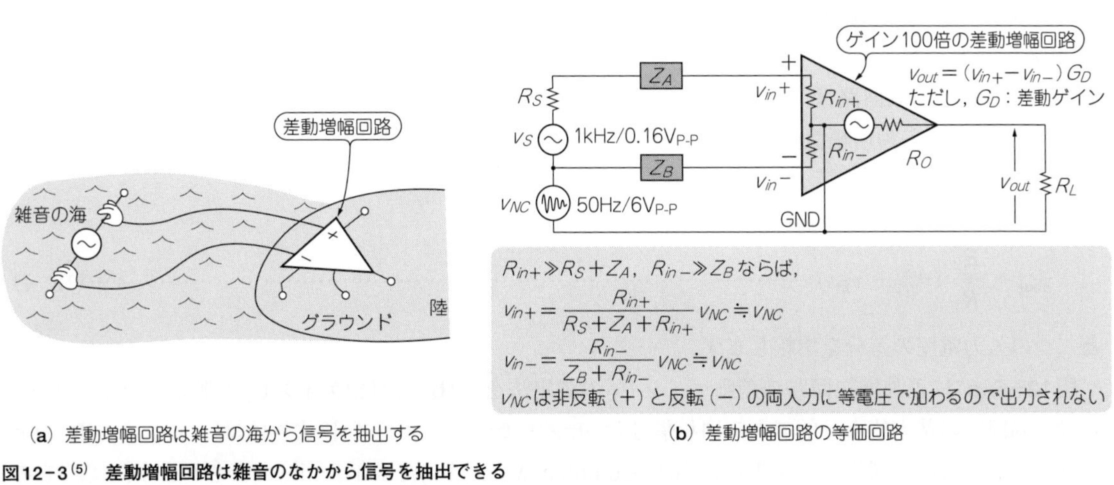

(a) 差動増幅回路は雑音の海から信号を抽出する

(b) 差動増幅回路の等価回路

$R_{in+} \gg R_S + Z_A$，$R_{in-} \gg Z_B$ならば，

$$v_{in+} = \frac{R_{in+}}{R_S + Z_A + R_{in+}} v_{NC} \fallingdotseq v_{NC}$$

$$v_{in-} = \frac{R_{in-}}{Z_B + R_{in-}} v_{NC} \fallingdotseq v_{NC}$$

v_{NC}は非反転(＋)と反転(－)の両入力に等電圧で加わるので出力されない

図12-3[5]　差動増幅回路は雑音のなかから信号を抽出できる

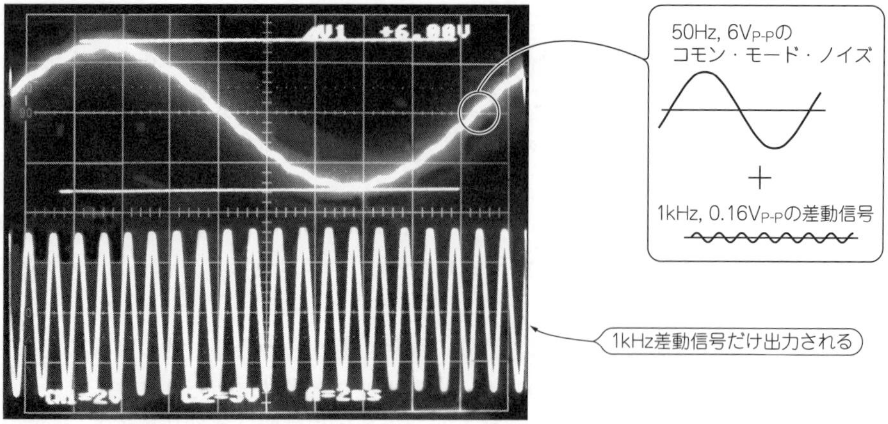

写真12-1 差動増幅回路の動作波形（2 ms/div., 上：2 V/div., 下：5 V/div.）

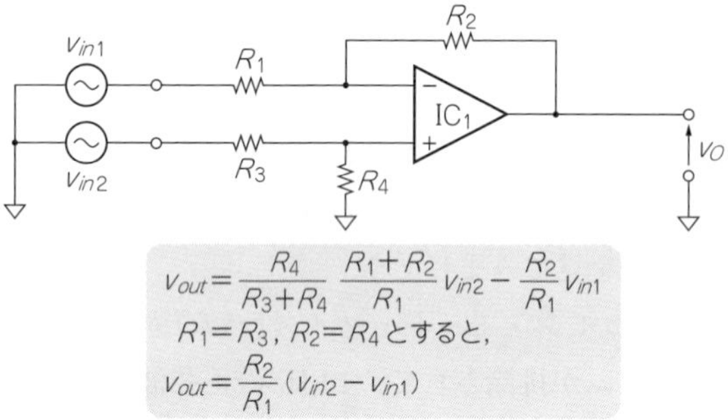

50Hz, 6V_P-Pの
コモン・モード・ノイズ

＋

1kHz, 0.16V_P-Pの差動信号

1kHz差動信号だけ出力される

図12-4 差動増幅回路の基本形

$$v_{out} = \frac{R_4}{R_3+R_4}\cdot\frac{R_1+R_2}{R_1}v_{in2} - \frac{R_2}{R_1}v_{in1}$$

$R_1 = R_3, R_2 = R_4$ とすると，

$$v_{out} = \frac{R_2}{R_1}(v_{in2} - v_{in1})$$

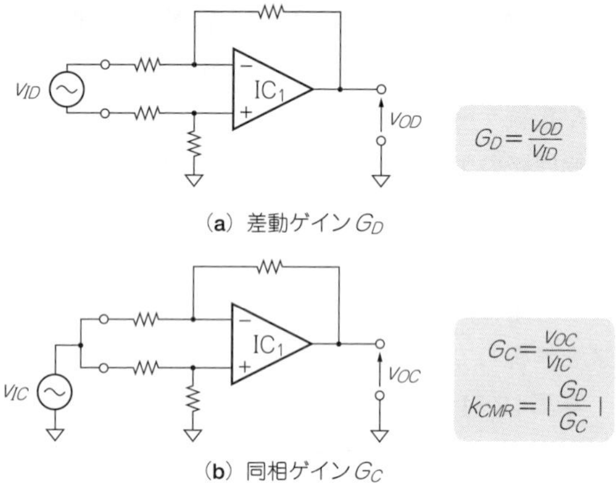

図12-5 差動増幅回路の差動ゲインと同相ゲイン

(a) 差動ゲイン G_D

$$G_D = \frac{v_{OD}}{v_{ID}}$$

(b) 同相ゲイン G_C

$$G_C = \frac{v_{OC}}{v_{IC}}$$

$$k_{CMR} = |\frac{G_D}{G_C}|$$

ないようにする必要がありますが，これについては後半で説明します．

■ 基本回路と動作

　基本的な差動増幅回路は，**図12-4**のようにOPアンプ1個と4本の抵抗で構成されます．もともとOPアンプ自体に差動増幅機能がありますから，このように簡単な接続で差動増幅回路が構成できるわけです．

　図12-4で，$R_1 = R_3$，$R_2 = R_4$ とすると出力電圧 v_{out} は，

$$v_{out} = \frac{R_2}{R_1}(v_{in2} - v_{in1}) \quad\cdots\cdots(12\text{-}1)$$

と二つの入力電圧の差分を増幅します．

　図12-5(a)に差動増幅回路の差動ゲイン G_D の測定法を，(b)に同相ゲイン G_C の測定法を示します．差動増幅回路の基本的な目的である同相信号（コモン・モード・ノイズ）除去性能は，OPアンプICのデータシートにもある同相信号除去比CMRR（Common Mode Rejection Ratio）で表されます．CMRRの

定義はOPアンプICと同様に，

$$k_{CMR}=\frac{G_D}{G_C}$$

ただし，k_{CMR}：CMRR，G_D：差動ゲイン，G_C：同相ゲイン
となります．

12-2　CMRRを悪化させる三つの要因

■ 差動増幅回路の誤差に影響する要素

第8章で説明した反転・非反転増幅回路と同様に，差動増幅回路においても差動ゲイン誤差はループ・ゲインと抵抗誤差で決定されます．差動増幅回路特有のCMRRは，理想的な差動増幅回路ではもちろん無限大です．CMRRを悪化させる要因には次の三つがあります．

①使用するOPアンプIC自身のCMRR
②使用する抵抗の誤差
③信号源のインピーダンス

以下，これらについて考察してみます．

■ OPアンプIC自身のCMRR

● 差動増幅回路とOPアンプのCMRR

差動増幅回路とOPアンプIC自身のCMRRを区別するため，ここでは差動増幅回路のCMRRをk_{CMR}，OPアンプIC自体の同相信号除去比を$k_{CMR\alpha}$と表しましょう．**図12-6**においてOPアンプICの入力端子に加わる同相電圧を$v_{in2\alpha}$とすると，入力換算誤差電圧v_{ICM}は，

$$v_{ICM}=\frac{v_{in2\alpha}}{k_{CMR\alpha}} \quad \cdots\cdots (12\text{-}2)$$

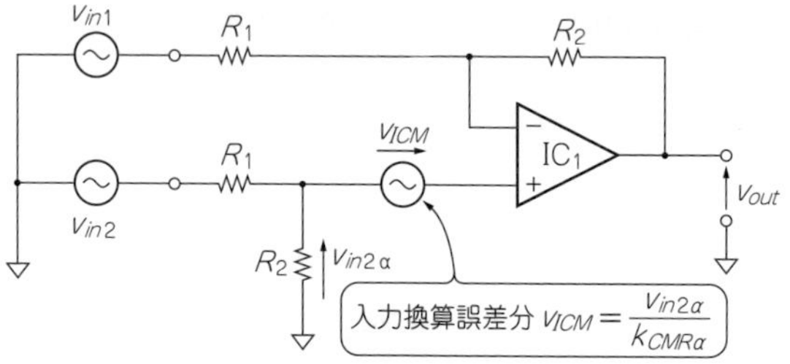

$$\beta=\frac{R_1}{R_1+R_2}\text{として，}$$

$$v_{out}=\frac{R_2}{R_1}\left\{(v_{in2}-v_{in1})+\frac{v_{in2\alpha}}{k_{CMR\alpha}}\right\}\frac{A\beta}{1+A\beta}$$

ただし，$k_{CMR\alpha}$：$\mathrm{IC_1}$のCMRR
　　　　A：$\mathrm{IC_1}$のオープン・ループ・ゲイン

図12-6　OPアンプICのオープン・ループ・ゲインとCMRRと差動増幅回路の誤差

となります．これを使って出力電圧v_{out}を求めると，

$$v_{out}=\frac{R_2}{R_1}\left(v_{in2}-v_{in1}+\frac{v_{in2a}}{k_{CMRa}}\right)\frac{A\beta}{1+A\beta}\quad\cdots\cdots(12\text{-}3)$$

ただし，k_{CMRa}：OPアンプICのCMRR，A：IC_1のオープン・ループ・ゲイン

となります．βは第6章で説明したように$\beta=R_1/(R_1+R_2)$です．

これから差動増幅回路のCMRRであるk_{CMR}は，

$$G_D=\frac{R_2}{R_1}\,\frac{A\beta}{1+A\beta}\quad\cdots\cdots(12\text{-}4)$$

$$G_C=\frac{R_2}{R_1}\,\frac{1}{k_{CMRa}}\,\frac{A\beta}{1+A\beta}\quad\cdots\cdots(12\text{-}5)$$

$$k_{CMR}=\frac{R_2}{R_1}\,\frac{A\beta}{1+A\beta}\,\frac{R_1}{R_2}\,\frac{k_{CMRa}}{1}\,\frac{1+A\beta}{A\beta}=k_{CMRa}\quad\cdots\cdots(12\text{-}6)$$

と求まります．OPアンプICで構成した差動増幅回路のCMRRであるk_{CMR}は，ほかの誤差がないとしたときに，OPアンプIC自身のCMRRであるk_{CMRa}と等しくなります．

実際のOPアンプICのオープン・ループ・ゲインは有限ですが，このパラメータは差動ゲインにだけ関係しk_{CMRa}には影響しません．

● **OPアンプICのCMRRの周波数特性**

k_{CMRa}の周波数特性は，OPアンプICのデータシートに載っていない場合があります．この特性はオープン・ループ・ゲインの特性と似ていて，周波数が高くなると低下します．

高周波でもCMRRの大きい広帯域の差動増幅回路を実現するには，CMRRの周波数特性が載っているOPアンプICのデータシートから，目的に合ったOPアンプICを選択する必要があります．見つからなかった場合は，他の方法でCMRRを向上させます．この章の後半で紹介します．

■ **使用抵抗の誤差**

図12-7に示すのは，誤差±εの抵抗を使用した差動増幅回路です．定数が最も悪い方向にばらついた場合を想定しました．この差動増幅回路のCMRRを求めてみましょう．先に計算した**図12-4**から，

$$v_{out}=\frac{R_4}{R_3+R_4}\,\frac{R_1+R_2}{R_1}\,v_{in2}-\frac{R_2}{R_1}\,v_{in1}$$

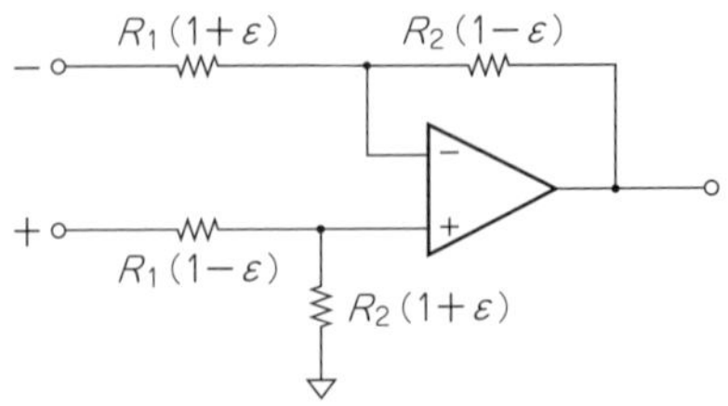

$$k_{CMR}=\frac{1+G_D}{4\varepsilon},\quad G_D=\frac{R_2}{R_1}$$

ただし，k_{CMR}：同相信号除去比　ε：抵抗誤差

図12-7　抵抗ばらつきが与える差動増幅回路のCMRRへの影響

$$= \frac{R_2}{R_1}(v_{in2} - v_{in1}) + \frac{R_1R_4 - R_2R_3}{R_1(R_3 + R_4)} v_{in2} \quad \cdots\cdots (12\text{-}7)$$

したがって，

$$G_D = \frac{R_2}{R_1} \quad \cdots\cdots (12\text{-}8)$$

$$G_C = \frac{R_1R_4 - R_2R_3}{R_1(R_3 + R_4)} \quad \cdots\cdots (12\text{-}9)$$

$$k_{CMR} = \frac{R_2}{R_1} \frac{R_1(R_3 + R_4)}{R_1R_4 - R_2R_3} \quad \cdots\cdots (12\text{-}10)$$

と求まります．計算を簡単にするためv_{in2}をコモン・モード信号と考えています．ここに**図12-7**の定数を入れて整理すると，

$$k_{CMR} = \frac{1+G_D}{\left|\frac{1+\varepsilon}{1-\varepsilon} - \frac{1-\varepsilon}{1+\varepsilon}\right|} \fallingdotseq \frac{1+G_D}{4\varepsilon} \quad \cdots\cdots (12\text{-}11)$$

となります．

式(12-11)からG_Dが大きい場合と，εが小さい場合にCMRRが大きくなることがわかります．たとえば，誤差±1%（$\varepsilon = 0.01$）の抵抗を使用して，G_Dが100倍(40 dB)の差動増幅回路を作ると，CMRRの最小値$k_{CMR(\mathrm{min})}$は，

$$k_{CMR(\mathrm{min})} = \frac{1 + 100}{4 \times 0.01} = 2525 \text{倍} \fallingdotseq 68 \text{ dB}$$

となり，たいていの用途に使用できる性能になります．これ以上の値が必要なときは，後述のCMRR調整が必要となります．

■ 信号源インピーダンスによる誤差

図12-8(a)において，差動増幅回路の差動入力インピーダンスは反転入力側でR_1，非反転入力側で$R_3 + R_4$と大きく異なっています．しかし，問題の同相入力インピーダンスは，**図12-8**(b)からわかるように，反転入力側で$R_1 + R_2$，非反転入力側で$R_3 + R_4 = R_1 + R_2$と等しくなります．同相信号入力時出力電圧は0 Vです．

差動増幅回路はCMRRが命ですから，反転入力側と非反転入力側の同相入力インピーダンスはぴったり合っている必要があります．そのためには差動増幅回路に使われる抵抗だけでなく，信号源の出力インピーダンスも考慮しなければなりません．

図12-8(c)に示すように，信号源に無視できないアンバランスなインピーダンスがあると，差動増幅回路のCMRRは大きく低下し，差動ゲインも低下します．差動ゲインが低下する理由は，第6章で述べた反転増幅回路の場合と同じです．

(a) 差動入力インピーダンス

$R_1=R_3$, $R_2=R_4$ とすると，
$Z_{IDM-}=R_1$
$Z_{IDM+}=R_3+R_4=R_1+R_2$

(b) 同相入力インピーダンス

差動増幅回路だから，同相入力 V_{ICM} に対しては，$V_{out}=0V$ となる．次式が成り立つ．
$Z_{ICM+}=R_3+R_4=R_1+R_2$
$Z_{ICM-}=R_1+R_2$
$Z_{ICM-}=Z_{ICM+}$

(c) 同相信号除去比

$$v_{out}=\frac{R_2}{R_1+R_{S1}}\left(\frac{R_1+R_2+R_{S1}}{R_1+R_2+R_{S2}}v_{in2}-v_{in1}\right)$$

$$k_{CMR}\simeq\frac{R_1+R_2}{|R_{S1}-R_{S2}|} \quad (\because R_1+R_2 \gg R_{S1}, R_{S2})$$

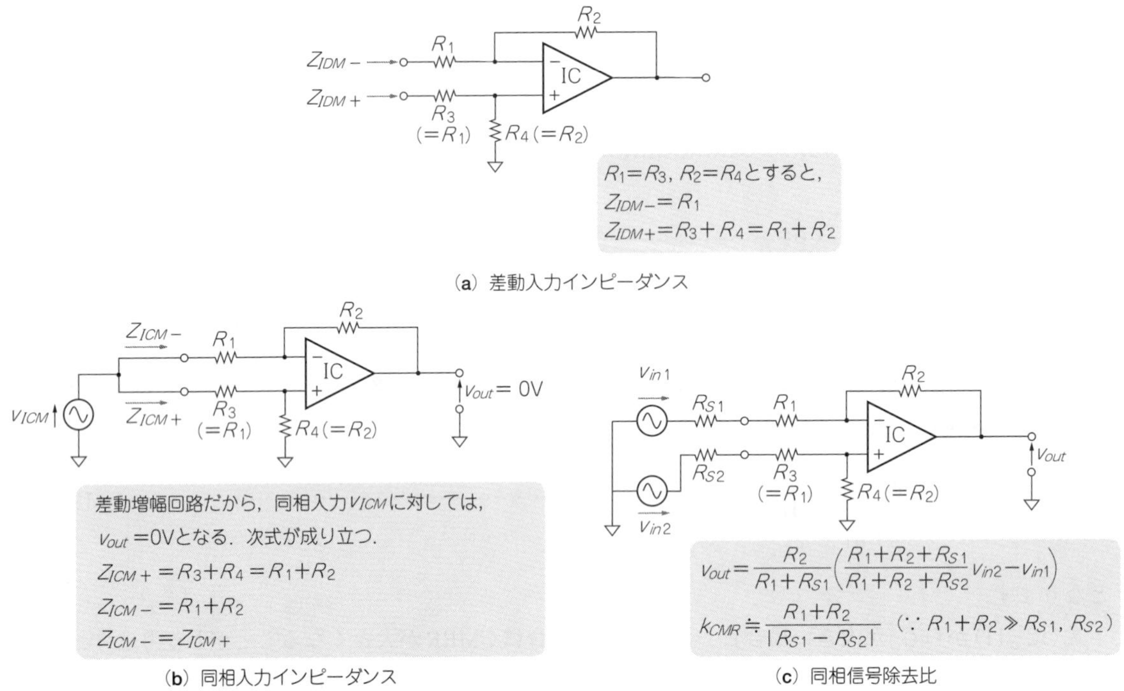

図12-8 信号源インピーダンスが与えるCMRRへの影響

12-3 実用的な差動増幅回路のいろいろ

図12-4に示す基本差動増幅回路は，信号源インピーダンスの影響を受けるため，限られた用途にしか使われません．一般にほかのOPアンプと組み合わせて使います．ここでは，そういった各種の差動増幅回路を紹介しましょう．

■ 信号源インピーダンスの影響を受けない回路

図12-9に示すのは，信号源インピーダンスの影響を受けない差動増幅回路です．

二つのボルテージ・フォロワを信号源と差動増幅回路との間に挿入します．差動増幅回路の信号源インピーダンスがゼロになり，誤差が極小になります．2個入りOPアンプICを使ってボルテージ・フォロワを構成すると，CMRRによる誤差が同相で大きさがほぼ等しくなります．その結果，差動増幅回路出力での誤差が無視できるほど小さくなります．これは，2個のOPアンプのCMRRがある程度マッチングしている場合が多く，ボルテージ・フォロワから出力されるCMRR誤差が次段の基本差動増幅回路でキャンセルされるからです．

■ 入力のアンプがゲインをもつインスツルメンテーション・アンプ

図12-10は，図12-9を変形して入力アンプにゲインをもたせたものです．インスツルメンテーション・アンプまたは計装用増幅回路と呼びます．とても優れた特性をもっているため，各種センサの増幅回路などの計装用途に多用されています．後述のように専用ICも市販されています．

初段入力アンプの出力電圧 v_{out1}, v_{out2} は，図12-11のようにバーチャル・ショートと重ねの理を適用すると，

$$v_{out2} - v_{out1} = \frac{R_1 + R_2 + R_3}{R_1}(v_{in2} - v_{in1}) \quad \cdots\cdots (12\text{-}12)$$

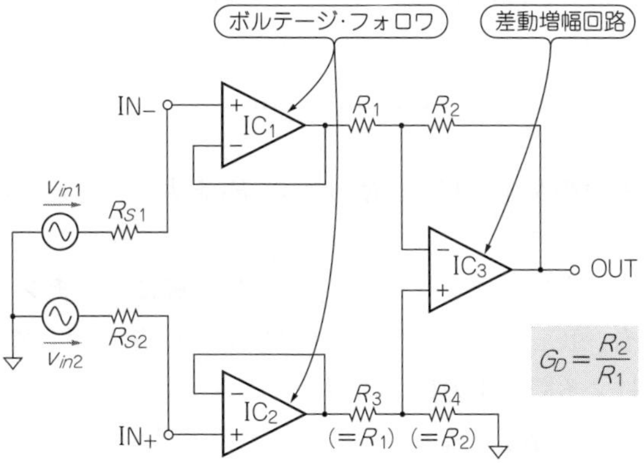

図12-9 信号源インピーダンスの影響を回避できる高入力インピーダンスの差動増幅回路

$G_D = \dfrac{R_2}{R_1}$

$R_4 = R_6$, $R_5 = R_7$ とすると，

$$G_D = \frac{R_5}{R_4} \cdot \frac{R_1 + R_2 + R_3}{R_1}$$

$$k_{CMR} = \frac{R_1 + R_2 + R_3}{R_1} \cdot \frac{1 + \dfrac{R_5}{R_4}}{4\varepsilon}$$

ただし，$R_4 \sim R_7$ の誤差を $\pm \varepsilon$ とする

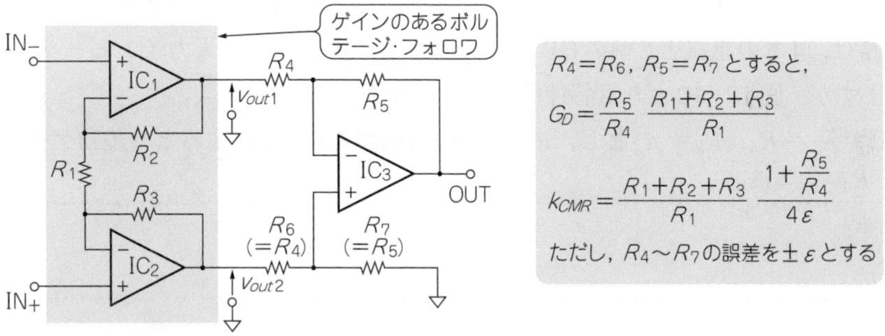

図12-10 ゲインのある入力アンプをもつインスツルメンテーション・アンプ

$$v_{in1} = \frac{R_1 + R_3}{R_1 + R_2 + R_3} v_{out1} + \frac{R_2}{R_1 + R_2 + R_3} v_{out2}$$

$$v_{in2} = \frac{R_3}{R_1 + R_2 + R_3} v_{out1} + \frac{R_1 + R_2}{R_1 + R_2 + R_3} v_{out2}$$

$$\therefore v_{out1} = \frac{R_1 + R_2}{R_1} v_{in1} - \frac{R_2}{R_1} v_{in2}$$

$$v_{out2} = \frac{R_1 + R_3}{R_1} v_{in2} - \frac{R_3}{R_1} v_{in1}$$

$$\therefore v_{out2} - v_{out1} = \frac{R_1 + R_2 + R_3}{R_1}(v_{in2} - v_{in1})$$

(a) 図12-10の初段のボルテージ・フォロワ

(b) バーチャル・ショートを適用すると…

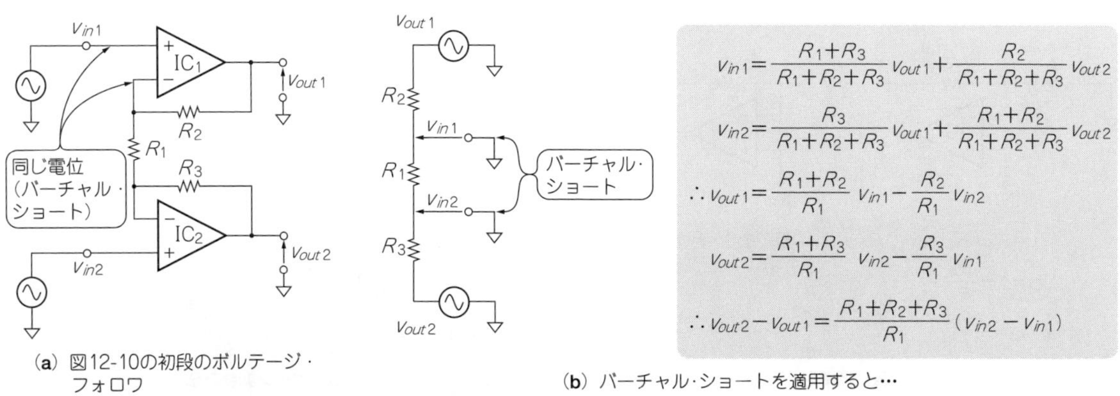

図12-11 インスツルメンテーション・アンプの初段増幅回路のゲイン計算

と簡単に計算できます．

これに，基本差動増幅回路をつないだ**図12-10**の差動ゲインG_Dは，$R_4 = R_6$，$R_5 = R_7$とすると，

$$G_D = \frac{R_5}{R_4}\,\frac{R_1 + R_2 + R_3}{R_1} \quad \cdots\cdots (12\text{-}13)$$

となります．CMRRは，R_4～R_7の抵抗誤差を$\pm\varepsilon$とすると，

$$k_{CMR} \fallingdotseq \frac{R_1+R_2+R_3}{R_1}\,\frac{1+\dfrac{R_5}{R_4}}{4\varepsilon} \quad \cdots\cdots (12\text{-}14)$$

となります．この式から，初段のゲイン$(R_1 + R_2 + R_3)/R_1$を大きくするとCMRRを大きくできることがわかります．

基本差動増幅回路のところで考察したように，R_4～R_7は正確にマッチングさせる必要があります．

前述のように，多くの場合，IC_1とIC_2に2個入りOPアンプICを使用して$R_2 = R_3$とすると，IC内の二つのOPアンプのCMRRによる誤差出力は，同相で大きさが等しくなります．その結果，差動増幅回路出力での誤差が無視できるほど小さくなります．ですから，特別な理由がない限り，$R_2 = R_3$，$R_4 = R_5 = R_6 = R_7$として，後段の基本差動増幅回路のゲインを1，差動ゲインはR_1で設定すると良いでしょう．

■ 高入力インピーダンスの差動増幅回路

図12-12(a)は，第6章の実験で使用した差動増幅回路で，**図12-10**を簡略化したものとも考えられます．この回路は，4本の抵抗と2個のOPアンプで簡単に構成でき，入力インピーダンスが高いという特徴がありますが，**図12-10**よりも特性的には劣ります．

図12-12(a)で$R_1 = R_4$，$R_2 = R_3$とし，R_1～R_4の抵抗誤差を$\pm\varepsilon$とすると，差動ゲインとCMRRは，

$$G_D = 1 + \frac{R_4}{R_3} \quad \cdots\cdots (12\text{-}15)$$

$$k_{CMR} \fallingdotseq \frac{G_D}{4\varepsilon} \quad \cdots\cdots (12\text{-}16)$$

となります．これでは，**図12-10**と異なりCMRRと無関係にゲインを設定できないので，**図12-12(b)**

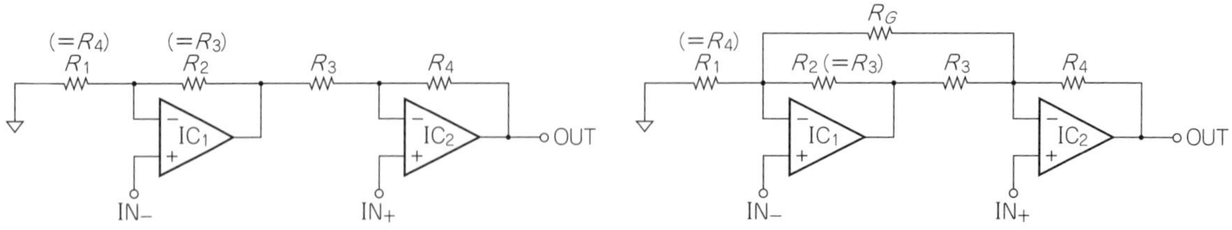

$R_1=R_4$，$R_2=R_3$，R_1～R_4の誤差を$\pm\varepsilon$とすると，

$G_D=1+\dfrac{R_4}{R_3}$

$k_{CMR}=\dfrac{G_D}{4\varepsilon}$

(a) 標準形

$R_1=R_4$，$R_2=R_3$，R_1～R_4の誤差を$\pm\varepsilon$とすると，

$G_D=1+\dfrac{R_4}{R_3}+2\dfrac{R_4}{R_G}$

$k_{CMR}=\dfrac{G_D}{4\varepsilon}$

(b) ゲイン調整方法

図12-12　図12-10を簡略化した高入力インピーダンス差動増幅回路

のように抵抗R_Gを1本追加して，この値によってCMRRと無関係にゲイン設定できるようにする場合もあります．

このときの差動ゲインは，

$$G_D = 1 + \frac{R_4}{R_3} + \frac{2R_4}{R_G} \quad \cdots\cdots (12\text{-}17)$$

となります．$R_1 \sim R_4$でCMRRを調整した後，R_Gでゲインを設定できます．

この回路は，抵抗がR_2，R_3，R_Gとループになっているためゲイン計算が面倒です．**図12-13**のように，バーチャル・ショートと重ねの理だけでなく，テブナンの定理を適用し，回路を簡単な形に変形して計算します．

■ 反転型差動増幅回路

図12-14(a) は，**図12-12(a)** の反転タイプです．注意すべき点は，IC_1の入力が非反転，IC_2の入力

(a) 実際の回路

↓ IC_1，IC_2を理想OPアンプとしてバーチャル・ショートを適用する

(b) 等価回路

$R_5 = R_1 // R_2$
$v_5 = v_3 \dfrac{R_1}{R_1 + R_2}$

$R_6 = R_3 // R_4$
$v_6 = v_3 \dfrac{R_4}{R_3 + R_4} + v_4 \dfrac{R_3}{R_3 + R_4}$

$v_1 = v_5 \dfrac{R_G + R_6}{R_T} + v_6 \dfrac{R_5}{R_T}$

$v_2 = v_5 \dfrac{R_6}{R_T} + v_6 \dfrac{R_5 + R_G}{R_T}$

ただし，$R_T = R_5 + R_G + R_6$

$$\therefore v_4 = \frac{(R_1 R_3 R_4 + R_1 R_2 R_4)(v_2 - v_1) + R_1 R_G (R_3 + R_4) v_2 - R_4 R_G (R_1 + R_2) v_1}{R_1 R_3 R_G}$$

$R_1 = R_4$，$R_2 = R_3$，$R_1 \sim R_4$の誤差を$\pm \varepsilon$とすると，

$$G_D = \frac{v_4}{v_2 - v_1} = 1 + \frac{R_4}{R_3} + 2\frac{R_4}{R_G}, \quad k_{CMR} \fallingdotseq \frac{G_D}{4\varepsilon}$$

(c) 最終的な等価回路

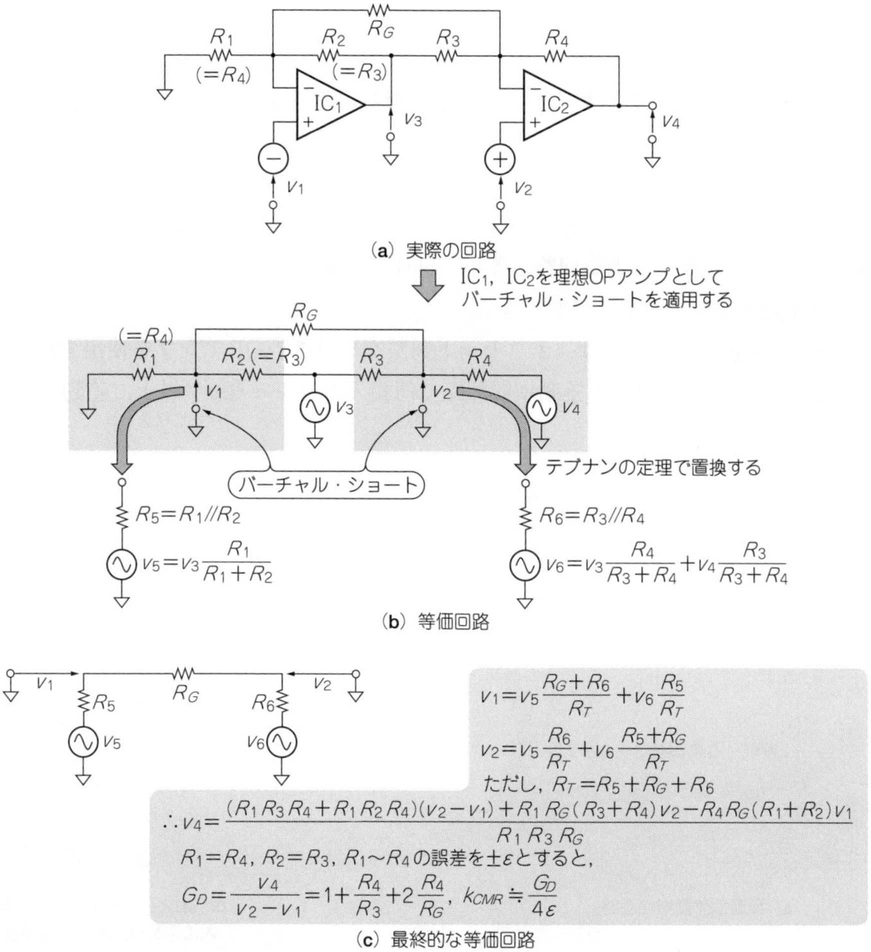

図12-13 図12-12(b)の回路のゲイン計算

が反転と入力端子の極性も反転していることです．IC_2の入力が図12-12(a)では非反転，図12-14(a)では反転となっています．

$R_2/R_1 = R_3/R_4$とし，$R_1 \sim R_4$の抵抗誤差を$\pm \varepsilon$とすると，差動ゲインとCMRRは，

$$G_D = \frac{R_5}{R_4} \quad \cdots\cdots\cdots\cdots\cdots\cdots\cdots\cdots\cdots\cdots\cdots\cdots\cdots\cdots\cdots\cdots\cdots (12\text{-}18)$$

$$k_{CMR} \simeq \frac{1}{4\varepsilon} \quad \cdots\cdots\cdots\cdots\cdots\cdots\cdots\cdots\cdots\cdots\cdots\cdots\cdots\cdots\cdots\cdots (12\text{-}19)$$

となります．CMRRはG_Dによらず，抵抗の誤差だけで決定されます．

OPアンプの入力電圧は，バーチャル・ショートによりほとんど0Vですから，OPアンプ自身のCMRRの影響は無視できます．ゲインは，CMRRと独立にR_5で設定できます．図12-14(a)のような定数設定にして±15V電源で動作させると，同相入力電圧±120V以上，差動ゲイン10倍の差動増幅回路になります．ただし，IC_2のノイズ・ゲインは，

$$1 + \frac{R_5}{R_3 /\!/ R_4} = 111 倍$$

になります．オフセット・ドリフトとノイズが大きくなる可能性があるので，高精度OPアンプを使用することを勧めます．

この回路の特徴は，次の三つです．
- OPアンプの非反転入力が接地されているため，OPアンプ自体のCMRRの影響を受けない
- R_{B2}のところにオフセット調整回路を簡単に付加できる
- R_5により差動ゲインを簡単に可変できる

差動ゲインの可変が必要ない場合は，オフセット調整端子付きのOPアンプを使用すれば，図12-14(b)に示すように，さらに簡単な基本差動増幅回路で同相入力電圧±120V以上，差動ゲイン10倍の増幅回路が構成できます．

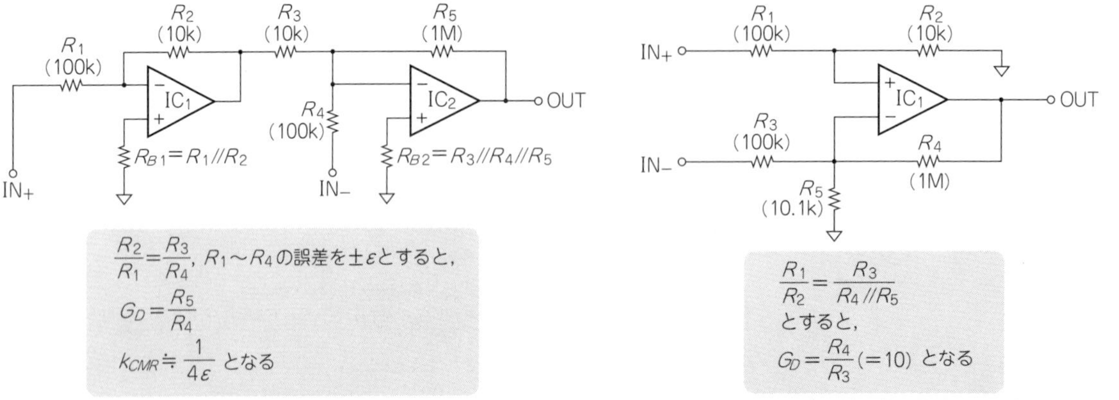

(a) 反転型差動増幅回路

$\frac{R_2}{R_1} = \frac{R_3}{R_4}$，$R_1 \sim R_4$の誤差を$\pm \varepsilon$とすると，

$G_D = \frac{R_5}{R_4}$

$k_{CMR} \simeq \frac{1}{4\varepsilon}$ となる

(b) (a)と同等の基本差動増幅回路

$\frac{R_1}{R_2} = \frac{R_3}{R_4 /\!/ R_5}$ とすると，

$G_D = \frac{R_4}{R_3} (=10)$ となる

注▶ ( ) 内の定数は同相入力電圧±120Vのときの値

図12-14 反転型の差動増幅回路

12-4　差動増幅回路の調整

■ 調整の目的

差動増幅回路の差動ゲインとCMRR特性は使用する抵抗の誤差が大きく影響します．量産設計の場合は，高精度抵抗または後述のIC化差動増幅回路を採用して，できるだけ調整箇所を少なくしますが，ここでは実験や少量生産の場合にどのように調整するか説明しましょう．

差動増幅回路の調整の目的は，同相ゲインをゼロにしてCMRRを大きくすることと，差動ゲインを決められた値にすることです．直流増幅が必要な場合は，オフセット電圧をゼロに調整することがあります．注意すべき点は，各調整が相互に影響を与え合わないようにすることです．

■ 調整方法

前述した基本差動増幅回路で，その調整方法を考えてみましょう．**図12-15(a)**に示す差動ゲイン10倍の差動増幅回路において，各可変抵抗器のスライダを中点にセットしてから，次のように調整します．

▶差動ゲイン調整

図12-15(a)のように信号源を接続し，VR_1を回してゲインが10.00倍になるようにします．

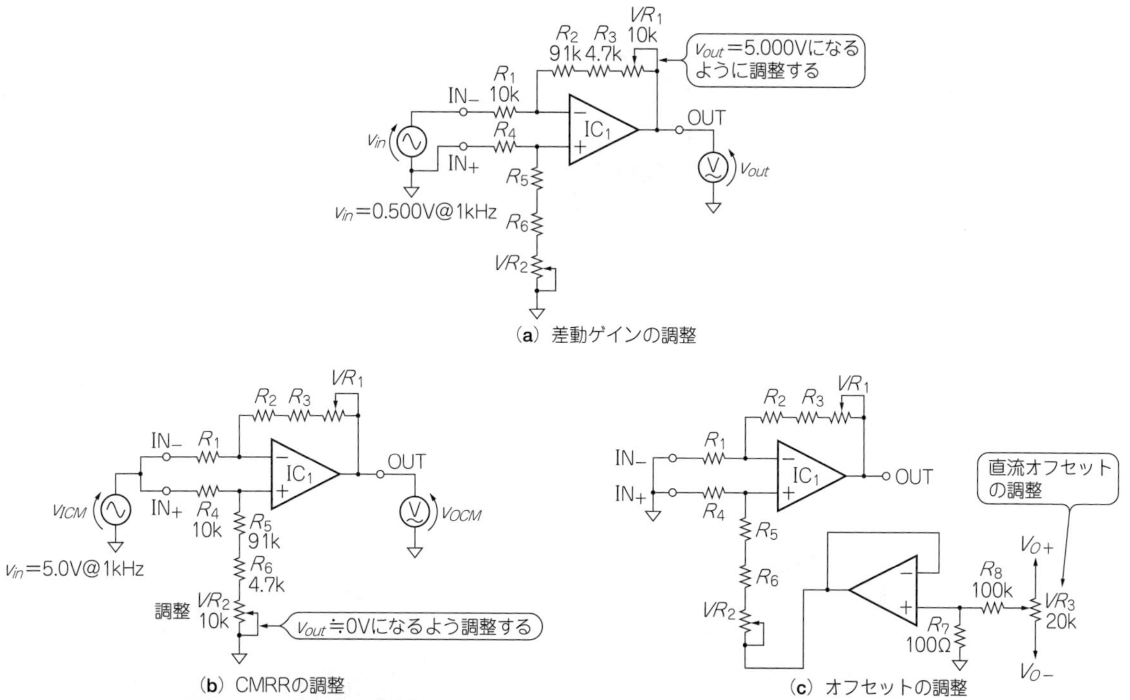

(a) 差動ゲインの調整

(b) CMRRの調整

(c) オフセットの調整

注▶ 抵抗はすべて金属皮膜(許容差：±1%) 可変抵抗器はサーメット型

図12-15　差動増幅回路の調整

▶ CMRR調整

図12-15(b)のように信号源を接続し，VR_2を回して同相信号出力が最小になるようにします．

▶ オフセット調整

直流オフセットを調整する場合は，第3章で紹介したオフセット調整端子付きOPアンプICを使用するか，図12-15(c)の接続で，VR_3を回して直流オフセット出力がゼロになるようにします．

▶ 差動ゲインを可変するときのオフセット調整

図12-16(a)に示す回路の場合，直流オフセット調整時は，差動ゲインによってオフセット打ち消し電圧を可変する必要があります．これは，ほかの差動増幅回路でも同様です．こういう場合はオフセット調整端子付きOPアンプICを使います．基本差動増幅回路で，CMRRに影響なく差動ゲインを可変したい場合は，図12-16(b)のように接続します．

図12-16(c)のように接続すれば，オフセット調整とゲインの可変ができて一石二鳥だと思われるかもしれませんが，この回路は負帰還安定度と，前述のようにオフセット調整に問題があります．

前述した図12-10と図12-12(b)の差動増幅回路は，ゲイン調整とCMRR調整を分離できます．調整する場合は，図12-10はR_7，図12-12(b)はR_1の抵抗値の一部分(5％程度)を可変にします．まずCMRR調整を行い，そのあとでR_Gによってゲインを調整します．ゲインを可変してオフセット調整を付加する場合は，オフセット調整端子付きOPアンプICを使います．ゲインを可変する必要がなければ，

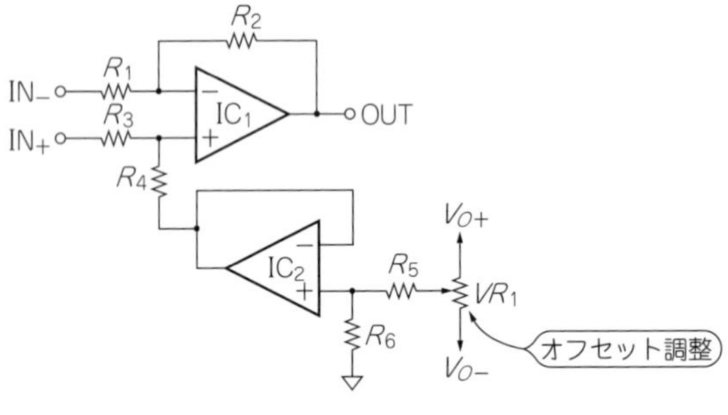

(a) 差動ゲインを変えるたびにオフセット調整が必要

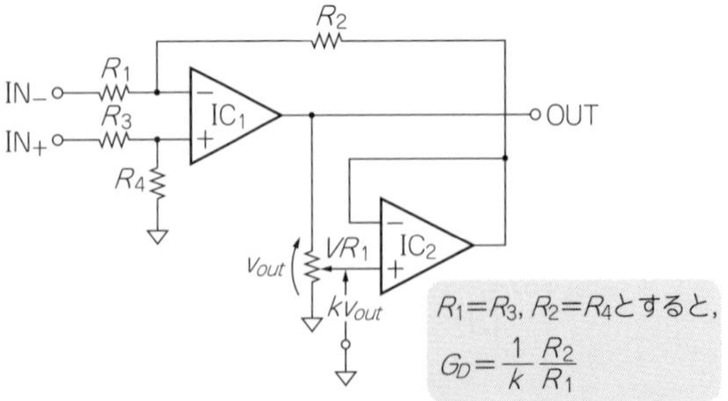

(b) CMRRに影響を与えないで差動ゲインを調整できる

$R_1=R_3, R_2=R_4$とすると，
$G_D = \dfrac{1}{k}\dfrac{R_2}{R_1}$

(c) (a)+(b)の回路構成．発振しやすい

$R_1=R_3, R_2=R_4, C_1=C_2$とすると，
$G_D = \dfrac{R_2}{R_1}\dfrac{R_5}{R_G}$

図12-16 オフセット調整回路のいろいろ

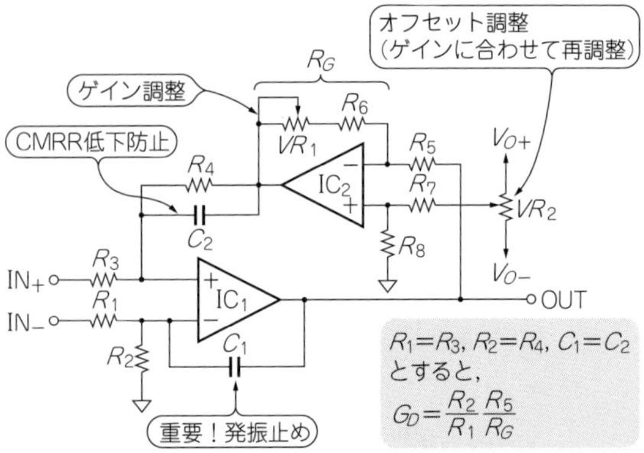

図12-16(a)を参考にします．

12-5　実際のインスツルメンテーション・アンプIC

■ AD622とAD623A

高精度抵抗とOPアンプ2～3個を組み合わせて回路を組むのはたいへんですが，各社から実装の容易な差動増幅用ICが出ています[5]．

ここでは，特に低価格をうたっているアナログ・デバイセズ社のAD622[34]とAD623A[35]を紹介します．データシートから推定した簡略等価回路は**図12-17**になります．

両者は動作電圧が異なり，AD622が±15 V，AD623Aが±5 Vです．AD623Aは単電源で使用できます．**写真12-2**に外観を，**表12-1**に主な電気的特性を示します．パッケージはDIPと面実装があります．

CMRR特性と直流特性を見ると，汎用OPアンプと高精度抵抗を組み合わせて作るより優れていて，高精度OPアンプと高精度抵抗で作った差動増幅回路の特性に匹敵します．

8ピンのIC 1個と差動ゲイン設定用の抵抗1本で差動増幅回路を構成できるので，実装面積がとても小さくなります．差動ゲインの設定範囲は1～1000倍です．差動ゲイン1倍のときは**図12-9**と同じ構成になりますから，外部抵抗は不要です．

■ オフセット電圧とオフセット電流

表12-1に，今まで見慣れない入力オフセット電圧V_{OSI}と出力オフセット電圧V_{OSO}という項目があります．これらはそれぞれ，**図12-17**に示す入力側(A_1，A_2)と出力側(A_3)の内部OPアンプの特性を表しています．実際に差動増幅回路を構成したときの出力オフセット電圧V_{OOS}は次式で求まります．

$$V_{OOS} = V_{OSI}G_D + V_{OSO} \quad \cdots\cdots (12\text{-}20)$$

たとえば，$G_D = 100$倍とすると，

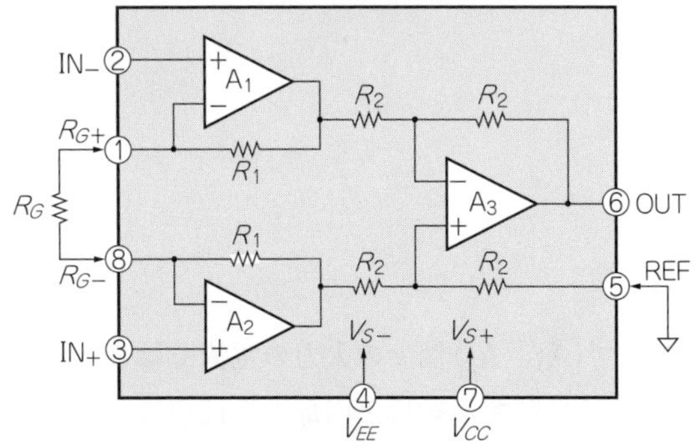

型名＼抵抗値	R_1[kΩ]	R_2[kΩ]
AD622	25.25	10
AD623A	50	50

$$G_D = 1 + 2\frac{R_1}{R_G}$$

図12-17　インスツルメンテーション・アンプの内部等価回路

写真12-2　インスツルメンテーション・アンプAD622ANとAD623AN[アナログ・デバイセズ㈱]

表12-1　インスツルメンテーション・アンプAD622とAD623Aの主な電気的特性

項目		記号	AD622 (34)			AD623A (35)			単位
			最小	標準	最大	最小	標準	最大	
電源電圧条件		V_+/V_-	+15/−15			+5/−5			V
入力オフセット電圧		V_{OSI}	−	60	125	−	25	200	μV
出力オフセット電圧		V_{OSO}	−	600	1500	−	200	1000	μV
入力バイアス電流		I_{IB}	−	2	5	−	17	25	nA
入力オフセット電流		I_{IO}	−	0.7	2.5	−	0.25	2	nA
差動入力インピーダンス		$R_{ID}/\!/C_{ID}$	−	10//2	−	−	2//2	−	GΩ//pF
同相入力インピーダンス		$R_{IC}/\!/C_{IC}$	−	10//2	−	−	2//2	−	GΩ//pF
設定可能差動ゲイン		G	1	−	1000	1	−	1000	倍
ゲイン誤差	$G=1$		−	0.05	0.15	−	0.03	0.1	%
	$G=10$		−	0.2	0.5	−	0.1	0.35	
	$G=100$		−	0.2	0.5	−	0.1	0.35	
	$G=1000$		−	0.2	0.5	−	0.1	0.35	
最大出力電圧		V_{OM}	−13.8	−	+13.6	−4.8	−	+4.5	V
入力電圧範囲		V_{IM}	−13.1	−	+13.6	−5.15	−	+3.5	V
同相信号除去比	$G=1$	k_{CMR}	66	78	−	70	80	−	dB
	$G=10$		86	98	−	90	100	−	
	$G=100$		103	118	−	105	110	−	
	$G=1000$		103	118	−	105	110	−	
電源電圧除去比	$G=1$	k_{SVR}	80	100	−	80	100	−	dB
	$G=10$		95	120	−	100	120	−	
	$G=100$		110	140	−	120	140	−	
	$G=1000$		110	140	−	120	140	−	
消費電流		I_{CC}	−	0.9	1.3	−	0.375	0.55	mA
スルー・レート		S_{OM}	−	1.2	−	−	0.3	−	V/μs
小信号周波数特性(−3 dB帯域幅)	$G=1$		−	1000	−	−	800	−	kHz
	$G=10$		−	800	−	−	100	−	
	$G=100$		−	120	−	−	10	−	
	$G=1000$		−	12	−	−	2	−	
特徴			低価格，汎用，±15V使用可			低価格，単電源使用可			

注▶ AD622：負荷抵抗2 kΩのとき．AD623A：負荷抵抗10 kΩのとき．

- AD622の場合

$$V_{OOS}=0.125\times 100+1.5=14\ \mathrm{mV_{max}}$$

- AD623Aの場合

$$V_{OOS}=0.2\times 100+1=21\ \mathrm{mV_{max}}$$

となります．

入力バイアス電流と入力オフセット電流は，入力側アンプ(A_1，A_2)個々の入力の電流ではなく，差動入力端子(IN_+，IN_-)の電流です．したがって，入力端子に接続する抵抗を内部の抵抗値に合わせる必要はありません．

12-6　差動増幅回路のダイナミック・レンジ

■ 入力のダイナミック・レンジが重要！

ほかの増幅回路と異なり，差動増幅回路には大きな同相信号が入力されますから，入力のダイナミック・レンジが一番問題になります．一方，同相信号はほとんど出力されませんから，出力ダイナミック・レンジはほかの増幅回路と同じ扱いでOKです．

▶基本差動増幅回路の場合

図12-18に示す基本差動増幅回路の入力ダイナミック・レンジを考えてみましょう．

OPアンプICの許容同相入力電圧範囲を v_{ICM}，差動ゲインを G_D とすると，差動増幅回路の許容最大入力電圧 $v_{I\max}$ は，

$$v_{I\max} = \frac{G_D}{1+G_D} v_{ICM} \fallingdotseq v_{ICM} (\because G_D \gg 1) \cdots\cdots (12\text{-}21)$$

となります．この式からわかるように，差動ゲイン G_D が大きいときは，差動増幅回路の許容入力電圧範囲は，OPアンプIC自身の許容同相入力電圧範囲とほぼ同程度と考えてよいでしょう．

▶反転型差動増幅回路の場合

先に示した反転型差動増幅回路［**図12-14(a)**］は例外です．当然のことですが，OPアンプ ICの出力電圧の最大値を $v_{O\max}$ とすると，

$$|v_{in2} - v_{in1}| \leqq \frac{v_{O\max}}{G_D} \cdots\cdots (12\text{-}22)$$

が成り立ちます．反転型差動増幅回路のダイナミック・レンジは，IC_2 の出力ダイナミック・レンジで制約されます．IC_1 の部分は単なる反転増幅回路で，第5章で述べたとおりです．

■ 単電源動作の差動増幅回路の場合

基本差動増幅回路は，$v_{in2} > v_{in1} > 0$ の条件が常に成立していれば，**図12-19(a)**のようにそのまま単電

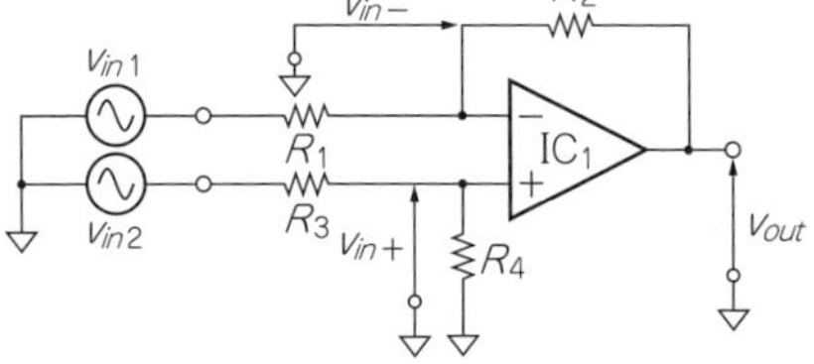

$v_{in+} = \frac{R_4}{R_3+R_4} v_{in2}$

$v_{in-} = v_{in+}$（バーチャル・ショート）

$R_1 = R_3$, $R_2 = R_4$　∵差動増幅回路

$G_D = \frac{R_2}{R_1} = \frac{R_4}{R_3}$

$\therefore v_{I\max} = \frac{G_D}{1+G_D} v_{ICM}$

ただし，$v_{I\max}$：v_{in1} と v_{in2} の最大値，v_{ICM}：OPアンプの最大同相入力電圧

$G_D \gg 1$ とすると，

$v_{I\max} \fallingdotseq v_{ICM}$

もちろん，

$|v_{in2} - v_{in1}| \leqq \frac{v_{O\max}}{G_D}$

ただし，$v_{O\max}$：OPアンプの最大出力電圧

図12-18　OPアンプの最大同相入力電圧と差動増幅回路の入力ダイナミック・レンジ

図12-19 単電源で動作する差動増幅回路

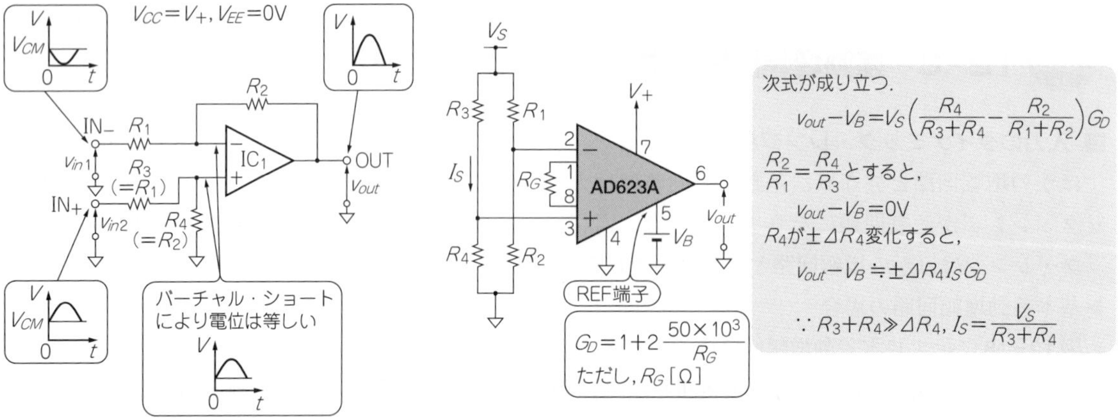

(a) 基本差動増幅回路

(b) ブリッジ・アンプ

次式が成り立つ.
$$v_{out} - V_B = V_S \left(\frac{R_4}{R_3+R_4} - \frac{R_2}{R_1+R_2} \right) G_D$$

$\frac{R_2}{R_1} = \frac{R_4}{R_3}$ とすると,

$v_{out} - V_B = 0\text{V}$

R_4 が $\pm \Delta R_4$ 変化すると,

$v_{out} - V_B \fallingdotseq \pm \Delta R_4 I_S G_D$

$\because R_3 + R_4 \gg \Delta R_4, I_S = \frac{V_S}{R_3+R_4}$

$G_D = 1 + 2\dfrac{50 \times 10^3}{R_G}$ ただし, $R_G\,[\Omega]$

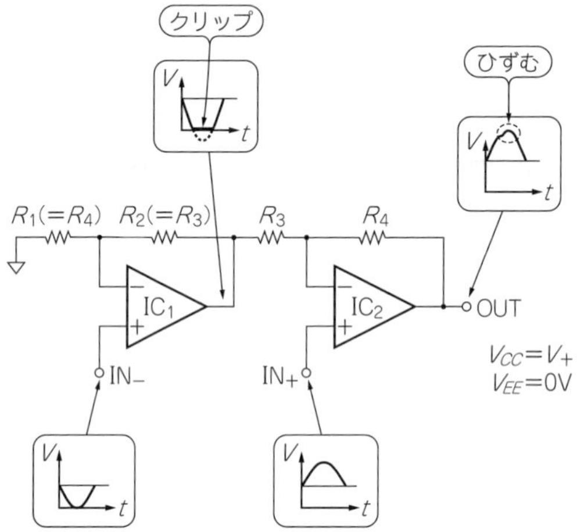

図12-20 単電源で動作しない差動増幅回路

$V_{CC} = V_+$
$V_{EE} = 0\text{V}$

源で使用できます.

　前述したボルテージ・フォロワと組み合わせる場合(図12-9)は，ボルテージ・フォロワに使用するOPアンプICが単電源用ならば使用できます．ほかのOPアンプICでは，図12-20のように反転入力信号を増幅したところで，クリップしてしまい出力できません．

　先に紹介したAD623Aは，単電源用ですから出力は0Vまで振れます．図12-19(b)のように，REF端子に直流バイアス電圧 V_B を加えます．この回路はブリッジ・アンプと呼ばれており，抵抗センサの増幅回路として多用されています．最近では，この出力をA-Dコンバータでディジタル信号に変換して，処理するケースがほとんどですから，V_B をA-Dコンバータのフル・スケールのちょうど半分にすれば，後の信号処理が楽になります．

12-7　各種差動増幅回路のCMRRと入出力特性

■ 特性の実測

次の三つの差動増幅回路を試作し，CMRRを測定し，入出力波形を観測してみました．

- タイプⅠ：OPアンプICで組んだ高入力インピーダンス差動増幅回路［**図12-21**(**a**)］
- タイプⅡ：OPアンプICで組んだインスツルメンテーション・アンプ［**図12-21**(**b**)］
- タイプⅢ：ICタイプのインスツルメンテーション・アンプ［**図12-21**(**c**)］

写真12-3～12-7は，OPアンプを変えながら1kHz正弦波と方形波をコモン・モード・ノイズとして入力したときの入出力波形です．方形波状の信号は，高速の立ち上がり/立ち下がり部分をもちますから，このときの出力応答波形から高域のCMRR特性や，パルス性ノイズが入ったときの応答が推測できます．

表12-2に示すのは，OPアンプを変えながら測定した1kHzの実測CMRR特性とオフセット電圧です．

■ タイプⅠの特徴

表12-2のNJM4580の実測データなどを見ると，タイプⅠは同一のOPアンプICを使ったタイプⅡに比べて，CMRRが30dBほど悪くなっています．また，OPアンプの種類を問わず，方形波の立ち上

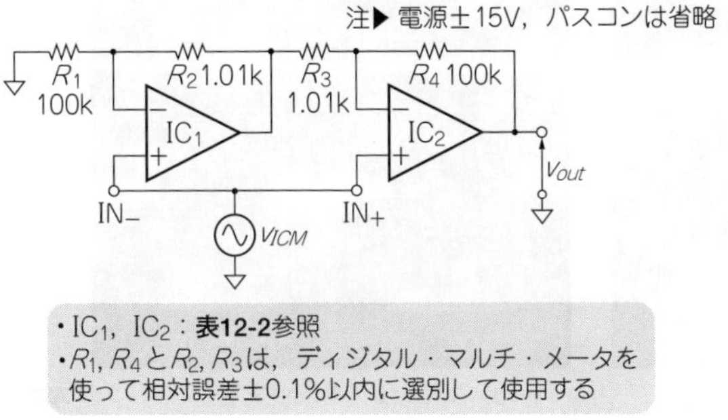

(**a**) 高入力インピーダンスの差動増幅回路（タイプⅠ）

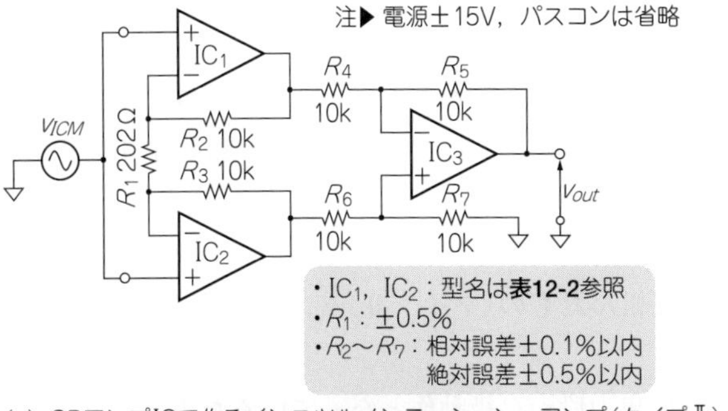

(**b**) OPアンプICで作るインスツルメンテーション・アンプ（タイプⅡ）

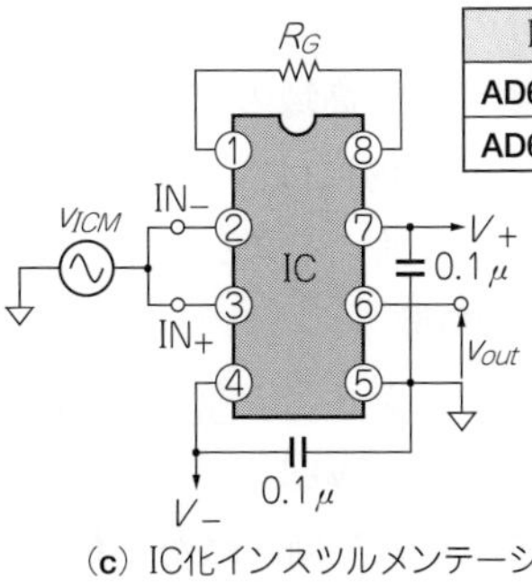

IC	V_+/V_-[V]	R_G[Ω]
AD622	±15	511
AD623A	±5	1.02k

R_Gの許容差：±0.5%

(**c**) IC化インスツルメンテーション・アンプ（タイプⅢ）

図12-21　三つの差動増幅回路のCMRR測定

表12-2　OPアンプによるCMRR特性とオフセット電圧

型　名	CMRR@1 kHz［dB］		出力オフセット電圧［mV］	
	図12-21(a)の回路	図12-21(b)(c)の回路	図12-21(a)の回路	図12-21(b)(c)の回路
NJM4580	81.94	116.59	−7.8	−7.6
NJM072B	70.12	111.06	−154.3	−155.0
NJM2904	60.18	70.87	75.6	75.2
AD622	—	109.07	—	−1.3
AD623A	—	103.35	—	0.2

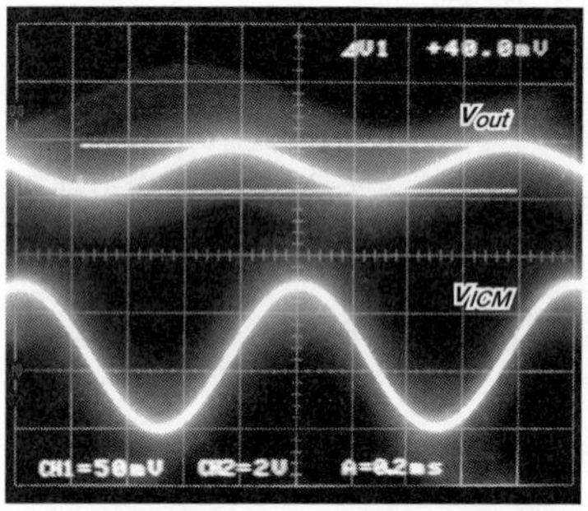

(a) タイプⅠ，1kHz正弦波
（上：50mV/div.，下：2V/div.）

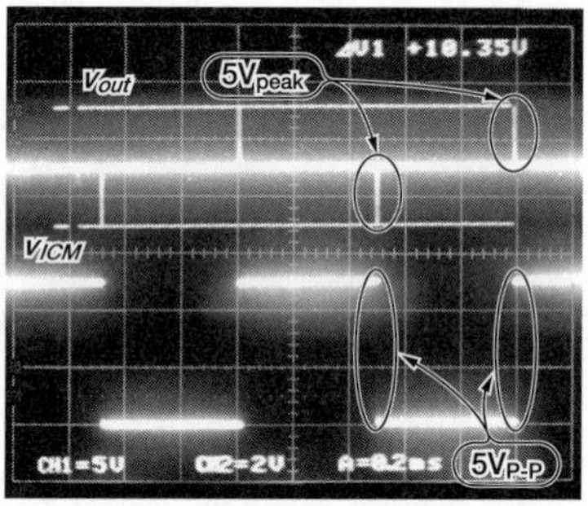

(b) タイプⅠ，1kHz方形波
（上：5V/div.，下：2V/div.）

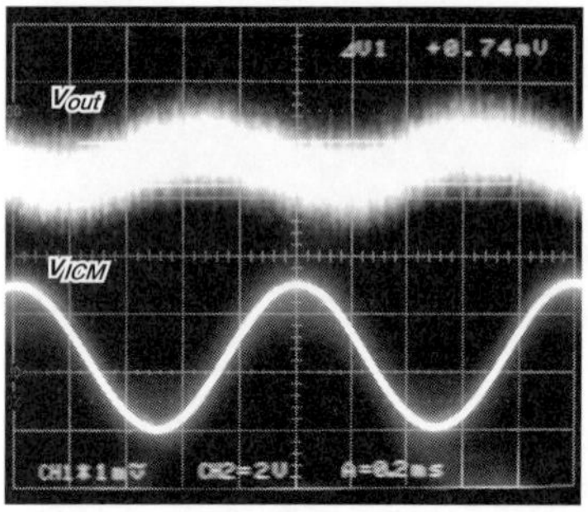

(c) タイプⅡ，1kHz正弦波
（上：1mV/div.，下：2V/div.）

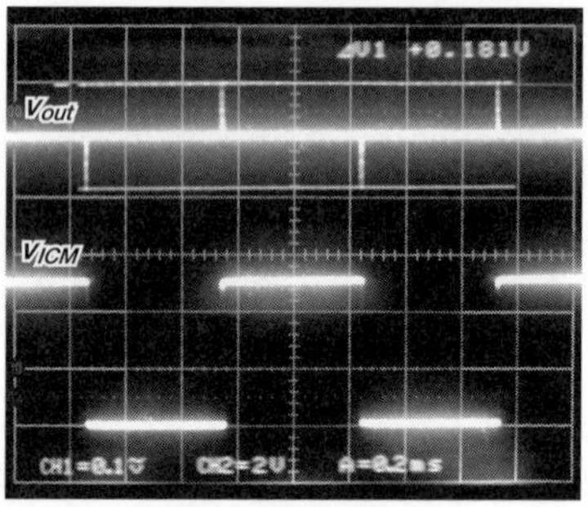

(d) タイプⅡ，1kHz方形波
（上：0.1V/div.，下：2V/div.）

写真12-3　NJM4580を使った差動増幅回路のコモン・モード信号応答(0.2 ms/div.)

がりや立ち下がり部分の変化量(5 V_{P-P})がそのまま5 V_{peak}のレベルで出力に現れています．

このことから，タイプⅠは高域のCMRR特性が貧弱で，パルス性ノイズの多い場所では使用できないことがわかります．具体的には，遠く離れた外部信号を増幅するような，ノイズを拾いやすい用途に使うのは難しく，パルス性ノイズが少ない機器の内部で使用するのに適しています．

■ タイプⅡとタイプⅢの特徴

インスツルメンテーション・アンプは，OPアンプで組んだもの(タイプⅡ)も，IC化されたもの(タイプⅢ)も良好な特性を示しています．

NJM2904だけは，第2章の等価回路からわかるように出力段がC級動作となっているため，クロスオーバーひずみが発生し，IC_1とIC_2のひずみのアンバランスぶんがCMRR特性を悪化させています．工

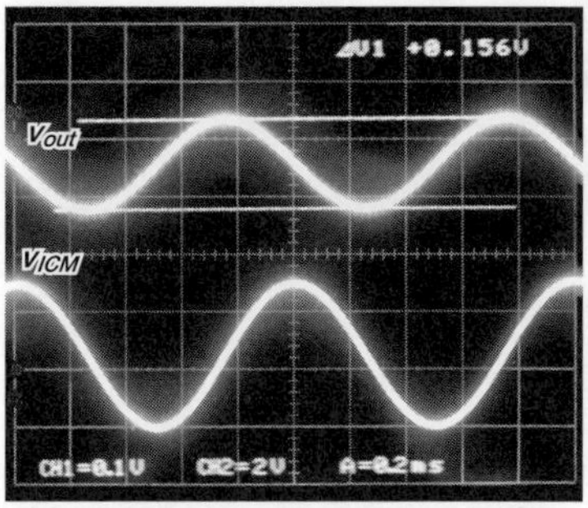

(a) タイプⅠ，1kHz正弦波
（上：0.1V/div.，下：2V/div.）

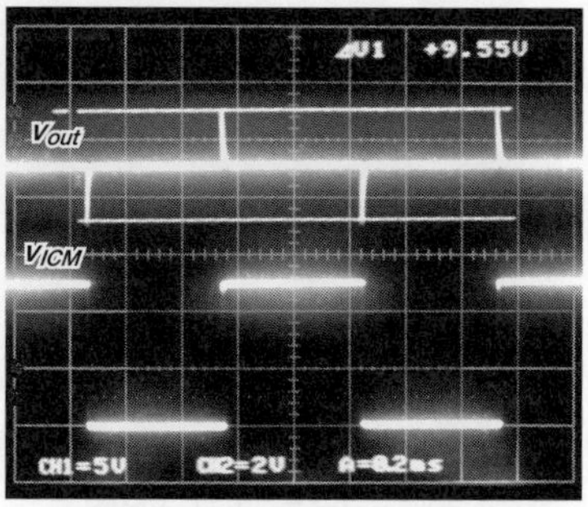

(b) タイプⅠ，1kHz方形波
（上：5V/div.，下：2V/div.）

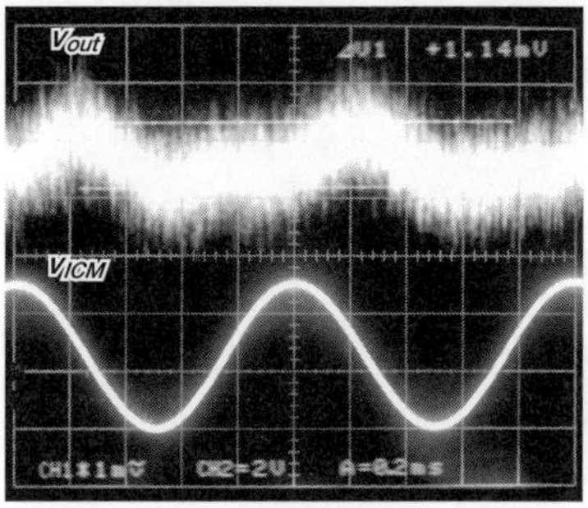

(c) タイプⅡ，1kHz正弦波
（上：1mV/div.，下：2V/div.）

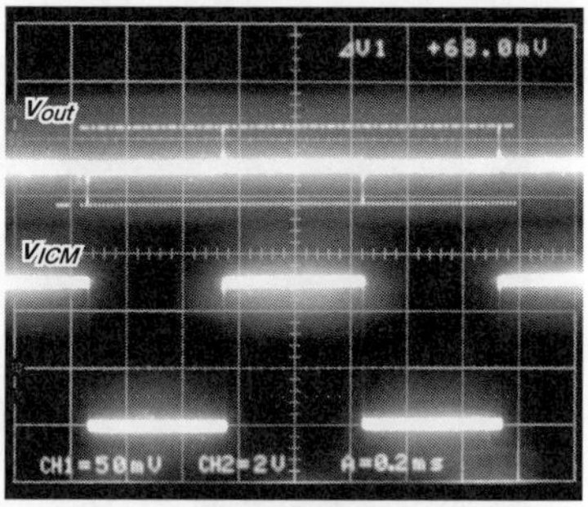

(d) タイプⅡ，1kHz方形波
（上：50mV/div.，下：2V/div.）

写真12-4　NJM072Bを使った差動増幅回路のコモン・モード信号応答(0.2 ms/div.)

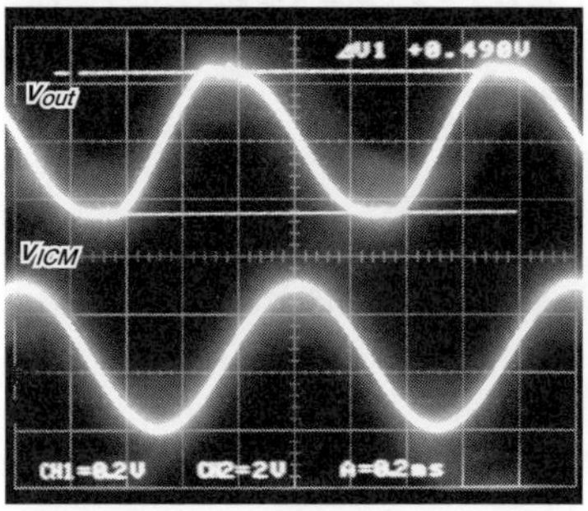

(a) タイプⅠ，1kHz正弦波
（上：0.2V/div.，下：2V/div.）

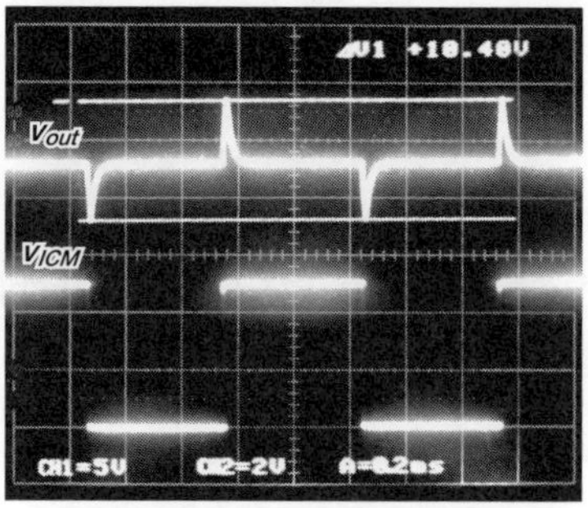

(b) タイプⅠ，1kHz方形波
（上：5V/div.，下：2V/div.）

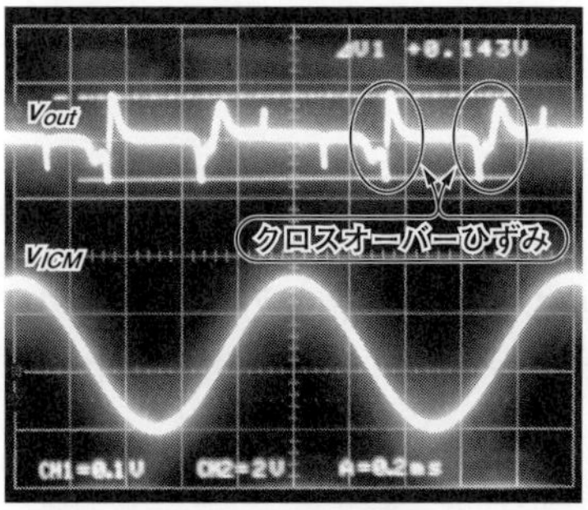

(c) タイプⅡ，1kHz正弦波
（上：0.1V/div.，下：2V/div.）

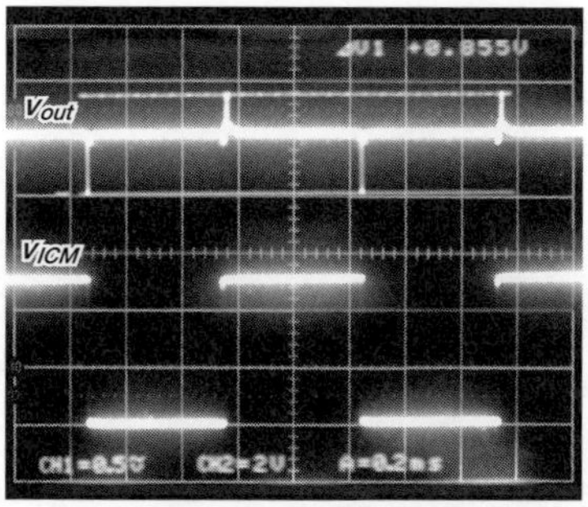

(d) タイプⅡ，1kHz方形波
（上：5V/div.，下：2V/div.）

写真12-5　NJM2904を使った差動増幅回路のコモン・モード信号応答(0.2 ms/div.)

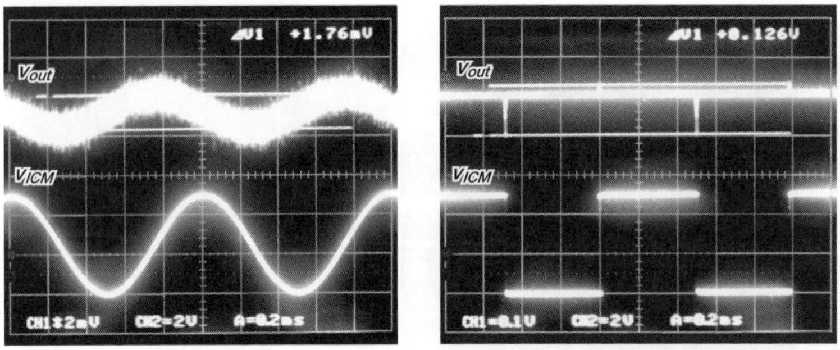

（a）タイプⅢ，1kHz正弦波（上：2mV/div.，下：2V/div.）

（b）タイプⅢ，1kHz方形波（上：0.1V/div.，下：2V/div.）

写真12-6　AD622を使った差動増幅回路のコモン・モード信号応答(0.2 ms/div.)

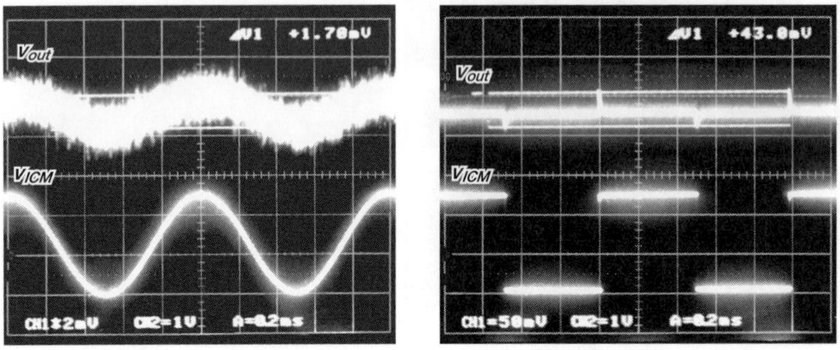

（a）タイプⅢ，1kHz正弦波（上：2mV/div.，下：1V/div.）

（b）タイプⅢ，1kHz方形波（上：50mV/div.，下：1V/div.）

写真12-7　AD623Aを使った差動増幅回路のコモン・モード信号応答(0.2 ms/div.)

夫しないと，このままでは差動増幅回路には適さないことがわかります．

タイプⅢは，特に直流特性がすばらしいです．交流CMRR特性は，±0.1％で抵抗を選別してOPアンプICで組んだものと比べて大きな違いはありません．

12-8　確実動作のためのノウハウ

■ CMRR特性を100％引き出すための策

● 反転入力と非反転入力のインピーダンスを一致させる

たとえ差動増幅回路でも差動信号に含まれるノイズは抑圧できませんから，コモン・モード・ノイズが差動ノイズに変換されないように注意します．

変換の原因として多いのは，信号源インピーダンス，接続ケーブルも含めた同相入力インピーダンスのアンバランスです．反転入力と非反転入力のインピーダンスを接続ケーブルの浮遊容量まで含めて一致させることが重要です．

● 2芯シールド線の使用

ノイズを拾いやすい遠く離れた外部信号と接続する場合は，前述したインスツルメンテーション・

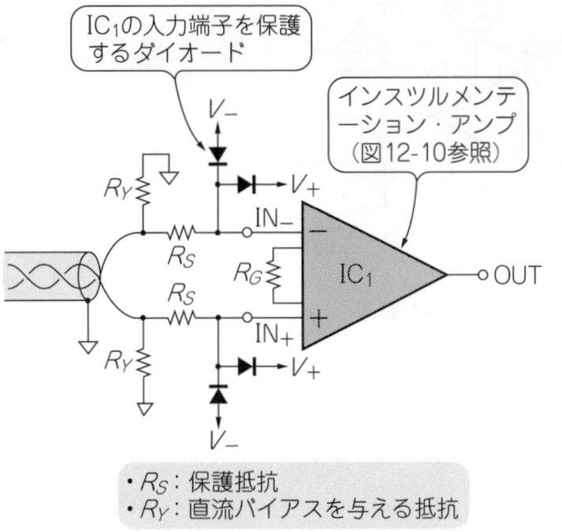

(a) ダイオードによる入力保護

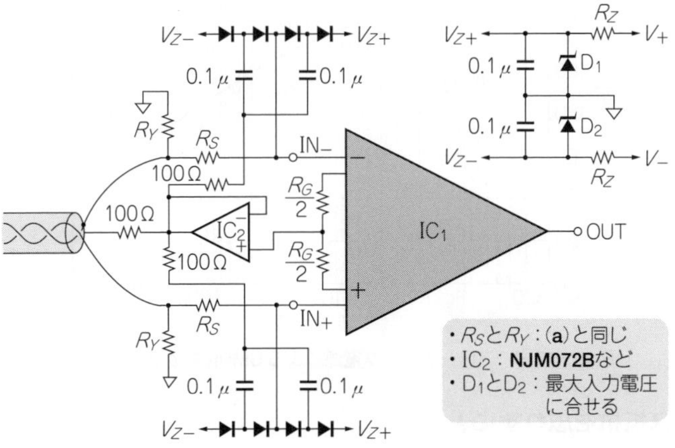

(b) CMRR悪化防止法

図12-22　入力保護回路とCMRR悪化防止策

アンプ(**図12-10**)を使用し，芯線が撚り合わされている2芯シールド線を使用して，シールド外皮を同相信号レベルでドライブします．

■ ダイオード保護回路の追加とCMRRの両立

図12-22(**a**)に示すように，外部に引き出される入力端子には必ずダイオードの保護回路を入れます．ただし，ダイオードの端子間容量によって反転・非反転両入力のインピーダンスがアンバランスとなり，高周波のCMRRが低下することがあります．

その場合は，**図12-22**(**b**)のように保護ダイオードを2個直列として，その中点を同相信号でドライブします．保護ダイオードを電源に直接接続すると，入力端子には，電源電圧±1.2Vまでのノイズが侵入する可能性があり，ICを保護できません．ツェナ・ダイオードD_1とD_2で電源電圧を降下させ，保護用ダイオードに与える電圧を作ります．

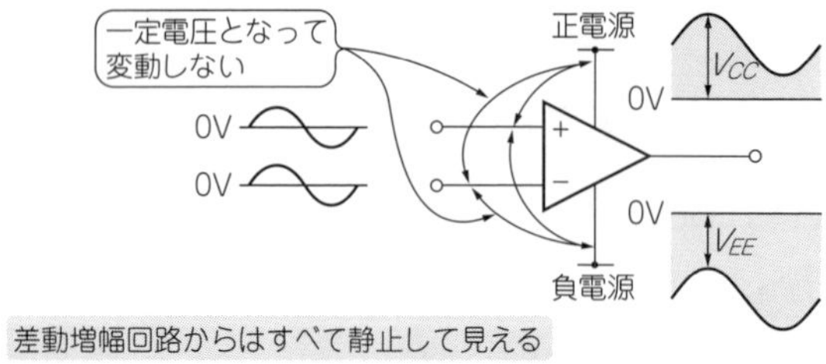

図12-23　電源を同相信号で駆動するフローティング電源

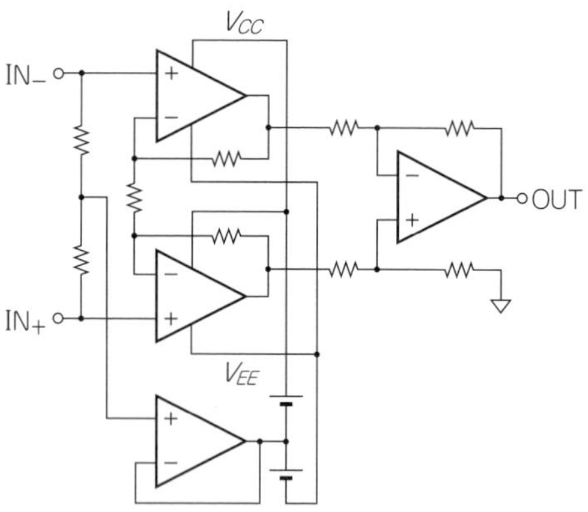

図12-24　フローティング電源のブロック図

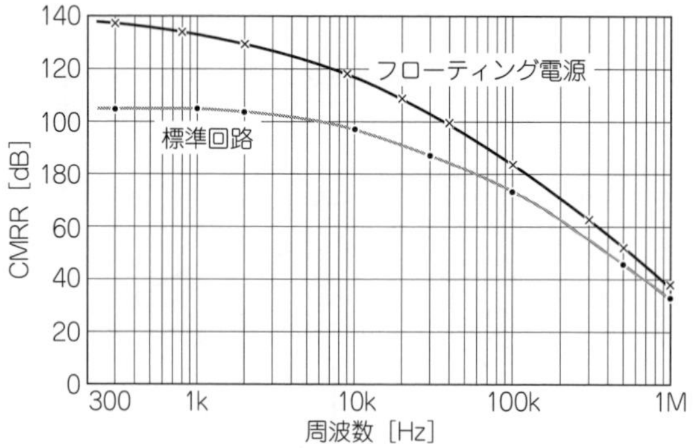

図12-25[5]　フローティング電源によるCMRRの改善

■ パスコンとバイアス抵抗を忘れずに！

図12-22において忘れてならないのは，入力端子の直流動作点を与える抵抗R_Yです．差動増幅回路の原理図(**図12-1**)には記入していませんが，OPアンプは入力直流バイアスが定まらないと正常に動作しません．**図12-10**と**図12-12**の差動増幅回路を使用する場合は，反転・非反転両入力に等しい値の抵抗が入っていることを必ず確認してください．言うまでもないことですが，電源のパスコンは必ずつけます．

巻末の参考文献に挙げた「計測のためのアナログ回路設計」[5]には，ここでは触れなかったノイズの問題など，さまざまの実践的なノウハウが書かれているので一読を勧めます．

12-9　より高いCMRR特性を得るために

とても高いCMRRが要求されており，仕様を満足できるOPアンプを入手できない場合，差動増幅回路のCMRRをOPアンプIC自身のCMRR以上にする方法はないのでしょうか？

■ フローティング電源の採用[5]

この問題には，古くから解決策が示されています．

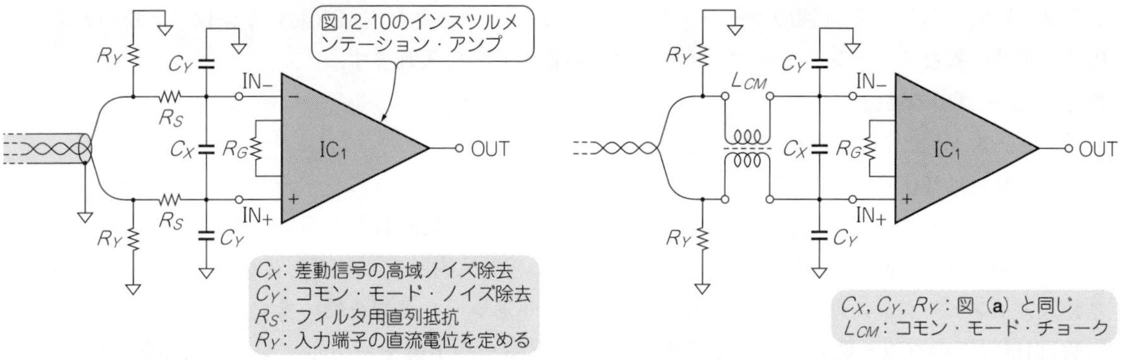

（a）RCフィルタ　　（b）LCフィルタ

図12-26　高域のCMRRの改善方法

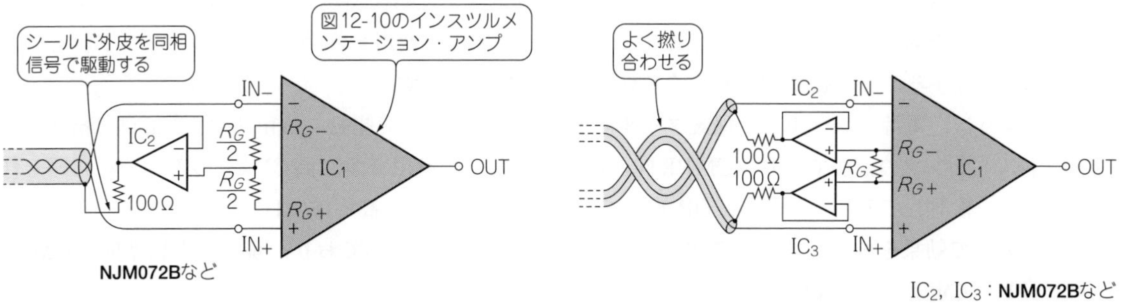

（a）2芯シールド線のシールド・ドライブ　　（b）単芯シールド線のシールド・ドライブ

図12-27　シールド外皮を同相信号で駆動する

図12-23に示すように，初段アンプの電源を同相信号でドライブし，初段アンプに供給される等価的な同相信号をゼロにして，初段アンプのCMRRを無視できるようにするという手法です．「フローティング電源」と呼びます．フローティング電源のブロック図を**図12-24**に示します．フローティング電源は第8章で説明したブートストラップ回路の一種です．詳細は文献[5]を見てください．

「フローティング電源」を採用したときと，採用しない標準的なインスツルメンテーション・アンプのCMRR特性例を**図12-25**に示します．低周波で30 dB程度改善されているのがわかります．

■ 入力フィルタの検討

高周波での特性を改善するには，OPアンプICを高速・高精度のものに変更するか，後述のコモン・モード・チョークを入れるとよいでしょう．

周波数が高くなると，OPアンプICのCMRR特性が低下します．その場合は**図12-26(a)**に示すように，RCフィルタを入力に付加します．初段アンプに供給される高周波の同相信号レベルが低下し，CMRRが改善されます．

さらに高い周波数でCMRRを向上するには，**図12-26(b)**のように，コモン・モード・チョークを挿入します．コモン・モード・チョークには線間容量，層間容量などの浮遊容量があって，使用周波数帯域に制限があります．1個のコモン・モード・チョークで必要なCMRR特性が確保できないときは，周波数帯域の異なるコモン・モード・チョークを何個か直列に入れます．

■ 入力ケーブルの検討

▶単芯シールド線と2芯シールド線の使い分け

遠く離れた外部信号と接続する場合は，誘導ノイズを拾わないようにシールド線を使います．

芯線が撚り合わされている2芯シールド線を使用すると，電気的および磁気的誘導に効果がありますが，2本の芯線間の浮遊容量によって，高周波における差動入力インピーダンスが低下します．使用上，差動入力インピーダンスの低下が許されない場合は，単芯シールド線を使います．

数百Hz以下の直流～低周波信号を扱う場合は，2芯シールド線を使用してシールド外皮はグラウンドに接続します．

▶シールド外皮を同相信号で駆動する

数百Hz以上の周波数を扱う必要があり，2芯シールド線を使用する場合は，**図12-27**に示すようにシールド外皮を同相信号でドライブします．単芯シールド線を使用する場合，2本のシールド線を撚り合わせて配線することが磁気的誘導ノイズを拾わないこつ[5]です．

このように，電源，シールド，保護ダイオードなどを同相電圧で駆動する手法は，第8章で紹介したブートストラップの技法であり，CMRR向上策としてとても有用です．高CMRRの差動増幅回路を作る場合に，検討してみてください．OPアンプICの特性が低下する高周波では，コモン・モード・チョークを入れて効果を確認します．この方法は古くから盛んに行われており，現在でも標準的なCMRR向上策として定着しています．

第13章

定電流回路と基準電圧回路

正確な電流と電圧を作るこつ

アナログ回路において，正確な電流と電圧が必要な場合があります．あるいは，それほど正確でなくてもよいが，出力インピーダンスが高い定電流源や出力インピーダンスが低い定電圧源が必要な場合もあります．ここでは，高精度から低精度までの定電流回路と，高精度基準電圧回路を紹介します．

13-1　定電流回路のあらまし

■ 定電流回路のあらまし

実際の回路では，出力インピーダンスがゼロの定電圧電源ばかりではなく，出力インピーダンスが無限大の定電流電源を必要とする場合も多々あります．**表13-1**に，片極性の定電流回路をいくつか示します．

■ 基本回路

タイプⅠは，入力電圧V_{ref}と出力電流に比例した検出電圧$V_S(=R_S I_{out})$が等しくなるように動作します．出力電流I_{out}は，

$$I_{out}=\frac{V_{ref}}{R_S} \quad \cdots\cdots (13\text{-}1)$$

となります．

図13-1(**a**)のように，出力段にトランジスタを使用すると，電流検出でベース電流ぶんの誤差が発生します．これが許容できない場合は(**b**)のようにFETを使います．

FETにはゲート-ドレイン間のリーク電流がありますから，これを低減するには(**c**)のようなカスコード回路を使います．その場合，制御回路の入力バイアス電流も誤差になりますから，FET入力のOPアンプを使います．

■ その他の定電流回路

▶タイプⅡ

OPアンプと$V_{ref}(=2.5\ \text{V})$が一体化したシャント・レギュレータを使用した回路です．この回路は

表13-1　定電流回路のいろいろ

種類	タイプⅠ	タイプⅡ	タイプⅢ
特徴	OPアンプを使用．高精度	シャント・レギュレータを使用．シンプルで高精度	トランジスタを使用．シンプルだが低精度
出力電流	$I_{out}=\frac{V_{ref}}{R_S}$	$I_{out}=\frac{V_{ref}}{R_S}$	$I_{out}=\frac{V_{BE}}{R_S}$
回路	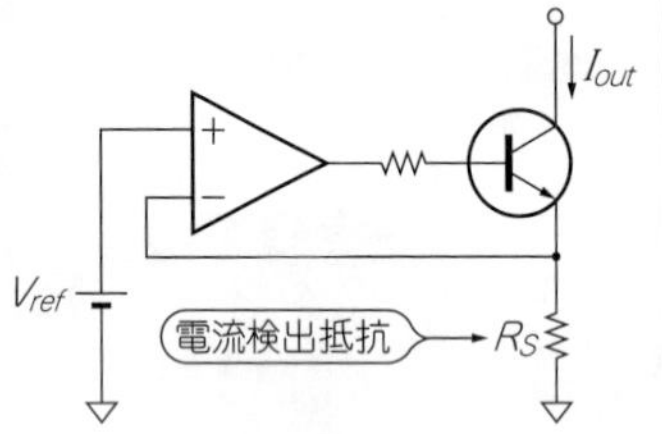	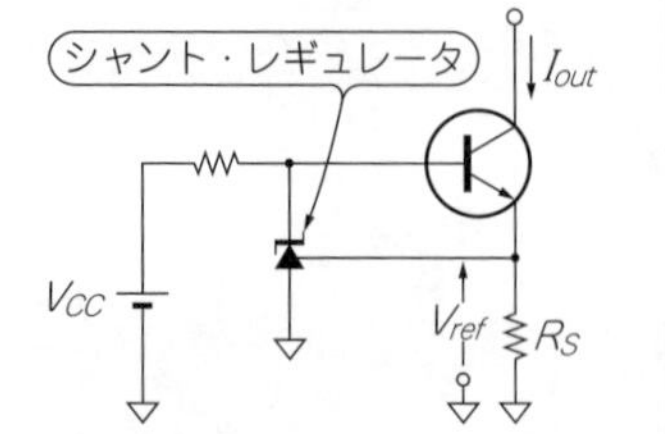	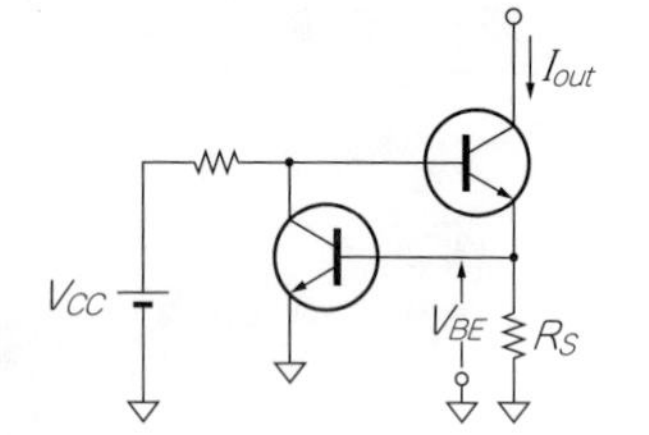
検出電圧	0.1V～	V_{ref}による(1.25Vまたは2.5V)	約0.6V

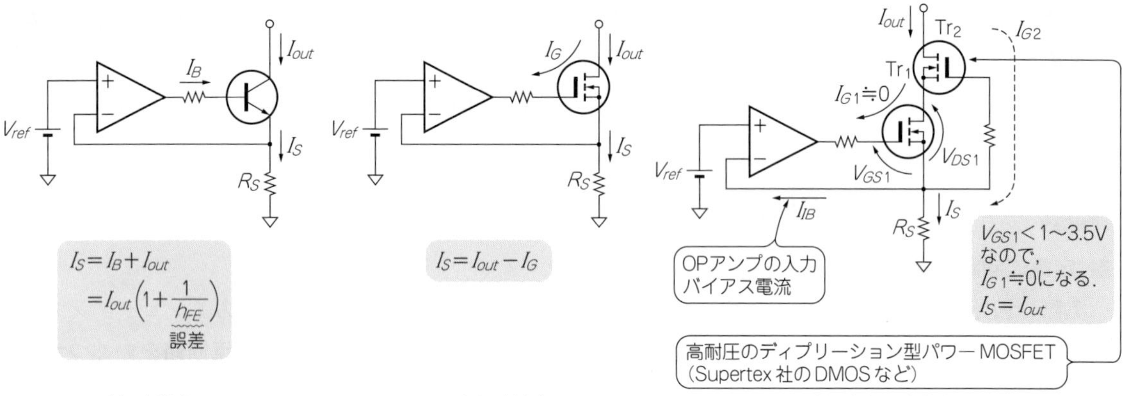

(a) 中精度　(b) 高精度　(c) さらに高精度

図13-1　定電流回路の出力回路と誤差

V_{ref}が2.5 Vと高いため，電源の利用範囲が狭くなります．

▶ **タイプⅢ**

OPアンプの代わりにトランジスタを使用した回路です．トランジスタのV_{BE}(≒0.6 V)でV_{ref}を代用した回路なので，V_{BE}の温度変化がそのまま出てしまいます．精度は期待できません．

▶ **タイプⅣ**

V_{BE}の温度変化をペアのトランジスタで補償した回路です．検出電圧も0.1 V程度に低くできますから，電源の利用範囲も広くできます．

▶ **タイプⅤ**

J-FETを使用した回路です．R_{GS}を可変してドレイン飽和電流I_{DSS}までの電流を出力できます．とても雑音が小さいため，雑音が問題になるところでは使用する価値があります．この回路からR_{GS}を取り除くと，電流値はI_{DSS}になります．これを2端子のダイオードにしたものが「定電流ダイオード」[47]です．

＊

タイプⅣ	タイプⅤ
タイプⅢのV_{BE}の温度変化を低減．低～中精度．低検出電圧	JFETを使用．超低雑音
$I_{out}=\dfrac{V_{ref}}{R_S}$	JFETによる
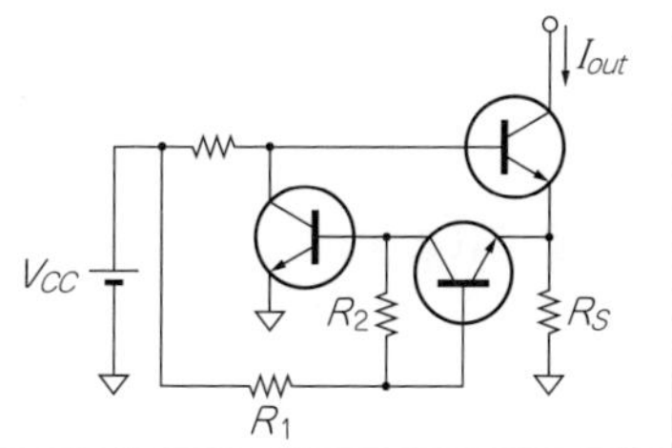	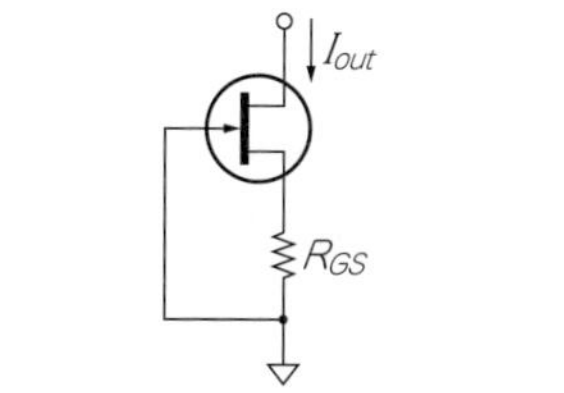
0.1～0.6V	JFETに依存する

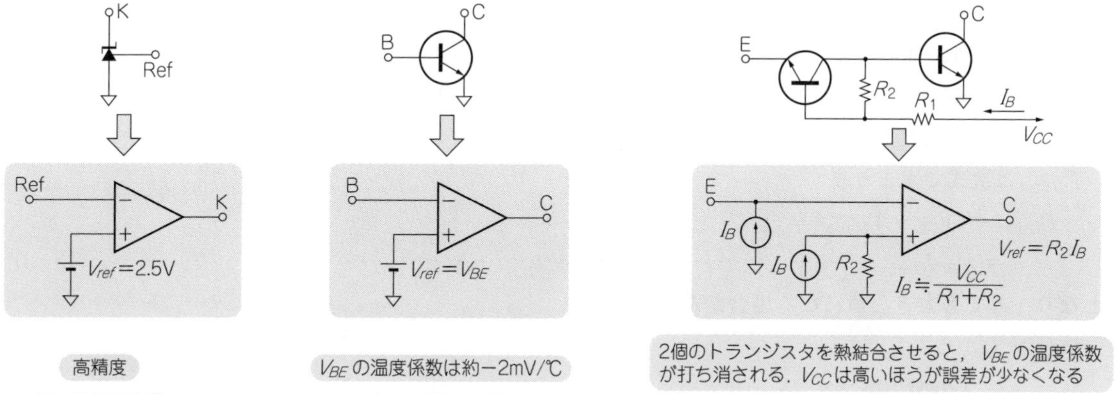

(**a**) 等価回路①　(**b**) 等価回路②　(**c**) 等価回路③

図13-2　定電流回路の機能的等価回路

以上，すべて電流吸い込み型で説明しましたが，**タイプⅡ**以外はV_{ref}の極性と使用する半導体を変更すれば，電流吐き出し型に変更できます．

■ 機能的等価回路の利用

表13-1の**タイプⅠ～タイプⅣ**の抵抗R_Sを一定の電圧V_{ref}に制御する回路は，**図13-2**に示す三つのOPアンプ等価回路で表すことができます．この等価回路を機能的等価回路と呼びます．厳密な計算には向いていませんが，定性的に動作を理解するのに有効です．

この等価回路で動作を理解し，必要な定電流精度により，制御回路を選択します．厳密な定電流特性が必要ならば，**表13-1**の**タイプⅠ**または**タイプⅡ**を選択します．特性はどうでもよい場合は**タイプⅢ**，それをある程度良くしたければ**タイプⅣ**を選びます．

図13-2(**a**)はシャント・レギュレータの内部等価回路そのものです．

(**b**)はトランジスタのエミッタ共通回路で，ベース電流は無視しています．機能的にはこのように動作しています．

(c)はペアのトランジスタでV_{BE}の温度変化を補償した回路です．基準電圧V_{ref}はR_2I_Bと等しくなり，V_{BE}に依存しませんが，大きなバイアス電流I_Bが流れます．

機能的等価回路は，アナログ回路の設計においてよく使われます．基本設計から詳細設計に展開するとき，最初は内部回路は無視して必要機能ブロックを接続していきますが，最終の個別部品に展開する直前に機能的等価回路を使用し，要求仕様により最終回路を設計します．

■ 出力電流のダイナミック・レンジ

図13-3に示す定電流回路の出力ダイナミック・レンジを検討してみましょう．

最大供給電圧V_{CC}は，出力段のパワーMOSFET Tr_1の耐圧(V_{DSS})で制限されます．

負荷抵抗R_Lに加わる最大電圧$V_{L\max}$は次式で表されます．

$$V_{L\max} = V_{CC} - (R_S + R_{on})I_{O\max}$$
$$\fallingdotseq V_{CC} - V_{S\max} \ (\because R_{on} \ll R_S) \quad \cdots\cdots (13\text{-}2)$$

ただし，$V_{S\max}$：ソース抵抗に加わる電圧の最大値，R_{on}：Tr_1のオン抵抗

定電流動作中の$V_{S\max}$はV_{ref}に等しいですから，**タイプⅡ**(V_{ref} = 2.5 V)に比べてV_{ref}を0.1 V程度に低くできる**表13-1**の**タイプⅠ**と**タイプⅣ**がダイナミック・レンジを広くできます．

出力電流の最大値$I_{O\max}$は，Tr_1の最大ドレイン電流($I_{D\max}$)ではなく，ドレイン損失定格P_Dで決まる場合がほとんどです．Tr_1の損失の最大値$P_{D\max}$はR_L = 0 Ωのときです．

$P_{D\max}$は次式で求まります．

$$P_{D\max} = (V_{CC} - V_{S\max})I_{O\max}$$
$$\fallingdotseq V_{CC}I_{O\max} \quad \cdots\cdots (13\text{-}3)$$

となり，とても大きな値になる場合があります．

式(13-3)から$I_{O\max}$は，

$$I_{O\max} = \frac{P_{D\max}}{V_{CC}}$$

負荷抵抗の最大値$R_{L\max}$は，

$$R_{L\max} \fallingdotseq \frac{V_{CC}}{I_{out}} - R_S \quad \cdots\cdots (13\text{-}4)$$

と求まります．

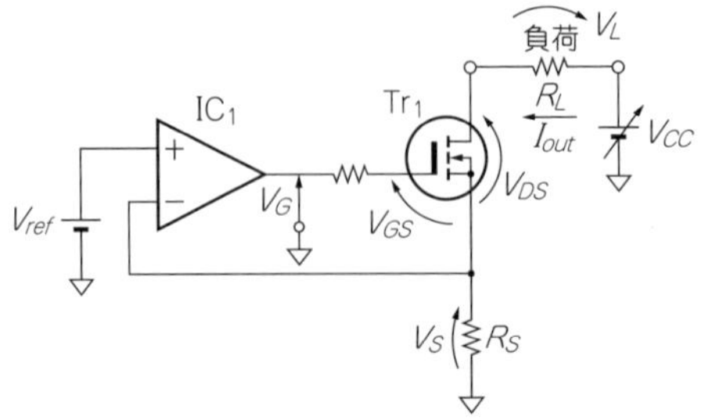

図13-3 パワーMOSFET出力のタイプⅠの定電流回路

■ 精度向上のためのワンポイント

定電流精度が必要な場合は，高精度OPアンプを使用して V_S（**図13-3**）をできるだけ大きくし，電流検出抵抗にも高精度タイプを使います．

このとき，電流検出抵抗の電力損失は定格許容損失の1/10以下にします．もちろん，出力段にはカスコード回路を使用し，入力バイアス電流が許容誤差電流以下のOPアンプを使います．

13-2　実際の定電流回路の特性

■ 実験する

表13-1に示す各定電流回路を試作して特性を実験で確認してみます．

実験回路の仕様を下記に示します．

- 電源：＋12 V（片電源）
- 出力：10 mA定電流，吸い込み型
- 負荷インピーダンス：0 Ω

図13-4に実験回路を示します．

タイプVだけは手もちのJ-FET 2SK30 Aを使い，出力電流は1 mAとしました．それ以外の出力トランジスタには手もちのパワーMOSFET IRFI830G（V_{DSS} = 500 V，3.1 A，インターナショナルレクテ

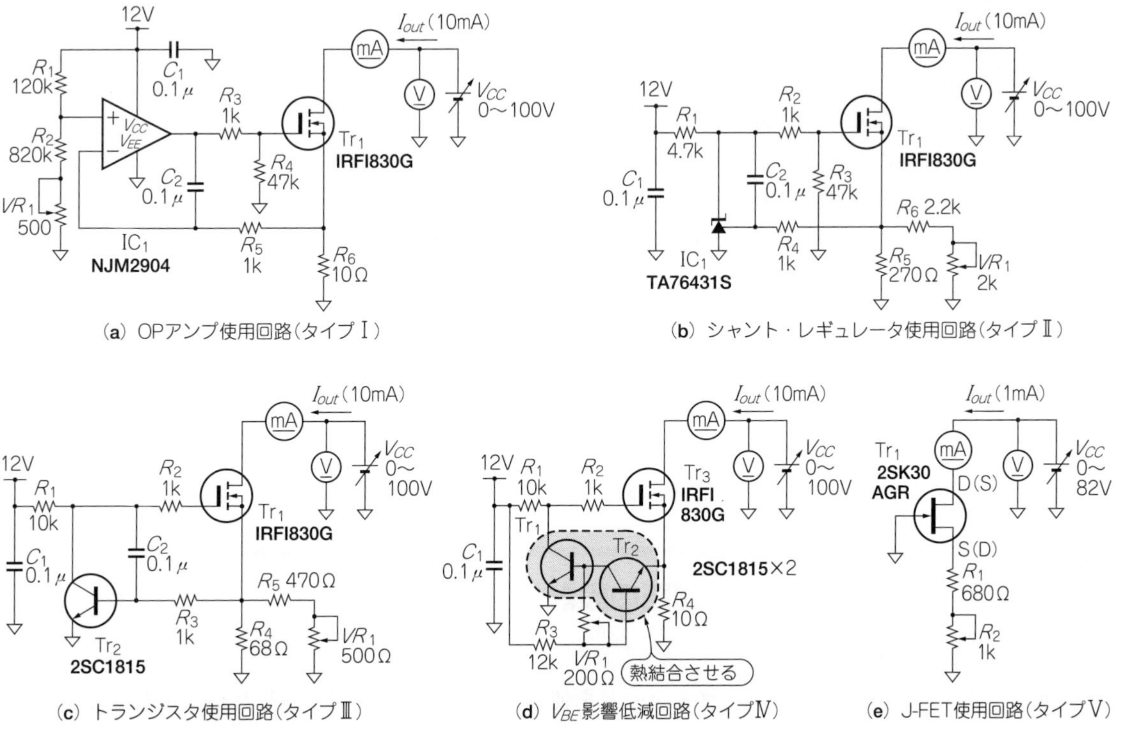

図13-4　実験した定電流回路

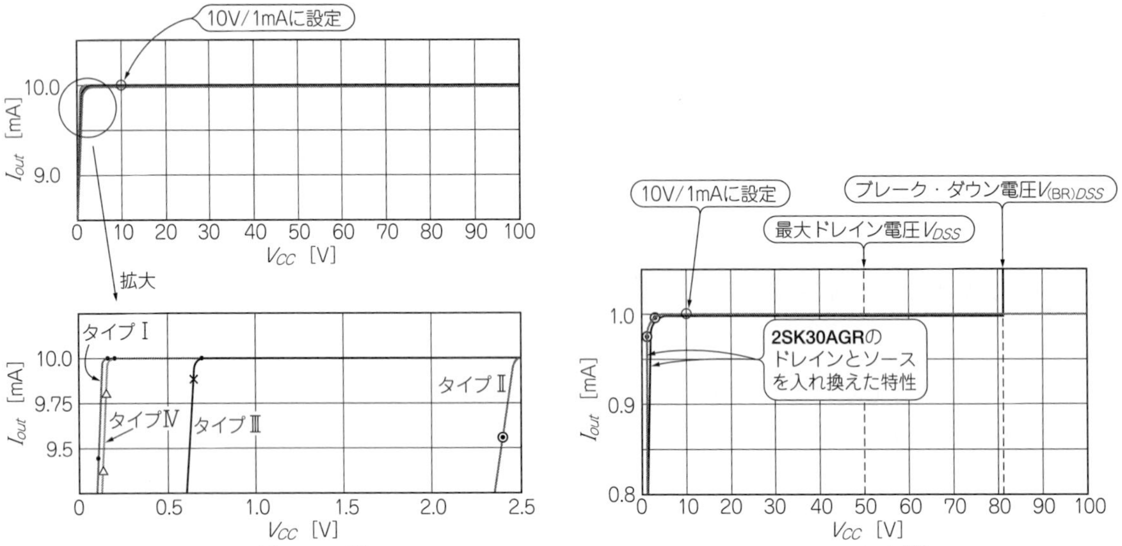

(a) タイプⅠ～タイプⅣ　(b) タイプⅤ

図13-5　実験用定電流回路の定電流特性

ィファイアー)を使い，0～100 Vまで供給電圧を変化させます.

図13-4(**a**)(**b**)(**c**)のC_2は，動作が不安定だったのでつけました．この値が最適というわけではありません.

■ 実験結果

実験で得られた定電流特性を**図13-5**に示します.

制御回路が高性能の**タイプⅠ**と**タイプⅡ**は，定電流特性が優れています.

定電流特性を示す出力供給電圧範囲が広いのは，**タイプⅠ**と**タイプⅣ**で，特に**タイプⅠ**は供給電圧0.15 Vまで定電流特性を示します．**タイプⅣ**は，V_{CC} = 0.2 Vまで良い定電流特性を示しています.

思ったより良いのが**タイプⅢ**です．一定の室温(約22℃)中で実験したため，V_{CC}が0.65 Vまで定電流特性を示しています．この回路は原理的に温度変化があるので，実際の使用に当たってはV_{BE}の温度変化を打ち消すことのできる**タイプⅣ**を勧めます.

図13-5の**タイプⅤ**の結果は，実線が標準接続，点線がソースとドレインを入れ替えて得たものです．以前，メーカから「低周波用JFETはソースとドレインの対称性が良く，入れ替えて使用してもかまわない」といわれたことを確認するために行いました．確かに，対称性はすばらしいと言えます.

13-3　直流基準電圧回路の設計

■ 基準電圧回路とは

以前は，基準電圧回路にツェナ・ダイオードを使った回路が使われていましたが，現在ではシャント・レギュレータが使われています.

表13-2　シャント・レギュレータIC TL431とその同等品

メーカ名	2.5 V出力品番	1.25 V出力品番
テキサス・インスツルメンツ	TL431	TLV431
東芝	TA76431	TA76432
ルネサステクノロジ(旧日立)	HA17431	HA17L431
NECエレクトロニクス	μPC1093	μPC1944
新日本無線	NJM431	NJM2373
ナショナルセミコンダクター	LM431	LMV431

注)特性は微妙に異なっているので，使用するときは確認のこと．

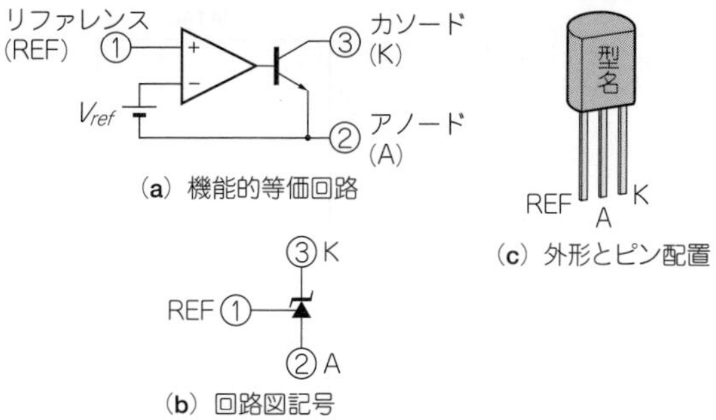

図13-6[36][37]　シャント・レギュレータTA76431SとTA76432Sの機能的な等価回路，図記号，外形など

表13-3　シャント・レギュレータTA76431SとTA76432Sの主な電気的特性

型名	基準電圧　V_{ref}			カソード電流[mA]		カソード電圧[V]		許容損失
	中心値[V]	精度[%]	温度係数[ppm/℃]	最低	最大	最低	最大	[W]
TA76431S	2.495	±2.0	46.0_{typ}	1.0	100	基準電圧	35	0.8
TA76432S	1.260	±1.4	30.0_{typ}	0.5	20	基準電圧	20	0.8

アナログ・デバイセズ，ナショナル セミコンダクター，マキシムなどの半導体メーカのカタログを見ると，基準電圧温度係数が数ppm/℃の高性能ICがリストアップされています．高精度なA-D変換やD-A変換などを行う場合など，精密な基準電圧が必要な場合はこれらのなかから選択します．

一般的な用途では，シャント・レギュレータIC TL431(テキサス・インスツルメンツ)またはその同等品が使われています．TL431は，基準電圧をバンド・ギャップ・リファレンスと呼ぶ回路で発生させています．第1章で読んでほしいと強く推奨した「はじめてのトランジスタ回路設計」[11]に，バンド・ギャップ・リファレンスの動作解析が載っていますので，参照してください．

■ 実際のICと使い方

表13-2にTL431の各社同等品を示します．このなかから**図13-6**にTA76431S(東芝)[36]の機能的等価回路と外形などを，**表13-3**に主な特性をそれぞれ示します．

使用に当たって注意すべき点は次の2点です．

- カソード電流を1 mA以上流すこと
- ノイズ低減用に並列に入れるコンデンサは0.003 μF以下か5 μF以上にすること

「パスコンと言えば0.1 μF」とすぐに考える人も多いと思いますが，0.1 μFを付けると発振します．

TL431は安価・高性能ですばらしいICですが，世の低電圧化の流れのなかで，基準電圧を約半分にしたものが各社から出てきました．**表13-3**に併記したTA76432Sは，並列に入れるコンデンサを0.022 μF以上にすれば安定に動作します．

■ 高精度基準電圧回路

TL431とその同等品は安価で，一般的な用途では充分な特性ですが，さらに高精度の基準電圧が必要な用途には，各社から専用ICが出ています．ここでは，ナショナル セミコンダクター社の高精度基準電圧ICを紹介します．他社にも素晴らしいICがありますから，必要な場合は検討してみてください．

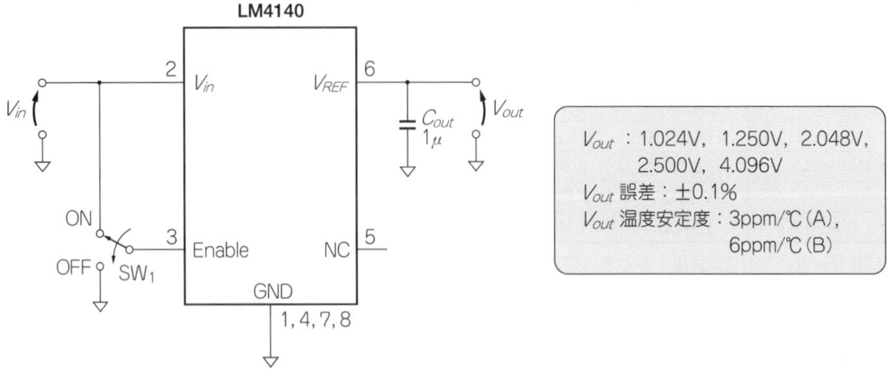

図13-7[38] LM4140を使用した回路

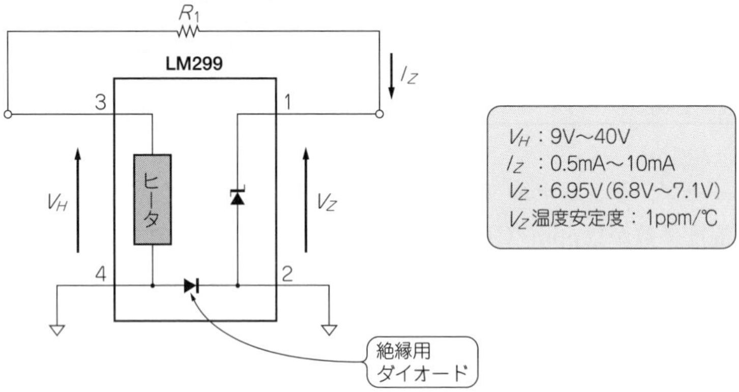

図13-8[39] LM299を使用した回路

LM4140は，3端子レギュレータにON/OFFスイッチがついたようなICです．出力電圧には**図13-7**に示すように多種のバリエーションが用意されています．電圧値からわかるように，A-D/D-Aコンバータ用の基準電圧を主な用途としています．電圧精度は±0.1%$_{max}$，温度安定度はAグレードで3 ppm/℃$_{max}$と優れています．入力電圧と負荷の変動が誤差要因になりますから，使用時には安定化された電源で動作させて負荷抵抗も一定にします．ON/OFFスイッチ(イネーブル端子)は，A-D/D-A変換時以外はグラウンドに接続してOFFさせ，省エネを図ります．

LM299は古くからあるICで，恒温槽つきツェナ・ダイオードというようなICです．温度安定度は1 ppm/℃$_{max}$と非常に優れています．問題は消費電流が最大200 mAと大きいことです．**図13-8**に示すように，この電流の大部分は内部のヒータを暖めて内部温度を約90℃で一定に保っています．

LM299の出力電圧は，6.95 V±2%と中途半端な値です．必要な電圧は抵抗分圧で作る必要がありますが，ここに高精度で高安定な抵抗を使用しないと，せっかくの温度安定度が無駄になります．

第14章

電圧-電流変換回路
電圧と電流は相互に変換できる

　電圧と電流は1本の抵抗に対してオームの法則で関連付けられていて，相互に変換可能です．電圧-電流変換回路が1本の抵抗よりも優れている点をあげると，電圧-電流変換回路は，負荷抵抗が変わっても入力電圧に比例した一定の電流を供給します．電流-電圧変換回路は，電流入力部分の電圧降下がほとんどなく，電圧増加による電流低下という誤差要因が排除されています．

　電圧-電流変換回路は，出力インピーダンスが無限大の定電流回路です．第13章で紹介した定電流回路は直流の電圧-電流変換回路ですが，ここで紹介するのは交流の定電流回路です．

　電流-電圧変換回路は，電流測定回路です．以前のアナログ・メータは電流で動作していましたが，現在のA-D変換回路は電圧入力がほとんどです．抵抗1本では被測定回路に影響を与えますが，OPアンプを使用した電流-電圧変換回路は，被測定回路に影響を与えない理想的な電流測定回路です．

14-1　電圧を電流に変換する回路

■ 基本増幅回路の変形タイプ

　図14-1(a)は，第13章で紹介した表13-1のタイプIの入力電圧を交流にした定電流回路です．こ

$$i_{out} = \frac{v_{in}}{R_S}$$
$$|v_{out}| = |(R_L + R_S)i_{out}| < v_{OM}$$
v_{OM}：IC_1の最大出力電圧

(a) 非反転増幅回路

$$i_{out} = i_{in} = \frac{v_{in}}{R_S}$$
$$|v_{out}| = |R_L i_{out}| < v_{OM}$$

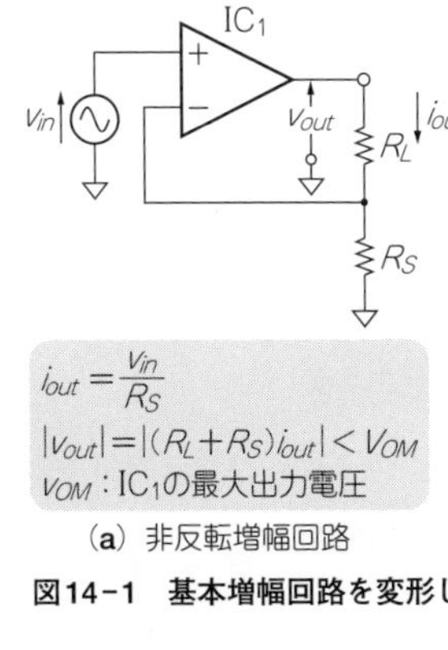

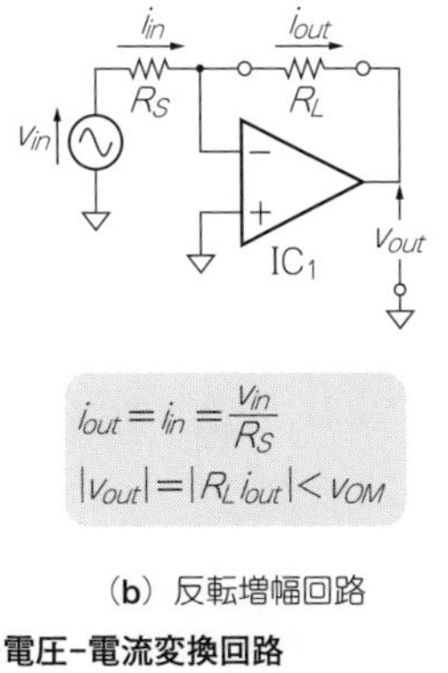

(b) 反転増幅回路

図14-1　基本増幅回路を変形した電圧-電流変換回路

の回路の欠点は，負荷をグラウンドから浮かせる必要があることです．

図14-1(b)は反転増幅回路そのものです．反転増幅回路は図14-1(b)のように入力電圧v_{in}を，入力電流i_{in}に変換して負荷に供給する回路です．

i_{in}とv_{in}には次のような関係があります．

$$i_{in} = \frac{v_{in}}{R_S} \quad \cdots\cdots (14-1)$$

この回路も負荷をグラウンドから浮かせる必要があり，どちらの回路も特殊な用途に使用されます．

■ グラウンド基準の負荷に定電流を流せる差動増幅回路の変形タイプ

図14-2(c)は，第12章で紹介した差動増幅回路の変形です．電流検出抵抗R_Sに，バッファ・アンプを介して接続したものです．

差動出力電圧は，R_Sの電圧降下v_Sに等しくなります．差動増幅回路の負荷抵抗が，電流検出抵抗になったものと考えられます．

このとき出力電流i_{out}は，

$$i_{out} = \frac{-R_2}{R_S R_1} v_{in} \quad \cdots\cdots (14-2)$$

となります．このタイプなら，グラウンド基準の負荷に定電流を流すことができます．

■ OPアンプ1個の電圧-電流変換回路

図14-3は，文献によく出てくるOPアンプ1個の電圧-電流変換回路で，図14-2(b)と同様な構成です．

出力電流i_{out}は，図14-2と同様に式(14-2)で求まります．図14-2では$R_2 = R_4$でしたが，図14-3では，

$$R_2 = R_4 + R_S \quad \cdots\cdots (14-3)$$

と，電流検出抵抗ぶんだけ大きくする必要があります．

図14-3から出力インピーダンスR_Oは，

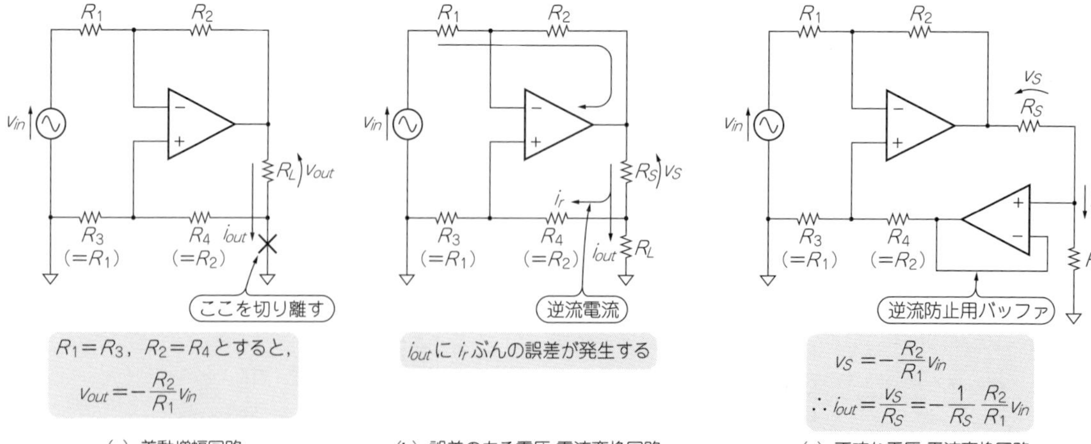

(a) 差動増幅回路
$R_1 = R_3, R_2 = R_4$とすると，
$V_{out} = -\frac{R_2}{R_1} v_{in}$

(b) 誤差のある電圧-電流変換回路
i_{out}にi_rぶんの誤差が発生する

(c) 正確な電圧-電流変換回路
$v_S = -\frac{R_2}{R_1} v_{in}$
$\therefore i_{out} = \frac{v_S}{R_S} = -\frac{1}{R_S}\frac{R_2}{R_1} v_{in}$

図14-2 差動増幅回路を変形した電圧-電流変換回路

$$R_O = \frac{R_1 R_S (R_3 + R_4)}{R_1 R_4 + R_1 R_S - R_2 R_3} \quad \cdots\cdots (14\text{-}4)$$

となります．式(14-4)から，抵抗R_1～R_4を変更すると，自由に出力インピーダンスを設定できることがわかります．

図14-2と**図14-3**では，反転入力に信号を入力し，非反転入力を接地して考えました．差動増幅回路が基本ですから，非反転入力に信号を入力し，反転入力を接地したり，両入力に信号を入力しても動作します．この場合の計算は各自試してください．

■ 負荷抵抗を大きくしすぎないように！

負荷抵抗R_Lはいくらでも大きくしてよいわけではありません．

図14-3において，R_Lは次式を満足する必要があります．

$$v_{OM} \geqq (R_S + R_L)\, i_{Opk}$$

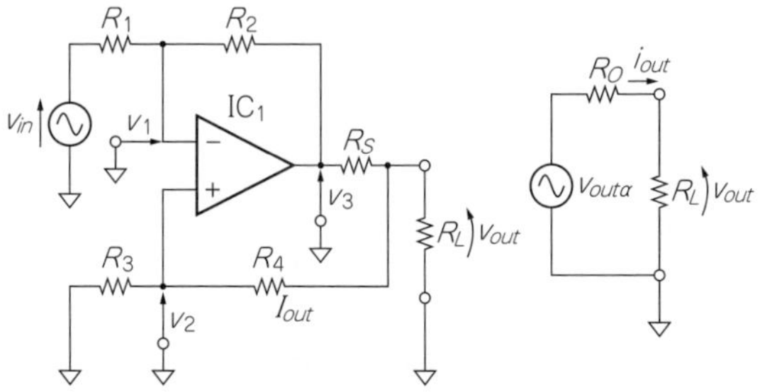

(a) 回路　(b) 出力等価回路

$R_1 = R_3$，$R_2 = R_4 + R_S$とするのが実用的である．
以下に証明する．

$$v_1 = \frac{R_2}{R_1 + R_2} v_{in} + \frac{R_1}{R_1 + R_2} v_3$$

$$v_2 = \frac{R_3}{R_3 + R_4} v_{out}$$

$$v_3 = \frac{R_S + R_L /\!/ (R_3 + R_4)}{R_L /\!/ (R_3 + R_4)} v_{out}$$

IC_1を理想OPアンプとすると，

$$v_1 = v_2 \;(\because バーチャル・ショート)$$

$$\therefore v_{out} = \frac{R_2 (R_3 + R_4) v_{in}}{R_2 R_3 - R_1 R_4 - R_1 R_S} \cdot \frac{R_L}{R_L + \dfrac{R_1 R_S (R_3 + R_4)}{R_1 R_4 + R_1 R_S - R_2 R_3}}$$

出力等価回路に適用すると，

$$v_{out\alpha} = \frac{R_2 (R_3 + R_4) v_{in}}{R_2 R_3 - R_1 R_4 - R_1 R_S}$$

$$R_O = \frac{R_1 R_S (R_3 + R_4)}{R_1 R_4 + R_1 R_S - R_2 R_3}$$

$$i_{out} = \frac{v_{out\alpha}}{R_O} = -\frac{R_2 v_{in}}{R_1 R_S} \quad (\because R_O \gg R_L)$$

これが定電流出力となる条件は，

$$R_O \to \infty$$

$$\therefore R_1 R_4 + R_1 R_S - R_2 R_3 = 0$$

$$\therefore \frac{R_2}{R_1} = \frac{R_4 + R_S}{R_3}$$

図14-3　OPアンプ1個の電圧-電流変換回路

$$\therefore R_L \leqq \frac{V_{OM}}{I_{Opk}} - R_S \quad \cdots\cdots (14\text{-}5)$$

ただし，$R_3 + R_4 \gg R_S$，$R_3 + R_4 \gg R_L$，

v_{OM}：OPアンプICの最大出力電圧，i_{Opk}：出力電流のピーク値

定電流回路は，見かけ上，出力インピーダンスが無限大ですが，OPアンプICは最大出力電圧以上は出力できませんから，式(14-5)を参考にして負荷インピーダンスR_Lを大きくしすぎないようにします．

最小出力電流は，OPアンプの入力バイアス電流とオフセット電圧で制限されるため，低電流まで出力したい場合は，FET入力の高精度OPアンプを使用します．

■ 実際の電圧-電流変換回路の動作

▶実験の条件

図14-4に示す二つの回路で実験してみます．

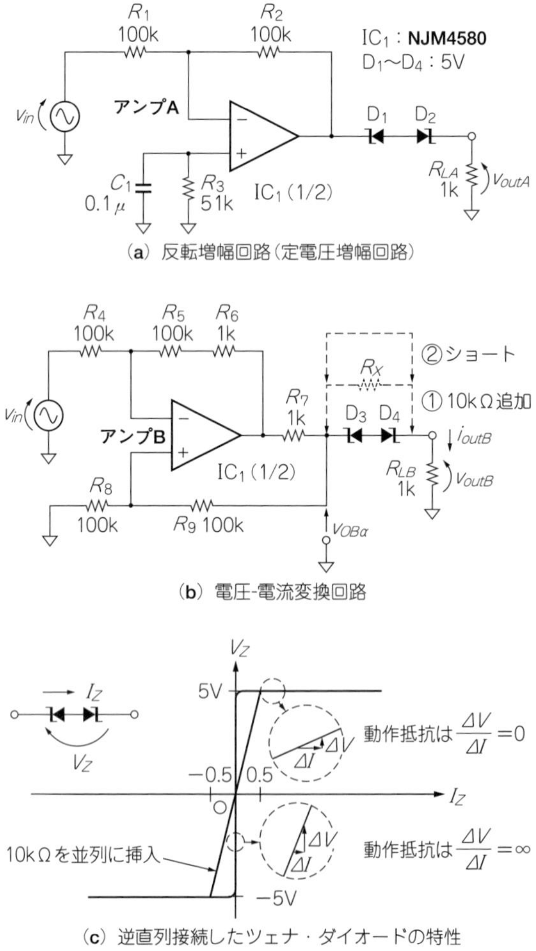

(a) 反転増幅回路(定電圧増幅回路)

(b) 電圧-電流変換回路

(c) 逆直列接続したツェナ・ダイオードの特性

図14-4　実験した電圧-電流変換回路

アンプA[図14-4(a)]は普通の反転増幅回路，アンプB[図14-4(b)]は，図14-3の電圧-電流変換回路です．

定電圧増幅回路と定電流増幅回路の動作の違いをはっきりと示すために，逆接続した5Vのツェナ・ダイオードをOPアンプ出力と負荷の間に挿入してみました．

▶定電流動作の確認

では，出力波形を見てみましょう．

写真14-1に結果を示します．v_{outA}がアンプ**A**の出力，v_{outB}がアンプ**B**の出力です．

アンプ**A**の出力波形は，入力電圧$v_{in}=\pm 5\,V_{peak}$以上になって始めて，$\pm 5\,V_{peak}$を越えた部分が出力されますが，アンプ**B**の出力波形は，入力電圧$v_{in}=\pm 4\,V_{peak}$，$v_{outB}=\pm 4\,V_{peak}$までは正弦波になっています．

▶クロスオーバーひずみの発生と対策

図14-4(b)の回路は電流がゼロをよぎる点で，クロスオーバーひずみが発生します．

原因を調べるため入力電圧$v_{in}=\pm 1\,V_{peak}$で，**図14-4(b)**のv_{OBa}の波形を見てみました．結果を**写真14-2(a)**に示します．出力電圧が0V付近で急激に変化しています．第2章で説明したOPアンプのスルー・レートの制限を受けていることがわかります．

その証拠にツェナ・ダイオードに並列に10kΩの抵抗R_Xを入れると，出力電圧の変化が緩やかになり，**写真14-2(b)**のようにきれいな正弦波になります．

▶ダイナミック・レンジ

図14-5(a)は，**図14-4(b)**の二つのツェナ・ダイオードをショートして，直流定電流特性を測定した結果です．出力電流のダイナミック・レンジは負荷抵抗R_{LB}が0Ωのとき最も広くなります．負荷抵抗を大きくすると，**図14-5(b)**のように狭くなります．

■ 計装用電流ループへの応用

上記の実験結果から明らかなように，電流出力増幅回路を使用すると，出力にさまざまな寄生イン

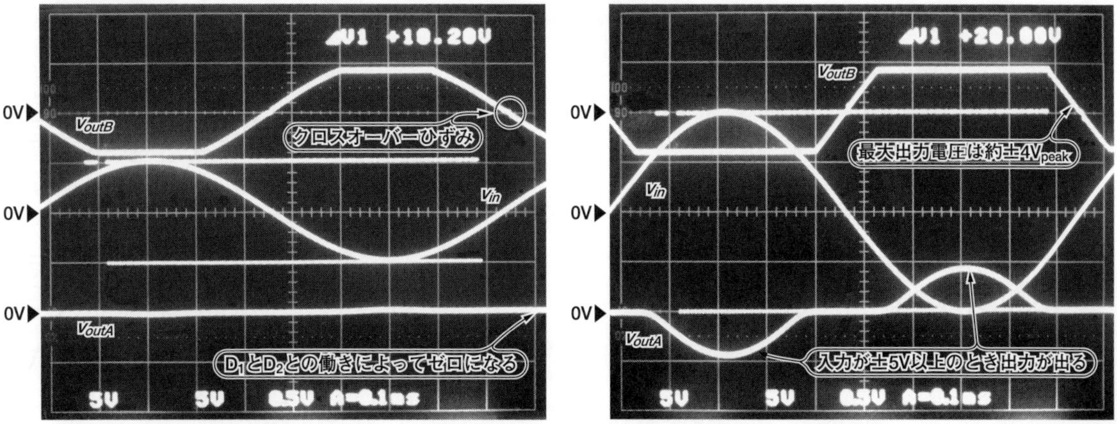

(a) $v_{in}=\pm 5V_{peak}$ (v_{outB}: 5V/div.，v_{in}: 5V/div.，v_{outA}: 5V/div.)　(b) $v_{in}=\pm 10V_{peak}$ (v_{outB}: 5V/div.，v_{in}: 5V/div.，v_{outA}: 5V/div.)

写真14-1　図14-4の実験回路の入出力波形(0.1 ms/div.)

ピーダンスが接続されても，その値が極端に大きくなければ，電流検出抵抗両端の電圧は，増幅回路入力電圧に比例します．

この特性を利用したのが，工業用計器で使用されている4～20 mA電流ループです．4 mAは信号のゼロに，20 mAは信号のフル・スケールにそれぞれ対応します．ゼロが0 mAでない理由は，断線や故障を検出するためです．また，電流出力なので，配線の抵抗ぶんなどは無視できます．

一例として，0～＋10 Vを4～20 mAに変換する回路と，4～20 mAを－10～＋10 Vに変換する回路を**図14-6**に示します．ダイナミック・レンジに余裕をもたせるため，電流検出抵抗R_Sは500 Ω以下にするのが一般的です．

14-2　電流を電圧に変換する回路

電圧測定においては，**図14-7(a)**のように測定回路の入力インピーダンスを充分大きくして電流が流れ込まないようにしないと誤差を発生します．

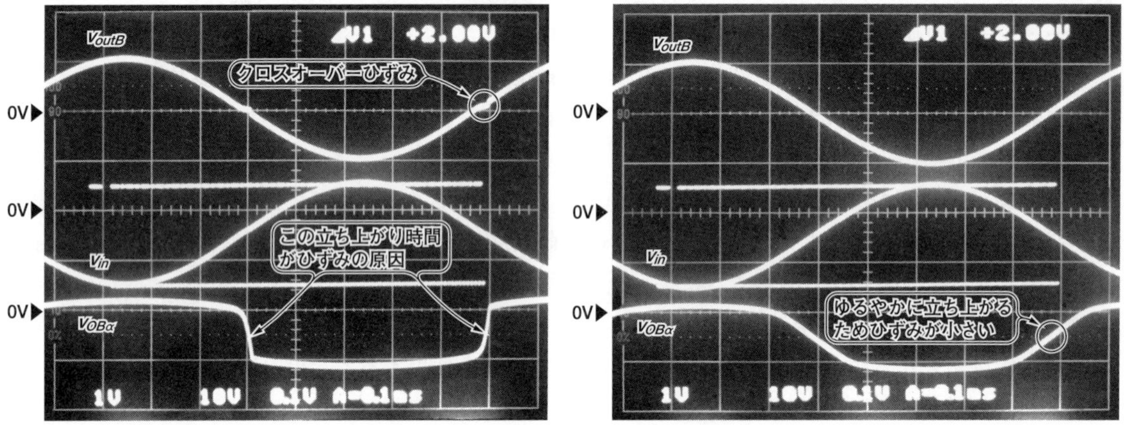

(a)　v_{in}＝±1V_{peak} (v_{outB}：1V/div., v_{in}：1V/div.,　$v_{OB\alpha}$：10V/div.)　(b) R_X＝10kΩを付けたとき (v_{outB}：1V/div., v_{in}：1V/div., $v_{OB\alpha}$：10V/div.)

写真14-2　クロスオーバーひずみの確認と対策(0.1 ms/div.)

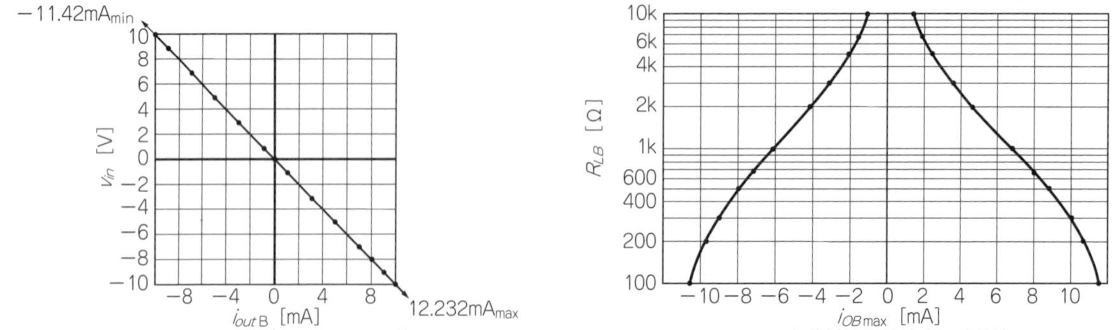

(a)　R_{LB}＝0Ωのときの入出力特性　　(b)　負荷抵抗-最大出力電流特性

図14-5　図14-4(b)の回路の出力特性

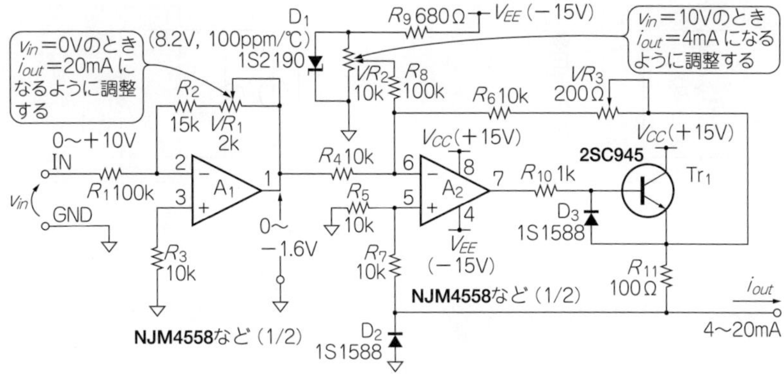

(a) 0〜10Vを4〜20mAに変換する

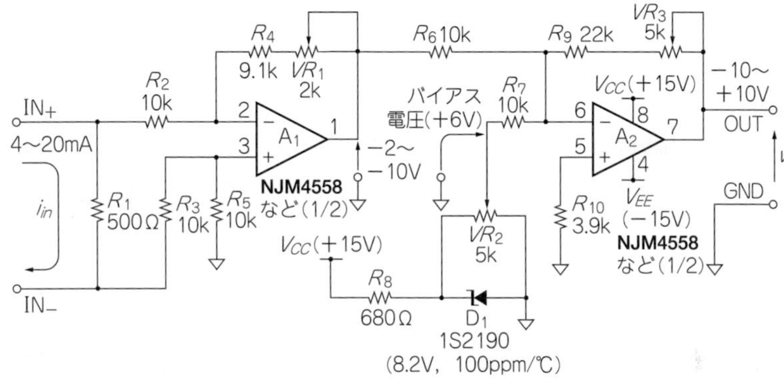

(b) 4〜20mAを−10〜＋10Vに変換する

図14-6 [20] **計装用4〜20 mA電流ループ回路**

電流測定においては，**図14-7(b)**のように測定回路に電圧降下が発生しないようにします．言い換えると，電流測定回路の入力インピーダンスを0Ωにするのが望ましいです．

■ 電源ラインの電流を検出する

電源線(レールという)の電流は，**図14-8**や**図14-9**に示すような回路で検出します．使用OPアンプは，第5章の実験で入力ダイナミック・レンジが正側電源電圧 V_{CC} までOKだったNJM072Bを V_{CC} レールの電流検出(**図14-8**)に，負側電源電圧 V_{EE} までOKだったNJM2904を V_{EE} レールの電流検出(**図14-9**)に使います．

図14-8(a)と**図14-9(a)**は前回扱った定電流回路を使用しています．

電流検出抵抗 R_S の電圧降下にソース抵抗 R_1 の電圧降下が等しくなるように動作します．したがって出力電圧 V_{out} は，

$$V_{out} = \frac{R_2}{R_1} R_S I_{out} \quad \cdots\cdots (14\text{-}6)$$

となります．検出ゲイン(R_2/R_1)を欲張ると，R_2 が大きくなるので，V_{out} を測定する別回路の入力インピーダンスも大きくする必要があります．

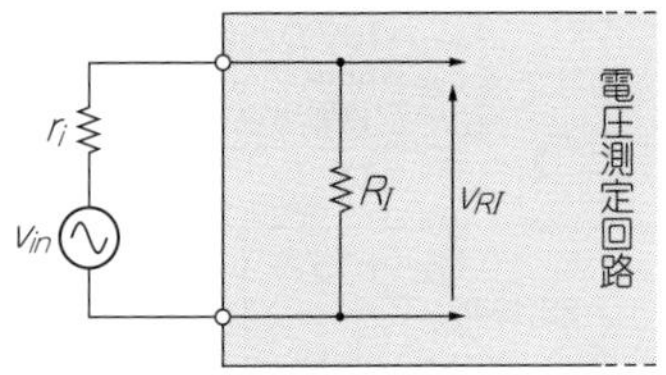

$$v_{RI}=\frac{R_I}{r_i+R_I}v_{in}\fallingdotseq v_{in}$$

$R_I\to\infty$ならば,

$$v_{RI}=v_{in}$$

ただし, v_{in} : 信号電源圧, r_i : 信号源インピーダンス, R_I : 測定回路入力インピーダンス

（a）電圧測定回路

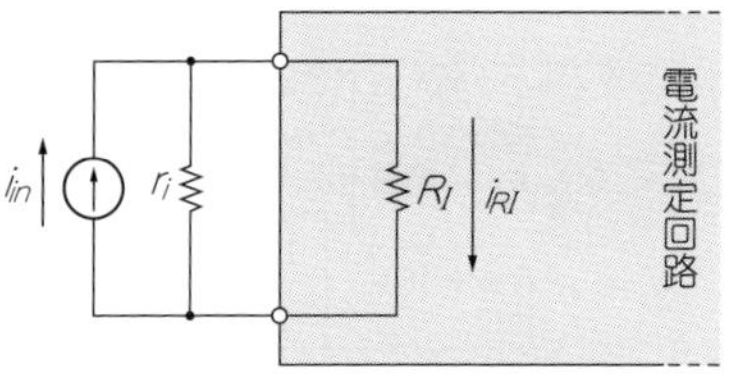

$$i_{RI}=\frac{r_i}{R_I+r_i}i_{in}\fallingdotseq i_{in}$$

$R_I\to 0$ならば,

$$i_{RI}=i_{in}$$

ただし, i_{in} : 信号電源流, r_i : 信号源インピーダンス, R_I : 測定回路入力インピーダンス

（b）電流測定回路

図14-7　入力インピーダンスと測定誤差

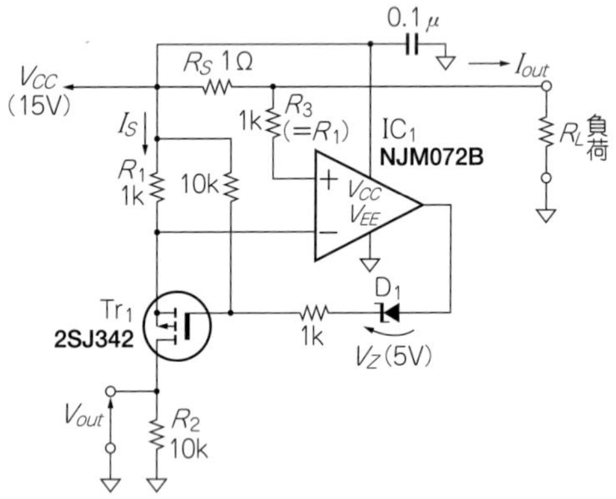

V_{out} [V]と I_{out} [A]には次のような関係がある.

$R_S I_{out}=R_1 I_S$（バーチャル・ショート）

$V_{out}=R_2 I_S$

$$\therefore V_{out}=\frac{R_2}{R_1}R_S I_{out}$$

ただし, $V_Z\geqq V_{CC}-V_{OM}$（V_{OM} : IC$_1$の最大出力電圧）

上記のような定数設定の場合, 出力電圧 V_{out} [V]は,

$$V_{out}=10I_{out}$$

となる

（a）定電流回路

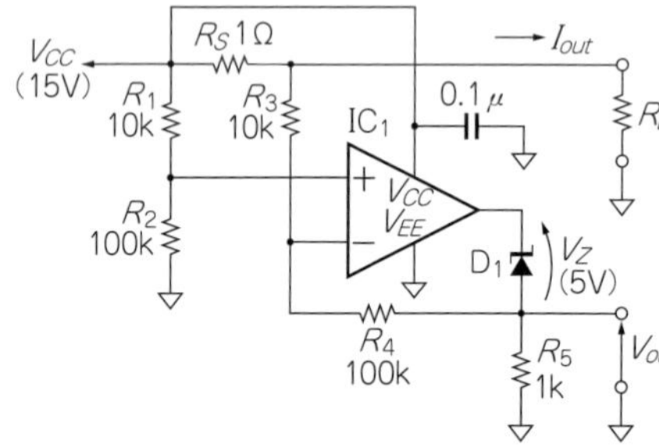

V_{out} [V]と I_{out} [A]には次のような関係がある.

$$V_{out}=\frac{R_2}{R_1}R_S I_{out}$$

ただし, $R_1=R_3$, $R_2=R_4$

上記のような定数設定の場合,

$$V_{out}=10I_{out}$$

最低出力電圧 $V_{O\,min}$は,

$$V_{O\,min}=\frac{R_5}{R_3+R_4+R_5}V_{CC}=135\text{mV}\to 13.5\text{mA}$$

これをゼロにするには, D$_1$をショートしてV_{EE}を−3V以下にする（R_5は不要）. その場合でも, 次式で決まる誤差電流 I_e が流れる.

$$I_e=\frac{V_{CC}}{R_3+R_4}=136\mu\text{A}$$

（b）差動増幅回路

図14-8　V_{CC}レールの電流測定

図14-8（**b**）と**図14-9**（**b**）が, 第12章で紹介した差動増幅回路を使った回路です. 図のように記号をつけると, 出力電圧 V_{out}は式(14-6)で表されます. この回路の欠点は図中で説明したように, 片電源で使用すると出力電圧が0Vまで下がらないことと, 差動増幅回路の入力抵抗により誤差電流が流れることです.

いずれの回路を採用するにしろ, 電流検出抵抗はできるだけ小さくして, 被測定回路に影響しないようにします.

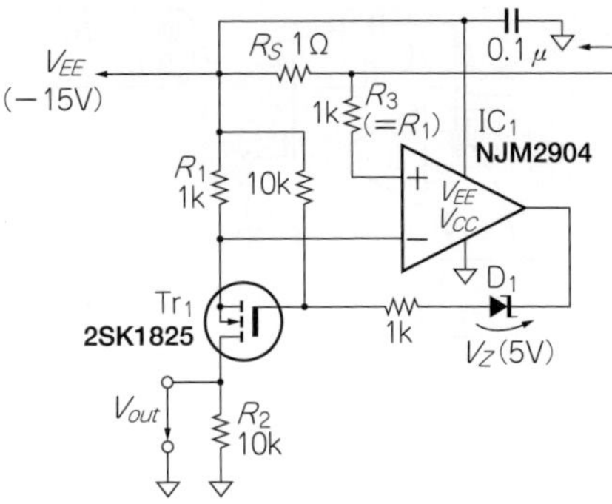

V_{out}[V]とI_{out}[A]には次のような関係がある．

$$V_{out}=\frac{R_2}{R_1}R_S\,I_{out}$$

上記のような定数設定の場合，

$$V_{out}=10I_{out}$$

その他は，**図14-8**(**a**)と同様である

(**a**) 定電流回路

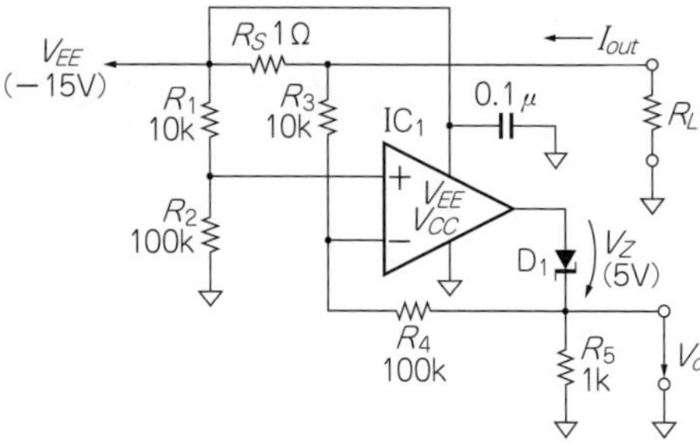

V_{out}[V]とI_{out}[A]には次のような関係がある．

$$V_{out}=\frac{R_2}{R_1}R_S\,I_{out}$$

ただし，$R_1=R_3$，$R_2=R_4$

上記のような定数設定の場合，

$$V_{out}=10I_{out}$$

その他は，**図14-8**(**b**)と同様である

(**b**) 差動増幅回路

図14-9　V_{EE}レールの電流測定

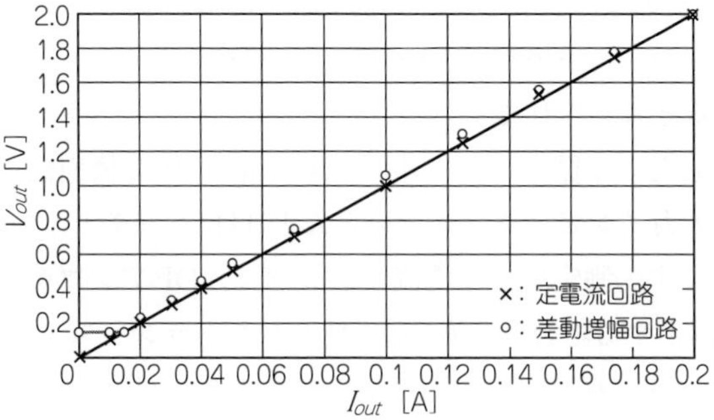

(**a**) V_{CC}レール電流測定回路(**図14-8**)

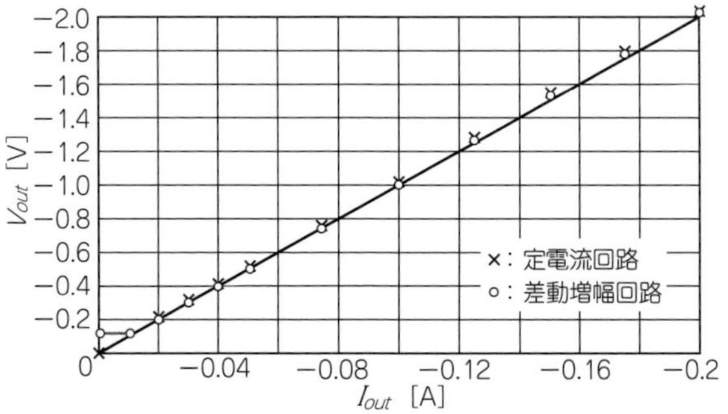

(**b**) V_{EE}レール電流測定回路(**図14-9**)

図14-10　電源電流検出回路の実験

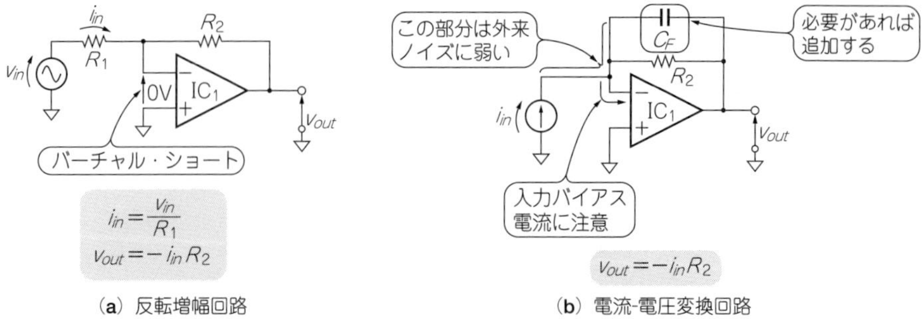

図14-11　電流-電圧変換回路

■ 電源電流検出回路の入出力特性

図14-8と**図14-9**に示す回路で実験してみると，結果は**図14-10**になりました．図を見ると，直線性は良さそうですが，理想直線(図中の実線)に対して平行移動しています．

原因は，使用したOPアンプのオフセット電圧の影響です．最大検出電圧が200 mVで，定格オフセット電圧が最大10 mV程度ですからやむをえません．

ずれを抑えるには，オフセット調整可能なOPアンプか，高精度レール・ツー・レールOPアンプを使用します．

■ 電流-電圧変換回路の動作原理と設計のポイント

反転増幅回路を**図14-11**(**a**)のように使って，出力電圧v_{out}を，入力電流i_{in}と帰還抵抗R_2により，

$$v_{out} = -i_{in}R_2 \quad \cdots\cdots (14\text{-}7)$$

と表せる関係に変換していると考えられます．

この機能を積極的に使用したのが**図14-11**(**b**)に示す電流-電圧変換回路です．この回路はループ・ゲインが充分大きければ，入力インピーダンスはほとんど0 Ω(バーチャル・ショート)と考えられ，理想的な電流測定回路となります．測定可能な電流の最大値は，OPアンプの最大出力電流で制限されますから，それ以上の電流を測定する場合は，第5章で紹介したトランジスタによるバッファをつけます．

C_Fは，入力端子とグラウンド間に存在する浮遊容量の補正用です．第10章で説明したように，C_Fがないと回路が不安定になる場合があります．また，外部ノイズが入力端子に直接飛び込まないように，パターン設計には細心の注意が必要です．

最小入力電流は使用OPアンプの入力バイアス電流で制限されますから，電流を広範囲に変換したい場合は，FET入力の高精度OPアンプを使用します．

第15章

加減算回路

足し算と引き算をするアンプ

計算するアンプのうち，積分と微分は第9章で紹介しました．ここでは足し算と引き算をするアンプを紹介します．実際の設計では，2種類以上ある入力信号を混合(mix)して一つにまとめる場合に加減算回路を使用します．まとめかたの都合(要求仕様)により，信号を足したり，引いたりします．回路としては，差動増幅回路の入力数を拡張した形になっています．

15-1　加減算回路

■ 基本回路

計算できるアンプを二つ紹介しましょう．加算回路と減算回路です．

図15-1に加算回路を示します．反転増幅器および非反転増幅器の入力抵抗を追加しただけです．

加減算回路の基本は差動増幅回路です．差動増幅回路の場合，反転入力と非反転入力が1個ずつで，各々のゲインの絶対値は等しくなります．

図15-2(a)のように，差動増幅回路の入力が複数ある場合の出力電圧 v_{out} は，図中に示す式で求まります．

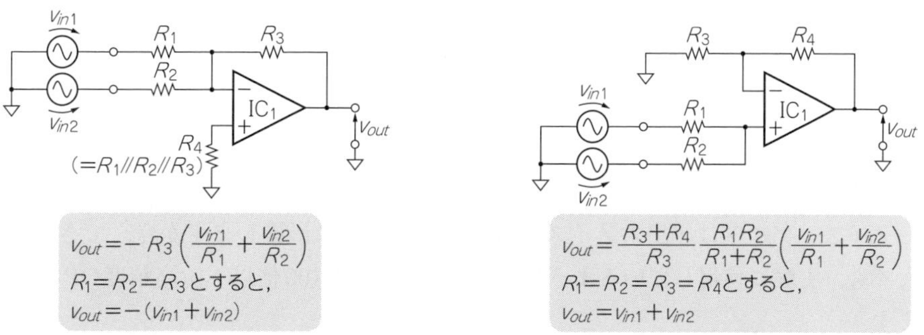

$v_{out}=-R_3\left(\frac{v_{in1}}{R_1}+\frac{v_{in2}}{R_2}\right)$

$R_1=R_2=R_3$とすると，

$v_{out}=-(v_{in1}+v_{in2})$

(**a**) 反転加算回路

$v_{out}=\frac{R_3+R_4}{R_3}\frac{R_1R_2}{R_1+R_2}\left(\frac{v_{in1}}{R_1}+\frac{v_{in2}}{R_2}\right)$

$R_1=R_2=R_3=R_4$とすると，

$v_{out}=v_{in1}+v_{in2}$

(**b**) 非反転加算回路

図15-1　加算回路

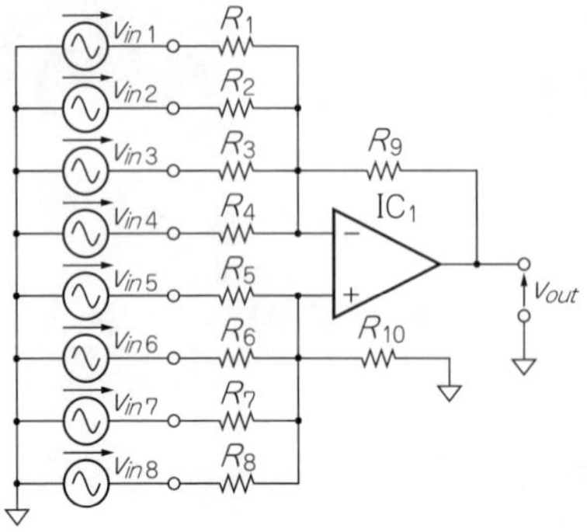

$$v_{out}=\frac{R_B}{R_A}R_9\left(\frac{v_{in5}}{R_5}+\frac{v_{in6}}{R_6}+\frac{v_{in7}}{R_7}+\frac{v_{in8}}{R_8}\right)-R_9\left(\frac{v_{in1}}{R_1}+\frac{v_{in2}}{R_2}+\frac{v_{in3}}{R_3}+\frac{v_{in4}}{R_4}\right)$$

ただし，$R_A=R_1/\!/R_2/\!/R_3/\!/R_4/\!/R_9$
$R_B=R_5/\!/R_6/\!/R_7/\!/R_8/\!/R_{10}$

(**a**) OPアンプ1個の加減算回路

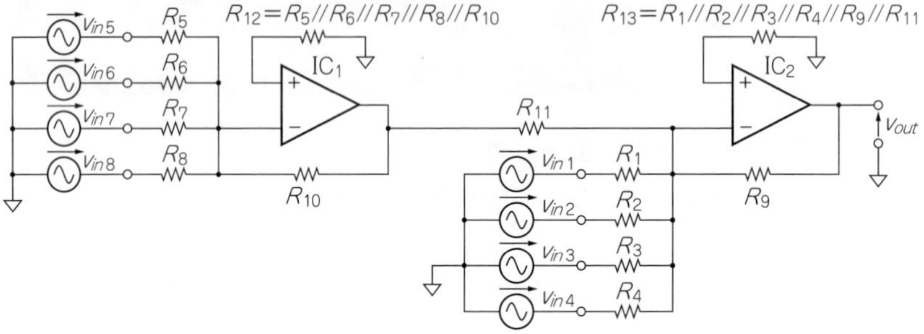

$$v_{out}=\frac{R_9R_{10}}{R_{11}}\left(\frac{v_{in5}}{R_5}+\frac{v_{in6}}{R_6}+\frac{v_{in7}}{R_7}+\frac{v_{in8}}{R_8}\right)-R_9\left(\frac{v_{in1}}{R_1}+\frac{v_{in2}}{R_2}+\frac{v_{in3}}{R_3}+\frac{v_{in4}}{R_4}\right)$$

$R_1=R_2=R_3=R_4=R_5=R_6=R_7=R_8=R_9=R_{10}=R_{11}$とすると，
$v_{out}=(v_{in5}+v_{in6}+v_{in7}+v_{in8})-(v_{in1}+v_{in2}+v_{in3}+v_{in4})$

(**b**) OPアンプを2個使う回路が現実的

図15-2　加減算回路

■ 実際の加減算回路

この回路を実際の設計に適用しようと定数を計算してみると，実現不能になる場合があります．

実際の設計では**図15-2**(**b**)のようにOPアンプを2個使った回路が簡単です．この回路の出力電圧v_{out}は図中に示す式で求まります．

図15-2(**a**)でも同様ですが，問題になるのはノイズ・ゲインです．**図15-2**(**b**)において，ノイズ・ゲインを計算してみます．反転入力のノイズ・ゲインG_{noise-}と非反転入力のノイズ・ゲインG_{noise+}は，

$$G_{noise-}=1+\frac{R_9}{R_1/\!/R_2/\!/R_3/\!/R_4/\!/R_{11}}\quad\cdots\cdots(15\text{-}1)$$

$$G_{noise+}=\left(1+\frac{R_{10}}{R_5/\!/R_6/\!/R_7/\!/R_8}\right)G_{noise-}\quad\cdots\cdots(15\text{-}2)$$

となります．

ノイズ・ゲインは，出力ノイズ，直流オフセットに影響しますから，できるだけ小さくします．最大でも，実験に使用しているような汎用OPアンプで100倍以下，高精度OPアンプで1000倍以下にします．

15-2　単電源の加減算回路

■ 交流信号だけの加減算回路

加減算回路を単電源で構成する場合に，交流信号だけを加減算するには，**図15-3**のように入出力に直流カット・コンデンサを入れます．内部の基準電圧はダイナミック・レンジを最大にするため，約$V_{CC}/2$に設定します．

■ 直結加算回路

交流信号に直流電圧が重畳された信号用の反転と非反転の単電源直結加算回路を**図15-4**に示します．

図15-4(a)の反転単電源直結加算回路のほうが設計は簡単ですから，使用する場合はこちらを薦めます．設計の簡単な非反転単電源直結加算回路が必要な場合は，**図15-4(a)**の回路の出力に，単電源反転増幅回路を接続します．出力の平均直流電圧はダイナミック・レンジを最大にするため，約$V_{CC}/2$に設定します．バイアス電圧V_Bは，**図15-5(a)**のように第13章を参考にして作るか，電源V_{CC}のノイズがほとんどない場合は，**図15-5(b)**，**(c)**のようにV_{CC}を抵抗で分圧して作ります．

図15-6に，単電源直結加算回路の具体例を示します．入力はV_1～V_3の三つで，V_4は反転入力に与えるバイアス電圧です．OPアンプとしてNJM2904を使用すると，入出力ダイナミック・レンジが0 V

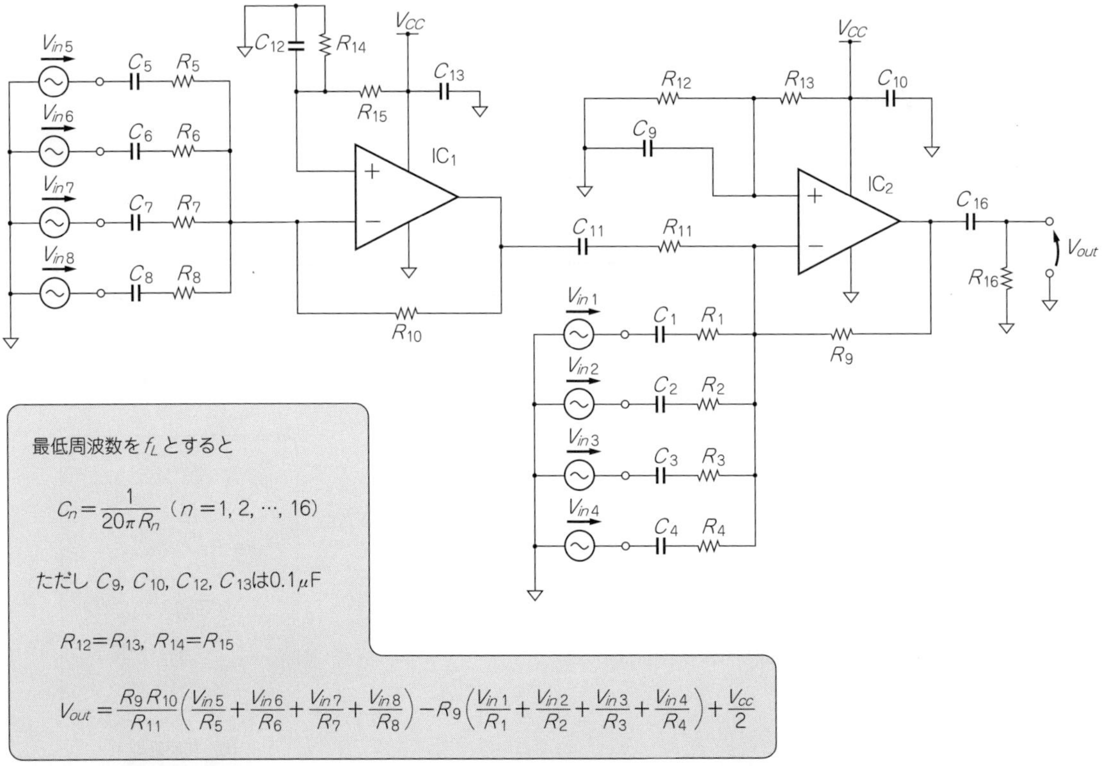

最低周波数をf_Lとすると

$$C_n = \frac{1}{20\pi R_n} \quad (n = 1, 2, \cdots, 16)$$

ただしC_9, C_{10}, C_{12}, C_{13}は0.1μF

$R_{12} = R_{13}$, $R_{14} = R_{15}$

$$V_{out} = \frac{R_9 R_{10}}{R_{11}}\left(\frac{V_{in5}}{R_5} + \frac{V_{in6}}{R_6} + \frac{V_{in7}}{R_7} + \frac{V_{in8}}{R_8}\right) - R_9\left(\frac{V_{in1}}{R_1} + \frac{V_{in2}}{R_2} + \frac{V_{in3}}{R_3} + \frac{V_{in4}}{R_4}\right) + \frac{V_{cc}}{2}$$

図15-3　交流加減算回路

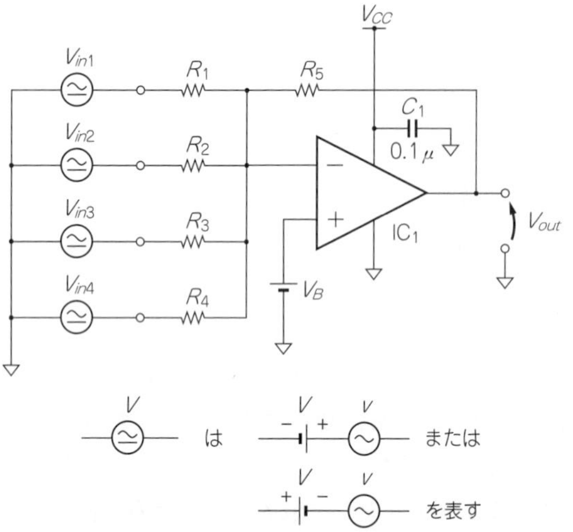

$$V_{out}=-R_5\left(\frac{V_{in1}}{R_1}+\frac{V_{in2}}{R_2}+\frac{V_{in3}}{R_3}+\frac{V_{in4}}{R_4}\right)+V_B\left(1+\frac{R_5}{R_1/\!/R_2/\!/R_3/\!/R_4}\right)$$

(**a**) 反転型

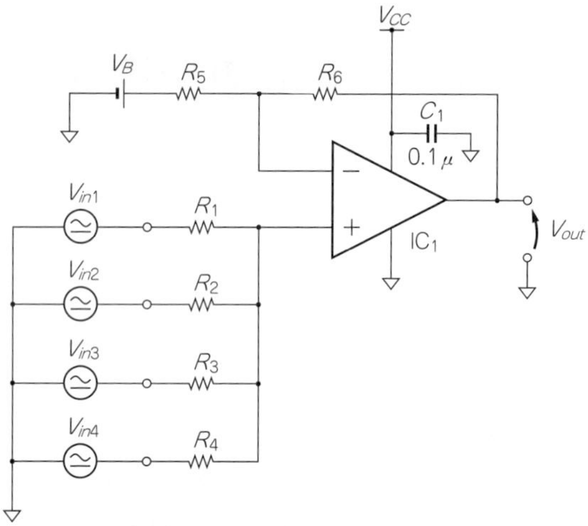

$$V_{out}=\left(\frac{V_{in1}(R_2/\!/R_3/\!/R_4)}{R_1+(R_2/\!/R_3/\!/R_4)}+\frac{V_{in2}(R_3/\!/R_4/\!/R_1)}{R_2+(R_3/\!/R_4/\!/R_1)}+\frac{V_{in3}(R_4/\!/R_1/\!/R_2)}{R_3+(R_4/\!/R_1/\!/R_2)}+\frac{V_{in4}(R_1/\!/R_2/\!/R_3)}{R_4+(R_1/\!/R_2/\!/R_3)}\right)\times\frac{R_5+R_6}{R_5}-V_B\frac{R_6}{R_5}$$

(**b**) 非反転型

図15-4　単電源直結加算回路

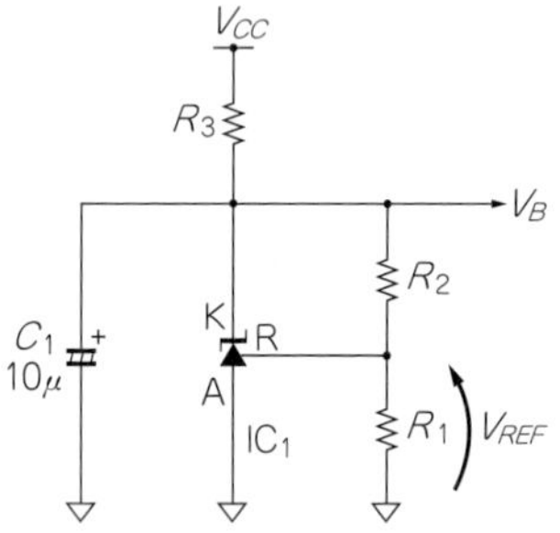

$$V_B=\frac{R_1+R_2}{R_1}V_{REF}$$

IC1	TA76431S	TA76432S
V_{REF}	2.495V	1.260V

(**a**) シャント・レギュレータによる

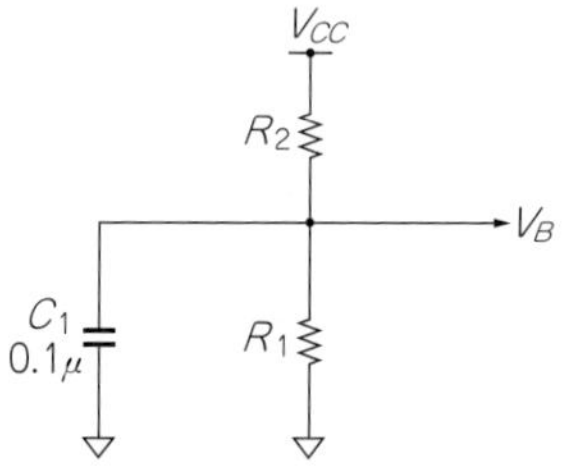

$$V_B=\frac{R_1}{R_1+R_2}V_{CC}$$

(**b**) 反転型用

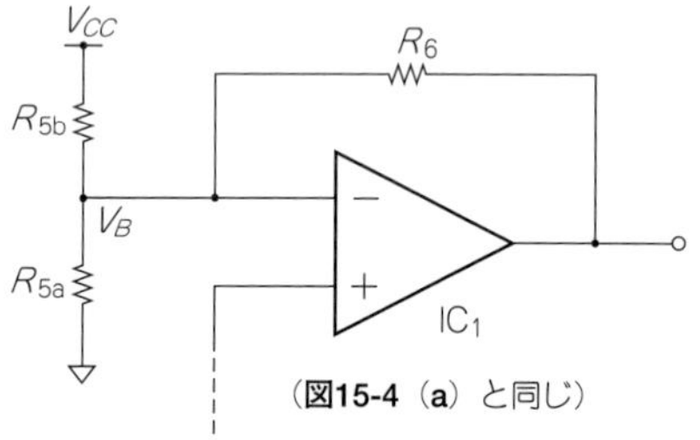

$$V_B=\frac{R_{5a}}{R_{5a}+R_{5b}}V_{CC}$$

$$R_5=R_{5a}/\!/R_{5b}$$

$$\therefore R_{5a}=\frac{V_{CC}}{V_{CC}-V_B}R_5$$

$$R_{5b}=\frac{V_{CC}}{V_B}R_5$$

(**b**) 非反転型用

図15-5　バイアス電圧の作成方法

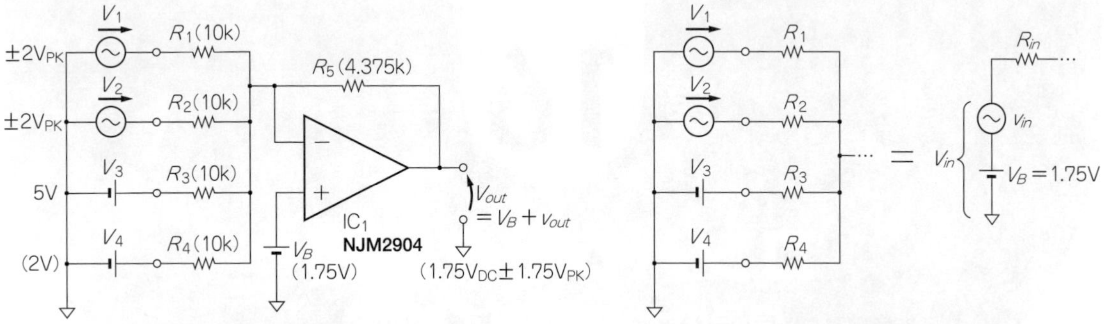

V_1, V_2, V_3が図のように与えられたとき，出力$V_{out}=1.75V_{DC}\pm 1.75V_{PK}$とするには，$R_1$～$R_5$, V_4, V_Bを( )内の値にする

(**a**) 回路図

右図と左図が等価すると

$$R_{in}=R_1//R_2//R_3//R_4$$

$$v_{in}=V_1\frac{R_2//R_3//R_4}{R_1+R_2//R_3//R_4}+V_2\frac{R_3//R_4//R_1}{R_2+R_3//R_4//R_1}$$

$$V_B=V_3\frac{R_4//R_1//R_2}{R_3+R_4//R_1//R_2}+V_4\frac{R_1//R_2//R_3}{R_4+R_1//R_2//R_3}$$

$$R_5=\frac{v_{out}}{v_{in}}R_{in}$$

抵抗比(たとえば$R_1=R_2=R_3=R_4$)を与えて解き，抵抗値が適当な値(2kΩ以上)になるように決定する

(**b**) 考え方

図15-6　単電源反転加算回路

～3.5 Vまでしかありませんから，出力の平均直流電圧はダイナミック・レンジを最大にするため，1.75 V(＝3.5 V/2)としています．**図15-6**は設計の一例で，図(**b**)に示すように，反転/非反転入力の直流バイアス電圧V_Bを1.75 Vとしています．そのほかの設計方法もありますから，いろいろ工夫してみてください．

加減算回路は，**図15-2**(**b**)の回路にバイアス電圧を与えて構成すればできます．**図15-4**(**a**)の回路を2組用意して，後ろに単電源差動増幅回路を付けても可能です．

第16章

コンパレータ回路

信号の大小を比較する回路

OPアンプの重要な応用例として非線形回路があります．非線形回路はひと言でいえないほど広範囲な回路です．ここではそのなかから，現在でもしばしば使われる代表的な非線形回路「コンパレータ」の動作と使い方について解説しましょう．

■ 線形回路とは

アナログ回路には線形回路と非線形回路があります．非線形回路とは，線形でないアナログ回路のことですが，これでは何のことかわかりませんから，まずは線形回路から説明しましょう．

線形回路とは，**図16-1**に示すように入出力の関係が直線になる回路です．これまで入出力の関係は，伝達関数$G(j\omega)$を使って表してきました．$G(j\omega)$は分子と分母が$j\omega$を使った高次の多項式です．「これじゃ直線にならない！」と思うかもしれませんが，$j\omega$を固定，つまり周波数を一定にして入力振幅だけを変化させれば，入出力の関係は直線になります．

要するに，出力が入力の1次関数である回路が線形回路です．線形回路には「重ねの理」が成立すると

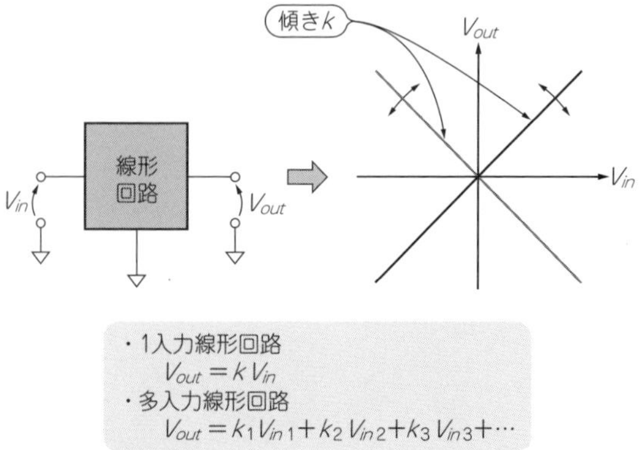

・1入力線形回路

$V_{out} = k V_{in}$

・多入力線形回路

$V_{out} = k_1 V_{in1} + k_2 V_{in2} + k_3 V_{in3} + \cdots$

図16-1　線形回路とは…入出力の関係が直線になる回路

いう重要な約束があります．それに対し，非線形回路は出力が入力の1次関数ではない回路で「重ねの理」は成立しません．

16-1　非線形回路のあらまし

■ 非線形回路のいろいろ

図16-2に現在でもよく使われている代表的な非線形回路を示します．**図16-2(a)**が今回取り上げるコンパレータ(comparator；電圧比較器)です．基本動作はOPアンプと同じで，非反転端子と反転端子間の差動電圧を大きなゲインで増幅して出力します．

図16-2(c)～(f)に示す演算回路は，ディジタル演算よりもスピードの点で優れています．

■ むだ時間回路

非線形回路というよりも，第21章のコラム(p.277)で触れるむだ時間回路について少し説明しましょう．この回路は，ないほうがよい非線形回路の筆頭です．たとえば，入力信号をA-D変換して，ディジタル演算を行い，D-A変換して出力する回路がそうです．

遅れ回路は，ステップ応答を入力した場合，徐々に出力レベルが大きくなりますが，むだ時間回路は，信号を入力しても一定の時間(むだ時間)はまったく出力がなく，その後出力レベルが徐々に大きくなります．ディジタル演算は高精度で安価なので，現在のアナログ回路に多用されていますが，演

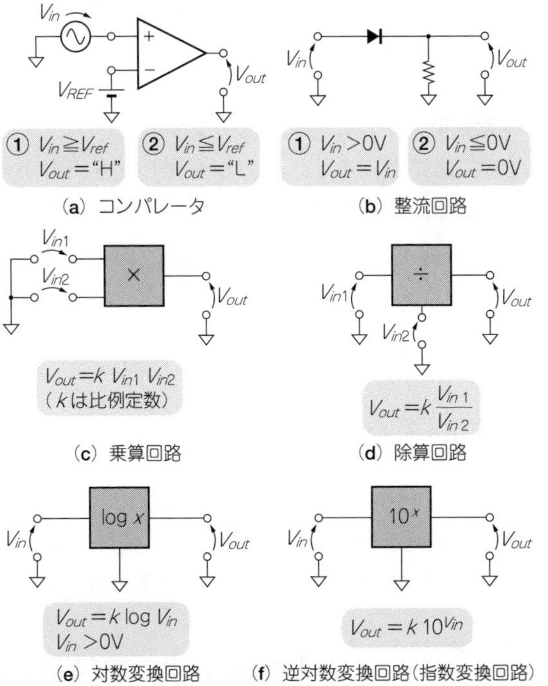

図16-2　非線形回路のいろいろ

表16-1[30] 実際のOPアンプICとコンパレータICの規格

型　名	電源電圧 $V_+/V_-(V_+)$	出力耐圧 $V_{O\text{-}N}$	グラウンド耐圧 $V_{G\text{-}N}$	差動入力電圧 V_{ID}	入力電圧 V_{IN}	消費電力 P_D(2)	動作温度 T_{opr}
NJM311	±18 V(36 V)	40 V	30 V	±30 V(1)	±15 V(1)	500 mW	−40～+85℃
NJM319	±18 V(36 V)	36 V	25 V	±5 V	±15 V(1)	500 mW	−40～+85℃
NJM360	±8 V	TTLレベル，最大出力電流±20 mA		±5 V	±8 V(1)	500 mW	−40～+85℃
NJM2903	±18 V(36 V)	0～V_+		36 V	−0.3～+36 V	500 mW	−40～+85℃

注▶(1)電源電圧が±15 V(NJM360は±8 V)以下の場合は電源電圧まで．(2)P_Dは外形がDIP8ピンのとき．

(a) 絶対最大定格(T_a＝25℃)

型　名	NJM311	NJM319	NJM360	NJM2903	NJM2904(OPアンプ)	単位
電源電圧条件 $V_+/V_-(V_+)$	±15	±15	±5	(+5)	(+5)	V
入力オフセット電圧 V_{IO}	2.0/7.5	2/8	2/5	7	2/7	mV
入力バイアス電流 I_{IB}	100/250	250/1000	5/20000	30/250	25/250	nA
入力オフセット電流 I_{IO}	6.0/50	80/200	0.5/3000	50	5/50	nA
電圧利得 A_V	106	92		106	100	dB
応答時間 t_r	200	80	25	15000	(100 μs)	ns
出力飽和電圧 V_{sat}	0.75/1.5@ I_{out} = 50 mA	0.75/1.5@ I_{out} = 25 mA	V_{OH} = 2.4$_{min}$/3$_{typ}$, V_{OL} = 0.25/4	0.2/0.4@ I_{out} = 3 mA	0.1$_{typ}$@ I_{out} = 3 mA	V
出力リーク電流 I_{leak}	0.0002/0.05	0.2/10		1	−	μA
最大消費電流 I_{CC}	+7.5, −5.0	+12.5, −5	+32, −16	0.4/1.0	0.7/1.2	mA
出力形式	オープン・コレクタ	オープン・コレクタ	トーテム・ポール，TTLレベル	オープン・コレクタ	コンプリメンタリ・エミッタ・フォロワ	
特徴	1個入り，中速，大電流	2個入り，高速	1個入り，超高速	2個入り，低速，単電源用	2個入り，低速，単電源用	

注▶標準値/最大値

(b) 電気的特性(T_a＝25℃，R_L＝2 kΩ)

算時間とアナログ-ディジタル変換時間がむだ時間になります．

もし，負帰還ループにむだ時間回路が入ると，入力が変化しても出力が変化せず，負帰還ががんばって出力を変化させようとするため，結果的に大きなオーバーシュートが発生します．このように負帰還ループに過剰位相推移回路や非線形回路を含むと，安定度の確保が非常に難しくなります．

16-2 コンパレータICのあらまし

■ コンパレータの基礎知識

● 電気的特性

表16-1に示すのは，代表的なコンパレータICの規格です．OPアンプIC NJM2904の規格も併記しました．各コンパレータICのピン接続を**図16-3**に示します．表に示すものは，±15 V電源で使用できるコンパレータが中心で入手は容易ですが，最近のものではありません．

● 負帰還をかけずに使う

図16-2(a)に示すとおり，コンパレータの記号や動作はOPアンプと同じですが使い方が違います．

一番の違いは，負帰還を掛けないで使うということです．2入力間の電位差によって，出力が正負

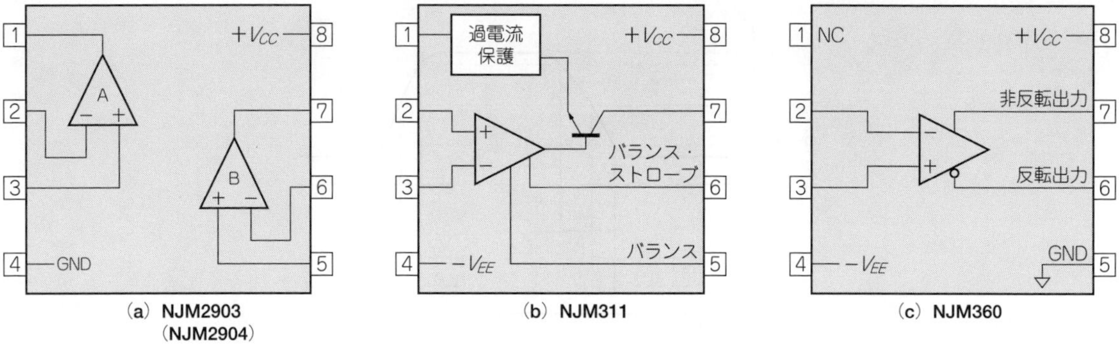

図16-3(30)　**取り上げるコンパレータICのピン接続図**［新日本無線㈱］

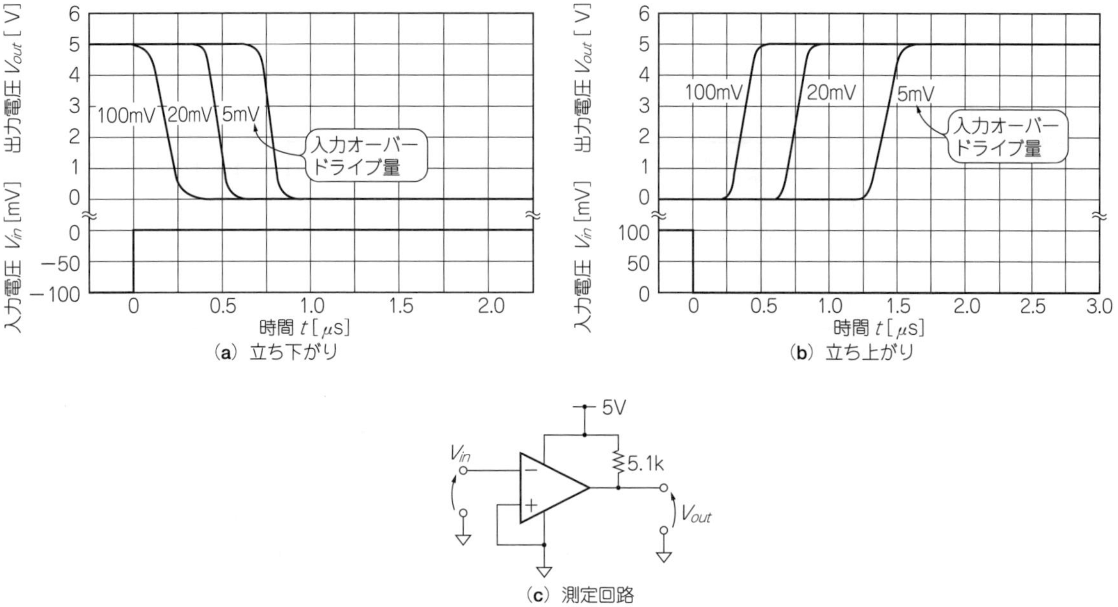

図16-4(30)　**コンパレータIC NJM2903の入出力応答特性**

(“H”または“L”)どちらかに飽和して張り付きます．その出力レベルをロジックICの入力レベルに合わせて，ディジタル回路に取り込むというのが主な使い方です．

● 新しいデバイスの傾向

最近のコンパレータICは，省エネで低電圧動作のCMOS ICが主流です．

速度も低速から高速まで各種あり，出力段もオープン・ドレインとCMOS出力があります．形状は「省スペース」のため面実装型となっていて，気軽に実験してみるというわけにはいきません．詳しくはメーカのカタログ(30)を参照してください．

■ OPアンプICとの違い

OPアンプは，負帰還をかけなければコンパレータとして使用できます．

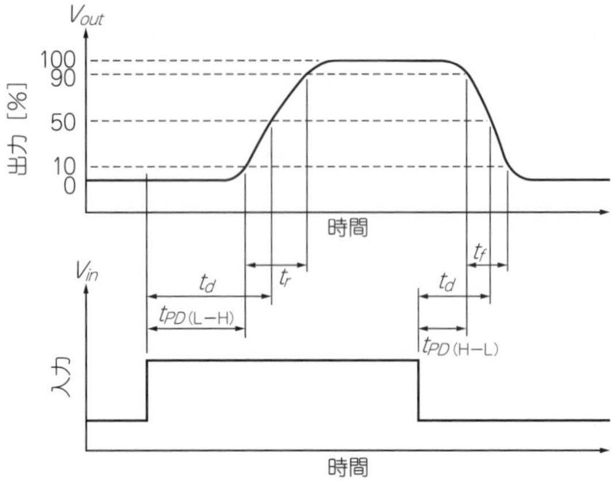

図16-5[31]　**コンパレータの入出力応答波形**

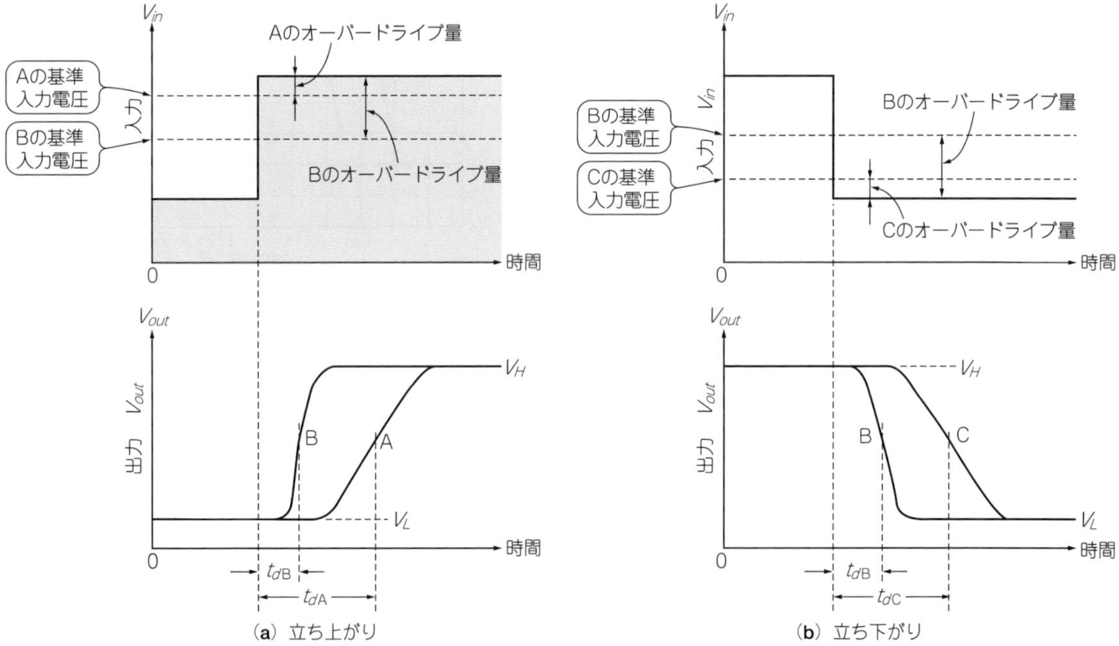

図16-6[31]　**コンパレータの入力信号と出力応答**

では，両者の違いは一体何でしょうか．

● **応答が速い**

これが，OPアンプとコンパレータの一番大きな違いです．

図16-4にNJM2903のデータシートにある応答特性を，**図16-5**に応答時間の定義を示します．図中のt_dが応答時間です．

コンパレータの応答速度とは，出力が正または負のどちらかに飽和して張り付いている状態で，両入力端子の差動電圧を反転させ，出力が中点を通過するまでの時間のことです．

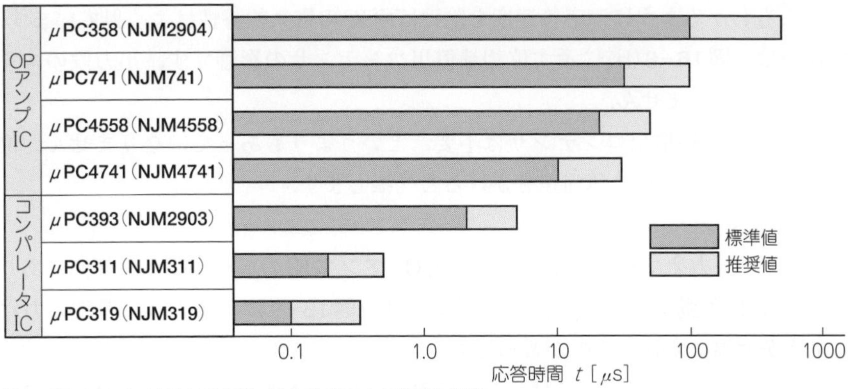

注▶ (1) μPC**は日本電気製, ( )内は新日本無線の同等品.
(2) V_{CC} =＋15V(単電源), 100mVステップ, 20mVオーバードライブの入力信号で50%応答時間を測定

図16-7[31] **OPアンプICとコンパレータICの応答速度**

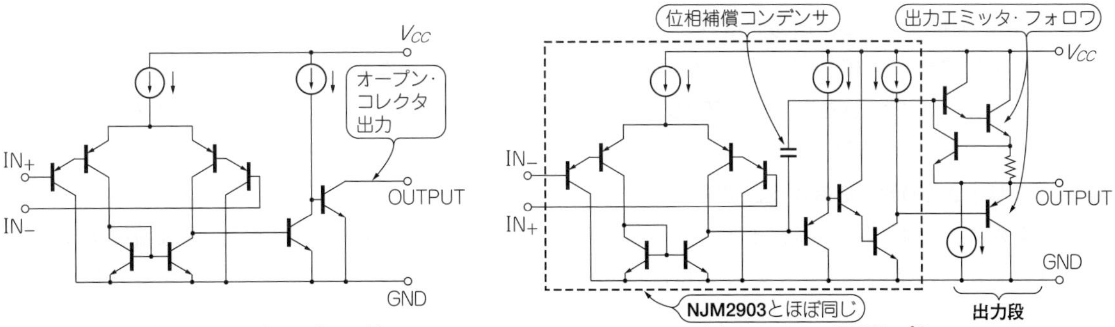

(a) **NJM2903**（コンパレータ）　(b) **NJM2904**（OPアンプ）

図16-8[30] **コンパレータIC NJM2903とOPアンプIC NJM2904の内部等価回路**

図16-4に,「オーバードライブ」という聞き慣れない用語が書かれています．これは，**図16-6**に示すように，出力が反転する入力電圧よりもさらに大きな電圧を入力するということです．オーバードライブすると，**図16-4**に示すように応答速度が速くなります．

図16-7に示すのは，実際のOPアンプ ICとコンパレータICの応答速度の比較です．コンパレータICはとても応答が速いことがわかります．後出の**写真16-2**に示す，NJM2904とNJM2903の応答波形からも，コンパレータICはOPアンプICよりも100倍以上も高速であることがわかります．

OPアンプICに負帰還をかけずに，出力が正または負のどちらかに飽和して張り付いている状態で，両入力端子の差動電圧を反転させると，内部回路が飽和から復帰して動作を始めるまでに，コンパレータより時間がかかります．この遅れ時間 t_{PD}(**図16-5**)は，スルー・レートから単純に計算した t_r や t_f よりもさらに大きくなります．スルー・レートは，負帰還をかけ，線形動作したときのスピードです．

▶コンパレータが速い理由

図16-8に示すのは，単電源OPアンプIC NJM2904とコンパレータIC NJM2903の内部等価回路です．両者の主な違いは，出力段の回路構成と位相補償用コンデンサの有無だけです．

表16-1(b)からもわかるように，応答速度を除けば両ICの電気的特性はよく似ています．

応答速度の違いは，**図16-8**(b)に示す位相補償用コンデンサの影響です．出力段のエミッタ・フォロワの応答速度は遅くありません．

コンパレータICに位相補償用コンデンサは不要，というよりもあってはなりません．位相補償されていないため，コンパレータICに負帰還をかけると発振します．

● **入力特性はあまり良くない**

入力バイアス電流や入力オフセット電圧は，汎用OPアンプICのほうが小さい傾向にあります．

コンパレータICには差動入力電圧範囲に制限があり，**図16-9**に示すように差動入力電圧によって入力バイアス電流が大幅に変動するのが普通です．

コンパレータICは，スピード第一で設計されており，応答の速いものほど入力バイアス電流が大きく，入力特性はOPアンプICに比べて良くありません．

第5章で説明したように，OPアンプICは，差動入力電圧の絶対最大定格内で動作させても，コンパレータとして使えないものがあります．たとえば，NJM4580やNJM072Bは，入力電圧が負電源電圧V_{EE}＋1.5 V以下になると，出力の論理が反転してしまいます．

なお，汎用アナログICの特性は，メーカ・カタログに載っていないときは，オリジナル・メーカのカタログを参照するのが常道です．**表16-1**に示すICは，すべてナショナル セミコンダクター社製がオリジナルですから，同社のカタログ(32)を参照するとさらに詳しい情報が得られるでしょう．

● **ゲインは小さく負帰還を掛けると発振する**

ゲインが大きければ，反転端子と非反転端子の入力電圧の微少な差を比較でき，直流精度が高くなります．しかし，応答速度を上げるには，ICの内部回路の各増幅段のゲインを小さくする必要があります．

たとえば，ゲインが110 dBもあるOPアンプIC NJM4580では動作はあまり速くありません．一方，コンパレータIC NJM319のゲインは92 dBしかない代わりに速い応答性能を示します．ただし，低速のコンパレータはやはりゲインが大きくなっています．

図16-10に示すのは，コンパレータIC NJM311の出力電圧対差動入力電圧特性と内部等価回路です．

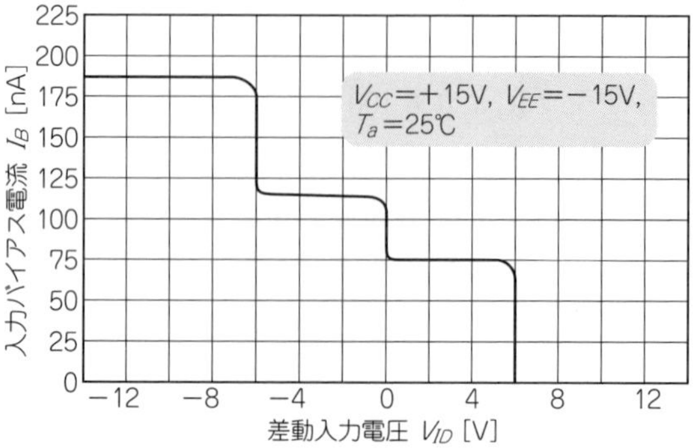

図16-9　コンパレータIC NJM311の入力バイアス電流

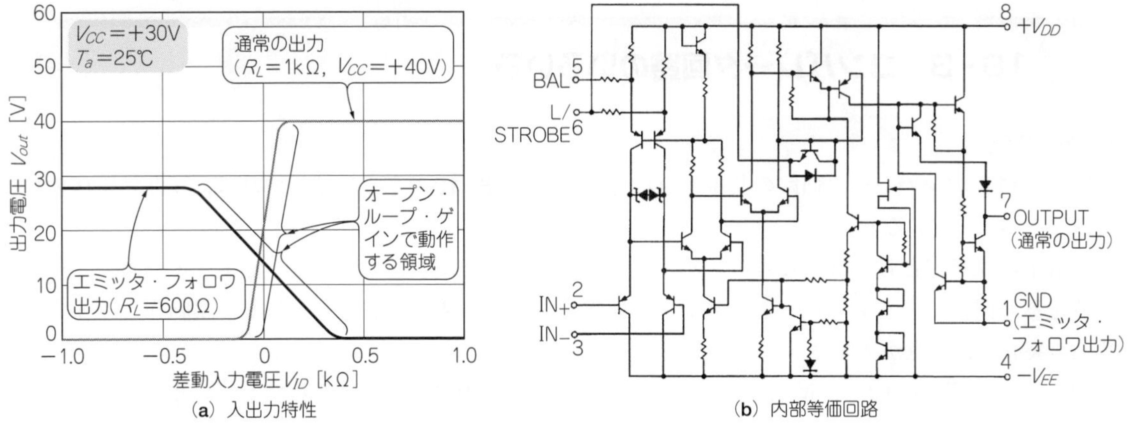

図16-10[30]　**コンパレータIC NJM311の入出力特性と内部等価回路**

図16-10(a)には，エミッタ共通端子(7番ピン)とエミッタ・フォロワ端子(1番ピン)から出力を取り出した場合のオープン・ループ・ゲインの差が示されています．**表16-1(b)**に示されたNJM311の電圧利得はエミッタ共通のときの値です．

OPアンプICのオープン・ループ・ゲインの周波数特性は－6 dB/oct.の1次遅れ特性で減衰しますが，コンパレータICは2次かそれ以上の遅れ特性になっており，負帰還をかけると発振します．

● **各種ロジックICとの接続が容易**

コンパレータの重要な出力性能を表すパラメータは，応答速度とこの出力電圧です．

多くのOPアンプICの出力段は，コンプリメンタリのエミッタ・フォロワですが，コンパレータICはオープン・コレクタ(オープン・ドレイン)やトーテムポールになっており，ロジックICと接続しやすくなっています．

出力段の構成は，応答速度が中程度以下のものでは，オープン・コレクタ出力です．超高速応答のものは，高速ロジックICの入力レベルに合わせた出力レベルになっています．

▶ OPアンプICによるコンパレータをロジックICと接続するには…

OPアンプをコンパレータ動作させてロジックICと接続する場合は，ユーザがロジックICの入力電圧仕様に合わせなければなりません．たとえば，両電源のOPアンプでは出力が正負に振幅しますから，そのままロジックICと接続するわけにはいきません．

立ち上がり時間と立ち下がり時間の上限値が規定されているロジックICを出力に接続する場合は，OPアンプICの出力にシュミット・トリガ入力のゲートICによるバッファを挿入して，立ち上がり(立ち下がり)を高速化しないと，ロジックICが発振します．

この発振状態をメタステーブル状態といいます．メタステーブルとは，ステーブル(変動のない安定した)状態がメタ(変動)するということです．ロジックICは，入力電圧が“H”でも“L”でもない値になると，出力が“H”と“L”の間を振動して発振状態になります．

16-3 コンパレータ回路のいろいろ

■ 基本回路

図16-11にコンパレータ回路の基本形を示します．図16-12のように結線すれば，正基準電圧の単電源コンパレータになります．

設計上の注意点としては，入力インピーダンスをできるだけ小さくすることです．また出力が反転する遷移期間はオープン・ループ・ゲインで動作しており，ノイズが入力されると誤動作しやすいため，実装設計に注意が必要です．

図16-11も図16-12も，反転入力に基準電圧，非反転入力に信号電圧を接続していますが，コンパレータは両入力端子間の差動入力電圧を比較することにより動作しますから，基準電圧と信号電圧を入れ替えてもまったく問題ありません．ただし，出力の動作は反転します．

■ 電流加算コンパレータ回路

図16-13に電流加算型のコンパレータ回路を示します．

抵抗（R_1とR_2）で電圧を電流に変換して，比較しています．図16-14のような結線にすれば，負基準

① $V_{in} \leq V_{ref}$ のとき
$V_{out} = V_L$

② $V_{out} \geq V_{ref}$ のとき
$V_{out} = V_H$

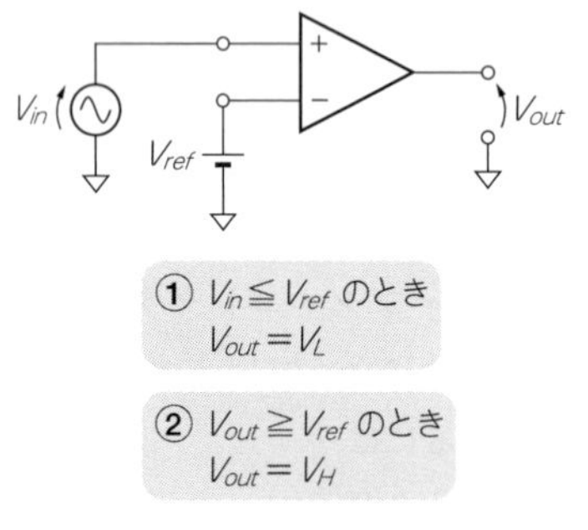

(a) 回路

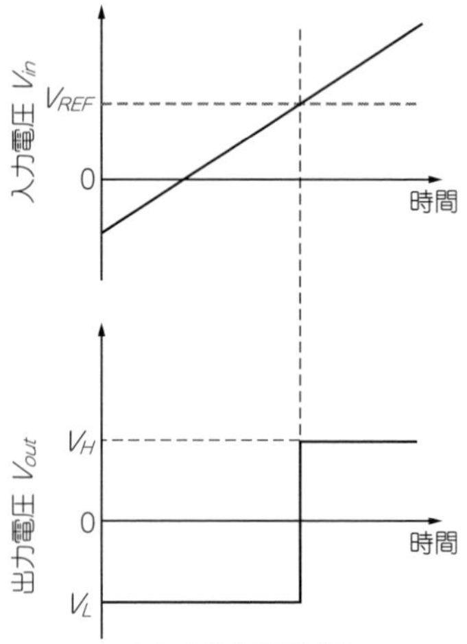

(b) 入出力電圧波形

図16-11 コンパレータICの基本動作

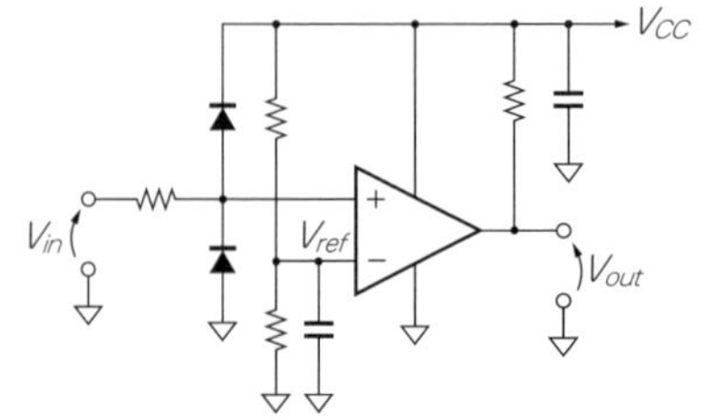

図16-12 正基準電圧の単電源コンパレータ

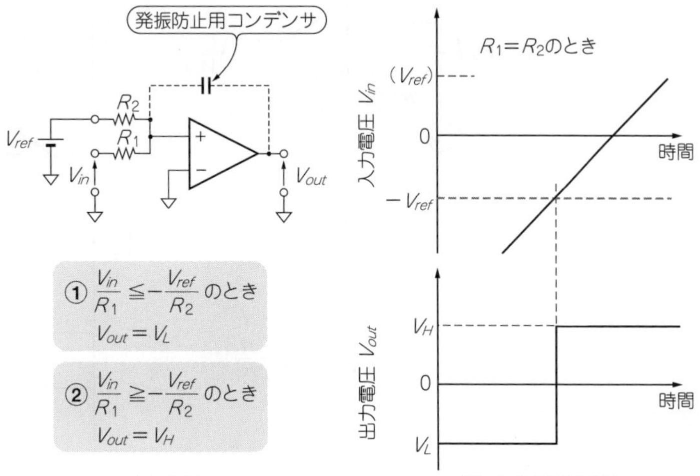

図16-13　電流加算型コンパレータ　(a) 回路　(b) 入出力電圧波形

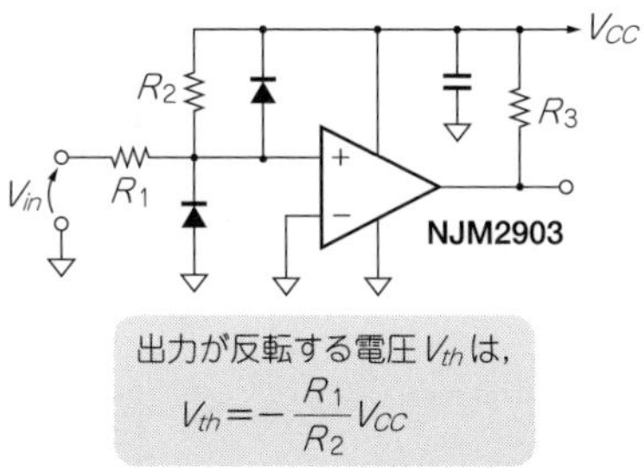

図16-14　負基準電圧の電流加算型単電源コンパレータ

電圧の単電源コンパレータになります．

この回路の欠点は，ICの入力に接続されるインピーダンスが大きくなることです．NJM2903のように反転入力端子と出力端子が隣り合っている場合は，反転入力端子のインピーダンスが高いと端子間の浮遊容量によって負帰還がかかり発振します．発振を防止するには，図の点線のように出力と非反転入力間に負帰還を打ち消すためのコンデンサを付加します．

■ ヒステリシス・コンパレータ回路

図16-15に示すように，コンパレータに正帰還をかけるとヒステリシス特性をもつようになります．考案者の名前から，シュミット回路やシュミット・トリガとも呼ばれています．

この回路は，**図16-16**のようにノイズが重畳した信号が入っても，ノイズ・レベルがヒステリシス幅以内であれば，出力がマルチプル・トリガと呼ばれる誤動作をしません．ただし，ヒステリシス幅だけ図のように応答が遅れます．

■ インターフェース回路

専用のコンパレータICを使う場合はあまり問題になりませんが，OPアンプICを使用してディジタル回路と接続する場合は，**図16-17**に示すようなインターフェース回路を用意する必要があります．

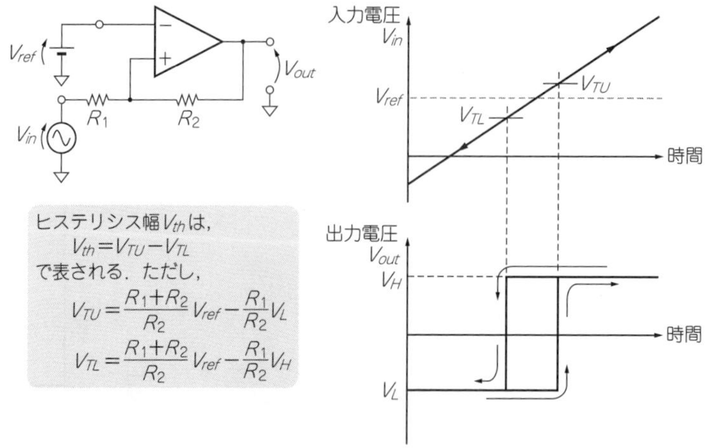

図16-15 ヒステリシス・コンパレータ

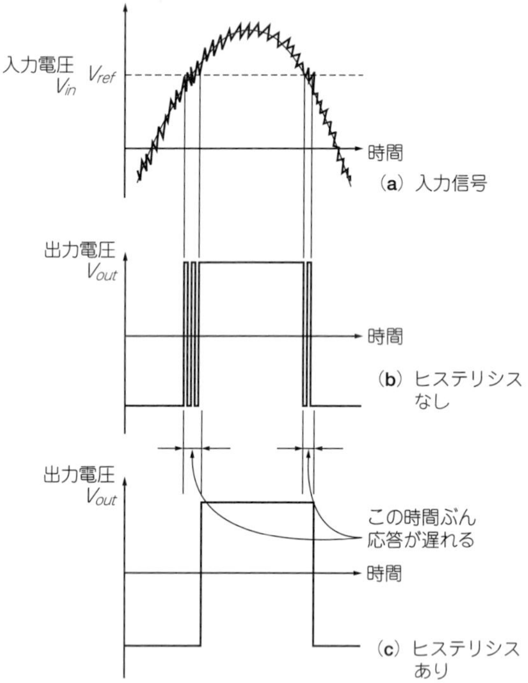

ヒステリシス幅 V_{th} は，
$V_{th} = V_{TU} - V_{TL}$
で表される．ただし，

$$V_{TU} = \frac{R_1 + R_2}{R_2} V_{ref} - \frac{R_1}{R_2} V_L$$

$$V_{TL} = \frac{R_1 + R_2}{R_2} V_{ref} - \frac{R_1}{R_2} V_H$$

図16-16 ヒステリシスの効果

(a) 入力信号
(b) ヒステリシスなし
(c) ヒステリシスあり

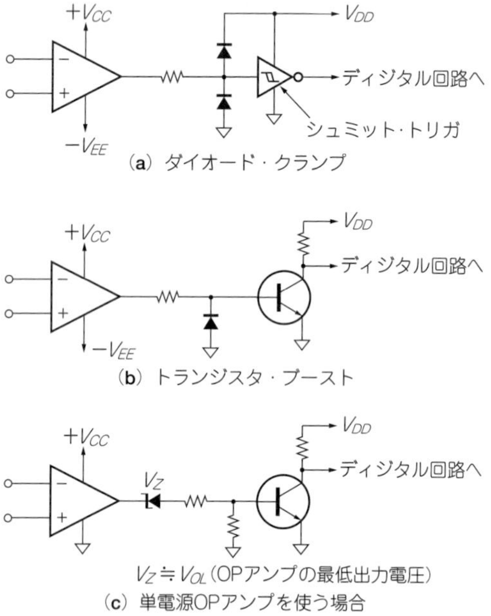

図16-17 OPアンプによるコンパレータ回路とロジックICのインターフェース回路

(a) ダイオード・クランプ
(b) トランジスタ・ブースト
(c) 単電源OPアンプを使う場合　$V_Z \fallingdotseq V_{OL}$（OPアンプの最低出力電圧）

74HCシリーズのように，ロジックICに入力する信号の立ち上がり時間や立ち下がり時間に上限（t_r と $t_f \leq 500\,\text{ns}$，$V_{DD} = 4.5\,\text{V}$）がある場合は，図のようにすればロジックICが発振することはなくなります．

ロジックICの入力がHレベルでもLレベルでもない状態が長時間続いて，ロジックICがメタステーブル状態に陥ると，出力がHレベルとLレベルの間をマルチプル・トリガのように振動します．特にフリップフロップICやカウンタICのクロック入力がメタステーブル状態になると，とんでもない出力が出てきます．

16-4　コンパレータ回路の実験

■ ヒステリシス・コンパレータ

OPアンプIC NJM2904とコンパレータIC NJM2903を使って，**図16-18**に示す基準電圧が0Vのゼロ・クロス・コンパレータを実際に作り，三角波や方形波を入力してみました．上のコンパレータ回路はヒステリシスなし，下のコンパレータは60 mVのヒステリシスをもっています．

写真16-1と**写真16-2**に結果を示します．**写真16-1**は入力電圧±0.7 V_{peak}，**写真16-2**は入力電圧±0.1 V_{peak}のときの応答波形です．

実験結果から，コンパレータICはOPアンプICより100倍以上高速に動作していることがわかります．また，**写真16-1**からヒステリシス幅がたったの60 mV_{P-P}でも，V_{out2}はV_{out1}に対して大きく遅れることがわかります．

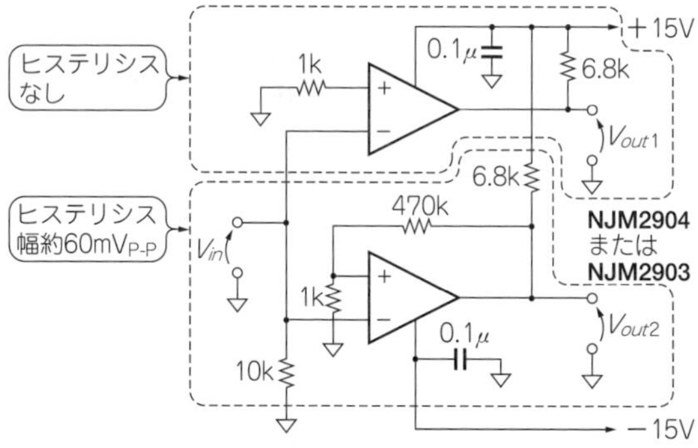

図16-18　実験回路I…ゼロ・クロス・コンパレータ

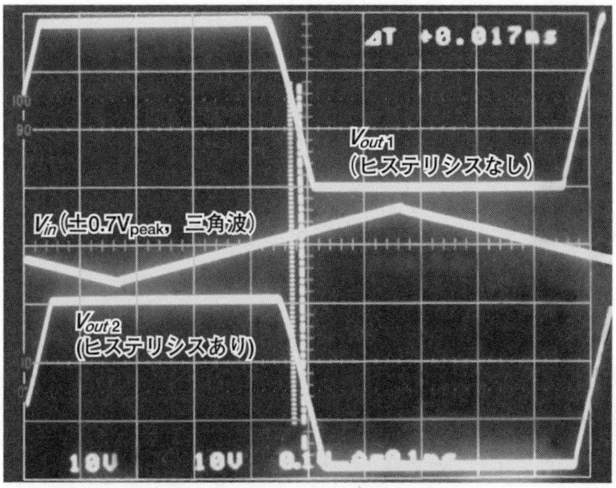

(a) OPアンプIC **NJM2904**(1kHz, 0.1ms/div.)

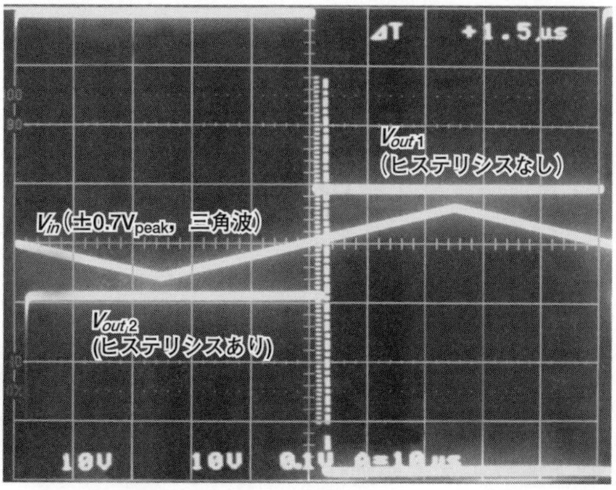

(b) コンパレータIC **NJM2903**(10kHz, 10μs/div.)

写真16-1　実験回路Iにゆっくり立ち上がる信号を入力(V_{in}：1 V/div.，V_{out1}：10 V/div.，V_{out2}：10 V/div.)

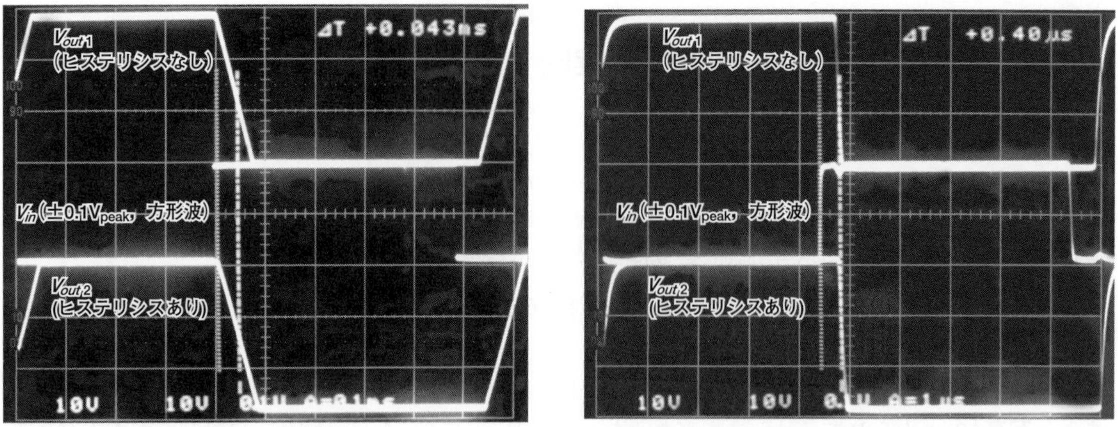

(a) OPアンプIC **NJM2904**(1kHz, 0.1ms/div.)　(b) コンパレータIC **NJM2903**(100kHz, 1μs/div.)

写真16-2 実験回路Ⅰにすばやく立ち上がる信号を入力(V_{in}：0.1 V/div., V_{out1}：10 V/div., V_{out2}：10 V/div.)

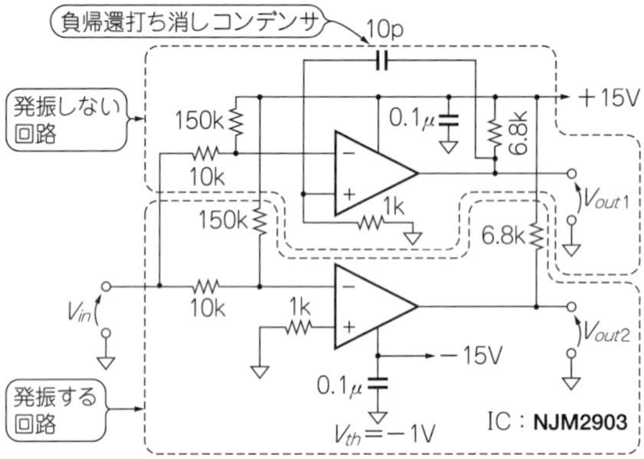

図16-19 実験回路Ⅱ…電流加算型コンパレータ

V_{in}を絞り，± 0.1 V_{peak}の方形波を入れると(**写真16-2**)，ヒステリシス幅の影響はなくなり，V_{out1}とV_{out2}はほとんど同じになっています.

■ 電流加算型コンパレータ

図16-19に示す電流加算型のコンパレータ回路を作り動作させてみます. 結果を**写真16-3**に示します.

前述のように，浮遊容量による負帰還があるため，負帰還打ち消し用のコンデンサがないV_{out2}は発振していますが，負帰還打ち消し用のコンデンサとして10 pFを付けたV_{out1}は発振していません.

■ OPアンプ・コンパレータによるインターフェース回路

図16-20に示すインターフェース回路を作り動作させてみます. コンパレータは，トランジスタTr_1によるブースタが動作する電圧を出力すればよいので，ツェナ・ダイオードによるリミッタを入れてみました.

こうすると，OPアンプIC NJM2904は内部で飽和せず，ツェナ・ダイオードが導通する期間はほと

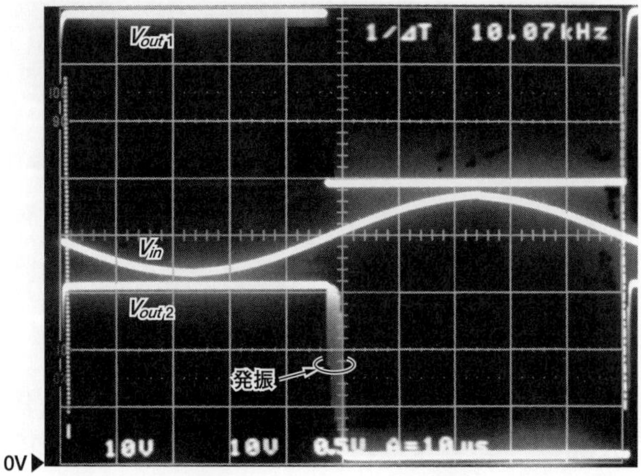

写真16-3　電流加算型コンパレータ（実験回路Ⅱ）**の入出力応答波形**（V_{in}：5 V/div.，V_{out1}：10 V/div.，V_{out2}：10 V/div.，10 μs/div.）

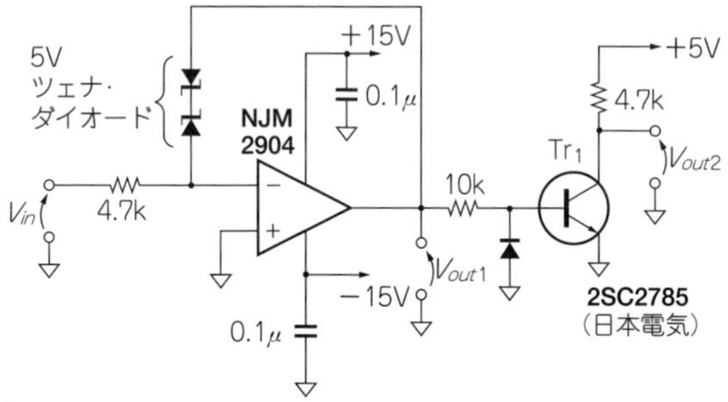

図16-20　実験回路Ⅲ…インターフェース回路

んど100％の負帰還がかかります．その結果，応答時間に t_{pd}(**図16-5**)は影響せず，応答速度が速くなります．

結果を**写真16-4**に示します．**写真16-2(a)**に比べて半分以下(43 μs→19 μs)に高速化されています．

16-5　ノイズによる誤動作を防ぐ方法

コンパレータ回路は簡単に設計できそうですが，出力が反転する遷移状態ではオープン・ループ・ゲインで動作しているためノイズに弱く，トラブルに悩まされることがあります．そこで，ノイズによる誤動作を防ぐための対策をいくつか紹介しましょう．

■ 電源のパスコンを必ず入れる

コンパレータ回路でも電源のパスコンは必ず入れなければなりません．コンパレータ周辺は，いわゆる「ベタ・グラウンド」がノイズ対策上有効です．

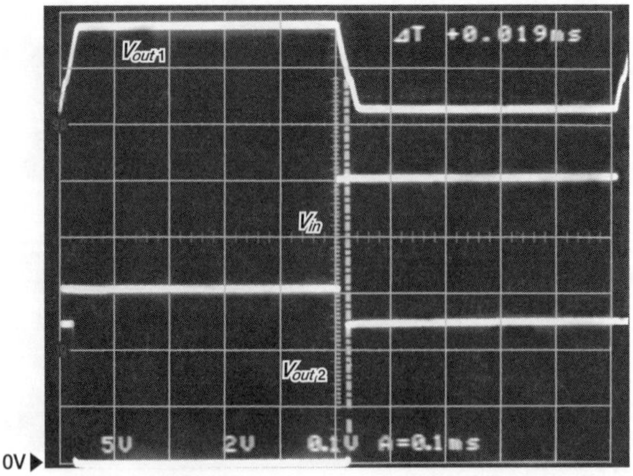

写真16-4　OPアンプによるインターフェース用コンパレータ回路の入出力特性（V_{in}：0.1 V/div.，V_{out1}：5 V/div.，V_{out2}：2 V/div.，0.1 ms/div.）

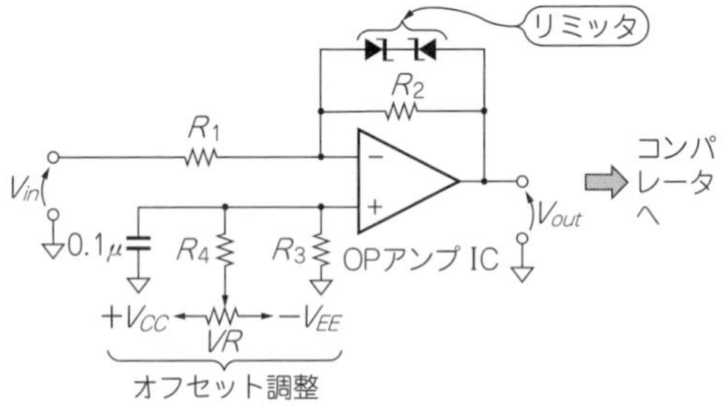

図16-21　コンパレータの前段にリミッタ付きのアンプを置くとノイズに強くなる

■ ヒステリシスをもたせる

ヒステリシス幅がノイズに対する不感帯になります．ヒステリシス幅以上のノイズが入力されると誤動作します．ただし，ゼロ・クロス・コンパレータを構成する場合は，**写真16-1**に示すようにゼロ・クロス点のタイミングがずれます．

第10章で2次遅れ特性の負帰還は発振しやすいと述べましたが，ヒステリシスは正帰還によって実現しています．ヒステリシス・ループが2次以上の遅れ特性を示すと負帰還になります．コンパレータICは内部回路の位相補償がなく負帰還を施すと必ず発振しますから，ヒステリシス・ループが2次以上の遅れ特性にならないように注意します．

■ コンパレータに入力する前に信号を増幅する

ゼロ・クロス・コンパレータの場合は，**図16-21**に示すようなリミッタ付きの増幅回路をコンパレータの前に置くと，信号レベルが大きくなりノイズに強くなります．また，前述のタイミング誤差なども無視できるくらい小さくなります．ほかの応用でも，オーバードライブ状態になるため高速化が可能になります．

　リミッタは必ず付けて，V_{out}がコンパレータの許容差動入力電圧範囲以内に収まるようにします．図16-21の回路はリミッタ動作中も負帰還がかかるため，OPアンプの内部は常に飽和することはありません．応答速度はスルー・レートで決まり，リミッタなしで内部を飽和させた場合よりも高速(**写真16-4**)になります．

■ フィルタを入れる

　どうしてもノイズによる誤動作が避けられない場合には，フィルタを入力に入れます．フィルタには種々の副作用もあり，その副作用防止のためには，信号とノイズの特性をできるだけ把握して，最適なフィルタを選択します．

■ 応答速度は必要最小限にする

　低速のコンパレータを使うならOPアンプICを使用したほうが安心です．コンパレータICを使用する場合も，超高速コンパレータICは使いこなしに技術が要求されますから，応答速度は必要最小限のものを選択します．いざというときのために負帰還打ち消し用のコンデンサも，付けられるようにしておきます．

16-6　コンパレータの応用

■ PWM変調回路

　スイッチング電源やD級増幅回路(いわゆるディジタル・アンプ)に使われているPWM(Pulse Width Modulation；パルス幅変調)回路は，**図16-22**に示すように，基本コンパレータ回路の基準電圧をのこぎり波や三角波に変えたものです．入出力の関係は，入力電圧と出力デューティ・サイクルが比例し

デューティ・サイクルDは，
$$D = \frac{t_{on}}{T} = \frac{V_{in}}{V_{ref\,max}}$$
で表される

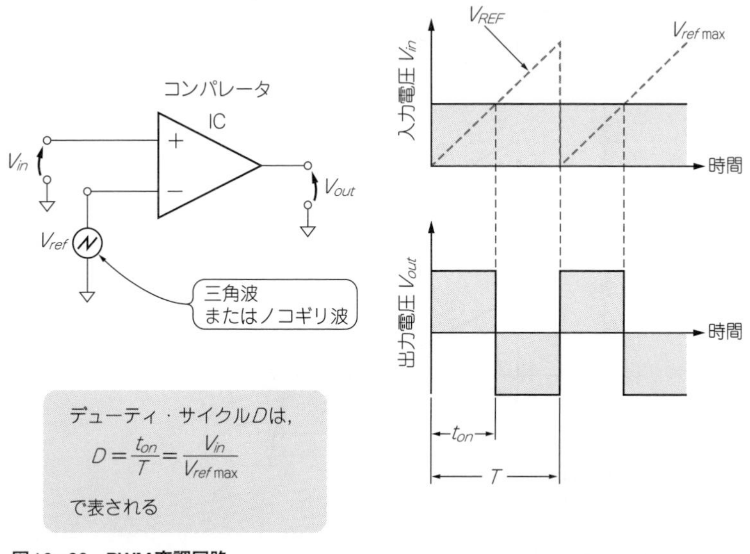

図16-22　PWM変調回路

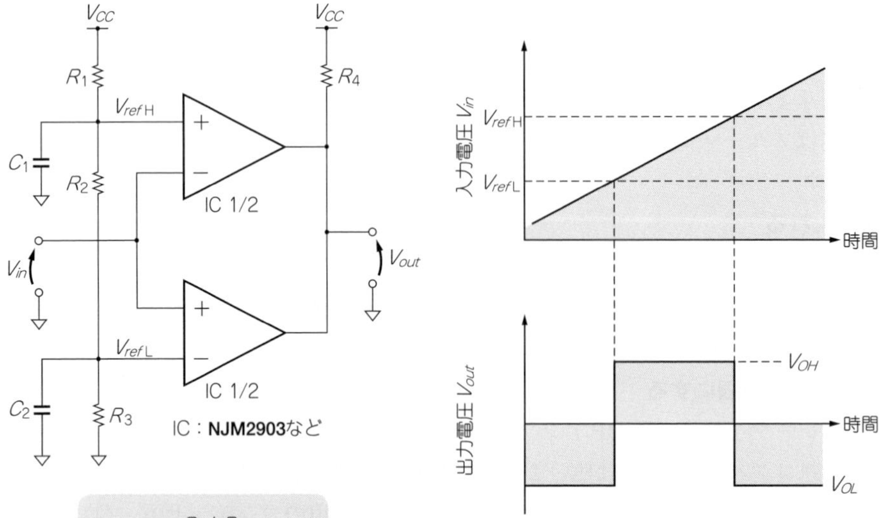

$$V_{ref\text{H}}：\frac{R_2+R_3}{R_1+R_2+R_3}V_{CC}$$

$$V_{ref\text{L}}：\frac{R_3}{R_1+R_2+R_3}V_{CC}$$

図16-23　ウィンドウ・コンパレータ

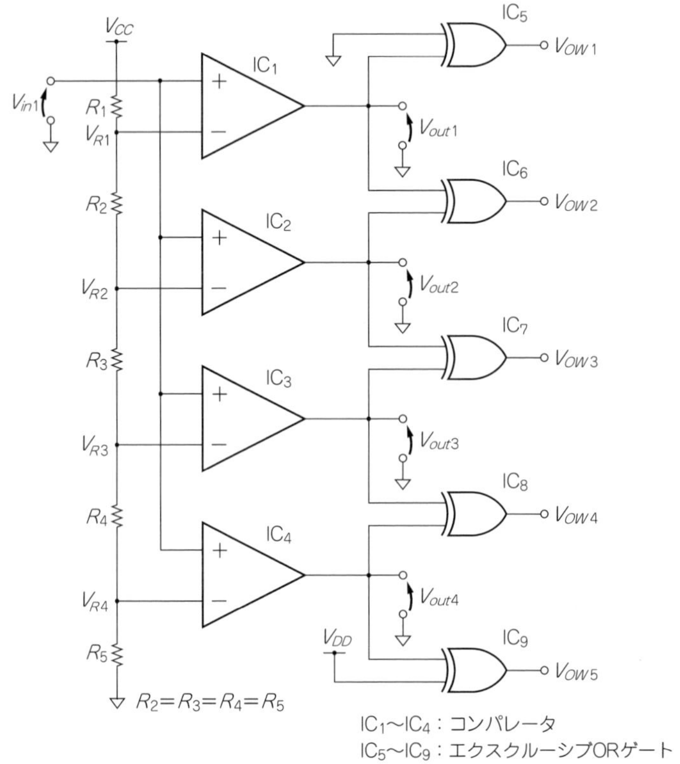

図16-24　レベル・デテクタ

表16-3　レベル・デテクタの入出力特性

入力電圧範囲	V_{out1}	V_{out2}	V_{out3}	V_{out4}	V_{OW1}	V_{OW2}	V_{OW3}	V_{OW4}	V_{OW5}
$0 \leqq V_{in} \leqq V_{R4}$	L	L	L	L	L	L	L	L	H
$V_{R4} \leqq V_{in} \leqq V_{R3}$	L	L	L	H	L	L	L	H	L
$V_{R3} \leqq V_{in} \leqq V_{R2}$	L	L	H	H	L	L	H	L	L
$V_{R2} \leqq V_{in} \leqq V_{R1}$	L	H	H	H	L	H	L	L	L
$V_{R1} \leqq V_{in}$	H	H	H	H	H	L	L	L	L

ています．

■ ウィンドウ・コンパレータ

特定の信号電圧範囲内だけ出力を反転させる回路が，ウィンドウ・コンパレータです．回路例を**図16-23**に示します．入力電圧V_{in}が，

$$V_{refL} \leqq V_{in} \leqq V_{refH}$$

の範囲にあるときだけ，ワイアード・オアされた出力がHレベルになります．

■ レベル・デテクタ

ウィンドウ・コンパレータを多段接続すると，レベル・デテクタができます．5レベルのリニア・スケール・レベル・デテクタ回路例を**図16-24**に示します．

表16-3に示すように，基本コンパレータ出力V_{out1}～V_{out4}を取り出すとバー・グラフ表示となり，ウィンドウ・コンパレータ出力V_{OW1}～V_{OW5}を取り出すとポイント表示となります．この回路は容易に拡張可能で，コンパレータを増加させれば多種のレベルが検出できます．

たとえば，以前，超高速A-Dコンバータとして使われていた並列型A-Dコンバータは，**図16-24**の回路を拡張して，8ビットの場合，256個の規準電圧分圧抵抗，255個のコンパレータと，その255本の出力線を8ビットの8本の出力線に変換するエンコーダで構成されていました．しかし，並列型A-DコンバータはICの規模が大きくなりすぎてコスト・アップになり，最近では一部を直列にしてコンパレータの個数を減らした直並列型A-Dコンバータが使われています．

R_2～R_5を変更してV_{R1}～V_{R4}をログ・リニア，たとえば0 dBV，－5 dBV，－10 dBV，－15 dBVとするとログ・スケールのレベル・デテクタができます．

第17章

ダイオード応用回路

簡単なようで難しいダイオード

前章で紹介したコンパレータ回路と並ぶ非線形回路の重要なものに，ダイオードを使用した整流回路と検波回路があります．

ダイオードは，トランジスタやFETのような能動素子と異なり，構造も機能も単純だと思われるかもしれませんが，使用してみると種々の問題があり，一筋縄ではいきません．そこでこの章では，理想ダイオード回路や直線検波回路など，ダイオードを応用した回路の設計上のポイントについて触れます．

17-1　ダイオードの基礎知識

■ 基本特性

● 基本動作

一般にダイオードは，図17-1(a)に示す記号で表され，図17-1(b)に示すような特性をもっていま

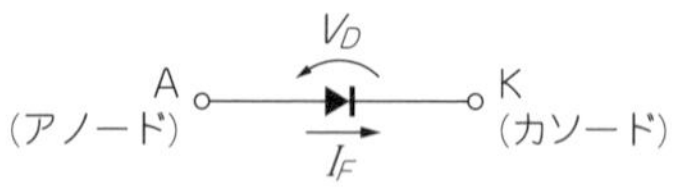

$$V_D = \frac{kT}{q}\ln\left(\frac{I_F}{I_R}\right) \cdots\cdots (17\text{-}1)$$

ただし，q：電子の電荷(1.603×10^{-19})[C]，
k：ボルツマン定数(1.381×10^{-23})[J/K]，
T：温度[K]，
I_R：逆飽和電流 [A]

例えば，1SS120では，T=25℃，I_F=1mAのときV_D=0.6Vなので，
$I_R = 7.166\times10^{-14}$A

(a) ダイオードの記号と関係式

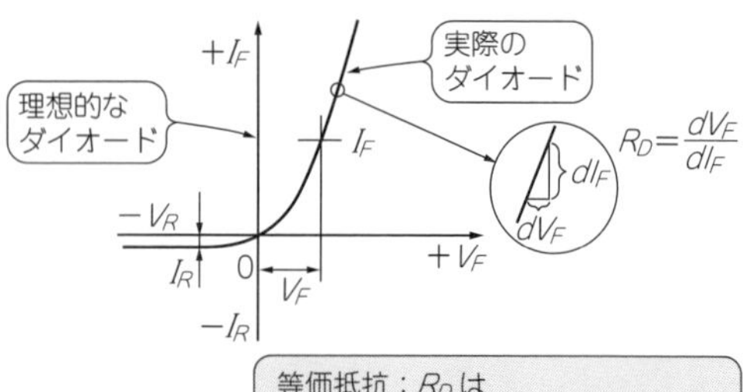

V_F：順電圧
I_F：順電流
V_R：逆電圧
I_R：逆電流

等価抵抗：R_Dは

$$R_D = \frac{dV_F}{dI_F} = \frac{kT}{q}(-\ell_n I_R)\frac{d\ell_n I_F}{dI_F}$$

$$= \frac{kT}{q}(-\ell_n I_R)\frac{1}{I_F} \cdots\cdots (17\text{-}2)$$

1SS120，25℃のときは，
$R_D \fallingdotseq 0.777/I_F$ [Ω]

(b) ダイオードの特性

図17-1[24]　ダイオードの記号と基本特性

す．つまり，アノードからカソードに電流が流れ，逆方向にはほとんど流れません．

シリコンPN接合型のダイオードの端子間電圧と電流の関係は，図に示す理論式の式(17-1)で表されます．

図17-1(b)に示すように，理想的なダイオードは，アノードに対するカソードの電圧V_Dが0V以下のとき電流がゼロで，$V_D \geqq 0$Vのとき電流が流れます．

図17-2に示すのは，シリコンPN接合型の小信号スイッチング・ダイオード1SS120と小信号ショットキー・バリア・ダイオード1SS108の順方向特性です．

ショットキー・バリア・ダイオード(以下，SBD)の順電圧は，1mA以下の小電流領域でとても小さいことがわかります．図には示しませんが，1SS120の逆電流は無視できるほど小さく，1SS108の逆電流は1SS120と比べてとても大きな値です．

● **各種ダイオードの周波数特性と用途**

ダイオードには，用途によっていろいろな種類のものがあります．ここでは，各ダイオードの応答特性を実験で見てみましょう．**表17-1**は実験に使用したダイオードです．

図17-3に示す回路で，手もちのダイオードを測定してみると，**写真17-1**と**写真17-2**に示すような結果が得られます．

負荷抵抗$R_L = 10\,\mathrm{k\Omega}$の結果[**写真17-1(a)**]からは，一般整流用ダイオードと整流用SBDの違いが顕著にわからなかったため，$R_L = 1\,\mathrm{k\Omega}$で同様な実験をし，**写真17-1(b)**のような結果を得ました．負荷抵抗を変えると，逆回復特性と端子間容量を分離して観測できます．

これらの結果から，次のことがいえそうです．

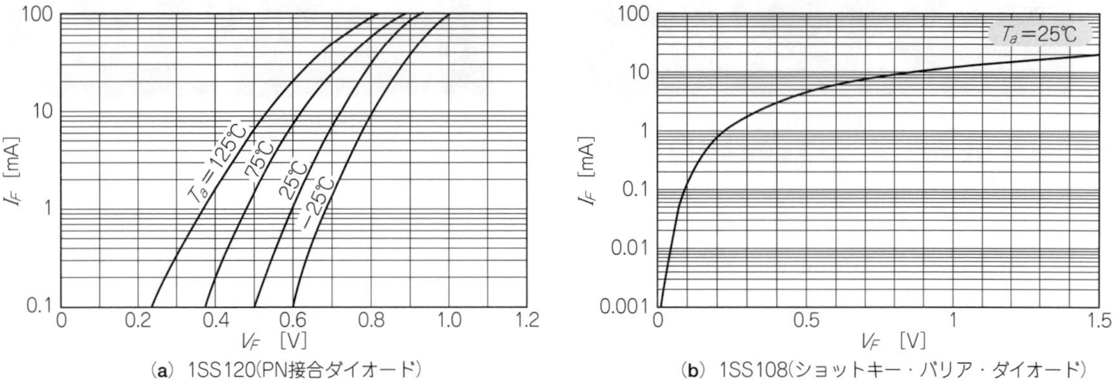

(a) 1SS120(PN接合ダイオード)　(b) 1SS108(ショットキー・バリア・ダイオード)

図17-2[45] **ダイオードの順方向特性**

表17-1　実験に使用したダイオード

番号	型名	メーカ名	V_R	I_F	用途
①	DSK10E	三洋電機	400 V	1 A	一般整流用
②	ERA83-004	富士電機	40 V	1 A	高速整流用SBD
③	1SS120	日立製作所	60 V	150 mA	高速スイッチング用
④	1SS108	日立製作所	30 V	10 mA	高速スイッチング用SBD

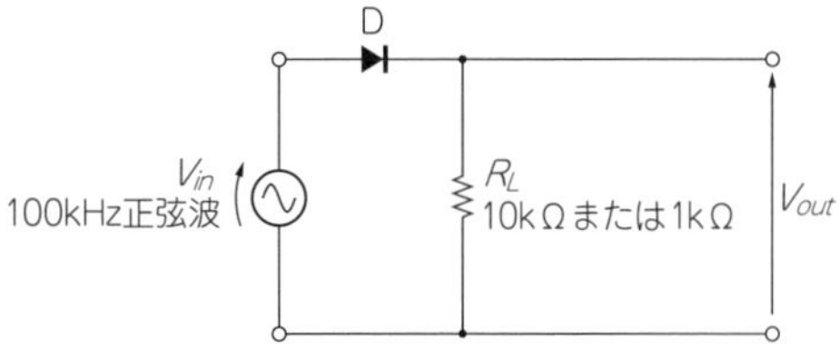

図17-3 ダイオードの特性を見る実験回路

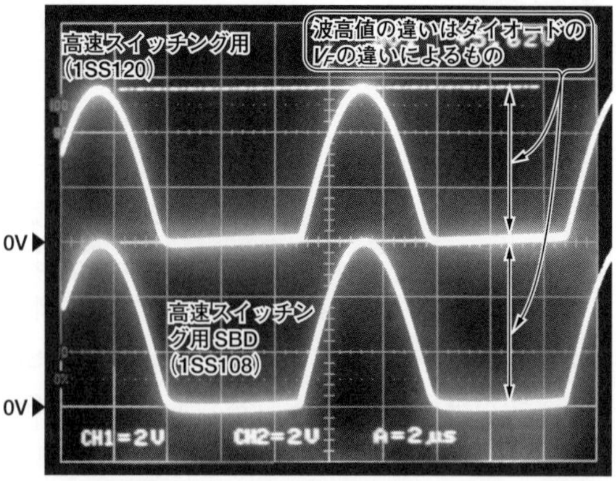

写真17-2 高速スイッチング用ダイオードと高速スイッチング用SBDの応答特性(2 V/div., 2 μs/div.)

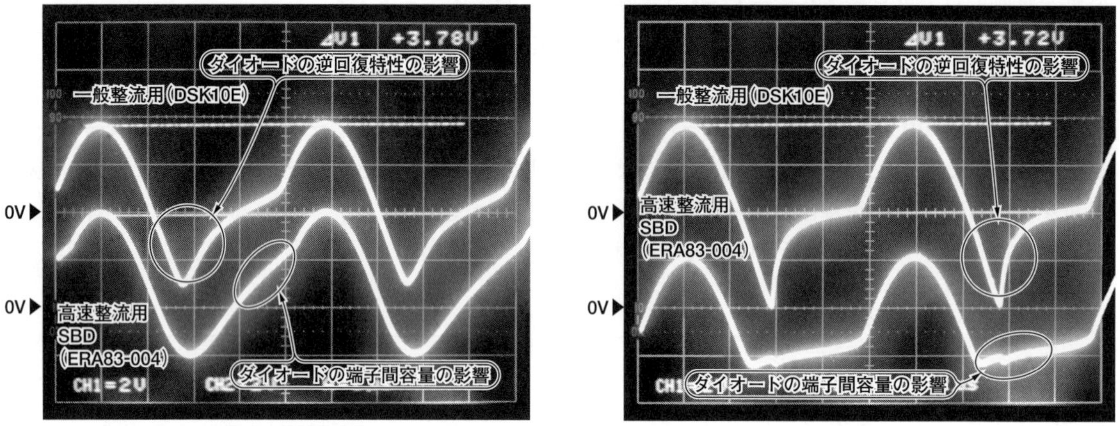

(a) $R_L = 10\text{k}\Omega$

(b) $R_L = 1\text{k}\Omega$

写真17-1 一般整流用ダイオードと高速整流用ダイオードの応答特性(2 V/div., 2 μs/div.)

▶一般整流用ダイオード

逆回復時間が約4 μsあり，商用電源周波数の整流以外には使用できません．端子間容量はSBDよりも小さいです．

▶整流用SBD

端子間容量が大きく，負荷抵抗は数百Ω以下でないと使用できませんが，V_Fが小さく周波数特性も良いです．

▶高速スイッチング・ダイオード

V_Fが大きいことを除けば，逆回復特性も良く，数百kHzでも使用できます．

▶高速スイッチング用SBD

V_Fも小さく，数百kHzでも使用できますが，0 Vの波形のうねりから，PN接合型小信号スイッチング・ダイオードよりも端子間容量が大きいです．

■ ダイオードの選び方と扱い方

● 回路で対処できない逆回復特性に注意

ダイオードを使用するうえで問題になる特性は，順電圧と逆回復特性です．逆回復特性は，ダイオード導通時の余剰キャリアが非導通時に速やかに消滅しないことから起きます．一般に，逆耐圧が60 V以下のSBDは逆回復時間は無視できるほど小さいといわれています．

逆回復特性は順電圧と異なり，回路上の工夫で対処するのは難しく，設計に際しては，要求仕様に見合った逆回復特性のダイオードを選択することが必要です．

● PN接合ダイオードの順電圧の目安

PN接合ダイオードの順電圧は一般に0.6 Vといわれていますが，**図17-2(a)**から，0.1 mAのとき0.5 V，1 mAのとき0.6 V，10 mAのとき0.7 Vというぐあいに見積もればよいことがわかります．

● SBDを使用するときの注意点

SBDを使用したことのない人のために注意点を述べます．

▶静電気に弱い

小信号SBDは静電気に弱く，取り扱いに注意が必要です．

▶最大負荷で熱暴走しないかどうか確認する

逆電流がとても大きく，しかも約10℃温度が上がるごとに2倍ずつ増加します．

SBDを整流回路に使い，ヒートシンクが貧弱な場合，この逆電流による損失のために熱暴走して破壊することがあります．使用する場合は，最大周囲温度で最大負荷をかけて熱暴走しないことを確認します．

▶逆耐圧は余裕をもたせる

SBDに限らず，高速ダイオード一般にいえることですが，一般整流用ダイオードに比べて逆耐圧の余裕がありません．十分な余裕をもってディレーティングして使うことが必要です．

商用電源の整流に高速ダイオードを使う人もいますが，商用電源には必ず雷サージが加わります．バリスタなどによるサージ電圧対策を施さずに高速ダイオードを使用すると，市場不良が頻発します．一般整流用ダイオードは逆耐圧の実力値が定格値の数倍以上ありますから，この点では安心です．

17-2　非反転理想ダイオード回路

● 理想ダイオード回路とは

ダイオードを使った整流回路や検波回路は，順方向電圧の温度特性が約－2 mV/℃と大きく，電圧-電流特性も直線的ではありません．

そこで，ダイオードを負帰還回路に入れて理想的な特性に近づけたのが理想ダイオード回路です．ただし，逆回復特性は補償できないので，逆回復特性の優れたダイオードを使うことが高速化の鍵になっています．

● 非反転理想ダイオード回路の基本動作

図17-4(a)に非反転理想ダイオード回路を示します．

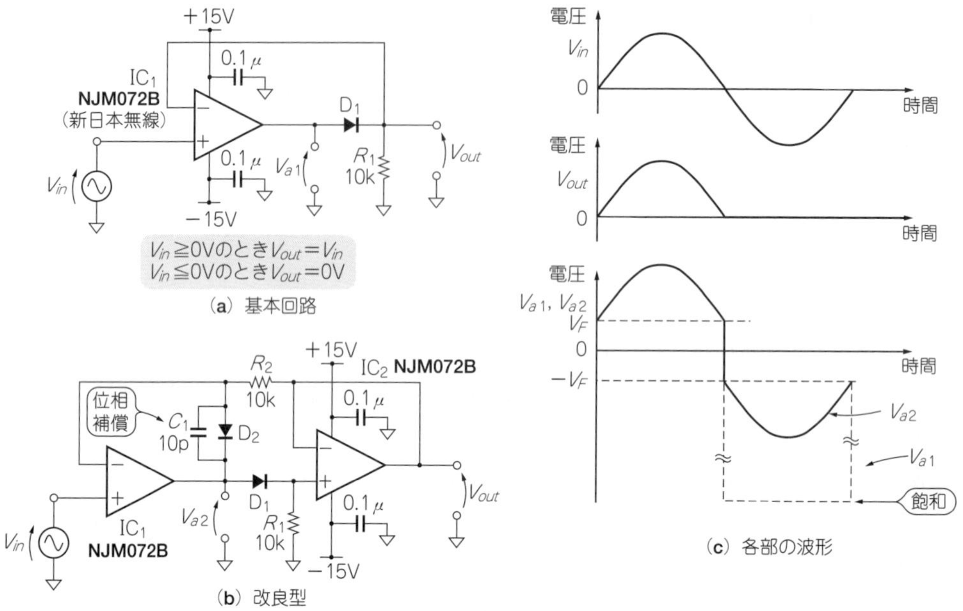

図17-4 非反転型理想ダイオード回路

非反転増幅回路の負帰還ループにダイオードを入れて，順方向電圧 V_Fを補償しています．その程度は，$V_F = 0.6$ V，直流ループ・ゲインを100 dBとすると，出力直流電圧誤差は6 μVとなり，無視できる値です．

▶ OPアンプが飽和する

図17-4(a)に示す回路は，負の半サイクル期間に，OPアンプの出力が内部で飽和して，飽和からの回復時間の影響で大幅に応答が遅れます．しかも，飽和レベルから正の出力電圧までの応答時間がスルー・レートで制限されて，さらに遅れます．逆回復特性の影響と相まって出力波形の乱れが大きくなります．この回路は，直流から低周波にしか使用できません．

● OPアンプが飽和しない回路

図17-4(b)に，OPアンプを飽和させない非反転理想ダイオード回路を示します．

図17-4(a)の回路にバッファ・アンプを追加して出力インピーダンスを下げ，OPアンプ IC_1に常に負帰還がかかるようにしたものです．

この回路は，ダイオードD_2によってIC_1の出力を入力電圧の$-V_F$にクランプしますから，SBDを使用すれば，逆漏れ電流の影響も低減されます．

この回路は第10章で述べた「知らずに作る微分回路」の一種なので不安定です．したがって，必ず位相補償用コンデンサC_1を入れて，安定に動作することを確認しておきます．

非反転理想ダイオード回路の出力を逆極性にするには，ダイオードD_1とD_2の極性を反転させます．

● 実験で動作を見てみよう

図17-4(a)と**(b)**に示す回路を実際に試作して動作させてみました．結果を**写真17-3**に示します．

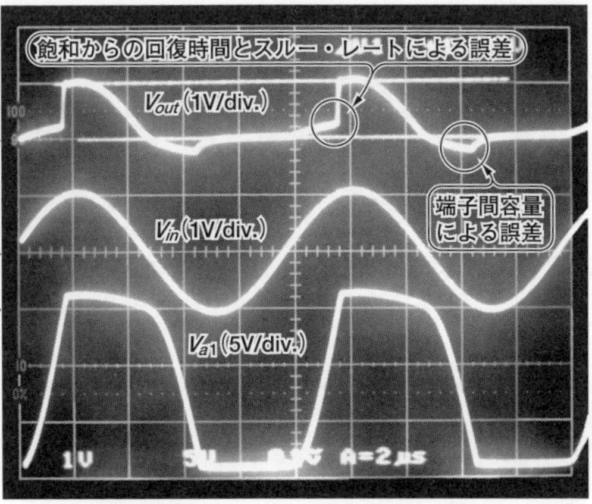

(a) 基本回路［1SS120使用，**図17-4(a)**］

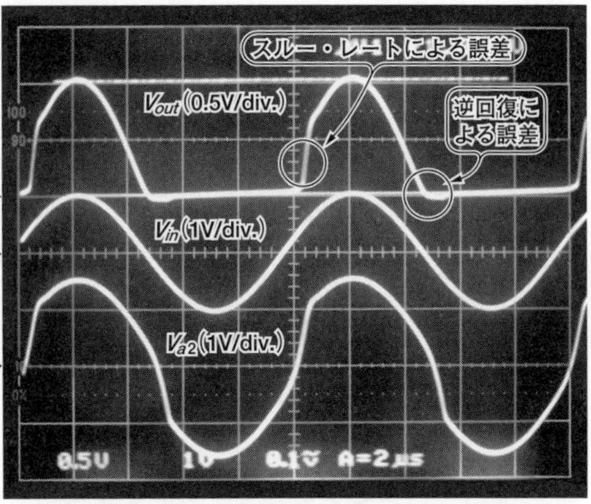

(b) 改良型［1SS120使用，**図17-4(b)**］

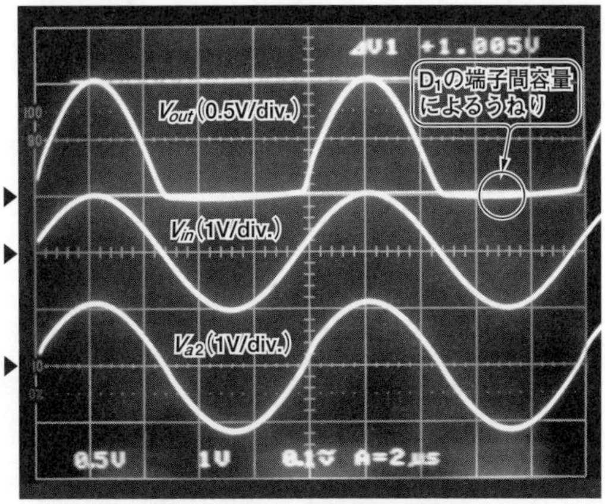

(c) 改良型［1SS108使用，**図17-4(b)**］

写真17-3　非反転型理想ダイオード回路の動作波形（2 μs/div.）

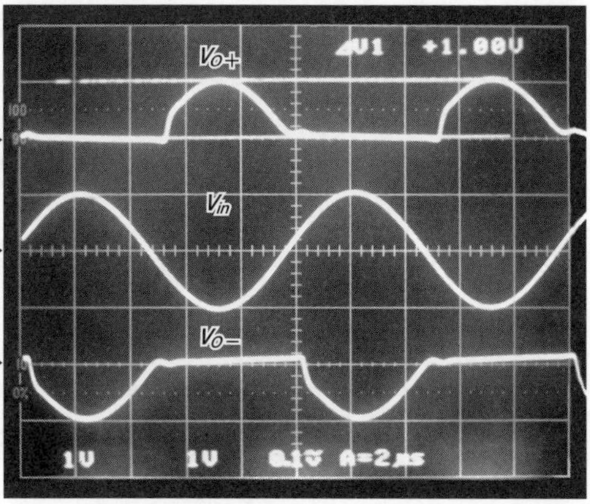

(a) 1SS120（高速スイッチング用）

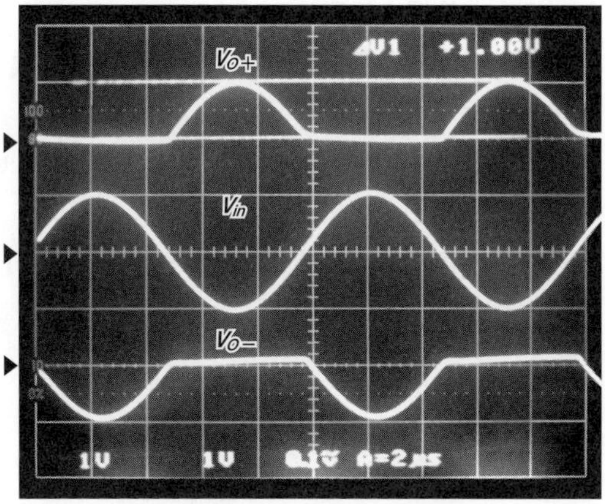

(b) 1SS108（高速スイッチング用SBD）

写真17-4　反転型理想ダイオード回路の動作波形（1 V/div.，2 μs/div.）

図17-4(a)の出力波形[写真17-3(a)]には前述の欠点がそのまま現れています．

図17-4(b)の出力波形[写真17-3(b)]を見ると，欠点がだいぶ解消されています．ゼロ・クロス点のV_F(約0.7 V)を高速に補償するために，OPアンプの能力(スルー・レート)をめいっぱい使っても補償しきれていないことがわかります．このことから，OPアンプICには，必要周波数に応じた高速OPアンプが必要なことがわかります．

ダイオードをSBDに代えた写真17-3(c)の波形はほぼ理想的ですが，$R_1 = 10\ \text{k}\Omega$ではD_1の端子間容量の影響によって，0 Vラインが少しうねっています．

17-3 反転理想ダイオード回路

● 反転理想ダイオード回路とは

図17-5に反転型の理想ダイオード回路を示します．反転増幅回路の負帰還ループにダイオードを入れて順方向特性を補償しています．

この回路は，非反転理想ダイオード回路と異なり，同時に逆極性の出力も得られます．

● 基本動作

図17-5に示す回路を実際に試作して動作させてみました．結果を写真17-4に示します．

写真17-4(a)を見ると，OPアンプのスルー・レートの影響と逆回復特性の影響が出ています．ダイオードをSBDに代えると[写真17-4(b)]，端子間容量の影響を除きほぼ理想的な波形になっています．

- $V_{in} \leq 0\text{V}$のとき
  $V_{O+} = -V_{in}$
  $V_{O-} = 0\text{V}$
- $V_{in} \geq 0\text{V}$のとき
  $V_{O+} = 0\text{V}$
  $V_{O-} = -V_{in}$

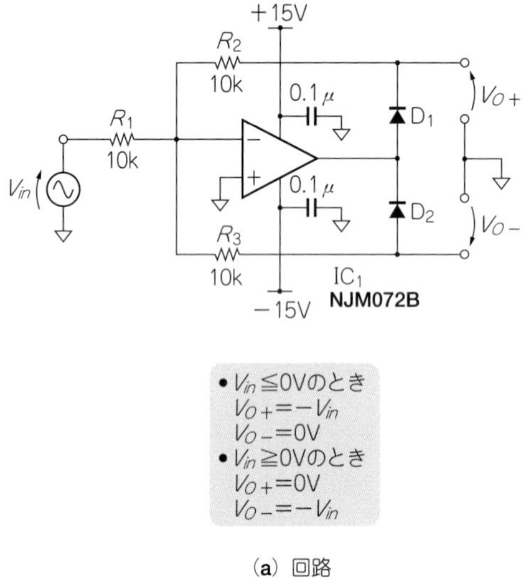

(a) 回路

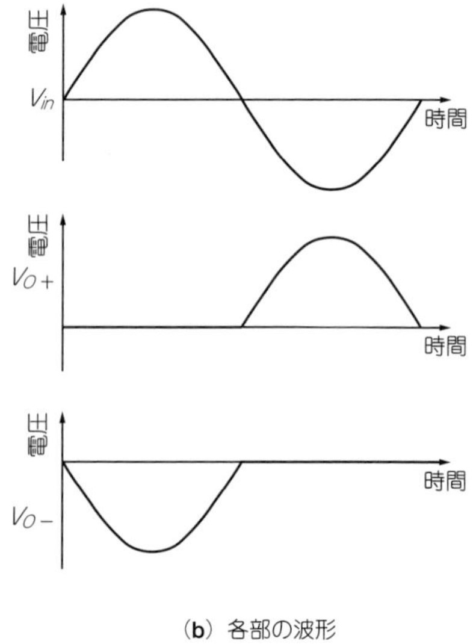

(b) 各部の波形

図17-5 反転理想ダイオード回路

17-4 絶対値回路

● 絶対値回路とは…入力信号の絶対値を出力する回路

反転理想ダイオード回路と加算回路を組み合わせると，入力信号の絶対値を出力する回路になります．図17-6(a)によく使われる絶対値回路を示します．

入力電圧 V_{in} と出力電圧 V_{out} との間に次のような関係が成り立ちます．

$$V_{out} = |V_{in}|$$

● 回路の動作

図17-6(b)に各部の波形を示します．

入力電圧 V_{in} が正，出力電圧 V_{out} が負の期間は，R_4，R_5，IC_2 で構成するゲイン－1倍の反転増幅器の出力に，R_1，R_2，D_1，IC_1 で構成する反転理想ダイオード回路の出力 V_D を加えて，V_{out} を正にしています．

$2R_3 = R_4 = R_5$ になるように抵抗値を設定して，点Ⓐの信号に対して点Ⓑの信号に対する IC_2 のゲインが2倍になるようにします．絶対値回路の出力を逆極性にするには，D_1 と D_2 の極性を反転させます．

$R_1 = R_2$，$2R_3 = R_4 = R_5$ とすると，
$V_{out} = |-V_{in}|$

(a) 回路

(b) 波形

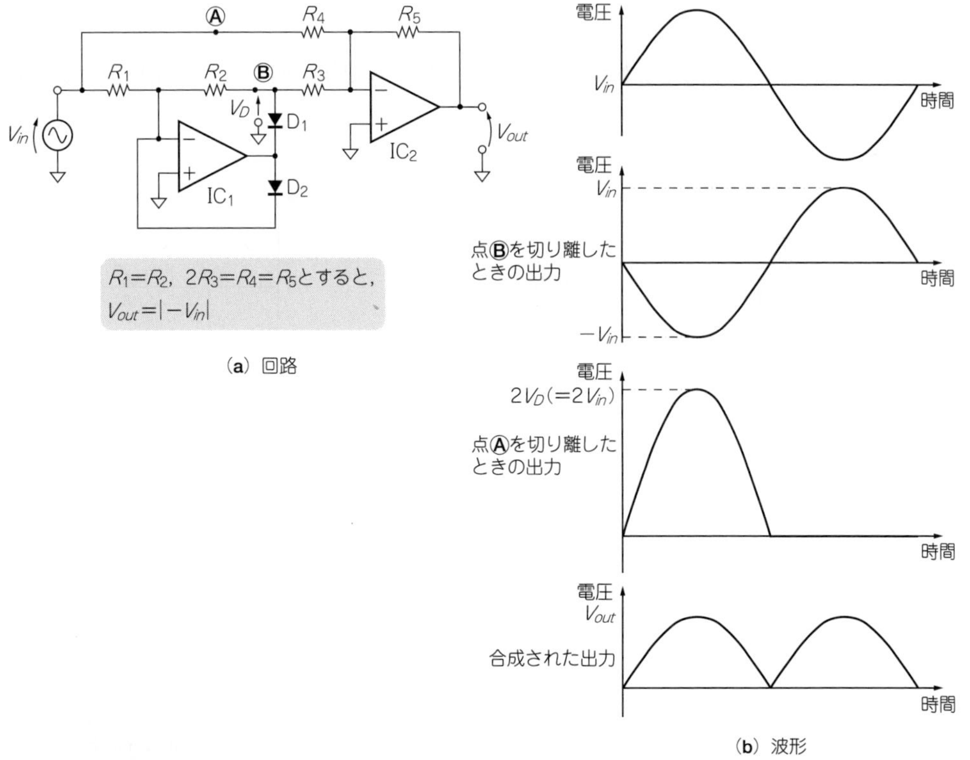

図17-6 絶対値回路

● オフセット調整を可能にした絶対値回路

図17-7にオフセット調整回路を付加した絶対値回路を示します．

図17-7(**b**)と(**c**)に示すように，波形の接ぎ目が一致するようにVR_1を調整し，VR_2でゼロ点を合わせます．また，IC_1による遅れと，R_4とC_1による遅れが等しくなるように，C_1の定数を高周波で合わせ込みます．

▶実験による動作確認

図17-7の回路を実際に試作して動作させてみました．結果を**写真17-5**に示します．

ここでも，ダイオードをSBDに代えたときの出力波形[**写真17-5**(**b**)]は，ほぼ理想的な形になっています．

PN接合型のダイオードを使用しても，**写真17-5**(**c**)のように周波数を1 kHzに下げれば，スルー・レートの影響と逆回復特性の影響は現れず，ほぼ理想的な波形になります．

● 絶対値回路のいろいろ

絶対値回路と後出の直線検波回路は，しばしば使われており，いろんな回路方式が考案されています．ここではそれらの一部を紹介しましょう．

▶同一抵抗値で作る高精度絶対値回路

図17-6に示した絶対値回路は，$2R_3 = R_4 = R_5$にする必要があります．抵抗値による出力誤差は，最大で抵抗値誤差の3倍になります．

図17-8に示す回路は，すべて同一の抵抗値で構成されていますから，容易に高精度の抵抗値を選別できます．R_nにほかの信号を入力すれば，加算回路としても動作可能であり，加算絶対値回路を構成

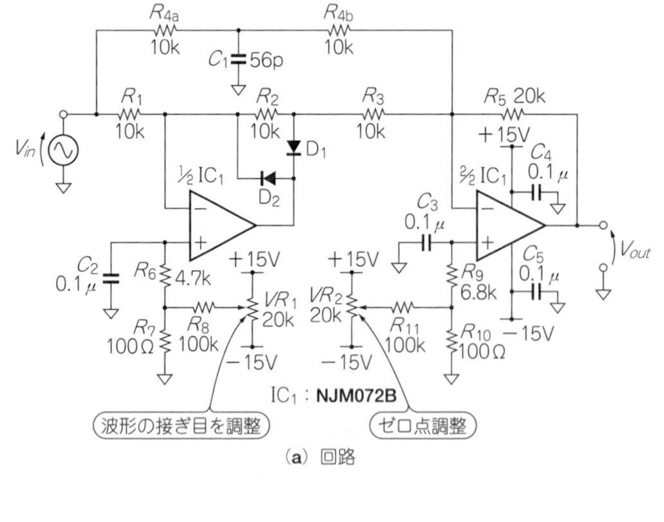

(a) 回路

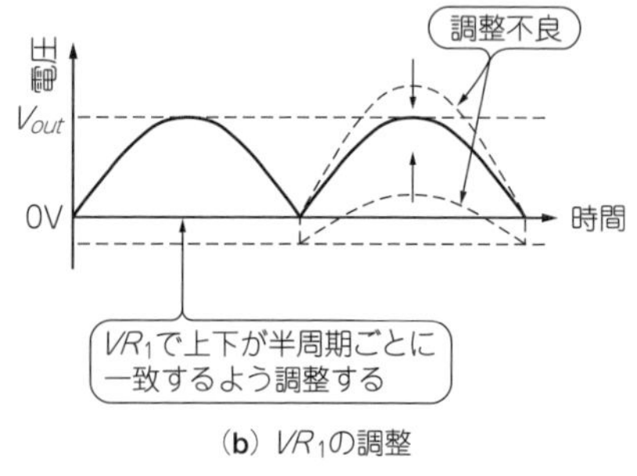

(b) VR_1の調整

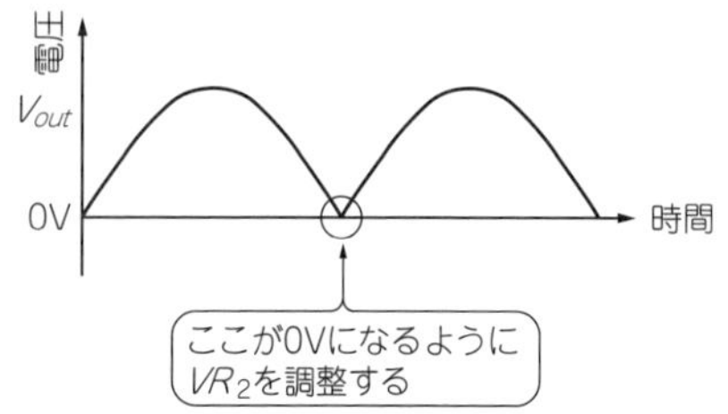

(c) VR_2の調整

図17-7　オフセット調整が可能な絶対値回路

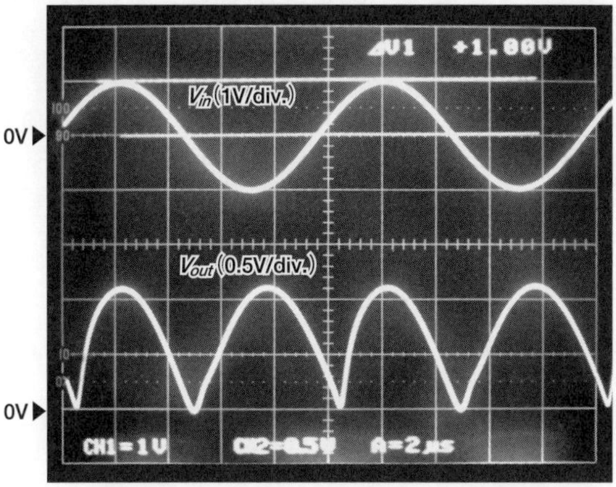

(a) 高速スイッチング用 1SS120，100kHz(2μs/div.)

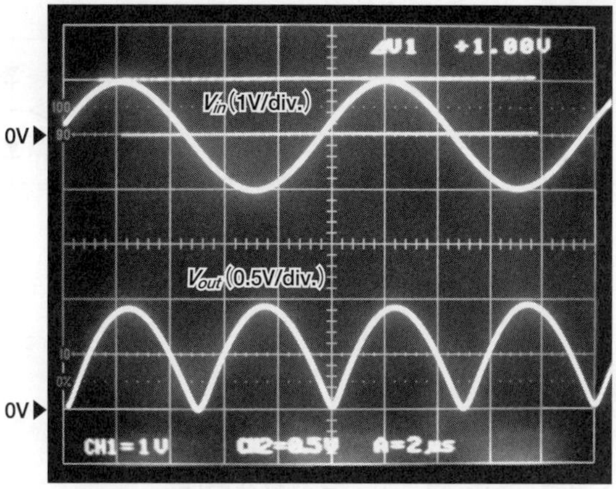

(b) 高速スイッチング用SBD 1SS108，100kHz(2μs/div.)

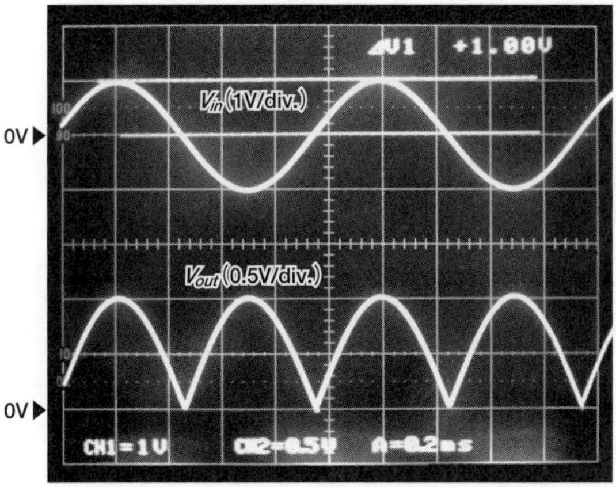

(c) 高速スイッチング用 1SS120，1kHz(0.2ms/div.)

写真17-5　絶対値回路の動作波形

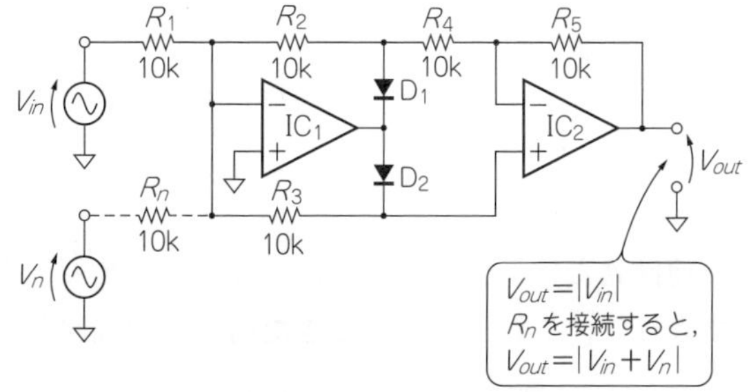

$R_1=R_2=R_3=R_4=R_5(=R_n)$

図17-8　同じ値の抵抗値で構成した高精度な絶対値回路

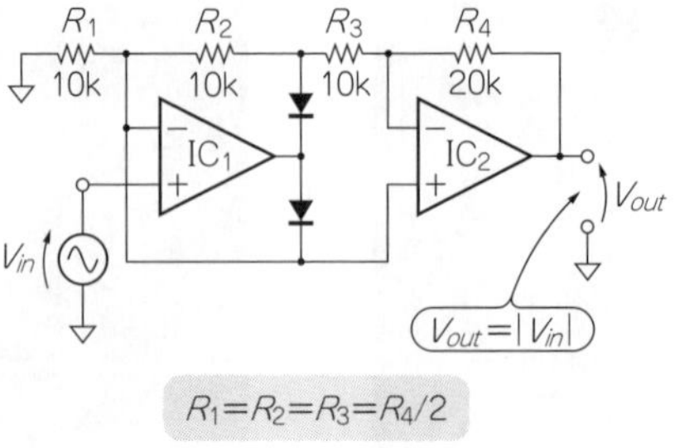

図17-9　高入力インピーダンス絶対値回路

できます．

▶高入力インピーダンス絶対値回路

図17-9に示すのは，**図17-8**のIC_1を非反転増幅器にした絶対値回路で，入力インピーダンスが高くなります．

17-5　理想ダイオード回路の特性改善法

折に触れて述べましたが，ここで理想ダイオード回路の特性改善法をまとめておきます．

● 高周波特性の改善

次に示すのは，高周波特性を改善する方法です．

- OPアンプICはスルー・レートとゲイン・バンド幅積のできるだけ大きなものを使用する
- ダイオードは小信号SBDを使用する
- 抵抗は，OPアンプとSBDの特性を考慮しながら，できるだけ値を小さくする
- ダイオードにはある程度電流を流す

これらの改善策は，直流特性を悪化させますから，設計では要求仕様に応じて妥協点を探ることになります．

図17-1(b)からわかるように，ダイオードの等価抵抗R_D($= dV_F/dI_F$)は電流が小さくなると急増し，電流のゼロ近辺でとても大きくなります．このR_Dが負帰還ループに入りますから，ループ・ゲインは電流が小さくなると急減し，誤差が増えます．

SBDの場合，電流が大きくなりすぎても等価抵抗が増加します．したがって，ダイオードにはある程度の電流を流して使用するのが望ましいわけです．

● 直流特性の改善

理想ダイオード回路は，高速回路だけに使用するわけではありません．直流特性が問題にされる場合も多々あります．次に示すように，これまで述べてきた高精度増幅回路を設計するときの注意点を守ってください．

- 高精度のOPアンプICを使う
- 要求仕様に合わせて高精度の抵抗を使う

● 逆電流の少ないシリコンPN接合型のダイオードを使う

17-6　直線検波回路

● 直線検波回路とは…絶対平均値を求める回路

直線検波回路は，AC-DCコンバータとも呼ばれ，入力信号の絶対平均値を求める回路です．正弦波入力のとき，入出力の間には次の関係が成り立ちます．

$V_{in\,(RMS)} = V_{out\,(DC)}$

図17-10に直線検波回路を示します．

図17-6(a)に示した絶対値回路の出力側OPアンプ(IC_2)にC_1を付加して交流ぶんを除去し，直流だけ出力します．同時に，正弦波入力のとき入出力の関係が$V_{in\,(RMS)} = V_{out\,(DC)}$となるように$R_5$を設定しています．

直線検波回路は，IC_1に高速OPアンプを使う必要がありますが，IC_2は直流増幅のため高速OPアンプを使う必要はありません．

● 高精度化と広帯域化の方法

写真17-4を見ると，理想ダイオード回路の波形は誤差は大きいですが正負対称です．

図17-10では，そのうちの半波だけ使用しているため，**写真17-5(a)**を見ると波形がアンバランスになっていますが，両波を使用すれば，波形の正負で信号の通過する経路が等しくなり，波形もバランスして誤差は小さくなると考えられます．

そこで，スルー・レートによる波形誤差を低下させ，高周波でも大きなループ・ゲインを得るため，IC_1に高スルー・レートで広ゲイン・バンド幅積のOPアンプを使い，**図17-11**のような差動増幅回路を構成すると，高精度で広帯域な特性が得られます．R_4とR_5は，ダイオードにはある程度の電流を流して，ダイオードの等価抵抗R_Dを小さくするために必要です．

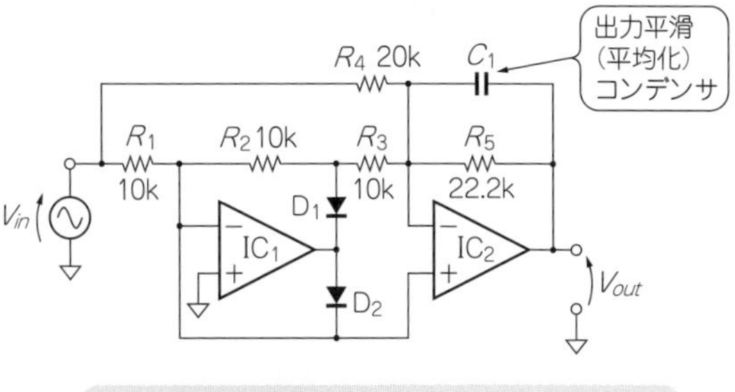

$R_1 = R_2 = R_3 = R_4/2$
$V_{in} = 1V_{RMS}$のとき$V_{out} = 1V$（直流）とするためには，

$$R_5 = \frac{\text{正弦波の実効値}}{\text{正弦波の平均値}} \times R_4 = \frac{\pi}{2\sqrt{2}} R_4 \fallingdotseq 1.11\,R_4$$

図17-10　直線検波回路

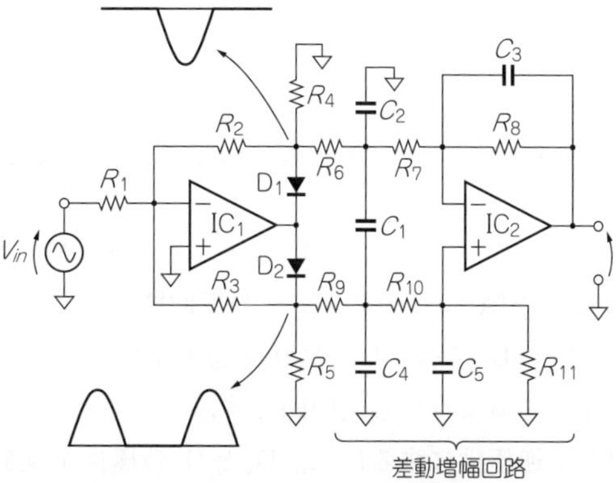

図17-11　直線検波回路を高精度化，広帯域化する方法

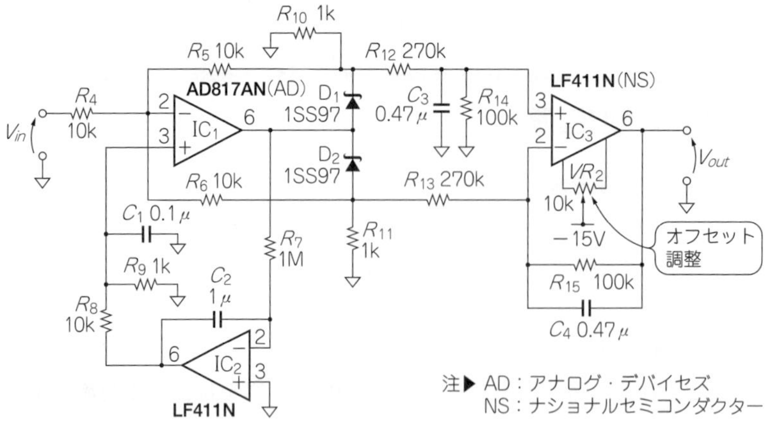

図17-12[4]　10 MHz近くまでほとんど誤差のない直線検波回路

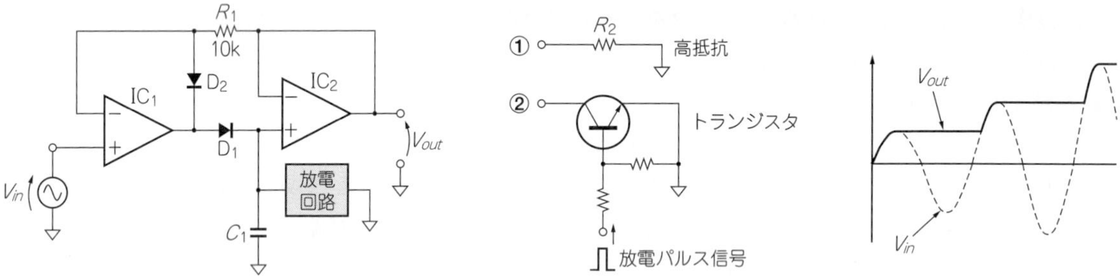

図17-13　ピーク・ホールド回路

▶実際の回路例

文献(4)から引用した実際の回路例を**図17-12**に示します．

IC_1は，交流信号だけを増幅したほうが精度の点で望ましいため，IC_2で構成したDCサーボ(オフセット・キャンセル)回路を付加して，IC_1部分を交流増幅回路としています．この回路は，出力電圧1 V(直流)のとき，SBDだけでなくPN接合ダイオードを使用しても，10 MHz近くまでほとんど誤差がありません．

17-7　ピーク・ホールド回路

● ピーク・ホールド回路とは…ピーク電圧を保持する回路

図17-13(a)にピーク・ホールド回路を示します．

図17-4(b)に示した非反転理想ダイオード回路の抵抗(R_1)をコンデンサ(C_1)に変更して，ピーク電圧を保持するようにした回路です．

出力を逆極性にするには，D_1とD_2の極性を反転させます．

● 実用的なピーク・ホールド回路を設計するには

▶放電回路を追加する

いったんコンデンサが充電されてピーク値になると，その値が保持されますから，実用的には放電回路を付加する必要があります．放電回路は，放電抵抗を付けるか，トランジスタで放電します．

以前は，保持時間が問題にされましたが，最近はA-D変換中だけ保持していればよい場合がほとんどです．保持時間に影響するD_1の漏れ電流や，IC_2のバイアス電流が問題にされるケースはほとんどありません．

▶スルー・レートの大きいOPアンプを使う

ピーク・ホールド回路は，ホールド・コンデンサ(C_1)にピーク値を急速充電する必要があり，直線検波回路よりもスルー・レートの大きなOPアンプが必要です．また，IC_1の出力にコンデンサが接続されているため，負帰還安定度は必ず確認する必要があります．

▶ C_1には誘電体吸収の小さいものを使う

ホールド・コンデンサ(C_1)には，第9章で述べた誘電体吸収のできるだけ少ないコンデンサを使います．

できれば，ポリプロピレン・フィルム・コンデンサが望ましく，最悪でもポリエステル・フィルム・コンデンサ(マイラ・コンデンサ)を使います．電解コンデンサや高誘電率系セラミック・コンデンサを使用してはいけません．

● コンパレータによる高速ピーク・ホールド回路

スルー・レートだけに注目するとOPアンプICよりもコンパレータICのほうが速いわけですから，コンパレータICを使用できれば，高速ピーク・ホールド回路が実現できます．そこで考えられた回路が，**図17-14**に示すコンパレータICを使用した高速ピーク・ホールド回路です．

第16章で，コンパレータICは負帰還がかけられないと説明しましたが，**図17-14**の回路には負帰還がかけられています．これが発振しない理由は，ピーク・ホールド・コンデンサ(C_1)によって位相補償されるからです．

C_1の値を決めるときは，「保持時間は充分だから，こんなに容量の大きなものは要らない」と思って

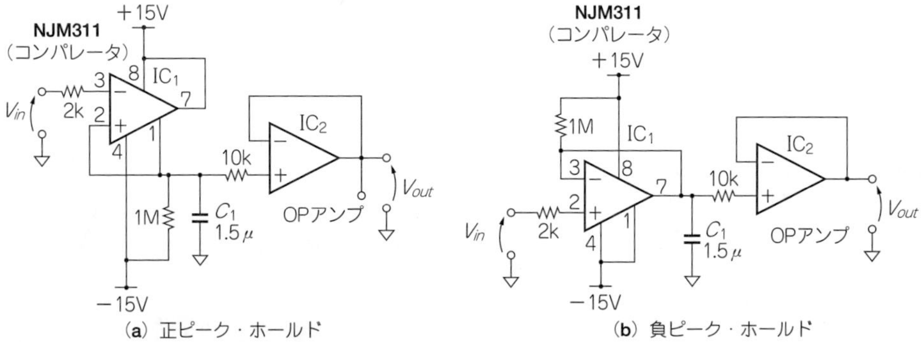

図17-14[30] **コンパレータを使った高速ピーク・ホールド回路**

も，小さくしてはいけません．小さくすると発振します．

ダイオードが使われていませんが，これはダイオードの代わりにNJM311の内蔵トランジスタを使用しているためです．

17-8　リミッタ回路

● リミッタ回路とは…信号レベルをある値以下に抑える回路

ダイオード応用回路で最も頻繁に使用されているのが，整流回路とここで紹介するリミッタ回路です．サージ電圧による電子回路の誤動作や破壊防止のため，ほとんどの電子機器で使用されています．

図17-15(a)にリミッタ回路の回路例を示します．

リミッタ回路は，信号レベルをある値以下に抑える回路で，ほとんどの電子機器で入出力保護回路として多用されています．入力サージ保護，出力サージ保護，飽和防止など枚挙にいとまがありません．本書でも，OPアンプの入出力保護回路として何回か紹介しました．

図17-15(a)に示す抵抗Rが明示的に接続されていない回路もよくありますが，その場合には，サージ・エネルギがリミッタ回路の許容エネルギ以下に収まっていることを確認しておきます．

具体的には，イミュニティ規格(IEC 61000-4/JIS C1000-4)から，サージ・エネルギを見積もり，使用するツェナ・ダイオードやバリスタの許容サージ・エネルギ以下に収まっていることを確認します．

● リミッタ回路の応用「飽和防止回路」

図17-16に示すのは，OPアンプ回路にリミッタ回路を応用した例で，過大入力時にOPアンプが飽和するのを防ぐことができます．

図17-16(a)の回路でツェナ・ダイオードの漏れ電流が動作に影響したら，**図17-16**(b)の回路を採用します．この回路は，飽和しやすい高ゲイン回路や積分回路によく使われており，飽和からの復帰時間が短くなります．

高精度のリミッタ回路が必要な場合は，**図17-17**のように前述の理想ダイオード回路を使います．

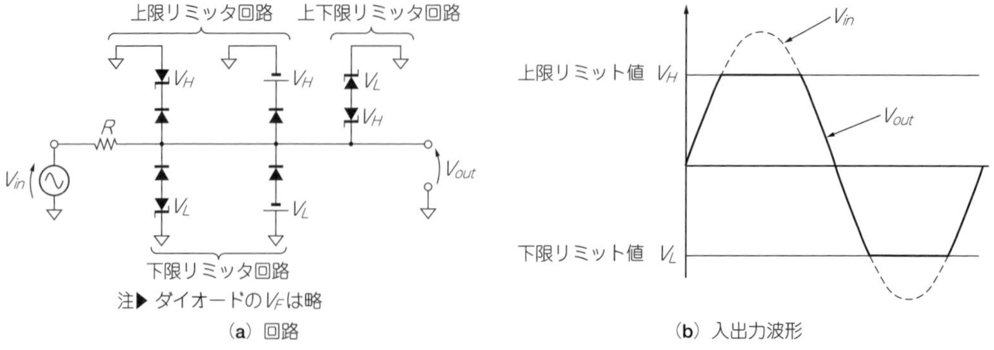

図17-15　リミッタ回路

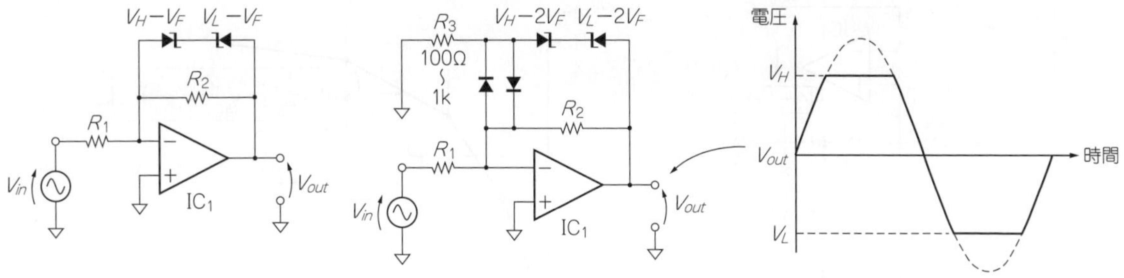

(a) 基本回路　(b) 漏れ電流防止　(c) 出力波形

図17-16　OPアンプ飽和防止回路

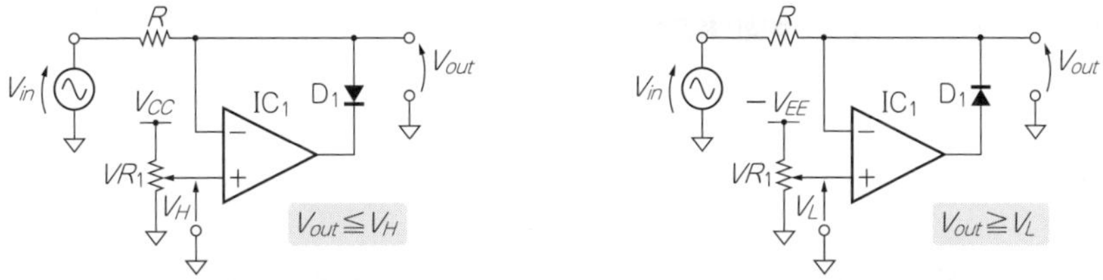

(a) 上限リミッタ回路　(b) 下限リミッタ回路

図17-17　高精度リミッタ回路

17-9　折れ線近似回路

リミッタ回路は，1折れ線の「折れ線近似回路」で，電圧が特定の値以上にならないようにする回路です．多折れ線の折れ線近似回路をリミッタ回路として使用すると，電力が特定の値以上にならない回路も実現できます．

折れ線近似回路は，関数の直線近似を行う回路です．任意の関数，

$$V_{out} = f(V_{in})$$

を指定した誤差以下で近似できます．

なお，1折れ線のリミッタ回路以外は，ほとんど出番がありません．現在では，アナログ信号をA-D変換して，マイコンでディジタル処理します．また，アナログ出力が必要な場合はD-A変換します．最近の100円(1ドル)程度の安価なマイコンでも高精度な特性を得ることは可能です．ただし，低速な処理しかできません．

そこで，コストと特性(特に応答速度)のバランスから，ここで紹介するような折れ線近似回路を採用する場合があります．

折れ線近似回路は，入出力の関係を任意に設定できます．文献(24)から引用した回路例を，**図17-18～図17-20**に紹介します．

以前は，高精度の折れ線近似回路が必要な場合は，理想ダイオード回路を使用しましたが，現在はA-D変換してディジタル処理するほうが低価格・高精度ですから，リアルタイムに処理したいとき以

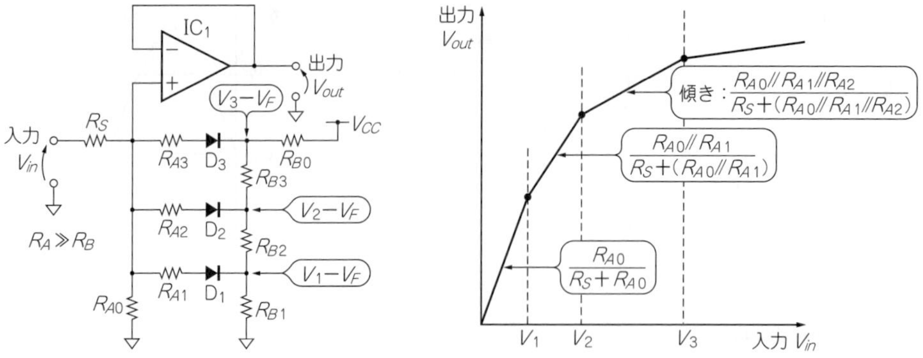

(a) 回路　　(b) 入出力特性

図17-18(24)　**ダイオード・クランプ型圧縮回路**

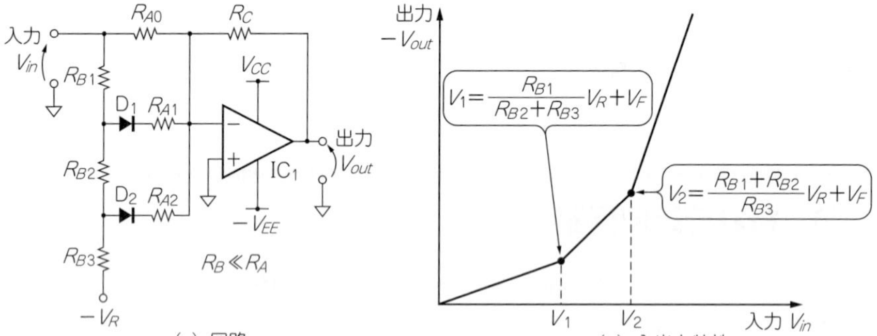

(a) 回路　　(b) 入出力特性

図17-19(24)　**帰還型伸張回路**

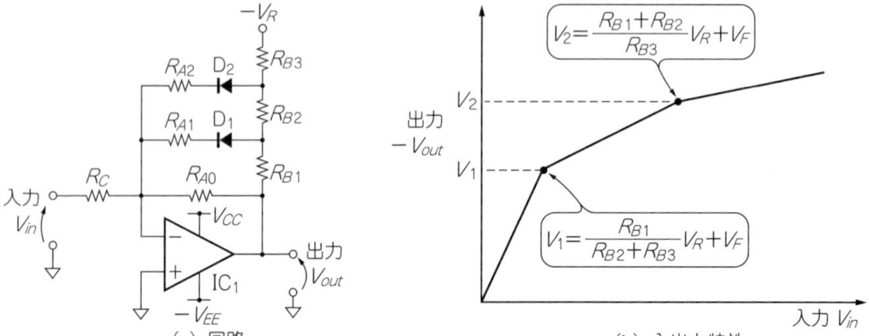

(a) 回路　　(b) 入出力特性

図17-20(24)　**帰還型圧縮回路**

外は使われません．

▶ダイオード・クランプ型圧縮回路

図17−18は，最も簡単なダイオード・クランプによる折れ線近似回路で，**図17−18(b)**からわかるようにV_{in}が高いほど，ゲインが小さくなる圧縮回路です．入力電圧V_{in}がV_1以下だと，すべてのダイオードが非導通ですから，出力電圧V_{out}はV_{in}がR_SとR_{A0}により分圧された値になります．

次に，V_{in}がV_1以上V_2以下になると，D_1が導通して，出力電圧V_{out}はV_{in}がR_Sと$R_{A0} /\!/ R_{A1}$により分圧された値になります．

V_{in}が上昇すると，次はD_2も導通してさらに分圧比が大きくなります．計算を簡単にするため，

$R_{A0} \gg R_{B0}$，$R_{A1} \gg R_{B1}$，$R_{A2} \gg R_{B2}$

と仮定していますが，より正確にする場合は**図17−17**のような理想ダイオード回路とします．

▶帰還型伸張回路

図17−19に示すのは，**図17−18**とは逆に，V_{in}が高いほど，ゲインが大きくなる伸張回路です．反転増幅回路のゲインGは，

$G = -R_C/R_A$

ですから，V_{in}が高くなるほどR_Aを小さくすれば伸張回路になります．

R_Aを等価的に小さくする動作は，**図17−18**と同じです．ダイオードの温度特性を簡易的に補償するには，R_Bと直列にダイオードを入れます．D_1の補償はR_{B2}に入れ，D_2の補償はR_{B3}に入れます．R_{B3}を定電流源にすると，V_1とV_2の計算は簡単になります．

▶帰還型圧縮回路

図17−20に示すのは，反転増幅回路の出力側にダイオードと抵抗を付けた圧縮回路です．

第18章

アクティブ・フィルタ

周波数特性を設計するには

不要な信号(雑音)を含んだ入力信号のなかから，必要な周波数成分を取り出すフィルタリングは，増幅と並んでアナログ信号処理の基本の一つです．

フィルタリング処理を実現するフィルタ回路には，OPアンプなどの能動(アクティブ)素子を使ったアクティブ・フィルタとインダクタやコンデンサなどの受動部品で構成したパッシブ・フィルタがあります．

本書では，OPアンプを使った各種のアクティブ・フィルタの動作や周波数特性を理解し，希望の仕様のフィルタを設計する方法を紹介します．ここでは，

- なぜ，パッシブ・フィルタでなくアクティブ・フィルタを取り上げるのか？
- フィルタ設計時にさけては通れない「伝達関数と周波数特性との関係」を理解する

という二つのテーマに絞って解説します．

フィルタの解説はどうしても数式が多くなりがちになります．ここでもいくつか数式を示しました．しかし，嫌いだからといって敬遠せずに，伝達関数を使って周波数特性を描いて，いろんなフィルタの特徴を理解してください．この手法は，フィルタだけでなく，負帰還回路の設計にも必ず役に立ちます．

なお最近，アクティブ・フィルタというと「高調波電流規制(IEC61000-3-2)」から電力用のアクティブ・フィルタを思い浮かべる人も多くなりましたが，ここで取り上げるのは信号用のアクティブ・フィルタです．

18-1　アクティブ・フィルタの基礎知識

■ 小型，軽量，高性能とアクティブ・フィルタは3拍子そろっている

● パッシブ・フィルタの泣き所であるインダクタを抵抗と能動素子で実現

希望の周波数特性をもつフィルタを設計するときは，パッシブ・フィルタの場合もアクティブ・フィルタの場合も，まず入力信号と出力信号の関係を表す関数を求めます．この関数を伝達関数と呼び

ます．

次に，この伝達関数が示す周波数特性を実際の回路で実現します．以前は，能動素子の性能が良くなかったので，インダクタとコンデンサによるパッシブ・フィルタがよく使われていました．

しかし特に低周波において，

- インダクタの形状や重量が大きくなる
- インダクタの入手性が悪い
- インダクタが磁束をまき散らす
- インダクタのインダクタンスが磁束密度で変動する

など，インダクタに関わる種々の問題に直面します．

アクティブ・フィルタは，抵抗と能動素子でこのインダクタを置き換えた，軽くてコンパクトで高性能なフィルタです．もちろん，アクティブ・フィルタも良いことばかりではなく，次のような欠点があります．

- 直流電源がないと能動素子が動作しない
- 抵抗が熱雑音を発生する
- OPアンプなどの能動素子は高周波の特性が良くない
- 正帰還で高いQを実現しているため，高精度なコンデンサおよび抵抗と高性能なアンプを使用しないと発振することがある
- 正帰還は負帰還と逆に回路の雑音が増大する

高周波では，受動素子が小型になることと，能動素子の特性が劣化することから，ほとんどがパッシブ・フィルタ(18)です．つまり，仕様に合わせてアクティブ・フィルタとパッシブ・フィルタを選択する必要があります．

18-2　パッシブ・フィルタはアクティブ・フィルタで置き換えられる

● パッシブ・フィルタとアクティブ・フィルタの動作イメージ

図18-1(a)に示すように，パッシブ・フィルタの基本であるLC共振回路は，Cに蓄積される静電エネルギとLに蓄積される電磁エネルギが半サイクルごとに相互に行き来します．

回路の損失は，LとCに寄生するわずかな抵抗分によって生じるので，**図18-2**からわかるように高いQ，つまり選択度が得られます．

ここで，パッシブ・フィルタの弱点であるLをRに置換することを考えてみます．すると，半サイクルの間にCに蓄積されたエネルギは，次の半サイクルでその1/2がRで消費されてしまい，0.5以上のQが得られません．

そこで，**図18-1**(b)に示すように，能動素子によってRの損失を補って高いQを実現します．これがアクティブ・フィルタの動作原理です．

● LCのパッシブLPFを2段のRC1次遅れ回路＋正帰還で実現する

図18-3に示すのは，インダクタ，コンデンサ，抵抗を使った簡単なLCのパッシブ・フィルタです．

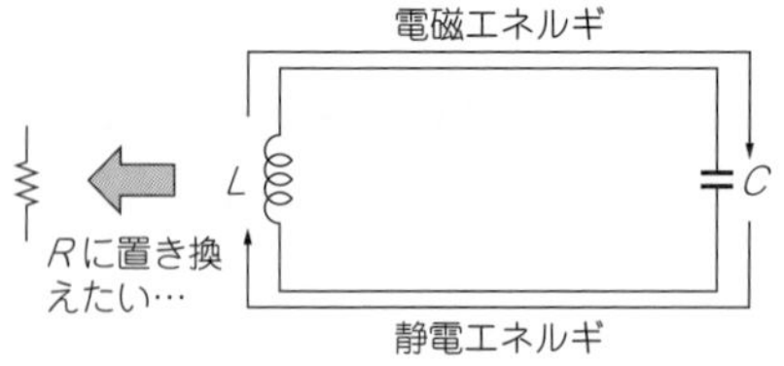

（a）LCパッシブ・フィルタ

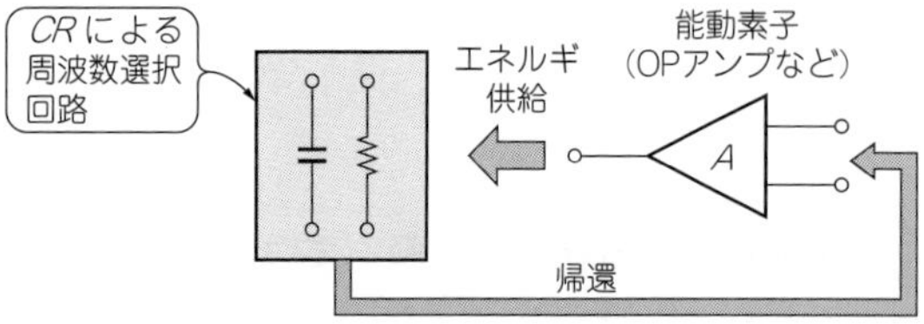

（b）RCアクティブ・フィルタ

図18-1　パッシブ・フィルタとアクティブ・フィルタの動作イメージ

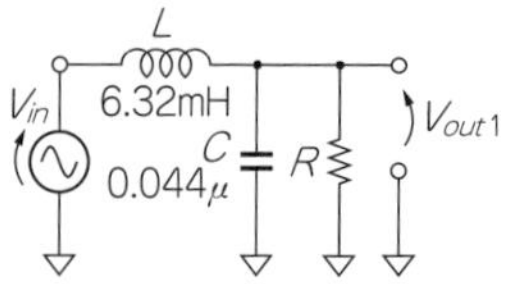

特性	Q	R
臨界制動	0.5	188Ω
ベッセル	$1/\sqrt{3}$	218Ω
バターワース	$1/\sqrt{2}$	226Ω

（b）周波数応答の種類とQ，R

$$G_{(s)}=\frac{V_{out1}}{V_{in}}=\frac{\omega_0{}^2}{s^2+\frac{1}{R}\sqrt{\frac{L}{C}}\ \omega_0 s+\omega_0{}^2}\ \cdots\cdots(18\text{-}6)$$

$$=\frac{\omega_0{}^2}{s^2+\frac{\omega_0}{Q}\ s+\omega_0{}^2}\ \cdots\cdots(18\text{-}7)$$

ただし，$\omega_0=\frac{1}{\sqrt{LC}}$ ……(18-8)

$$Q=R\sqrt{\frac{C}{L}}\ \cdots\cdots(18\text{-}9)$$

$$f_0=\frac{\omega_0}{2\pi}\fallingdotseq 9.54\text{kHz}$$

（a）回路と伝達関数

図18-3　LCのパッシブ・フィルタ…Lを抵抗と能動素子に置き換えるには？

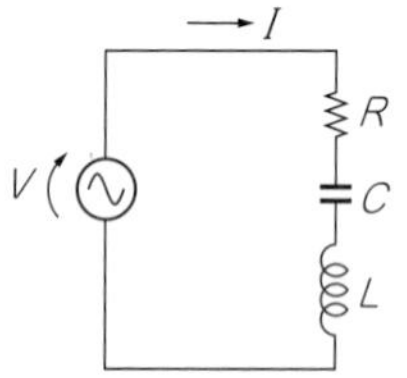

$$I=\frac{V}{R+\frac{1}{j\omega C}+j\omega L}=\frac{V}{R+j(\omega L-1/\omega C)}$$

エネルギで表現したQの定義は，

$$Q=\frac{\text{無効電力}}{\text{回路の損失分}}\ \cdots\cdots(18\text{-}1)$$

$$=\frac{\text{リアクタンス分}}{\text{抵抗分}}\ \cdots\cdots(18\text{-}2)$$

$$=\frac{\omega L-\frac{1}{\omega C}}{R}$$

（a）エネルギによるQの定義

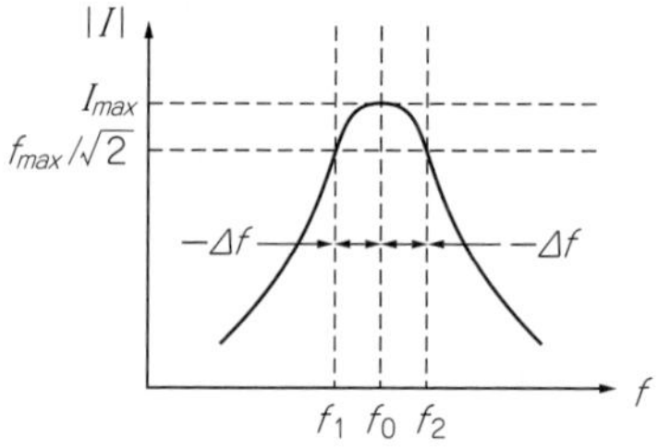

選択度によるQの定義は，

$$Q=\frac{f_0}{2\Delta f}=\frac{f_0}{f_2-f_1}\ \cdots\cdots(18\text{-}3)$$

ただし，

$$f_0=\frac{1}{2\pi\sqrt{LC}}\ \cdots\cdots(18\text{-}4)$$

$$=\frac{\omega_0}{2\pi}\ \cdots\cdots(18\text{-}5)$$

式(18−3)のQと式(18−1)のQは等しい

（b）選択度によるQの定義

図18-2　選択度Qの定義

LC直列共振回路に損失(R)を付加しており，Rが小さいほど損失が増加してQが低下します．

式(18-7)は第10章の式(10-9)と同じ形ですから，この回路は，直流と低域を通過させ，高域を阻止するフィルタということがわかります．この特性をもつフィルタを低域通過フィルタまたはLPF(Low Pass Filter)といいます．

では，このパッシブ・フィルタと周波数特性やQが等しいアクティブ・フィルタを作ってみましょう．

式(18-6)の分母は2次式ですが，RC1段の1次遅れ回路(LPF)の伝達関数の分母は，第9章の式(9-7)

に示したように1次式です．そこで，RC1次遅れ回路を2段従続接続すれば，伝達関数の分母は2次式になります．

アクティブ・フィルタの回路は，**図18-4**に示すように，RCの1次遅れ回路を2段接続し，出力から正帰還をかけてRによる損失分を補った2次のフィルタです．

▶ RCパッシブ・フィルタを縦続接続するとQは小さくなる

図18-4中の式(18-14)からわかるように，$a = 0$，つまり正帰還量をゼロにすると，2組のCR積(C_1R_1とC_2R_2)が等しくなり，Qは1/3になります．

図18-1(a)のLをRに置き換えたRCパッシブ・フィルタのQの理論最高値1/2というのは，どのようなときに成立するのか疑問に思った人もいるでしょう．

たとえば，$C_2 = C_1/10$，$R_2 = 10R_1$とすると，$Q = 1/2.1$となり1/2に近づきます．RCパッシブ・フィルタのQを理論最高値1/2に近づけるには，このように各段のCRの値の開きを大きくする必要があります．実際にフィルタを設計する場合には，各段のCRの値ができるだけ揃っていたほうが望ましいので，一般にRCパッシブ・フィルタのQは成り行きにまかせ，理論最高値にはこだわりません．

● **図18-3と図18-4は同じ特性を示す**

図18-3に示すLCパッシブ・フィルタと，**図18-4**に示すRCアクティブ・フィルタを**図18-3(b)**と**図18-4(b)**の定数で実際に作り，動作させてみました．

▶ 方形波応答の比較

写真18-1に1 kHzの方形波を入力したときの出力波形を示します．パッシブ・フィルタの出力V_{out1}とアクティブ・フィルタの出力V_{out2}は同一波形になっています．

$Q = 0.5$のときはオーバーシュートが出ません．この特性を臨界制動特性と呼びます．

$Q = 1/\sqrt{3}$のときは少しのオーバーシュートが出ますが，波形ひずみが最も小さくなります．この特性をベッセル特性と呼びます．

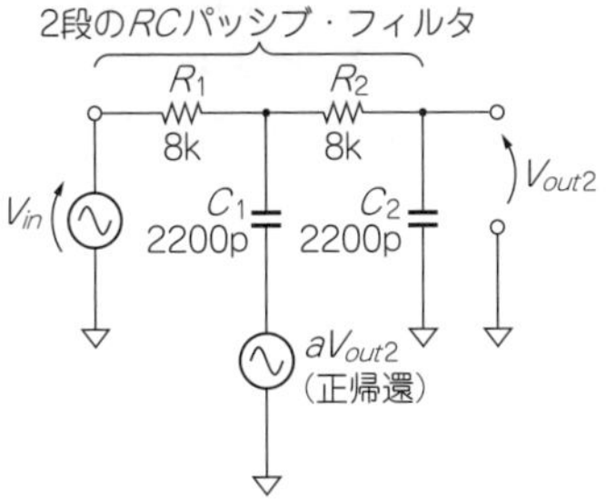

特性	Q	a
臨界制動	0.5	1
ベッセル	$1/\sqrt{3}$	1.268
バターワース	$1/\sqrt{2}$	1.586

(b) 周波数応答の種類とQ, a

$$G_{(s)} = \frac{V_{out2}}{V_{in}} = \frac{\omega_0^2}{s^2 + \left\{\sqrt{\frac{C_1R_1}{C_2R_2}}(1-a) + \sqrt{\frac{C_2R_2}{C_1R_1}} + \sqrt{\frac{C_2R_1}{C_1R_2}}\right\}\omega_0 s + \omega_0^2} \cdots\cdots (18\text{-}11)$$

ただし，$$\omega_0 = \frac{1}{\sqrt{C_1C_2R_1R_2}} \cdots\cdots (18\text{-}12)$$

式(18-7)から，

$$Q = \frac{1}{\sqrt{\frac{C_1R_1}{C_2R_2}}(1-a) + \sqrt{\frac{C_2R_2}{C_1R_1}} + \sqrt{\frac{C_2R_1}{C_1R_2}}} \cdots\cdots (18\text{-}13)$$

ここで，$R_1 = R_2 = R$, $C_1 = C_2 = C$とすると，

$$Q = \frac{1}{3-a} \cdots\cdots (18\text{-}14)$$

$$\therefore a = 3 - \frac{1}{Q} \cdots\cdots (18\text{-}15)$$

$$f_0 = \frac{\omega_0}{2\pi} \fallingdotseq 9.04\text{kHz}$$

(a) 回路と伝達関数

図18-4　図18-3のパッシブ・フィルタと同じ特性のアクティブ・フィルタ

$Q = 1/\sqrt{2}$のときはオーバーシュートは出ますが，利得周波数特性は最も平たんになります．この特性をバターワース特性と呼びます．

▶ゲイン-周波数特性の比較

図18-5にゲイン-周波数特性を示します．

*LC*パッシブ・フィルタと*RC*アクティブ・フィルタのゲイン-周波数特性を見ると，両者はほぼ相似です．**写真18-1**の波形にも違いは見られません．

＊

以上から*LC*パッシブ・フィルタと*RC*アクティブ・フィルタは，Qとω_0を合わせれば，同一特性になることがわかります．

フィルタを通過する信号波形への影響を表す「群遅延」　コラム

● 遅延特性が一定のフィルタは伝送波形をひずませない

フィルタが扱う信号は，正弦波だけではありません．オーディオ信号，ビデオ信号，パルス波，各種変調波なども扱います．そのなかには，波形の形そのものが重要な信号もあります．不要な帯域の信号(ノイズ)を除去し，かつ原波形を取り出したい場合，フィルタの波形ひずみが重要になります．

では，どのような特性のフィルタであれば，波形ひずみが少ないのでしょうか？

ヒントは伝送線路にあります．たとえば，同軸ケーブルによる信号伝送を考えてみます．終端された同軸ケーブルを使って信号伝送を行った場合，伝送波形がほとんどひずまないのは，日常よく経験します．

同軸ケーブルの内部で，何が起きているのか考えてみましょう．周波数が高くなれば波長が短くなりますから，入出力間の位相変化が(角)周波数の変化に対し，直線的に増大します．つまり，周波数の変化ぶんに対する位相の変化量が一定であれば，伝送波形のひずみが小さくなるのではないかと想像できます．

● 群遅延のパラメータτの定義

実際，位相変化の周波数変化に対する比を遅延(群遅延)と呼び，フィルタの波形ひずみを評価するパラメータとして使用されています．

遅延τ(タウ)は時間の次元をもち，次式で定義されます．

$$\tau = -\frac{d\phi(\omega)}{d\omega}$$

遅延特性が一定のフィルタは伝送波形のひずみが小さくなります．

図18-3と**図18-4**で実験したベッセル特性は通過域での遅延特性が最も平たんになるよう設定されたフィルタで，**写真18-1(b)**の波形写真からもわかるように1 kHz方形波の波形ひずみが最も小さくなっています．ただし，通過域の平坦性と遮断域の除去性能というフィルタとしての切れの良さが，バターワース特性にはかないません．

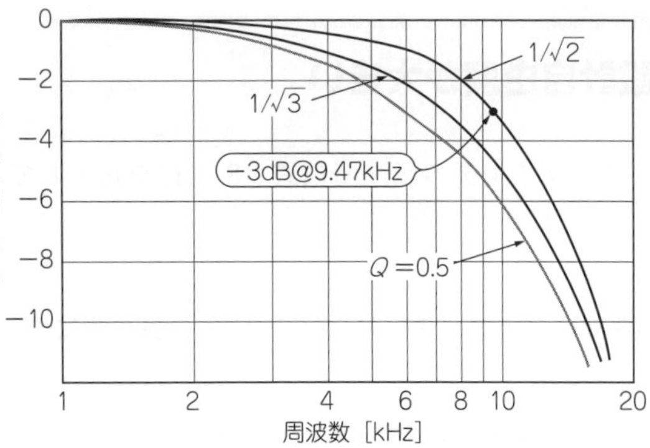

(a) *LC*パッシブ・フィルタ（**図18-3**）

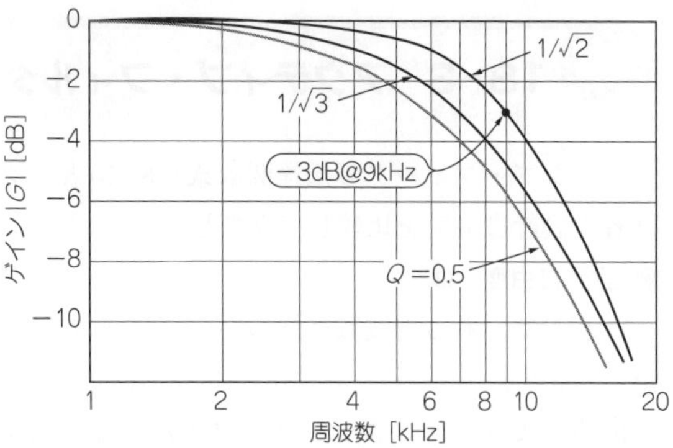

(b) *RC*アクティブ・フィルタ（**図18-4**）

図18-5　図18-3のパッシブ・フィルタと図18-4のアクティブ・フィルタのゲイン-周波数特性（実測）

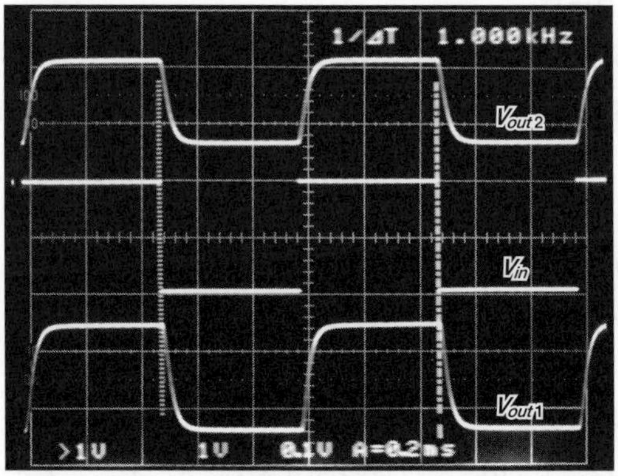

(a) 臨界制動特性

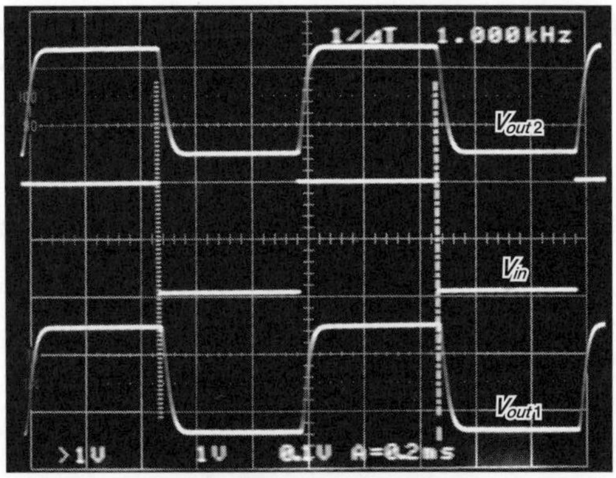

(b) ベッセル特性

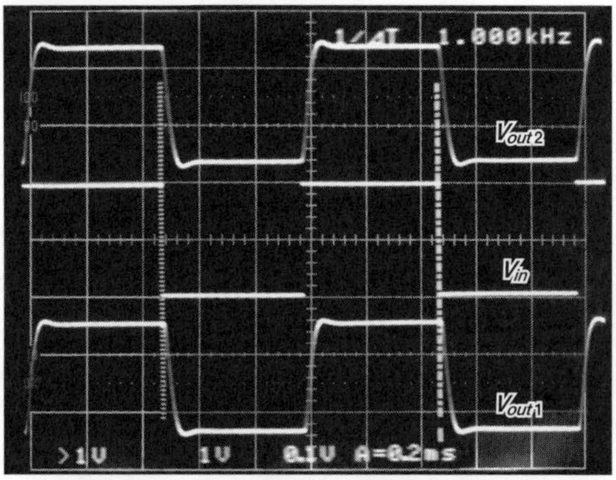

(c) バターワース特性

写真18-1　図18-3のパッシブ・フィルタ（V_{out1}）**と図18-4のアクティブ・フィルタ**（V_{out2}）**の方形波応答**（1 V/div., 0.2 ms/div.）

18-3 アクティブ・フィルタは設計自由度が大きい

パッシブ・フィルタの伝達関数式(18-6)とアクティブ・フィルタの伝達関数式(18-11)を比較して，両者の設計自由度を比較してみましょう．

● 設計自由度とは

たとえば，ある周波数特性のパッシブ・フィルタを設計するとき，100 Hのインダクタが必要になったとします．

前述のように，アクティブ・フィルタなら簡単に実現できますが，パッシブ・フィルタではどうでしょうか？磁性体のコアを使えば実現できますが，温度や電流によって透磁率が変動し，フィルタの特性が要求仕様を満足するかどうかわかりません．かといって，空芯で100 Hのインダクタは入手不可能です．

こういう状態を「パッシブ・フィルタはアクティブ・フィルタより設計自由度が小さい」と言います．

● パッシブ・フィルタの設計自由度

式(18-6)は，式(18-7)のQの部分をL，C，Rをパラメータとした式(18-9)で置き換えたものです．また，ω_0は式(18-8)で表されます．入手可能なLからω_0を設定するためにCを決定すると，Qを設定するためのRは，LとCから決まることを示しています．

図18-3中の定数を見るとわかるように，信号源V_{in}の駆動能力とは無関係にRが決まります．V_{in}としてOPアンプを使用した場合，OPアンプの駆動能力からRを決定すると，Lは特注になり，入手性が悪くなります．最悪の場合には，前述のようにほとんど実現不可能なインダクタンスになることもあります．

● アクティブ・フィルタの設計自由度

図18-4に示す式(18-11)は，式(18-7)のQの部分をC，R，aをパラメータとした式(18-13)で置き換えたものです．また，ω_0は式(18-12)で表されます．

式(18-12)にはaが入っていませんから，RCでω_0を設定し，ゲインaでQを設定できます．信号源V_{in}としてOPアンプを使用した場合，OPアンプの駆動能力からRを決定しても，入手の容易なCでω_0が設定でき，式(18-13)に示すように3未満のゲインaでQを設定できますから，パッシブ・フィルタに比べて設計の自由度が高くなります．

▶アクティブ・フィルタのQは20以下にするのが普通

LCパッシブ・フィルタは，どんなにQを高くしても発振しません．一方，アクティブ・フィルタはQが高くなると発振の危険性があります．したがって，アクティブ・フィルタのQは，温度変化，経時変化で発振しないように，20以下に抑えるのが一般的で，それ以上のQが必要な場合は，高Qに対応した回路を採用します．

18-4　五つのフィルタ

フィルタの周波数特性には，**図18-6(a)～(e)**に示すように5種類あります．図中の点線は理想的なフィルタ特性で，実線が現実のフィルタ特性です．

①LPF(ロー・パス・フィルタ)

信号の高域成分を遮断し，低域成分だけを通過させるフィルタです．低域通過フィルタとも呼ばれます．

②HPF(ハイ・パス・フィルタ)

信号の直流や低域成分を遮断し，高域成分だけを通過させるフィルタです．高域通過フィルタとも呼ばれます．

③BPF(バンド・パス・フィルタ)

信号の直流および低域成分と，高域成分を遮断し，特定の帯域成分だけを通過させるフィルタです．帯域通過フィルタとも呼ばれます．

④BEF(バンド・エリミネート・フィルタ)

特定の帯域成分だけを遮断し，信号の直流および低域成分と，高域成分を通過させるフィルタです．

帯域除去フィルタ，バンド・リジェクション・フィルタ，バンド・ストップ・フィルタなどと呼ばれています．商用電源周波数のような単一の周波数成分を遮断する場合は，ノッチ・フィルタと呼びます．

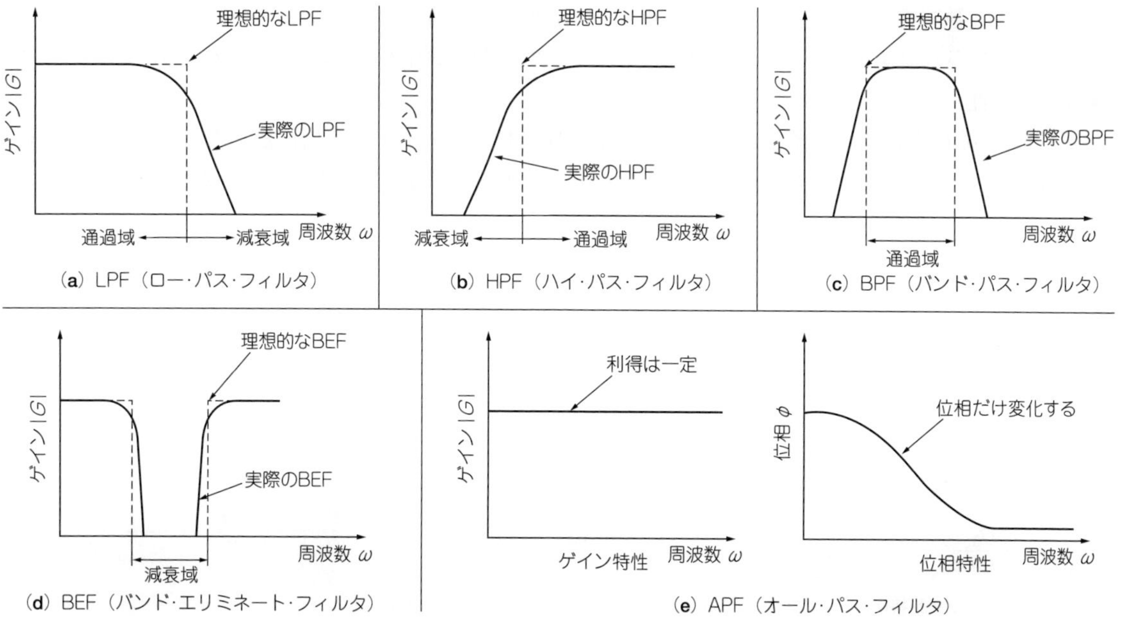

図18-6　5種類のフィルタ

⑤ APF(オール・パス・フィルタ)

全域通過フィルタとも呼びます．**図18-6(e)**に示すように，ゲインが一定で位相だけが周波数によって変化するため，移相回路とも呼びます．

入力信号のなかから，雑音などの不要な周波数成分の信号を遮断する能力はありませんが，前述のフィルタと組み合わせて位相特性の補償に使います．

18-5　1次/2次フィルタの伝達関数と周波数特性の関係

実際のフィルタは，1次または2次のフィルタを組み合わせて作ります．そこでここでは，1次と2次のLPF，HPF，BPF，BEF，APFの伝達関数を示し，関数を構成するパラメータが周波数特性に与える影響について理解を深めたいと思います．

次の説明では通過域のゲインG_0は一定で，極性を正としていますから，G_0が負の場合には，入出力位相差ϕに$-\pi$ rad(= −180°)のオフセットを加えます．G_0は全帯域で一定のゲインを与えますから，特にゲイン係数と呼ぶことがあります．

■ LPFの伝達関数と周波数特性

● 1次LPF…フィルタの基本

このLPFは，2次のLPFやHPF，BPFなど，他のフィルタの基本になるフィルタです．このフィルタをマスタすれば，この応用で他のフィルタも設計することができます．

▶ Qは0.5

第9章で説明したCR積分回路(**図9-2**)が基本回路です．**図18-7**に示すような周波数特性になります．この周波数特性を1次遅れ特性と言います．この回路と後述の1次HPFは，半サイクルの間にコンデンサに蓄積されたエネルギが，次の半サイクルで1/2が抵抗で消費されますから，$Q = 0.5$になります．

▶周波数特性

図に示すω_0は定数で，ゲインがG_0から約−3 dB(= $1/\sqrt{2}$)低下する角周波数を表します．周波数の場合は，f_0(= $\omega_0/2\pi$)に置き換えます．このf_0をコーナ周波数または遮断(カットオフ)周波数と呼びます．

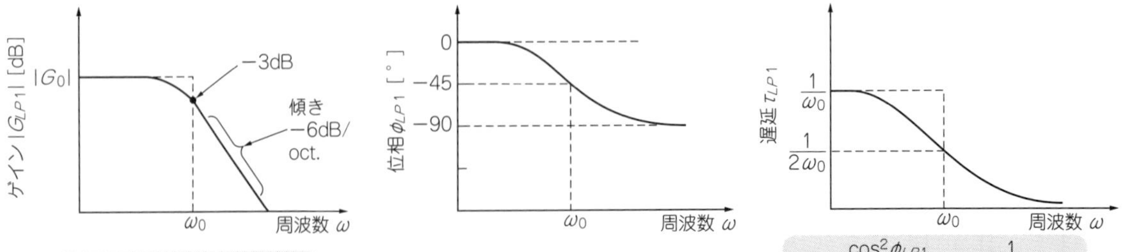

$$G_{LP1} = \frac{G_0\,\omega_0}{s+\omega_0} \cdots\cdots (18\text{-}16)$$

(a) ゲイン特性

(b) 位相特性(G_0>0のとき)

$$\tau_{LP1} = \frac{\cos^2\phi_{LP1}}{\omega_0} = \frac{1}{\omega_0\left\{1+\left(\dfrac{\omega}{\omega_0}\right)^2\right\}}$$

(c) 遅延特性

図18-7　1次LPFのゲイン，位相，遅延の周波数特性

図18-7中の伝達関数式(18-16)において，sを$j\omega$に置き換えると，ゲインG_{LP1}と位相ϕ_{LP1}の周波数特性は，

$$|G_{LP1}|=\frac{|G_0|}{\sqrt{1+(\omega/\omega_0)^2}}=\frac{|G_0|}{\sqrt{1+(f/f_0)^2}}$$

$$\phi_{LP1}=-\tan^{-1}\left(\frac{\omega}{\omega_0}\right)=-\tan^{-1}\left(\frac{f_1}{f_0}\right)$$

になります．

1次LPFの遅延τ_{LP1}は，次式になります．

$$\tau_{LP1}=\frac{\cos^2\phi_{LP1}}{\omega_0}=\frac{\omega_0}{\omega^2+\omega_0{}^2}$$

$$=\frac{1}{\omega_0\left\{1+\left(\frac{\omega}{\omega_0}\right)^2\right\}}$$

● **2次LPF**

このLPFは，**図18-8**に示すようにQによってω_0付近の特性が変わります．

ω_0では，1次LPFと異なり，ゲインがG_0から約-3 dB$(=1/\sqrt{2})$低下しない場合もありますが，位相は$-90°$になります．前述のように，ω_0ではゲインがG_0のQ倍になります．

式を書くと煩雑になりすぎるので，1次LPFの場合のようにゲインと位相の周波数特性の式は書きませんが，文献(8)を参考に伝達関数から式を求めて，プロットしてみてください．

■ HPFの伝達関数と周波数特性

● **1次HPF**

このHPFは，第9章で説明したCR微分回路(**図9-15**)が基本回路で，**図18-9**に示すような周波数特性になります．この周波数特性を1次進み特性と言います．

図18-9と**図18-7**を比較すると，1次HPFは1次LPFのゲイン特性をω_0中心に通過域と減衰域を反転させたゲイン特性になります．

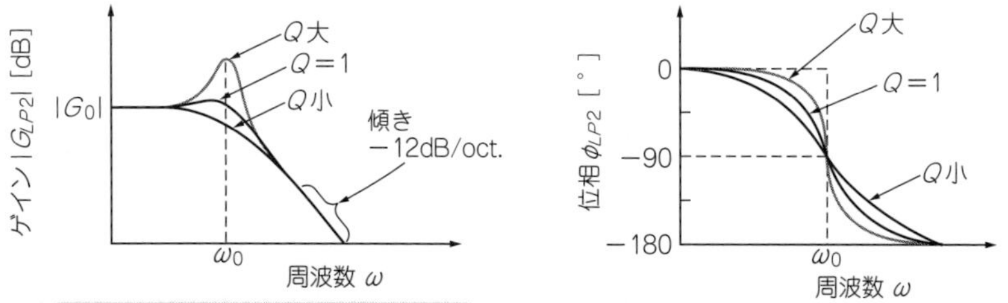

$$G_{LP2}=\frac{G_0\,\omega_0{}^2}{s^2+\frac{\omega_0}{Q}s+\omega_0{}^2}\cdots\cdots(18\text{-}17)$$

(**a**) ゲイン特性

(**b**) 位相特性 (G_0>0のとき)

図18-8　2次LPFの利得と位相の周波数特性

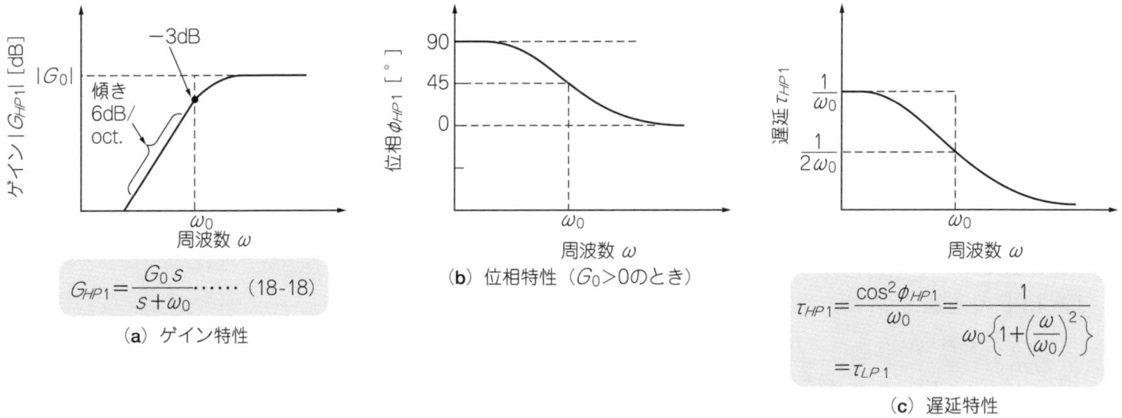

図18-9 1次HPFのゲイン，位相，遅延の周波数特性

(a) ゲイン特性

$$G_{HP1} = \frac{G_0 s}{s + \omega_0} \cdots\cdots (18\text{-}18)$$

(b) 位相特性（$G_0 > 0$ のとき）

(c) 遅延特性

$$\tau_{HP1} = \frac{\cos^2 \phi_{HP1}}{\omega_0} = \frac{1}{\omega_0 \left\{ 1 + \left(\frac{\omega}{\omega_0} \right)^2 \right\}} = \tau_{LP1}$$

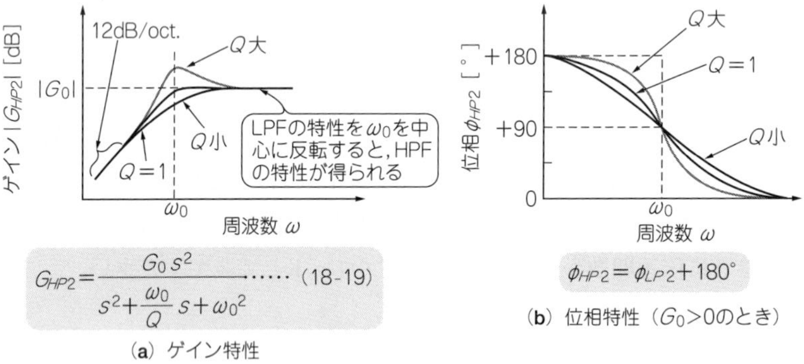

図18-10 2次LPFのゲインと位相の周波数特性

(a) ゲイン特性

$$G_{HP2} = \frac{G_0 s^2}{s^2 + \frac{\omega_0}{Q} s + \omega_0^2} \cdots\cdots (18\text{-}19)$$

LPFの特性をω_0を中心に反転すると，HPFの特性が得られる

(b) 位相特性（$G_0 > 0$ のとき）

$$\phi_{HP2} = \phi_{LP2} + 180°$$

位相特性は，1次LPFの位相特性を90°進めた特性になります．

図18-9中の伝達関数式(18-18)から，ゲインG_{HP1}と位相ϕ_{HP1}の周波数特性および遅延特性を求めると，

$$|G_{HP1}| = \frac{|G_0|}{\sqrt{1 + (\omega_0/\omega)^2}} = \frac{|G_0|}{\sqrt{1 + (f_0/f)^2}}$$

$$\phi_{HP1} = \frac{\pi}{2} - \tan^{-1}\left(\frac{\omega}{\omega_0}\right) = \frac{\pi}{2} + \phi_{LP1}$$

$$\tau_{HP1} = \tau_{LP1}$$

になります．

LPFの伝達関数式(18-16)において，sをω_0^2/sと置くと，HPFの伝達関数式(18-18)が得られます．

● 2次HPF

2次HPFのゲイン特性は，図18-10に示すように2次LPFの特性をω_0を中心に通過域と減衰域を反転させた特性になります．

位相特性は，2次LPFの位相特性を180°進めた特性になります．したがって，遅延特性は2次LPFと同じです．図中の伝達関数式(18-19)において，sを$j\omega$に置き換えると，

- $\omega \to 0$のとき$G_{HP2} = 0$
- $\omega = \omega_0$のとき$G_{HP2} = jQG_0$
- $\omega \to \infty$のとき$G_{HP2} = G_0$

となることからHPFになることは明らかです．$\omega = \omega_0$のときにゲイン$|G|$は，$\omega \to \infty$のときのQ倍となり，位相は90°進みます．

■ 2次BPFの伝達関数と周波数特性

BPFには1次のものはありません．

2次BPFは，**図18-11**中の伝達関数式(18-20)で，sを$j\omega$に置き換えると，

- $\omega \to 0$のとき$G_{BP2} = 0$
- $\omega \to \omega_0$のとき$G_{BP2} = G_0$
- $\omega \to \infty$のとき$G_{BP2} = 0$

となることからBPFになることがわかります．

図に示すようにQによって減衰域の特性が変わり，選択度Qの意味が明確です．

図18-11(**a**)において，角周波数を周波数に置換して，ゲインが$|G_0|$から-3 dB低下する周波数をf_1，f_2とすると，式(18-5)から，

$$Q = \frac{\text{中心周波数}}{-3\text{ dB帯域幅}} = \frac{f_0}{f_2 - f_1}$$

になります．2次BPFの位相特性は，

$$\phi_{BP2} = (\pi/2) + \phi_{LP2}$$

と，2次LPFの位相特性を90°進めた特性になります．したがって，遅延特性は2次LPFと同じです．

■ 2次BEFの伝達関数と周波数特性

BEFにも1次のものはありません．

2次BEFは，**図18-12**中の伝達関数式(18-21)において，sを$j\omega$に置き換えると，

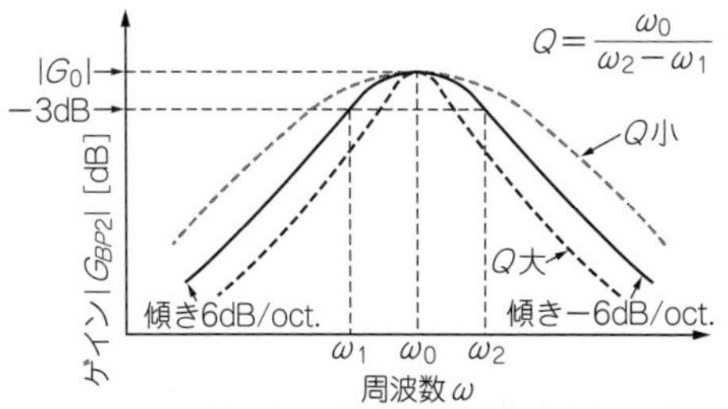

$$G_{BP2} = \frac{G_0 \frac{\omega_0}{Q} s}{s^2 + \frac{\omega_0}{Q} s + \omega_0{}^2} \quad \cdots (18\text{-}20)$$

(**a**) ゲイン特性

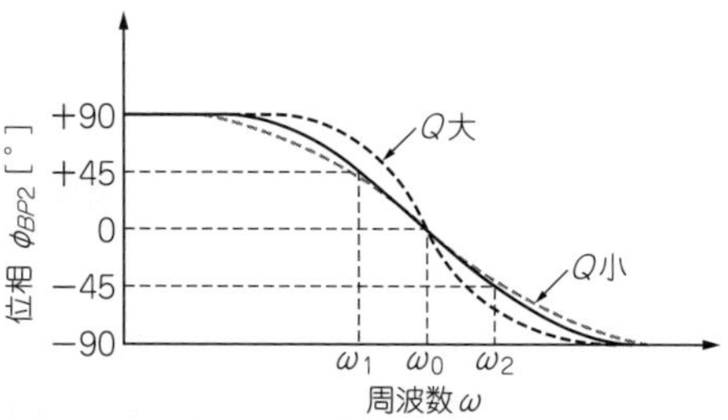

$\phi_{BP2} = \phi_{LP2} + 90°$

(**b**) 位相特性(G_0>0のとき)

図18-11　2次BPFのゲインと位相の周波数特性

●●●● フィルタ回路の伝達関数 ●●●●

● 伝達関数は入出力の関係を表す関数

「伝達関数」というと難しいイメージをもつ人もいるかもしれません．これは，すでに第9章と第10章で説明したように，線形回路の入力信号 V_{in} と出力信号 V_{out} の関係を表す関数です．

伝達関数 G は図18-Aに示すように，

$$G = V_{out} \div V_{in}$$

と表されますから，伝達関数がわかっている回路に任意の信号 V_{in} を入力したときの出力応答 V_{out} は，

$$V_{out} = GV_{in}$$

と，簡単に求めることができます．

今までは，伝達関数の変数を2文字の $j\omega$ として説明しましたが，フィルタ回路では1文字の s を使います．$j\omega$ と書くよりも s と書いたほうが文字数が少なくて書きやすいだけではなく，フィルタの設計理論と密接な関係があるためです．これについてはわかりやすい解説が文献(6)にありますから，ぜひ読んでください．

● $s = \sigma + j\omega$ ではなく $s = j\omega$ でOK

変数 s はラプラス演算子で，

$$s = \sigma + j\omega$$

と表されます．σ（シグマ）は過渡応答に関係し，包絡定数と呼びます．σ の逆数が第9章で説明した時定数（τ；タウ）です．

周波数特性を考えるときは，過渡応答は無視しますから，σ は無視します．したがって，フィルタ回路では，$s = j\omega$ と考えます．1文字変数になって，以前よりも伝達関数が書きやすくなりました．

- V_{in} を与えて，V_{out} を測定すれば，
  $$G = \frac{V_{out}}{V_{in}}$$
  から伝達関数 G が求まる．
- G が既知であれば，V_{in} を与えて，
  $$V_{out} = GV_{in}$$
  から V_{out} が求まる．

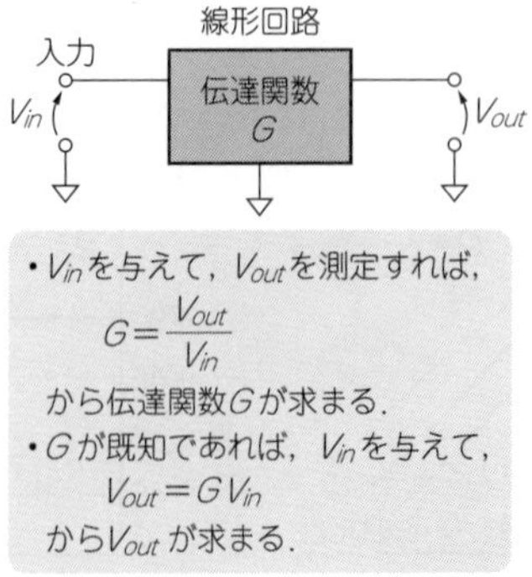

図18-A　伝達関数とは…入出力の関係を定義する関数

コラム

● フィルタ回路では ζ ではなく Q を使う

第10章では伝達関数に制動係数 ζ(ゼータ)が使われていましたが，ここでは Q に変わっています．

これは，フィルタが周波数同調回路(共振回路)から発展したという歴史的な経緯があるからで，フィルタでは伝統的に同調回路の選択度を表す Q を使います．Q と ζ の間には，

$$Q = \frac{1}{2\zeta}$$

の関係があります．なお，ζ は制御用途で使用されています．

図18-8に示す2次LPFの伝達関数式(18-7)で，$s = j\omega$ とおいたときの周波数特性を求めてみます．結果は，図18-Bに示すように，

- $\omega \to 0$ のとき $G_{LP2} = 1$
- $\omega = \omega_0$ のとき $G_{LP2} = Q/j$
- $\omega \to \infty$ のとき $G_{LP2} = 0$

と本文中の値と等しくなります．

- $\omega \to 0$ のとき $G = 1$ になる
- $\omega = \omega_0$ のときレベル $G = \dfrac{Q}{j}$ 位相($-90°$) レベルは Q に，位相は $-90°$ になる
- $\omega \to \infty$ のとき $G = \dfrac{1}{-\omega^2} \to 0$ レベルは0に，位相は $-180°$ に近づく

式(18-7)で $s = j\omega$ とおくと，
$$G = \frac{\omega_0^2}{(\omega_0^2 - \omega^2) + j\dfrac{1}{Q}\omega\omega_0}$$

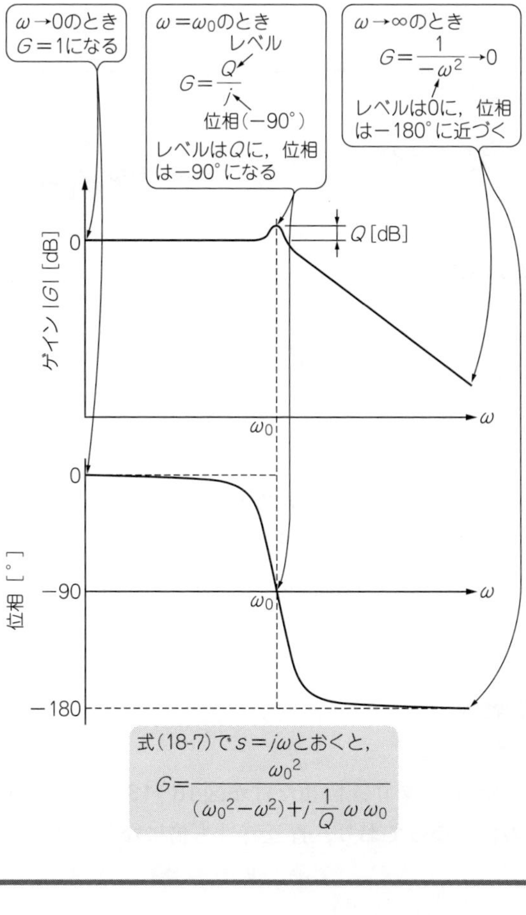

図18-B　2次LPFの周波数特性

$$G_{BE2} = \frac{G_0(s^2 + \omega_0^2)}{s^2 + \frac{\omega_0}{Q}s + \omega_0^2} \cdots (18\text{-}21)$$

$\omega < \omega_0$ のとき $\phi_{BE2} = \phi_{LP2}$
$\omega > \omega_0$ のとき $\phi_{BE2} = \phi_{LP2} + 180°$

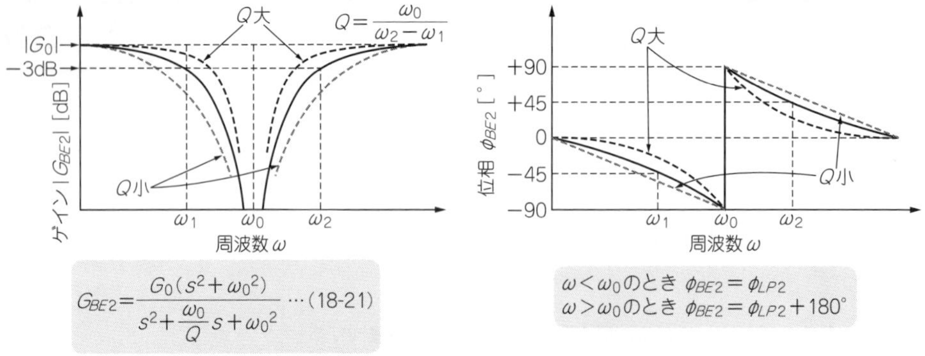

(a) ゲイン特性　　　(b) 位相特性（$G_0 > 0$ のとき）

図18-12　2次BEFのゲインと位相の周波数特性

$$G_{AP1} = G_0 \frac{s - \omega_0}{s + \omega_0} \cdots (18\text{-}22)$$

$$G_{AP2} = G_0 \frac{s^2 - \frac{\omega_0}{Q}s + \omega_0^2}{s^2 + \frac{\omega_0}{Q}s + \omega_0^2} \cdots (18\text{-}23)$$

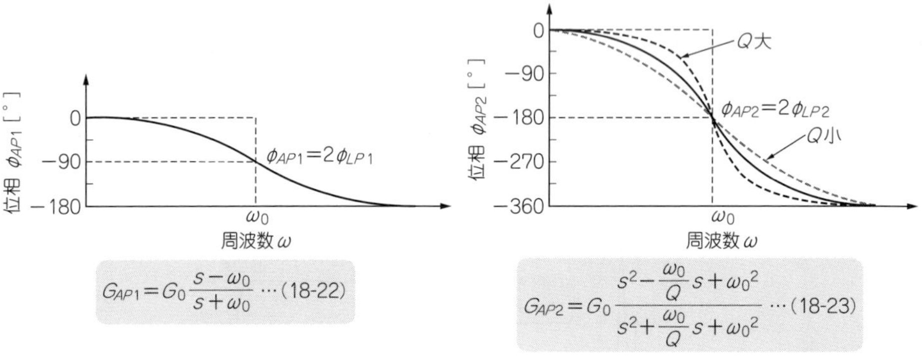

(a) 1次APF（$G_0 < 0$ のとき）　　　(b) 2次APF（$G_0 > 0$ のとき）

図18-13　APFの位相-周波数特性

- $\omega \to 0$ のとき $G_{BE2} = G_0$
- $\omega \to \omega_0$ のとき $G_{BE2} = 0$
- $\omega \to \infty$ のとき $G_{BE2} = G_0$

となることから，BEFになることがわかります．

2次BEFの位相特性は，図中の式から，$\omega < \omega_0$ のときは2次LPFの位相特性と同じ，$\omega > \omega_0$ のときは2次LPFの位相特性を180°進めた特性になります．したがって，遅延特性は2次LPFと同じです．

伝達関数式(18-21)を見ると，2次BPFの伝達関数式(18-20)との間に，

$G_{BE2} = G_0 - G_{BP2}$

という関係があることがわかります．

■ **APFの伝達関数と周波数特性**

APFには1次と2次のものがあります．

ゲインは全周波数帯域で一定 G_0 であり，位相だけが**図18-13**に示すように変化します．その変化特性は図に示すように，LPFの倍になっており，遅延特性も倍になります．

第19章

アクティブLPFの設計

雑音を除去するにはローパス・フィルタが一番

LPF(Low Pass Filter；低域通過フィルタ)は，雑音除去のためにもっとも多く使われているフィルタです．第11章で説明したように，白色雑音は周波数帯域の平方根に比例するため，周波数帯域をLPFで制限して，雑音を低減します．

フィルタを設計するには，要求仕様からフィルタの周波数特性を決定し，その特性を満足する伝達関数を求めます．つづいて，入出力特性がその伝達関数と一致する回路を作り，特性を実測すれば設計は終了します．

というと，何か難しそうな感じがしますが，実際にはこんな面倒なことはせず，フィルタ関係の文献に載っている表などを参照します．つまり，すでに伝達関数が求められているフィルタ特性を選択し，用意された正規化テーブルに，簡単な変換操作を施すだけです．

本章では，この簡単で実用的な設計手法を紹介しましょう．実際に使用する部品は理想的なものではないので，理想状態からのずれが，フィルタ特性に与える影響を見積もる必要があります．以前はこれらの計算も面倒でしたが，現在では電子回路用のシミュレーション・ツールで簡単に行えます．また，A-D変換回路の入力部に使うアンチエイリアシング・フィルタ用に最適な*LC*シミュレーション・フィルタも紹介しましょう．

前章で説明したように，すべてのフィルタの基本形はLPFであり，ほかのフィルタはLPFを基準に変数を変換するだけで設計できます．ここではLPFフィルタ設計法を詳しく説明します．

19-1　ローパス・フィルタの設計手順

■ 手順その①～周波数特性を選ぶ～

● とりあえずバターワース特性

入力信号のなかから必要な周波数の信号を取り出し，不要な周波数の信号(ノイズ)を遮断(しゃだん)するには，

①通過域が平坦(へいたん)で誤差が少ない

②減衰域の遮断特性が急峻で減衰量が大きい

③信号波形のひずみが少ない

というフィルタを作ればよいわけです．しかし，全部を満足させようとすると，高次のフィルタが必要になり部品点数が増えます．

まず，**図19-1**に示すように，LPFの周波数特性を三つのブロックに分けます．どの領域が一番重要なのかを決め，これだけは譲れないという必要最小限の特性を選びます．

よく使用される周波数特性には以下の4種類があり，その正規化テーブルは多くの文献に掲載されています．

①バターワース特性

②ベッセル特性

③チェビシェフ特性

④連立チェビシェフ特性

図19-2に，各周波数特性の利得と遅延特性の特徴を示します．どの部分の特性を重視したらよいかわからないときは，まずバターワース特性を選択するのが，フィルタ設計の定石です．問題があったらほかの特性に変更します．

▶バターワース特性

最大振幅平坦型とも呼びます．

通過域の平坦性を重視する場合に選択します．減衰域の遮断特性はあまり良くなく，伝送波形も少しひずみます．**図19-2(a)**に示すように，ゲイン-周波数特性に盛り上がりがなく最もフラットな特性を示します．2次LPFでは，$Q = 1/\sqrt{2}$です．

n次LPFのゲイン-周波数特性は，

$$|G| = G_0/\sqrt{1+(\omega/\omega_0)^{2n}}$$

で表されます．上式からわかるように，$\omega = \omega_0$のときの利得は約-3 dB($=1/\sqrt{2}$)です．バターワース特性と呼ばれる理由は，バターワース氏(Butterworth)によって理論的にまとめられたからです．

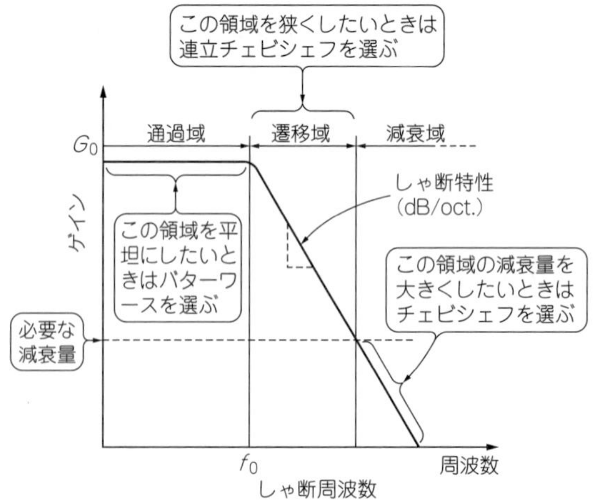

図19-1　LPFの周波数特性は三つのブロックに分けて考える

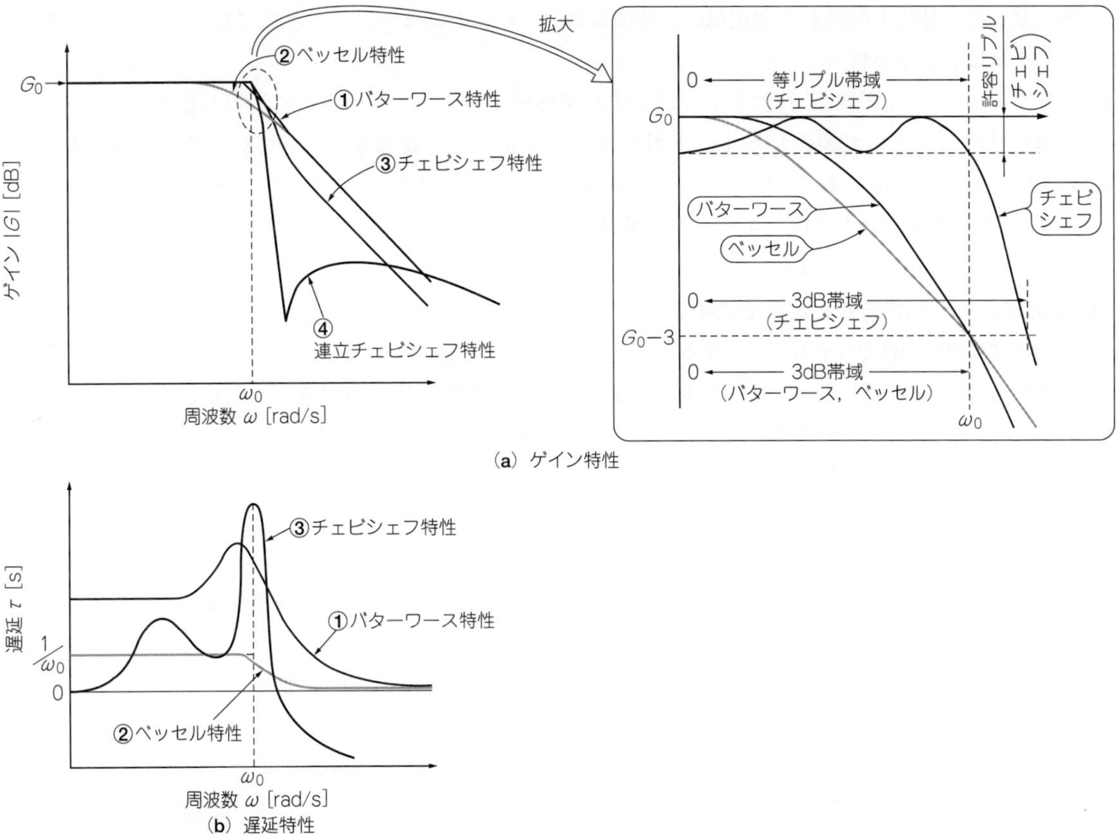

図19-2　LPFの四つの周波数特性

▶ベッセル特性

最大遅延平坦型とも呼びます．

伝送波形のひずみを重視する場合に選択します．伝送波形のひずみは最小になりますが，通過域の平坦性，減衰域の遮断特性とも良くありません．ゲインの通過域，減衰域の特性，減衰傾度ともほかのフィルタに比べて劣っています．

ただし，**図19-2(b)**に示すように，通過域での遅延特性が平坦です．2次LPFでは，$Q=1/\sqrt{3}$です．ベッセル特性と呼ばれる理由は，伝達関数の分母が，ベッセル関数になっているからです．

▶チェビシェフ特性

振幅波状特性とも呼びます．減衰域の遮断特性を重視する場合に選択します．減衰域のゲイン低下率はバターワースやベッセルに比べて優れています．

図19-2(a)に示すように，通過域のゲイン特性は波打っていて誤差が多く，平坦ではありません．また，伝送波形のひずみも大きくなります．

図19-2(b)の例は4次の特性です．このように，許容リプル・レベルや次数を変えると遅延特性が大幅に変化するので，遅延特性を問題にするような信号には利用できません．

チェビシェフ特性と呼ばれる理由は，伝達関数の分母が，チェビシェフ多項式になっているからです．

▶連立チェビシェフ特性

エリプティック（楕円関数）特性とも呼びます．遷移域を最小にしたい場合に選択します．

通過域は波打っていて誤差が多く，平坦ではありません．減衰域も波打っていてチェビシェフ特性よりも減衰特性は悪化します．伝送波形のひずみも大きくなります．

減衰域の利得低下率は最も大きく，遷移域は最小になります．エリプティック特性と呼ばれる理由は，楕円関数を応用しているからです．

■ 手順その②〜回路方式と定数を決める

● 必要とする遮断特性から次数を決定する

連立チェビシェフ特性以外を選択する場合は，遷移域の遮断特性から次数を決定します．

n次のLPFの場合，遮断周波数f_0から離れた周波数領域での遮断特性は$-n \times 6$ dB/oct.になります．次数は必要最小限にとどめます．

● 回路方式を選択する…コスト重視ならサレン・キー型

次数が低い場合は，後述のサレン・キー型が最も安価です．高調波ひずみ率を重視するときは，多重帰還型を使います．高周波ノイズが多い場合は，奇数次サレン・キー型か多重帰還型を使います．

● 回路定数を決定する…高精度コンデンサの入手を第一に考える

周波数特性は*CR*部品の精度に依存しますから，できるだけ高精度の*CR*を使う必要があります．したがって，部品メーカのカタログからどのような定数範囲であれば，高精度な*CR*が入手しやすいかどうかを調べます．定数設定にあたっては，入手容易な定数範囲の*CR*部品を使用できるようにします．

特に，コンデンサは入手できる容量値が限られているので，*LCR*メータを使って選別したり，複数を組み合わせることが必要になる場合もあります．最悪の場合は，先にコンデンサの選別と組み合わせを行ったのち，抵抗値を決定します．定数の具体的な決め方は後述します．

■ シミュレーションで周波数特性を確認

● フィルタはシミュレーションでほぼ設計を完了できる

回路が決まったら，シミュレータを使って周波数特性を解析します．シミュレータを使えば，定数のばらつきによる特性誤差も確認できます．

これまで紹介した回路は，シミュレーションを使うのではなく実際に試作して特性を確認しました．フィルタの場合も，試作して最終確認する必要がありますが，シミュレーションで特性を確認できれば，設計をほぼ完了することができます．

これは「モデリングが正確ならば，正しいシミュレーション結果が得られる」という，シミュレーションの基本からいえます．アクティブ・フィルタ回路は精度の高い素子を使うことが必須ですから，ほかの回路に比べて精度良く素子をモデリングでき，正確なシミュレーション結果が得られるわけです．

アクティブ・フィルタを実際にシミュレーションするときは，希望の精度が保証されるように素子の誤差を解析条件に設定します．

19-2　サレン・キー型LPFの設計例

■ サレン・キー回路とは

● 2次の回路

図19-3に，二つの2次サレン・キー回路を示します．サレン・キーは二人の考案者の名前でSallen-Keyと書きます．動作原理からVCVS(電圧制御電圧源)回路とも呼びます．

図19-3(a)に示すのは，OPアンプの利得が1(0 dB)で，C_1とC_2でQを設定するタイプです．**図19-3(b)**は，CとRの値を等しくして，OPアンプのゲインでQを設定するタイプです．

● 3次の回路

図19-4に，二つの3次サレン・キー回路を示します．**図19-4(a)**に示すのは1次＋2次の構成，**図19-4(b)**が直接3次の構成で，ゲッフィー(Geffe)回路と呼ばれています[25]．

前回説明したように，フィルタの特性はQで決まります．同じ回路形式でも，Qを変えれば，バターワース，ベッセル，チェビシェフ特性になります．**図19-4(b)**のOPアンプに抵抗を追加して，**図19-5**のような回路にすると，**図19-3(b)**の回路と同様にOPアンプの利得でQを設定し，いろんな特性を実現できるように思われるかもしれません．しかし，**図19-5**の証明を見るとわかるように，周波数を決定するC・Rを等しくするとバターワース特性を実現することはできません．

● n次の回路

図19-6と**図19-7**に示すのは，偶数次と奇数次のサレン・キー型正規化LPFの回路と伝達関数です．**図19-3**と**図19-4**で説明した基本ブロックを従属接続してn次のLPFを実現します．

■ 正規化テーブルを利用して伝達関数を求める

フィルタの文献を見ると，**表19-1**に示すような，遮断角周波数ω_0を1とした正規化LPF(NLPF)のQと角周波数ω_nの正規化テーブルが載っています．

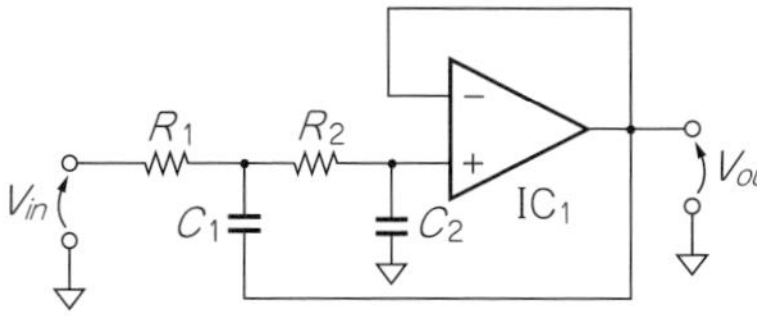

$$G=\frac{V_{out}}{V_{in}}=\frac{\omega_0{}^2}{s^2+2s\omega_0\sqrt{\dfrac{C_2}{C_1}}+\omega_0{}^2}$$

ただし，$R_1=R_2=R$, $C=\sqrt{C_1C_2}$

$$\omega_0=\frac{1}{R\sqrt{C_1C_2}}=\frac{1}{CR},\ Q=\frac{1}{2}\sqrt{\frac{C_1}{C_2}}$$

$$\therefore\ C_1=2QC=\frac{2Q}{\omega_0 R}\cdots\cdots\cdots(19\text{-}1)$$

$$C_2=\frac{C}{2Q}=\frac{1}{2Q\omega_0 R}\cdots\cdots(19\text{-}2)$$

(a) $G_0=1$

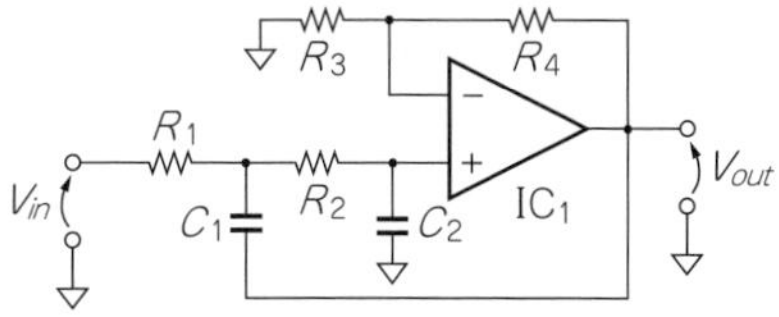

$$G=\frac{V_{out}}{V_{in}}=G_0\frac{\omega_0{}^2}{s^2+s\omega_0(3-G_0)+\omega_0{}^2}$$

ただし，$R_1=R_2=R$, $C_1=C_2=C$,

$\omega_0=\dfrac{1}{CR}$, $Q=\dfrac{1}{3-G_0}$，G_0：直流ゲイン

$$\therefore\ G_0=\frac{R_3+R_4}{R_3}=3-\frac{1}{Q}\cdots(19\text{-}3)$$

(b) $G_0=3-1/Q$

図19-3　2種類のサレン・キー型2次LPF

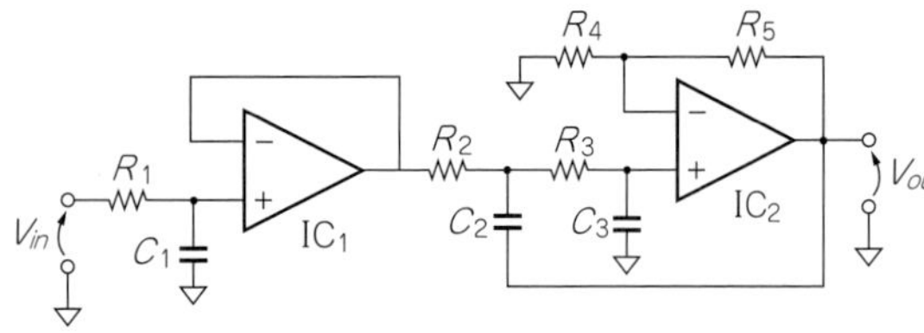

$R_1=R_2=R_3=R$,
$C_1=C_2=C_3=C$,
$\omega_0=\dfrac{1}{CR}$

から,

$$G=G_0\frac{\omega_0}{s+\omega_0}\ \frac{\omega_0{}^2}{s^2+\dfrac{\omega_0}{Q}s+\omega_0{}^2}\ \cdots\cdots(19\text{-}4)$$

Qは**図19-3**(**b**)と同じ

(**a**) 1次+2次

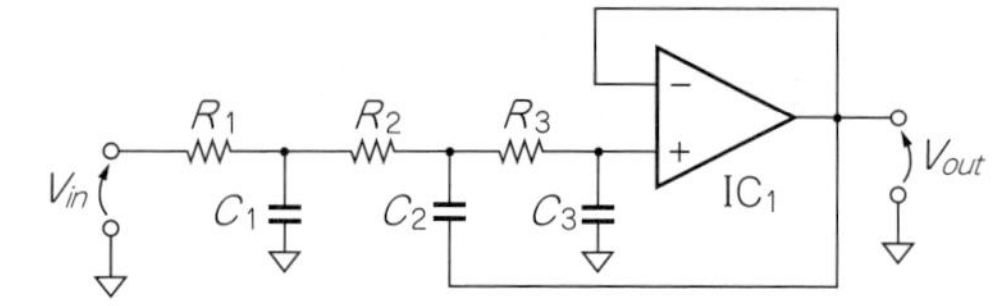

$R_1=R_2=R_3=R$

から,

$$G=\frac{1}{s^3R^3C_1C_2C_3+s^22R^2C_3(C_1+C_2)+sR(C_1+3C_3)+1}$$

この式を式(19-4)の形にするには3次方程式の解法(Cardanoの公式)を適用する．バターワース特性では,

$C=\sqrt[3]{C_1\,C_2\,C_3}$

$\omega_0=\dfrac{1}{CR}$

として，**表19-1**（**a**）から,

$C_1=1.393\,C$，$C_2=3.547\,C$，$C_3=0.2025\,C$

(**b**) 直接3次(ゲッフィー回路)

図19-4　2種類のサレン・キー型3次LPF

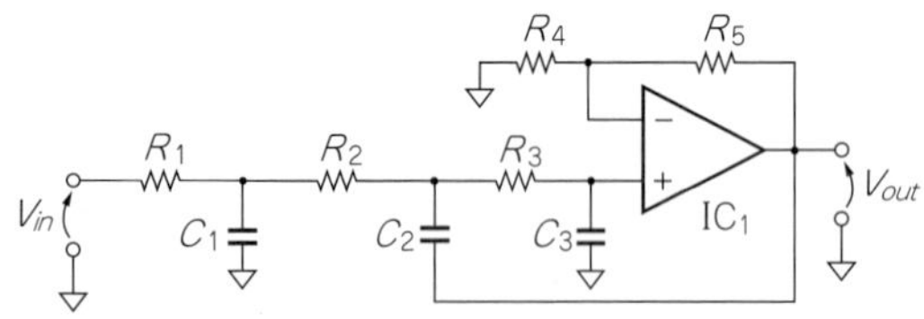

$R_1=R_2=R_3=R,\ C_1=C_2=C_3=C,\ \omega_0=\dfrac{1}{CR}$,

$G_0=\dfrac{R_4+R_5}{R_4}$

とすると,

$$G=G_0\frac{\omega_0{}^3}{s^3+s^2\omega_0(5-G_0)+s\omega_0{}^2(6-2G_0)+\omega_0{}^3}$$

バターワース特性の場合は,

$$G=G_0\frac{\omega_0{}^3}{s^3+s^22\omega_0+s\,2\omega_0{}^2+\omega_0{}^3}$$

上記の2式が一致するためには,

$6-2\,G_0=2$ から$G_0=2$
$5-2\,G_0=2$ から$G_0=3$

が同時に成立する必要があるが，明らかに$2\neq3$である．したがって，CRを等しくすると，この回路ではバターワース特性は実現不可能である．

図19-5　このLPFはバターワース特性を実現できない

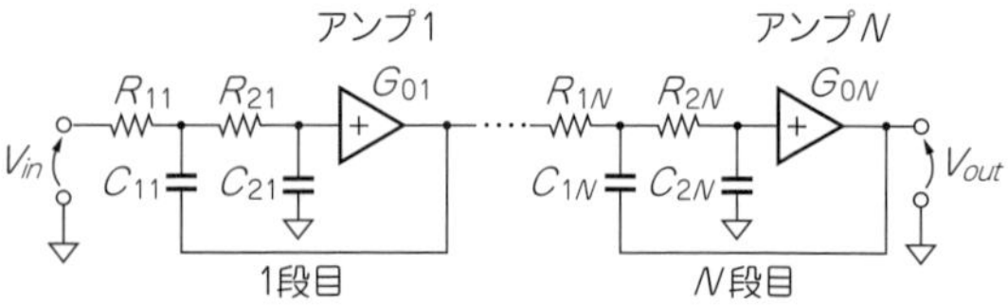

$\omega_0=1$
$R_{11}=R_{21}\cdots\cdots=R_{1N}=R_{2N}=1$
$C_1=\sqrt{C_{11}\,C_{21}},\cdots\cdots,C_N=\sqrt{C_{1N}C_{2N}}$
$\omega_1=\dfrac{1}{C_1}$，……，$\omega_N=\dfrac{1}{C_N}$　(∵抵抗は1)
$G_0=G_{01}G_{02}\cdots\cdots G_{0N}$

$$\therefore G=G_0\prod_{n=1}^{N}\frac{\omega_n{}^2}{s^2+s\dfrac{\omega_n}{Q_n}+\omega_n{}^2}\ \cdots\cdots\cdots\cdots(19\text{-}5)$$

(**A**) $C_{11}=C_{21}=C_1,\cdots\cdots,C_{1N}=C_{2N}=C_N$のときは,

$Q_n=\dfrac{1}{3-G_{0n}}$

(**B**) $G_{01}=G_{02}=\cdots\cdots=G_{0N}=1$のときは,

$Q_n=\dfrac{1}{2}\sqrt{\dfrac{C_{1n}}{C_{2n}}}$

図19-6　偶数次の正規化LPF

表19-1(**b**)のベッセル特性の遮断角周波数($\omega_n=1$ rad/s)は，ゲインが-3 dBになる点に設定されています．ベッセル特性の遮断角周波数の扱いは，文献によって違いますが，実用性を重視しました．

必要な特性が決まったら，この正規化テーブルのω_nとQ_nを参照して正規化伝達関数を求めます．次

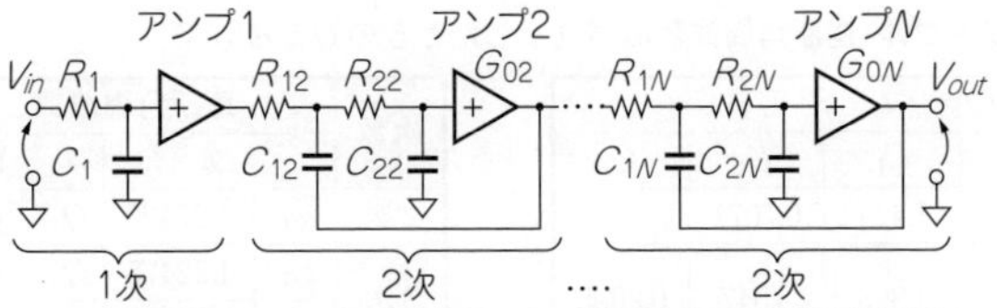

$\omega_0=1$

$R_1=R_{12}=R_{22}=\cdots\cdots=R_{1N}=R_{2N}=1$

$C_{12}=C_{22}=C_2, \cdots\cdots, C_{1N}=C_{2N}=C_N$

$$\omega_1=\frac{1}{C_1},\ \omega_2=\frac{1}{C_2}, \cdots\cdots, \omega_N=\frac{1}{C_N}\ (\because R=1)$$

$G_0=G_{02}G_{03}\cdots\cdots G_{0N}$

$$Q_1=0.5,\ Q_2=\frac{1}{3-G_{02}}, \cdots\cdots, Q_N=\frac{1}{3-G_{0N}}$$

$$\therefore G=G_0\frac{\omega_1}{s+\omega_1}\prod_{n=2}^{N}\frac{{\omega_n}^2}{s^2+s\dfrac{\omega_n}{Q_n}+{\omega_n}^2} \cdots\cdots\cdots\cdots (19\text{-}6)$$

(**a**) $Q_n=\dfrac{1}{3-G_{0n}}$ のとき

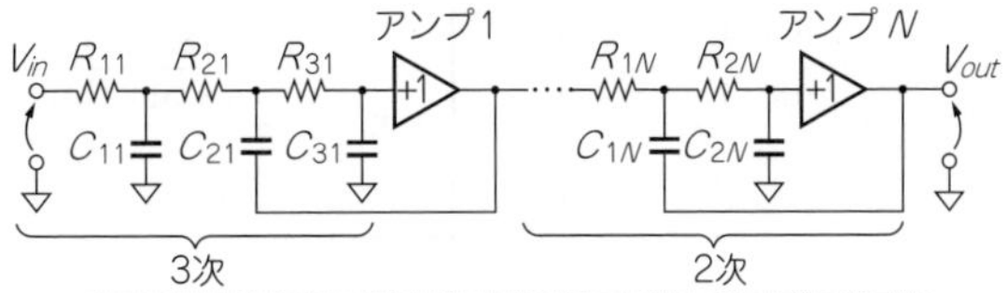

$R_{11}=R_{21}=R_{31}=R_{12}=R_{22}=\cdots=R_{1N}=R_{2N}=1$

伝達関数は式(17-6)において$G_0=1$にすると得られる．

$C_{11}, C_{21}, C_{31}, \cdots\cdots, C_{1N}, C_{2N}$の値は**表19-1**による．

(**b**) $G_0=1$のとき

図19-7　奇数次の正規化LPF

に，sをs/ω_0に置き換えて，最終の伝達関数を得ます．

■ 定数を決めてみよう

伝達関数が求まったら，使用する回路を選択して定数を決定します．正規化テーブル(**表19-1**)を使って，実際の回路の定数を決定する手法を説明します．

まず，遮断周波数f_0と適当なコンデンサCまたは抵抗Rを与えて，正規化テーブルの値から必要な定数を求めます．適当なCとRの値とは，入手が容易で，OPアンプの動作に支障がない値です．もし，求めた定数が不適当だった場合は，最初に与えたCとRの値を与え直して再計算します．

● 5次LPFの定数設計の例①

図19-8(**a**)に示すのは，**図19-3**(**b**)と**図19-4**(**a**)のサレン・キーLPFを組み合わせた5次バターワース特性の10 kHz LPFです．

最初に遮断周波数f_0(10 kHz)と適当なコンデンサC(3300 pF)を与えて，基準になるRを求め，**表19-1**の正規化テーブルから，各段の利得G_{0n}を求めます．ほかの特性のフィルタも同様に定数設計できます．

● 5次LPFの定数設計の例②

図19-9(**a**)に示すのは，**図19-3**(**a**)と**図19-4**(**b**)のサレン・キーLPFを組み合わせた5次バターワ

表19-1[6][26]　**各種LPFの正規化テーブル**（遮断角周波数ω_0を1としたときのQとω_n）

次数	遮断角周波数とQ				容量		
	ω_n		Q_n		C_1	C_2	C_3
2次	ω_1	1.0	Q_1	0.70711	1.414	0.7071	−
3次	ω_1	1.0	Q_1	0.5	1.393	3.547	0.2025
	ω_2	1.0	Q_2	1.00000			
4次	ω_1	1.0	Q_1	0.54120	1.082	0.9239	−
	ω_2	1.0	Q_2	1.30656	2.613	0.3827	−
5次	ω_1	1.0	Q_1	0.5	1.354	1.753	0.4213
	ω_2	1.0	Q_2	0.61803			
	ω_3	1.0	Q_3	1.61803	3.236	0.3090	−
6次	ω_1	1.0	Q_1	0.51764	1.035	0.9659	−
	ω_2	1.0	Q_2	0.70711	1.414	0.7071	−
	ω_3	1.0	Q_3	1.93185	3.864	0.2588	−
7次	ω_1	1.0	Q_1	0.5	1.337	1.532	0.4884
	ω_2	1.0	Q_2	0.55496			
	ω_3	1.0	Q_3	0.80194	1.604	0.6235	−
	ω_4	1.0	Q_4	2.24698	4.494	0.2225	−
8次	ω_1	1.0	Q_1	0.50980	1.020	0.9808	−
	ω_2	1.0	Q_2	0.60135	1.203	0.8315	−
	ω_3	1.0	Q_3	0.89998	1.800	0.5556	−
	ω_4	1.0	Q_4	2.56292	5.126	0.1951	−

（**a**）バターワースLPF

次数	遮断角周波数とQ				容量		
	ω_n		Q_n		C_1	C_2	C_3
2次	ω_1	1.27420	Q_1	0.57735	0.9066	0.6800	−
3次	ω_1	1.32475	Q_1	0.5	0.9880	1.423	0.2538
	ω_2	1.44993	Q_2	0.69104			
4次	ω_1	1.43241	Q_1	0.52193	0.7531	0.6746	−
	ω_2	1.60594	Q_2	0.80544	1.012	0.3900	−
5次	ω_1	1.50470	Q_1	0.5	0.8712	1.010	0.3095
	ω_2	1.55876	Q_2	0.56354			
	ω_3	1.75812	Q_3	0.91648	1.041	0.3100	−
6次	ω_1	1.60653	Q_1	0.51032	0.6352	0.6100	−
	ω_2	1.69186	Q_2	0.61120	0.7225	0.4835	−
	ω_3	1.90782	Q_3	1.02330	1.073	0.2561	−
7次	ω_1	1.68713	Q_1	0.5	0.7792	0.8532	0.3027
	ω_2	1.71911	Q_2	0.53235			
	ω_3	1.82539	Q_3	0.66083	0.7250	0.4151	−
	ω_4	2.05279	Q_4	1.12630	1.100	0.2164	−
8次	ω_1	1.78143	Q_1	0.50599	0.5673	0.5540	−
	ω_2	1.83514	Q_2	0.55961	0.6090	0.4861	−
	ω_3	1.95645	Q_3	0.71085	0.7257	0.3590	−
	ω_4	2.19237	Q_4	1.22570	1.116	0.1857	−

（**b**）ベッセルLPF

次数	遮断角周波数とQ				容量		
	ω_n		Q_n		C_1	C_2	C_3
2次	ω_1	1.45397	Q_1	0.80925	1.113	0.4249	−
3次	ω_1	0.76722	Q_1	0.5	1.611	6.827	0.0885
	ω_2	1.15699	Q_2	1.50803			
4次	ω_1	0.67442	Q_1	0.65725	1.949	1.128	−
	ω_2	1.07794	Q_2	2.53611	4.706	0.1829	−
5次	ω_1	0.43695	Q_1	0.5	2.663	5.0919	0.3147
	ω_2	0.73241	Q_2	1.03593			
	ω_3	1.04663	Q_3	3.87568	7.406	0.1233	−
6次	ω_1	0.44406	Q_1	0.63703	2.869	1.768	−
	ω_2	0.79385	Q_2	1.55563	3.919	0.4049	−
	ω_3	1.03112	Q_3	5.52042	10.707	0.0878	−
7次	ω_1	0.30760	Q_1	0.5	3.710	6.195	0.5000
	ω_2	0.53186	Q_2	0.95956			
	ω_3	0.84017	Q_3	2.19039	5.214	0.2717	−
	ω_4	1.02230	Q_4	7.46782	14.609	0.0655	−
8次	ω_1	0.33164	Q_1	0.63041	3.802	2.392	−
	ω_2	0.61692	Q_2	1.38327	4.485	0.5859	−
	ω_3	0.87365	Q_3	2.93174	6.712	0.1952	−
	ω_4	1.01679	Q_4	9.71678	19.112	0.0506	−

（**c**）リプル0.25dBのチェビシェフLPF

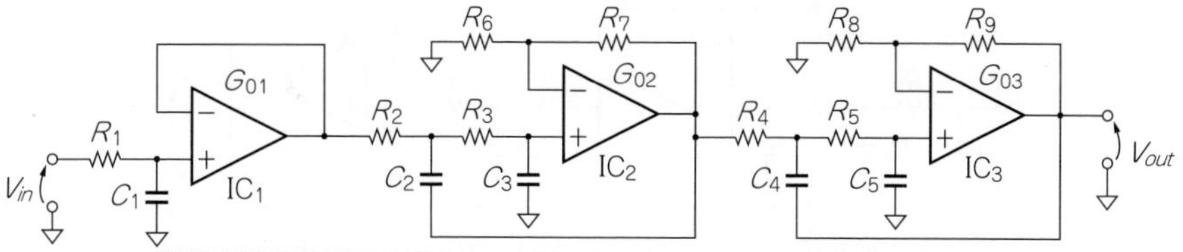

表19-1(**a**)に示すバターワース特性から,
$\omega_1=\omega_2=\omega_3=1.0,\ Q_1=0.5,\ Q_2=0.61803,\ Q_3=1.61803$
$f_0=10\text{kHz}$から,
$\omega_0=2\pi\times10^4\text{rad/s}$,
$C_1=C_2=C_3=C_4=C_5=C=3300\text{pF}$ ← Cを決める
とすると,
$R_1=R_2=R_3=R_4=R_5=R=\dfrac{1}{\omega_0 C}=4.823\text{k}\Omega$ ← Rを求める

$G_{02}=3-\dfrac{1}{Q_2}=1.382$

$G_{03}=3-\dfrac{1}{Q_3}=2.382$

$R_6=R_8=10\text{k}\Omega$とすると,
$R_7=R_6(G_{02}-1)=3.82\text{k}\Omega$
$R_9=R_8(G_{03}-1)=1.382\text{k}\Omega$

(**a**) バターワース特性の定数設計例

フィルタ特性	R_1[kΩ]	R_2, R_3[kΩ]	R_4, R_5[kΩ]	G_{02}[倍]	G_{03}[倍]	R_7[kΩ]	R_9[kΩ]
ベッセル	3.205	3.094	2.743	1.226	1.909	2.26	9.09
リプル0.25dBのチェビシェフ	11.04	6.585	4.608	2.035	2.742	10.35	17.42
バターワース	4.823	4.823	4.823	1.382	2.382	3.82	13.82

(**b**) ベッセル特性とチェビシェフ特性の定数設計例

図19-8　図19-3(**b**)**と図19-4**(**a**)**を組み合わせた5次バターワースLPF**(f_0 = 10 kHz, C = 3300 pF, $R_6 = R_8$ = 10 kΩ)

ース特性の10 kHz LPFです.

遮断周波数f_0と適当な抵抗Rを与えて, 基準になるCを求め, **表19-1**の正規化テーブルから求めたC_nに乗じれば, 定数が求まります. ほかの特性のフィルタも同様です. なお1 nF(ナノ) = 0.001 μF = 1000 pFです. フィルタでは, 有効数字が多桁になることが多く, 0を少なくするために, コンデンサの単位としてnFがよく使われています.

■ シミュレーションによる特性の確認

図19-10と**図19-11**に示すのは, 稿末の文献(6)を参考にして, **図19-9**の定数でシミュレーションした結果です.

● 周波数特性

図19-10(**a**)に解析結果を示します. 正確な定数でシミュレーションしていますから特性も正確です. 特性が正確かどうかは次のようにして確認します.

①遮断周波数f_0の特性を見る

- ベッセル特性…ゲインが－3 dBになっているか
- バターワース特性…ゲインが－3 dB, 位相遅れが$n\times45°$になっているか
- チェビシェフ特性…許容リプル以内の減衰特性になっているか

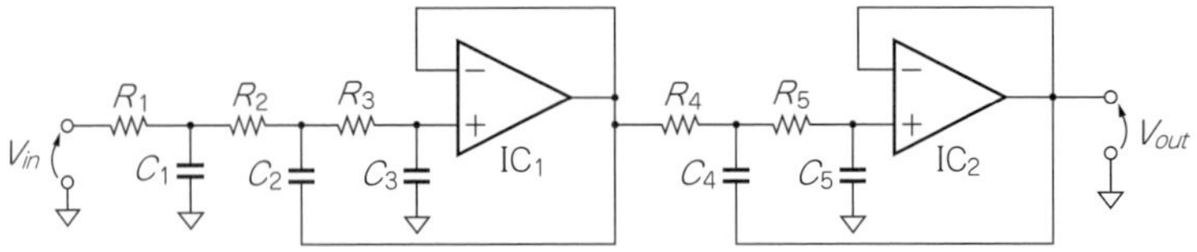

f_0=10kHzから，

$\omega_0=2\pi\times10^4$ rad/s

$R_1=R_2=R_3=R_4=R_5=R=5.6\text{k}\Omega$ ← Rを決める

とすると，

$C=\dfrac{1}{\omega_0 R}=2.842\times10^{-9}$ ← Cを求める

表19-1(**a**)に示すバターワース特性から，

$C_1=1.354C=3.848\text{nF}$，（$C_1$(1行目)）　$C_2=1.753C=4.982\text{nF}$（$C_2$(1行目)）

$C_3=0.4213C=1.197\text{nF}$，（(1行目)）　$C_4=3.236C=9.197\text{nF}$（$C_1$(2行目)）

$C_5=0.3090C=878.2\text{pF}$（$C_2$(2行目)）

(**a**) バターワース特性の定数設計例

フィルタ特性	C_1[nF]	C_2[nF]	C_3[nF]	C_4[nF]	C_5[pF]
ベッセル	2.476	2.870	0.8796	2.959	881.0
リプル0.25dBのチェビシェフ	7.568	14.47	0.8944	21.05	350.4
バターワース	3.848	4.982	1.197	9.197	878.2

(**b**) ベッセル特性またはチェビシェフ特性にする場合

図19-9　図19-3(a)と図19-4(b)を組み合わせた5次バターワースLPF(f_0 = 10 kHz, $R_1=R_2=R_3=R_4=R_5=5.6\text{ k}\Omega$)

②f_0から十分離れたところの減衰特性を見る

- n次LPF…－6×n dB/oct.になっているか

● **ステップ応答**

図19-10(**b**)に解析結果を示します．ベッセル特性は軽微なオーバーシュートがあっても，リンギングはなく，最も波形ひずみが少なくなっています．

■ 素子ばらつきが特性に与える影響を調べる

● **コンデンサ誤差±5％，抵抗誤差±1％のとき**

図19-11(a)に示すのは，文献(6)を参考に，バターワース特性のコンデンサの誤差を最大±5%，抵抗の誤差を最大±1%として，モンテカルロ解析を行った結果です．

10 kHzの利得は±1 dB，－3 dB点の周波数は±500 Hz程度にばらついています．このばらつきを抑えるには，抵抗とコンデンサの誤差を小さくする必要があります．許容誤差以内にばらつきが収まるように，抵抗とコンデンサの誤差を調整して，シミュレーションを繰り返すのが現実的です．

● **コンデンサ誤差±1％，抵抗誤差±0.1％のとき**

図19-11(**b**)に示すのは，コンデンサの誤差を最大±1 %，抵抗の誤差を最大±0.1%として，遮断周波数近傍をシミュレーションした結果です．

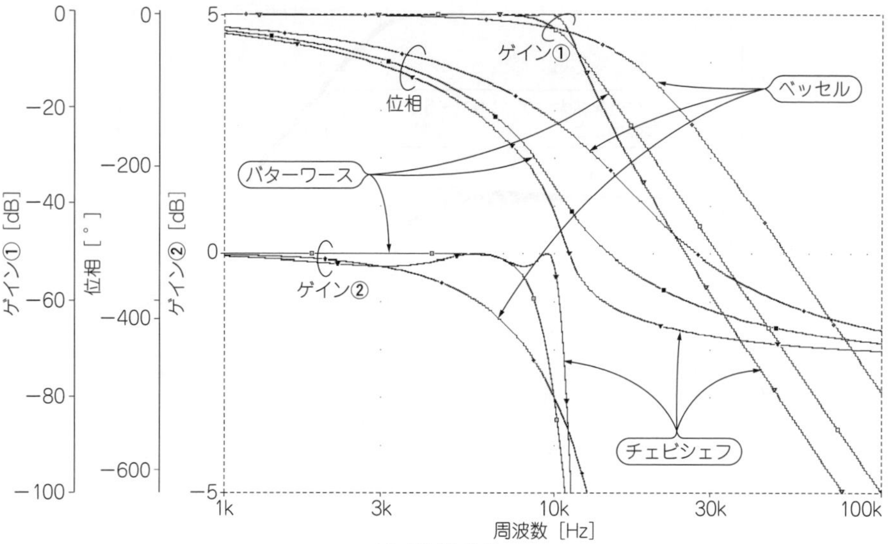

(a) 周波数特性

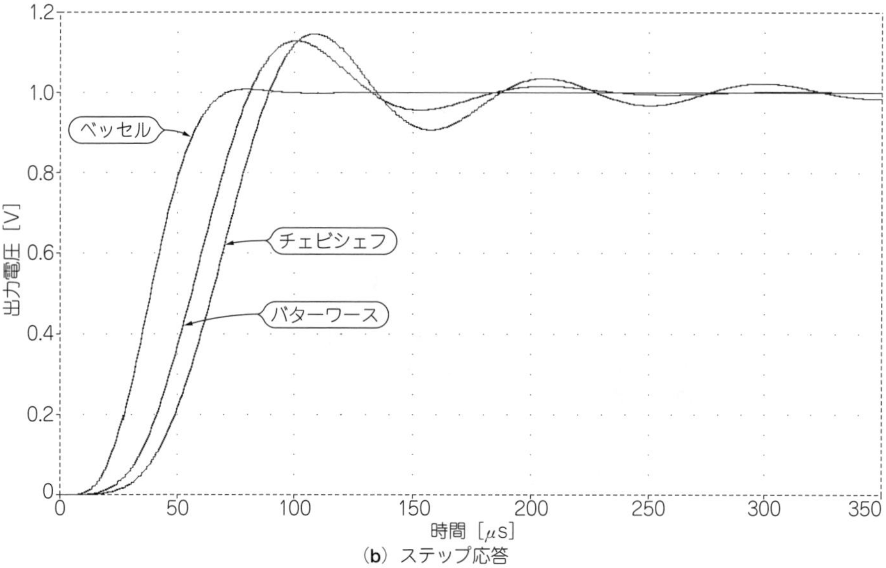

(b) ステップ応答

図19-10　図19-9の周波数特性とステップ応答(シミュレーション)

7 kHzの利得は±0.2 dB, −3 dB点の周波数は±50 Hz程度にばらついています. ゲインのばらつきを小さくしたい場合は, CとRの誤差をさらに小さくするか, 後述のFDNR回路を使います.

19-3　実用的なLPFを設計するためのアドバイス

● ダイナミック・レンジを稼ぐには…高Qの回路を後段におく

LPFのダイナミック・レンジを大きくするには, 利得周波数特性に大きなピークをもつ高Qの部分

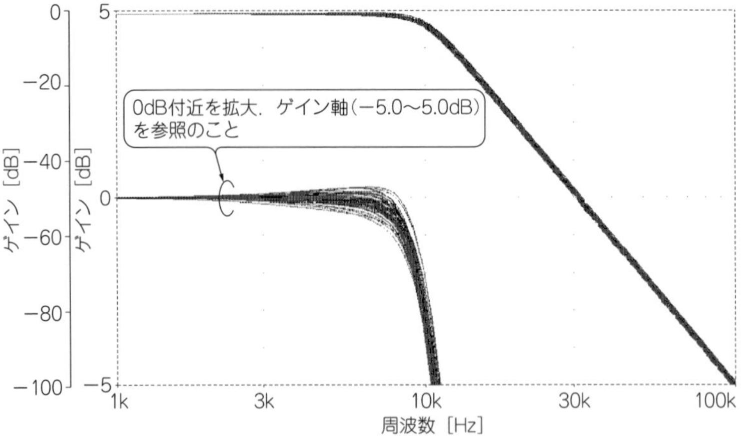

(a) Cのばらつきを±5%に，Rのばらつきを±1%に設定

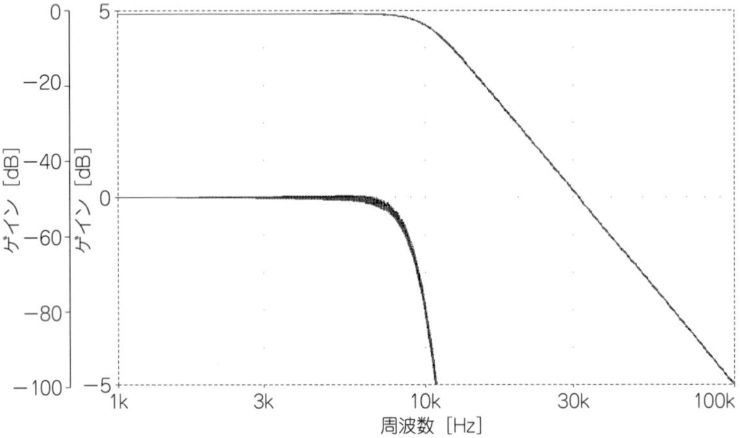

(b) Cのばらつきを±1%に，Rのばらつきを±0.1%に設定

図19-11　図19-9の素子ばらつきによる特性の変化（モンテカルロ・シミュレーション）

をできるだけ後段に置くことです．**表19-1**に示したフィルタはすべてこのような構成です．

● **ノイズを小さくしたいときは…高Qの回路を初段におく**

ダイナミック・レンジに余裕があり，できるだけノイズを減少させたいときは，逆に高Qの部分をできるだけ初段に置きます．

これは，アクティブLPFは正帰還量を大きくして高Qを実現していますが，正帰還量が大きくなるとノイズも増加しますから，増加したノイズを後段の低QのLPFで減衰させるためです．

● **奇数次サレン・キーはフィード・スルーが小さい**

OPアンプの出力インピーダンスは，ループ・ゲインが減少する高域で増大します．偶数次サレン・キー型LPFに高周波信号が入力されると，OPアンプの出力インピーダンスのため，**図19-12(a)**に示すように，出力に入力信号が漏れ出します．これをフィード・スルーといいます．

これを防止するには，**図19-12(b)**のように奇数次サレン・キー型LPFにするか，次節の多重帰還型

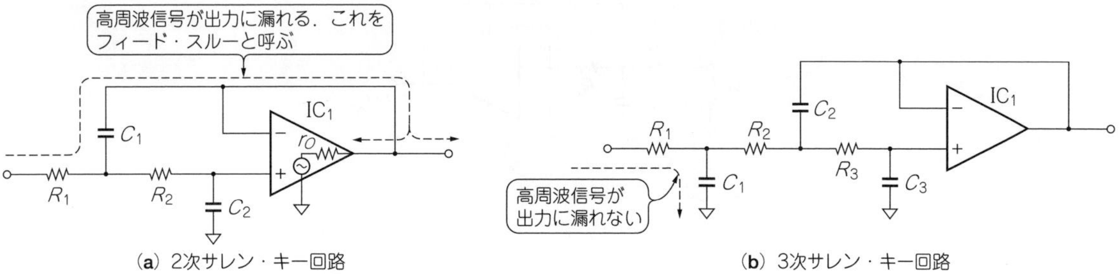

図19-12　奇数次サレン・キーLPFは高周波信号が出力に漏れにくい

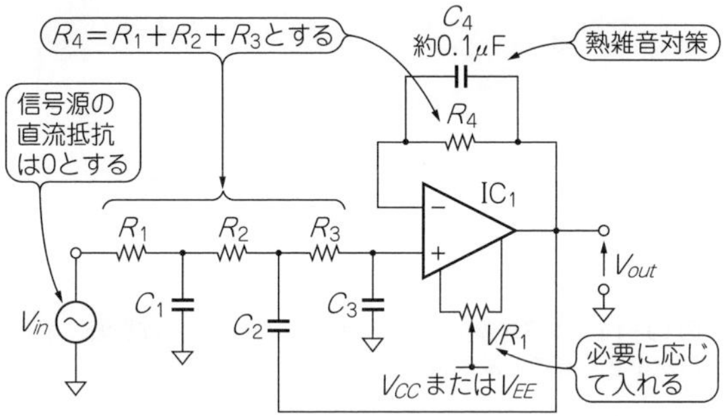

図19-13　直流オフセットを小さくする方法

LPFとします．

● **直流オフセット出力の対策**

LPFは，直流から遮断周波数まで増幅しますから，直流のオフセット電圧とそのドリフトに対する考慮が必要です．

サレン・キー回路の場合，**図19-13**に示すように，非反転入力とグラウンド間に接続される直流抵抗($R_1+R_2+R_3$)と等しい抵抗(R_4)を反転入力と出力間に入れます．オフセット調整を行う場合は，オフセット調整端子付きのOPアンプを使用するのが簡単です．

19-4　サレン・キー＋抵抗１本で高性能が得られる多重帰還型LPF

● **ひずみが小さく直流ゲインを自由に設定できる**

サレン・キー以外の実用的なLPFとして，**図19-14**に示す多重帰還型があります．OPアンプの同相入力電圧が0Vですから，サレン・キー回路よりも同相抑圧比(CMRR)の悪影響がなく，高調波ひずみ率が小さく，高域の減衰特性も優れています[6]．

図の定数設定は一例であり，ほかの定数を与えて，式(19-7)によって再計算すれば，直流ゲインG_0 $(=-R_3/R_1)$を任意に設定できます．

● **多重帰還型LPFの欠点**

多重帰還型LPFは反転増幅回路の応用ですから，ノイズ・ゲインが大きくサレン・キー型LPFに対

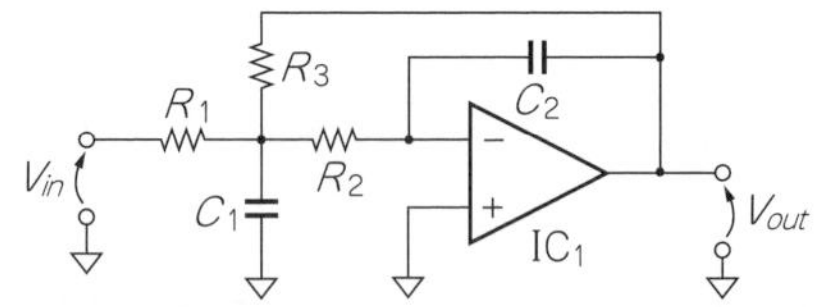

$R_1 = R_2 = R_3 = R$

$C = \sqrt{C_1 C_2}$

$\omega_0 = \dfrac{1}{CR}$

とすると，

$$G = -\frac{\dfrac{1}{R_1 R_2}}{s^2 C_1 C_2 + sC_2\left(\dfrac{1}{R_1} + \dfrac{1}{R_2} + \dfrac{1}{R_3}\right) + \dfrac{1}{R_2 R_3}} \quad \cdots\cdots (19\text{-}7)$$

$$= -\frac{{\omega_0}^2}{s^2 + \dfrac{\omega_0}{Q}\, s + {\omega_0}^2}$$

ここで，$Q = \dfrac{1}{3}\sqrt{\dfrac{C_1}{C_2}}$ なので，

$C_1 = 3QC$

$C_2 = \dfrac{C}{3Q}$

図19-14　多重帰還型LPF･･･サレン・キーより高調波ひずみ率が小さく高域の減衰特性が良い

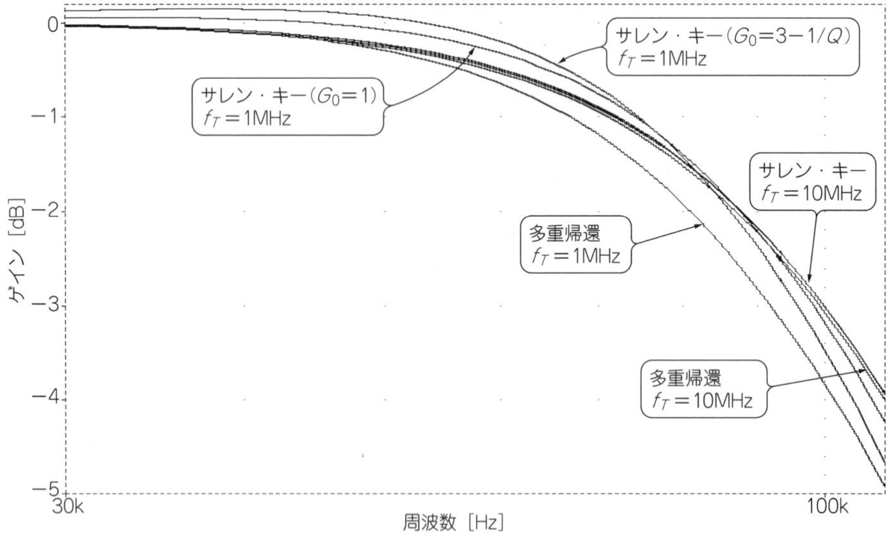

図19-15　OPアンプICの周波数特性が多重帰還型LPFに与える影響は大きい

し，OPアンプの周波数特性の影響を強く受けるのではないかと思われるかもしれません．そこで，OPアンプのオープン・ループ・ゲインが1になる周波数f_Tを，それぞれ1 MHzと10 MHzとして，f_0＝100 kHzの2次バターワースLPFを構成して，シミュレーションで確認してみました．

図19-15に示すシミュレーション結果から，多重帰還型LPFのほうが影響は強く出ていますが，$f_T > 100 f_0$とすれば，どちらも影響は気にしなくてよさそうです．

サレン・キー回路よりも抵抗が1本多いということ以外に，多重帰還型には次のような欠点があります．ゲイン1のサレン・キー回路では，$C_1 = 2QC$，$C_2 = C/2Q$とコンデンサ値の開きは$2Q$です．多重帰還回路では，$C_1 = 3QC$，$C_2 = C/3Q$とコンデンサ値の開きは$3Q$で，サレン・キー型の$2Q$よりも大きくなっています．C_1とC_2の容量差が大きくなると，容量のとても小さいものや大きいものを選ぶ必要が出てきます．容量が小さすぎると浮遊容量や寄生容量の影響を受けることになり，逆に大きすぎると今度は入手性が悪くなります．

19-5　*LC*シミュレーション・フィルタ

■ *LC*シミュレーション・フィルタとは…ゲインのばらつきが小さく減衰特性が急峻

● アンチエイリアシング・フィルタに適する

信号をA-D変換するときは，信号の最高周波数がサンプリング周波数f_Sの1/2以下である必要があります．それ以上周波数の高い信号が入力されると，A-D変換した結果に誤差(エイリアス)が生じます．

f_Sの高い，高速で高精度なA-Dコンバータを使えば，信号の周波数が高くても誤差なくA-D変換できますが，そのようなICは高価です．

そこで通常は，遮断周波数がサンプリング周波数の1/2に近く，しかも減衰特性が急峻なフィルタをA-Dコンバータの前に置きます．このフィルタをアンチエイリアシング・フィルタと呼びます．

このフィルタには，次数の高いものが要求されますが，先に紹介したようなLPFは，*CR*部品のばらつきによってゲイン-周波数特性が大きく変動するため，この用途には使うことができません．

こんなとき便利なのが，*LC*シミュレーション・フィルタです．*LC*部品を能動素子で実現するGIC回路を利用して構成するフィルタです．*CR*部品のばらつきがゲイン-周波数特性に影響しにくいという特徴があります．

● GIC回路を使う

▶任意のインピーダンスを実現できる

図19-16に示すのは，GIC(Generalized Impedance Converter)回路です．GICは一般化インピーダンス変換回路とも言います．

関係式(19-8)を使って任意のインピーダンスを実現することができます．たとえば，Z_2をコンデンサ，残りを抵抗にすると，Z_{in1}はインダクタンスと同じインピーダンス特性を示します．

内部のインピーダンスZ_1～Z_5には，コンデンサや抵抗を使いますが，Z_1とZ_2またはZ_3とZ_4の両方にコンデンサを使うことはできません．これは，OPアンプを正常に動作させるためには，OPアンプ入力に必ず直流バイアス電流が流れている必要があることと，直流の負帰還をかける必要があるからです．

19-6　*LC*シミュレーション・フィルタの代表「FDNRフィルタ」の設計

● FDNRとは…入力インピーダンス特性が周波数の自乗に反比例

*LC*シミュレーション・フィルタの代表的なものにFDNR(Frequency Dependent Negative

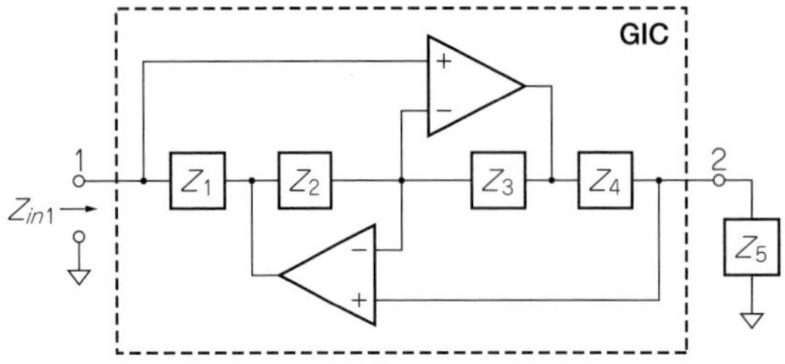

$Z_{in1}=\dfrac{Z_1Z_3}{Z_2Z_4}Z_5$ …(19-8)

Z_1～Z_5をCまたはRに置換して，任意のインピーダンスを実現する

図19-16　任意のインピーダンス素子を実現できる回路(GIC回路と呼ぶ)

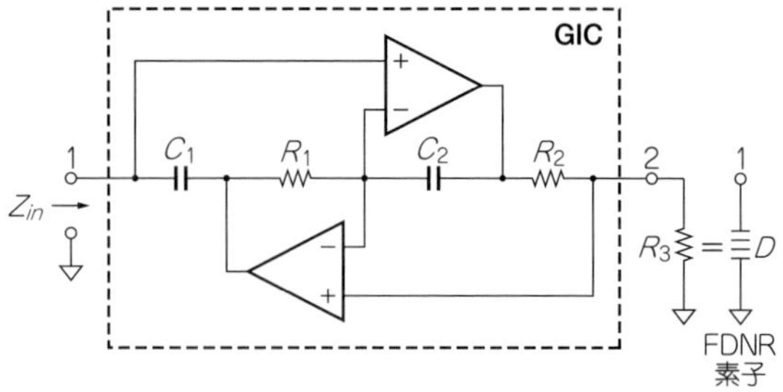

$Z_{in}=\dfrac{R_3}{s^2C_1C_2R_1R_2}=\dfrac{1}{-\omega^2D}$ $(\because s=j\omega)$

$\therefore D=\dfrac{C_1C_2R_1R_2}{R_3}$ ……………………(19-9)

一般に$C_1=C_2=C$，$R_2=R_3$となるようにして，

$D=C^2R_1$ ………………………………(19-10)

とする．

図19-17　負性抵抗特性を示すGIC回路(FDNRと呼ぶ)

Resistance)フィルタがあります．

FDNRは周波数依存負性抵抗とも呼ばれ，記号Dで表します．FDNRのインピーダンスは周波数の自乗(ω^2)に反比例し，GIC回路を**図19-17**のように構成することによって，この特性が得られます．

FDNRフィルタはLPFにしか応用できませんが，出力直流オフセット電圧がOPアンプの影響をほとんど受けないという特徴があるので，アンチエイリアシング・フィルタ用にとても適しています．

● **設計の手順**

図19-18に，前述の5次サレン・キー型バターワースLPFと同一仕様のFDNRを設計する過程を示します．

LCフィルタの設計理論はすでに確立しているので，稿末の文献(18)に載っている正規化データから，**図19-18(a)**に示すようなLCフィルタを選択します．次に，**図19-18(b)**に示すように，各素子に$1/s$を乗じるブルトン(Bruton)変換と呼ぶ作業を施します．$1/s$を乗じると，

- 抵抗　→　コンデンサ
- インダクタ　→　抵抗
- コンデンサ　→　FDNR

というふうに素子の機能が変身します．最後に，**図19-17**に示すGIC回路でFDNR素子を実現します．

遮断周波数f_0と基準コンデンサ容量Cを与えて，基準抵抗Rを求め，ブルトン変換したNLPFの定数に乗じて，**図19-17**の式(19-10)を使ってDを設定します．**図19-18(c)**に完成した回路を示します．

R_4とR_{11}は，OPアンプの入力に直流バイアス電流を流す抵抗です．図に示す関係式を維持しつつ，周波数特性に影響を与えないようにできるだけ大きくします．

ブルトン変換によるFDNR型フィルタを考案したブルトン氏のホーム・ページ(http://www-mddsp.enel.ucalgary.ca/People/bruton/bruton.html)も見てください．

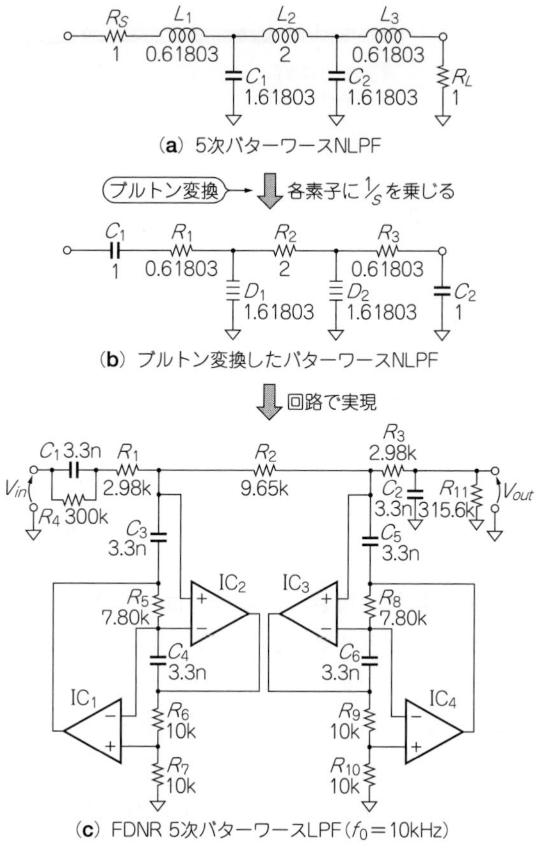

●**設計の手順**

①条件を与える

$f_0=10\text{kHz}\ (\omega_0=2\pi\times10^4)$

$C_1=C_2=C_3=C_4=C_5=C_6=C=3.3\text{nF}$とする．

②Rを求める

$$R=\frac{1}{\omega_0 C}=4.823\text{k}\Omega$$

③定数計算

$R_1=R_3=R\times0.618=2.98\text{k}\Omega$

$R_2=R\times2=9.65\text{k}\Omega$

$R_5=R_8=R\times1.61803=7.80\text{k}\Omega$

$R_6=R_7=R_9=R_{10}=10\text{k}\Omega$（等しければ抵抗値不問）

$R_4=300\text{k}\Omega>10(R_1+R_2+R_3)$

$R_{11}=R_1+R_2+R_3+R_4=315.6\text{k}\Omega$

図19-18　FDNRを使った5次バターワースLPF

● 周波数特性のばらつきは大きいがゲインのばらつきが小さい

コンデンサの誤差を最大±1％，抵抗の誤差を最大±0.1％として，遮断周波数近傍をシミュレーションしてみます．**図19-19**に解析結果を示します．

7 kHzのゲインは±0.07 dB，－3 dB点の周波数は±100 Hz程度にばらついています．同じ定数誤差とした前述の5次サレン・キー型LPFと比べて，ゲインのばらつきは半分，周波数のばらつきは2倍です．

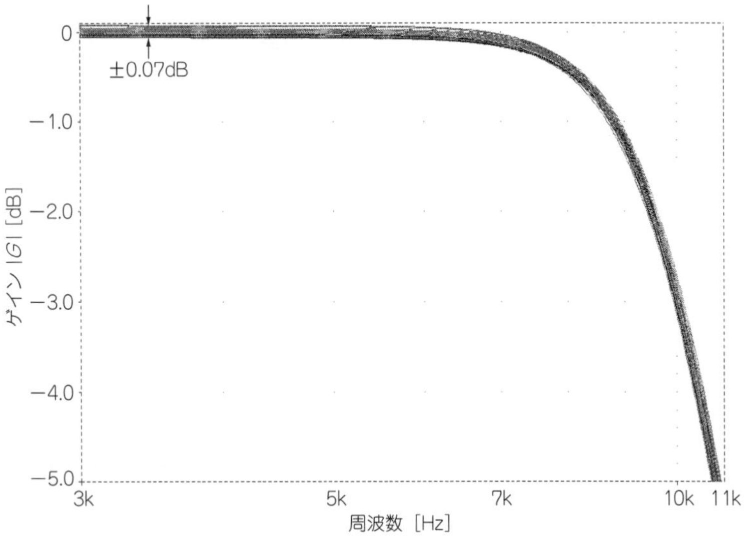

図19-19 FDNR 5次バターワースLPF(図19-18)のゲイン-周波数特性(シミュレーション)

アンチエイリアシング・フィルタに使う場合，周波数のばらつきは，その範囲を考慮してf_0を設定すれば済みますから，大きな問題にはなりません．ゲインのばらつきが少ないということが，高精度A-D変換にとってとても重要です．ゲインのばらつきは，**図19-18(c)**のR_{11}を調整して，直流ゲインを1/2倍に設定すればゼロになります．サレン・キー型では直流ゲインを調整してもゼロにはできません．

文献(6)と(26)には，信号源抵抗$R_S=0$としたLCフィルタの正規化テーブルも掲載されています．これを使用すると，C_1とR_4が不要になります．

注▶最近アナログ・フィルタ関係の文献は入手困難です．将来，フィルタを設計する可能性があり，理論を理解して自分で正規化テーブルも作りたいと思うなら文献(6)と(8)を，フィルタを作るだけなら文献(6)と(26)やほかの正規化テーブルの載っている文献を入手しておくことを勧めます．A-D変換回路用のアンチエイリアシング・フィルタを作るのなら，文献(6)と(18)を参考にして，LCシミュレーション・フィルタの設計を習得するとよいでしょう．

第20章

HPF, BPF, BEF, APFの設計

役に立つそのほかのフィルタ

本章は前章のフィルタ設計の続きで，HPF(High Pass Filter；高域通過フィルタ)，BPF(Band Pass Filter；帯域通過フィルタ)，BEF(Band Eliminate Filter；帯域阻止フィルタ)とAPF(All Pass Filter；全域通過フィルタ)の設計法を紹介しましょう．これらは，直流および低周波をカットするHPFを除けば，LPFに比べると特殊で専門的なフィルタであり，使用する機会は少ないかもしれませんが，さまざまなノイズを除去したいときなどにとても有効です．

HPFは，1/*f*ノイズのような直流から低周波のノイズ成分が多いときにに効果的です．また，直流オフセット電圧や，そのドリフトの除去のためにもっとも多く使われているフィルタです．BPFは，取り出したい信号の周波数が変動せず一定であれば，ノイズを除去するときに効果的です．BEFは，商用電源からの誘導ノイズ(ハムと呼ぶ)など，周波数が一定のノイズを除去したいときにとても有効なフィルタです．

APFは，上記4種類のフィルタと違ってゲイン-周波数特性が一定のため，ノイズを除去することはできませんが，位相だけ回転させたい回路や，高次のフィルタの群遅延特性を補正するような特殊な用途に使われます．

20-1　ハイパス・フィルタの設計

● 手順はLPFとほぼ同じ

HPFを設計するときは，前章で説明したLPFの正規化テーブル(**表19-1**)から選択した特性の正規化LPF伝達関数を求めます．次に，$s \rightarrow \omega_0/s$と変数を変換して，必要なHPF特性の伝達関数を求めます．続いて，LPFの回路を$C \rightarrow R$，$R \rightarrow C$と変換したHPFの回路を選択し，実際の回路の定数を決定します．設計手順はLPFと同様です．

● サレン・キー型HPFの設計

HPFの場合，最も入手の難しい高精度コンデンサの値をすべて同一にできますから，高精度抵抗の本数の少ない**図19-9**のLPFをHPFに変換して，**図20-1**のような回路にします．

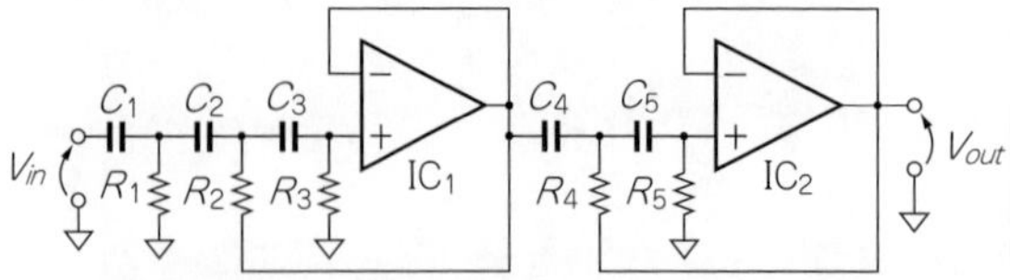

f_0＝1kHzから，

$\omega_0 = 2\pi \times 10^3$ rad/s

$C_1 = C_2 = C_3 = C_4 = C_5 = C = 0.01\mu$F ← Cを決める

とすると，

$R = \dfrac{1}{\omega_0 C} = 15.915$kΩ ← Rを決める

表19-1(a)に示すバターワース特性から，

$R_1 = \dfrac{R}{1.354} = 11.75$kΩ，　$R_2 = \dfrac{R}{1.753} = 9.074$kΩ

（1.354：C_1(1行目)，1.753：C_2(1行目)）

$R_3 = \dfrac{R}{0.4213} = 37.78$kΩ

（0.4213：C_3(1行目)）

$R_4 = \dfrac{R}{3.236} = 4.918$kΩ，　$R_5 = \dfrac{R}{0.3090} = 51.51$kΩ

（3.236：C_1(2行目)，0.3090：C_2(2行目)）

(**a**) バターワース特性の定数設計例

フィルタ特性	R_1[kΩ]	R_2[kΩ]	R_3[kΩ]	R_4[kΩ]	R_5[kΩ]
ベッセル	18.27	15.76	51.42	15.29	51.34
リプル0.25dBのチェビシェフ	5.977	3.126	50.57	2.149	129.1
バターワース	11.75	9.074	37.78	4.918	51.51

(**b**) ベッセル特性とチェビシェフ特性の定数設計例

図20-1　図19-9のLPFを利用して作った5次バターワースHPF(f_0 = 1 kHz，$C_1 = C_2 = C_3 = C_4 = C_5 = 0.01\ \mu$F)

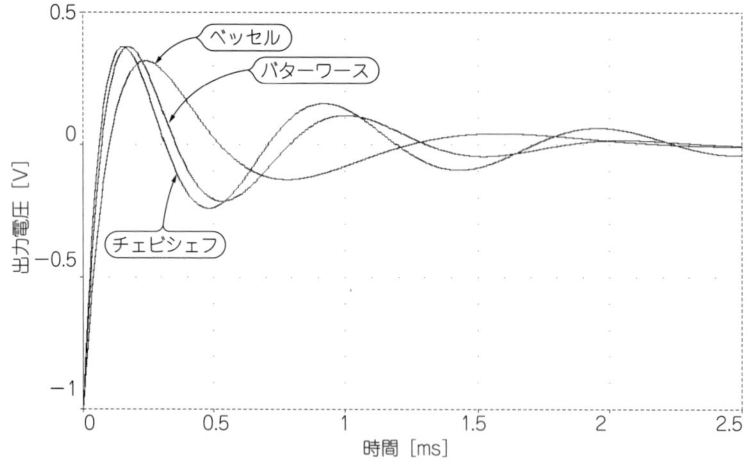

図20-2　図20-1のステップ応答(シミュレーション)

設計手順は，遮断周波数f_0と適当なコンデンサCを与えて抵抗Rを求め，LPFの正規化テーブルの値で割って必要な定数を求めるだけです．

遮断周波数1 kHzの5次バターワース特性のHPFの設計手順を**図20-1**に示しました．他の特性のフィルタも同様にできます．**図20-1**の定数で，ステップ応答をシミュレーションした結果を**図20-2**に示します．素子のばらつきがないと仮定した周波数特性は，理論どおりになりますから省略します．

HPFのベッセル特性は，通過域の平坦性，減衰域の遮断特性とも悪く，ステップ応答を見ると，オーバーシュートが大きいことがわかります．HPFでベッセル特性は採用しないようにします．

● アクティブHPFの欠点

OPアンプを使用したHPFの高域特性は，OPアンプの高域特性，すなわち，スルー・レートとゲイン帯域幅積で制限されます．つまり，アクティブHPFはアクティブBPFになってしまいます．高域特性を向上させるには，高速，広帯域OPアンプを使用します．遮断周波数が数十kHz以上の場合には，パッシブ型の(LC)HPFも検討します．

20-2　バンドパス・フィルタの設計

■ 定数算出の基本手順

● 正規化LPFの伝達関数を求めて変数変換

BPFの伝達関数を求める場合も，前章で説明した正規化LPF(NLPF)の正規化テーブルから，希望の周波数特性タイプの正規化LPF伝達関数を求めます．

図20-3に示すように，$s \rightarrow (s^2+\omega_0{}^2)Q_{BP}/(\omega_0 s)$というように変数変換を施せば，必要なBPF特性の伝達関数が求まります．次に，後述の各種のBPF回路から希望のものを選択して，定数を決定します．

高次のBPFは，変数変換による計算がとても面倒なので，正規化BPFのテーブル(6)を利用して定数設計するのがよいでしょう．

n次のLPFの伝達関数からは，$2n$次のBPFの伝達関数が求まります．この伝達関数は偶数次です．

■ 多重帰還型…シンプルでf_0調整が容易

● 回路定数と特性の変化

図20-4に示すのは，多重帰還型BPFです．定数は，ゲイン$G_0=-1$，$Q=5$，$f_0=10$ kHzのときの値です．

多重帰還型は，Qが10以下ならば安定に動作します．

抵抗R_2を微調整すると，QとG_0にほとんど影響を与えずに，中心周波数f_0を調整できます．抵抗R_2を取り去ると，ゲインG_0はQ^2になり，設計の自由度が少なくなります．

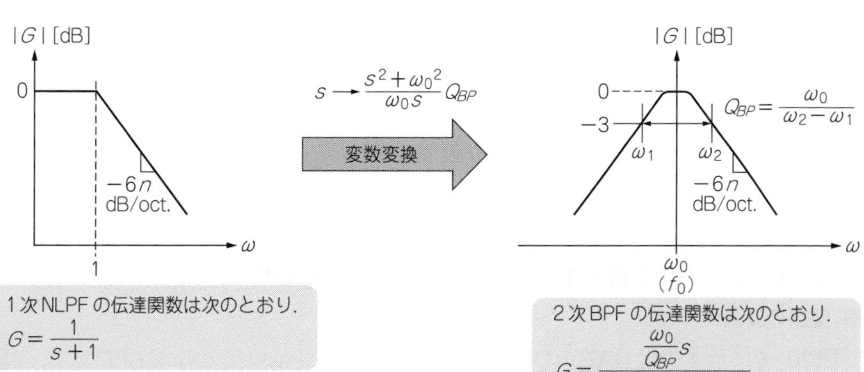

1次NLPFの伝達関数は次のとおり．
$$G=\frac{1}{s+1}$$

2次BPFの伝達関数は次のとおり．
$$G=\frac{\frac{\omega_0}{Q_{BP}}s}{s^2+\frac{\omega_0}{Q_{BP}}s+\omega_0{}^2}$$

(a) n次の正規化LPF　　(b) $2n$次の正規化BPF

図20-3　正規化LPFからHPFへの変換

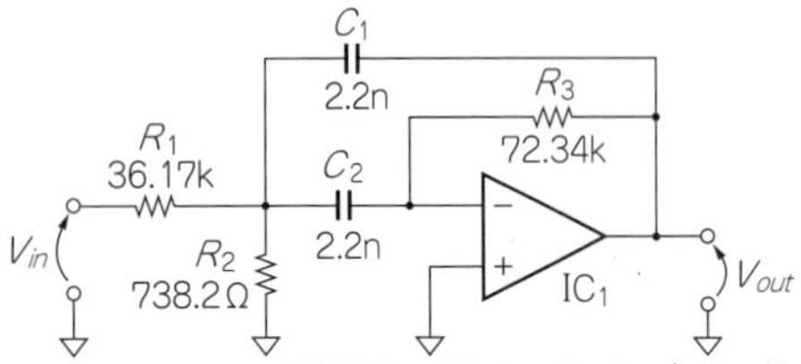

定数はf_0=10kHz，Q=5のときの値

$$G=-G_0\frac{\frac{\omega_0}{Q}s}{s^2+\frac{\omega_0}{Q}+\omega_0{}^2} \quad \cdots\cdots\cdots\cdots (20\text{-}1)$$

ω_0，G_0（>0），Qを与えると，$\omega_0=2\pi f_0$から，

$$f_0=\frac{1}{2\pi}\sqrt{\frac{R_1+R_2}{C_1C_2R_1R_2R_3}} \quad \cdots\cdots\cdots\cdots (20\text{-}2)$$

$C_1=C_2=C$とすると，

$$R_3=\frac{Q}{\pi f_0C}$$

$$R_1=\frac{R_3}{2G_0}$$

$$R_2=\frac{R_3}{2(2Q^2-G_0)}$$

なお，$R_2\to\infty$（オープン）とすると，

$$f_0=\frac{1}{2\pi C}\sqrt{\frac{1}{R_1R_3}} \quad \cdots\cdots\cdots\cdots (20\text{-}3)$$

$$G_0=2Q^2 \quad \cdots\cdots\cdots\cdots (20\text{-}4)$$

R_1とR_3は上記と同じである．

図20-4 多重帰還型BPFの回路と伝達関数

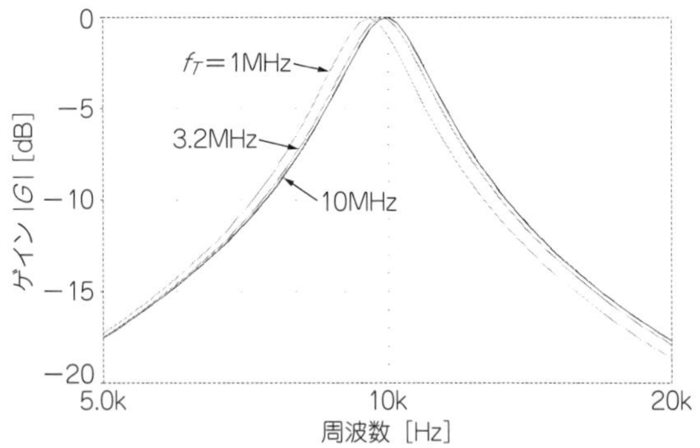

図20-5 多重帰還型BPFのゲイン-周波数特性（シミュレーション）

● **f_Tの大きなOPアンプを使ってf_0ばらつきを小さくする**

OPアンプのオープン・ループ・ゲインが1になる周波数f_Tがゲインの周波数特性に与える影響を調べてみましょう．

図20-5に示すのは，f_Tがそれぞれ1 MHz，3.2 MHz，10 MHzのときのゲイン-周波数特性です．f_Tが3.2 MHz以下では，f_0 = 10 kHz程度でも誤差が大きいことがわかります．

誤差が大きい理由は，**図20-4**の抵抗R_2を取り去ってループ・ゲインを概算するとわかります．

中心周波数におけるゲインG_0は式(20-4)から$2Q^2=50$です．このときのノイズ・ゲインは51倍になり，ゲイン帯域幅積は51 × 10 kHz = 510 kHzになります．ループ・ゲインは，f_T = 1 MHzのOPアンプの場合1.96倍(5.8 dB)，f_T = 3.2 MHzの場合6.27倍(16 dB)と概算されます．ループ・ゲインがとても小さく，これでは誤差が大きくても当然です．

仕上がりゲインは見かけ上，R_2で分圧されて−1ですが，内部ではノイズ・ゲインが$2Q^2+1$であることを忘れないでください．多重帰還型BPFは，OPアンプに広帯域なものが必要なのです．

■ DABP型…f_Tの影響が小さくQ=100でも安定動作

● **回路の説明**

図20-6に示すのはDABP(Dual-Amplifier Band Pass)型と呼ぶBPFです．2段増幅器型とも言います．通過帯域のゲインG_0は2(6 dB)固定ですが，Qが100以下ならば，安定に動作します．定数は，ゲインG_0 = 2，Q = 50，f_0 = 10 kHzのときの値です．

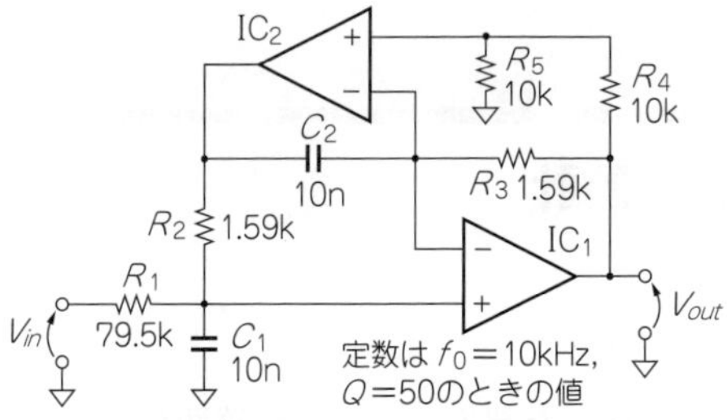

$C_1=C_2=C$, $R_2=R_3=R$, $R_4=R_5$

とすると，

$$G=\frac{V_{out}}{V_{in}}=G_0\frac{\frac{\omega_0}{Q}s}{s^2+\frac{\omega_0}{Q}s+\omega_0{}^2}$$

ただし，

$$\omega_0=\frac{1}{CR},\quad f_0=\frac{1}{2\pi CR}\cdots\cdots(20\text{-}5)$$

$$Q=\frac{R_1}{R}\cdots\cdots(20\text{-}6)$$

$$G_0=2\cdots\cdots(20\text{-}7)$$

図20-6　DABP型BPFの回路と伝達関数

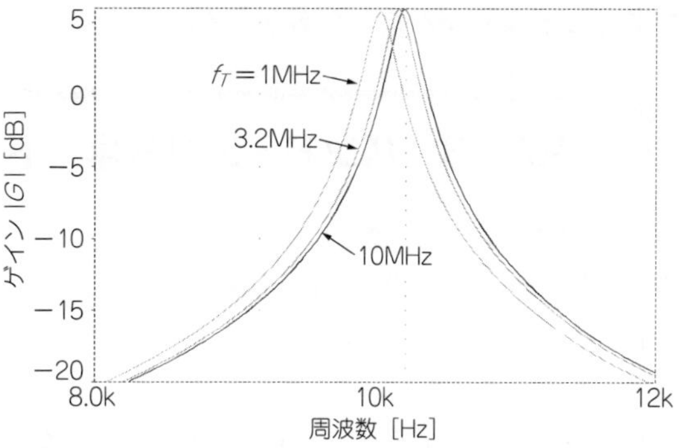

図20-7　DABP型BPFのゲイン-周波数特性［シミュレーション，Qを多重帰還型(**図20-5**)の10倍に設定］

ゲインG_0を2倍以下にするには，多重帰還型BPFと同様にR_1を分圧します．

この回路はOPアンプが2個必要ですが，NJM4580などの2個入りOPアンプを使用すれば簡単に構成できます．Qが100以上まで安定に動作するBPFには，バイカッド回路，状態変数(ステート・バリアブル)回路などもありますが，誌面の都合でDABP型BPFだけ紹介します．ほかの回路については文献(6)をご覧ください．

● OPアンプのf_Tに影響されにくい

図20-6の回路のゲイン-周波数特性を調べてみました．**図20-7**に示すのは，f_Tが1になる周波数が，1 MHz，3.2 MHz，10 MHzのOPアンプでシミュレーションしたゲイン-周波数特性です．$Q=5$の多重帰還型BPFに比べて，Qをその10倍の50にしても，中心周波数f_0の誤差が小さいことがわかります．

図20-5と**図20-7**において，f_Tを1 MHzとしたときの周波数特性を比較すると，f_0の誤差は，それぞれ−500 Hzと−180 Hzであることがわかります．

OPアンプを2個使っているので，もしQを2倍にしたとき同程度の誤差であれば，f_Tの影響は同じくらいであるといえますが，10倍以上も向上しています．DABP型は多重帰還型に比較して，OPアンプのf_Tに影響されにくい回路であると言えます．

● f_0とQの調整

Qが高くなると，高精度な部品を使用しても中心周波数f_0のばらつきが大きくなるので，f_0の正確なBPFを製作するには，調整作業が欠かせません．

図20-6に示したように，DABP型BPFはf_0とQを独立して調整できます．

まず，入出力間の位相差がゼロになるように，R_2でf_0を調整します．次に，高精度な電圧計を接続し，R_1でQを調整します．高QのBPFを調整するには，抵抗の可変範囲ができるだけ小さくなるように，高精度な部品を使います．抵抗の可変範囲が広いと，可変抵抗器の設定誤差(設定安定度)の影響で調整できなくなることがあります.

20-3 バンド・エリミネート・フィルタの設計

■ 伝達関数と定番回路

● 正規化LPFの伝達関数を求めて変数変換

BEFの伝達関数を求める場合も，NLPFの正規化テーブルから選択した特性のNLPF伝達関数を求めます.

図20-8に示すように，$s \rightarrow \omega_0 s/(s^2+\omega_0^2)Q_{BE}$というように変数を変換して，必要なBEF特性の伝達関数を求めます．次に回路方式を選択し，定数を決めます.

n次のLPFの伝達関数からは，$2n$次のBPFの伝達関数が求まります．この伝達関数は偶数次です.

● 一番よく使われているツインT型BEF

最もよく使われるのが，**図20-9**に示すツインT型BEFです.

CR部品を3組使うので伝達関数は3次式になりますが，図中の条件を満足すると，伝達関数は次数が下がって2次式になります．3組使用することはむだではありません．安定動作のためにとても有効です．能動素子(IC_1，IC_2)を使用しない場合でも，f_0で出力電圧がゼロになります．このときのQは，図中の式(20-9)で$k=0$として0.25です.

■ BEFの応用例

● ひずみ信号を抽出する回路

図20-10に示すのは，中心周波数1 kHz，2次～5次高調波レベル－0.8 dB以内のひずみ成分を抽出する回路です．ツインT型以外にブリッジドπ型，ブリッジドT型を組み合わせた回路です．このBEFは，正弦波発振回路のひずみ率測定用に使われています．市販のひずみ率計の2次～5次高調波レベルは±1 dB以内です.

OPアンプの同相信号抑圧比($CMRR$)によるひずみを低減するために，各段ともコモン・モード電圧

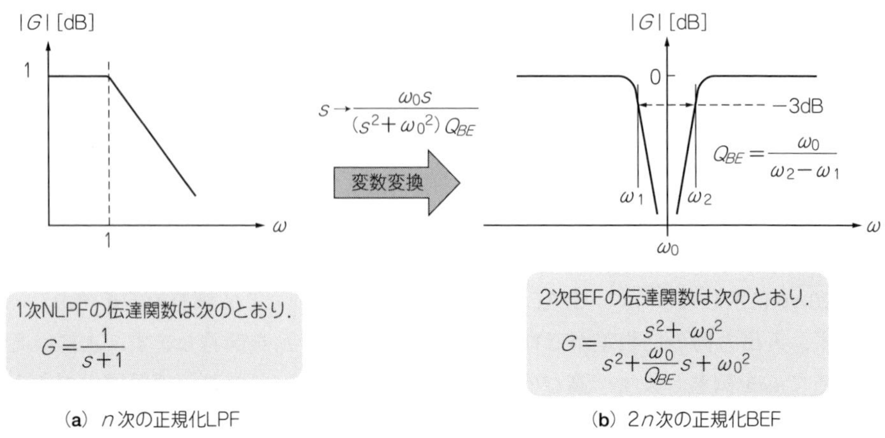

図20-8 正規化LPFからBEFへの変換

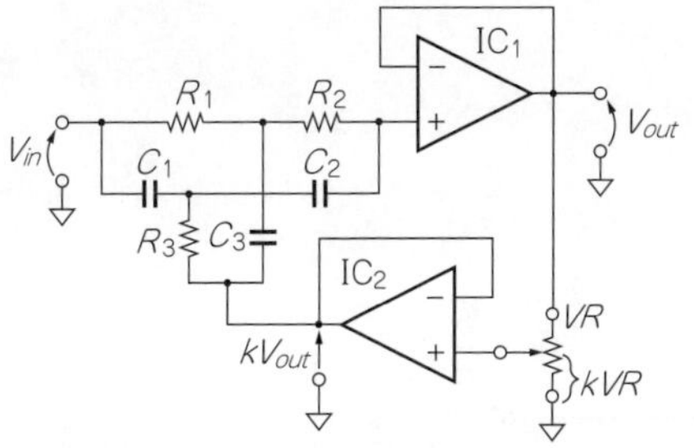

$$R_1=R_2=R,\ R_3=\frac{R}{2}$$
$$C_1=C_2=C,\ C_3=2C$$
$$\omega_0=\frac{1}{CR},\ f_0=\frac{1}{2\pi CR} \cdots\cdots\cdots\cdots (20\text{-}7)$$

とすると，

$$G=\frac{s^2+\omega_0{}^2}{s^2+s\,\omega_0 4(1-k)+\omega_0{}^2} \cdots\cdots (20\text{-}8)$$
$$\therefore Q=\frac{1}{4(1-k)} \cdots\cdots\cdots\cdots\cdots\cdots (20\text{-}9)$$

図20-9　ツインT型BEFの回路と伝達関数

が極小になるように設計されています．

図20-10の初段はツインT型BEF，2段目はブリッジドπ型BEF，最終段はブリッジドT型BEFです．

3段ともツインT型BEFで構成すれば最も安定に動作しますが，高精度のコンデンサをできるだけ使わないようにするためにこのようにしました．手もちの0.01 μFのコンデンサ100個を*LCR*メータで選別しましたが，±1%以内のものは9個しか取れませんでした．

このBEFは，次章で製作する発振回路のひずみ率測定に使います．ひずみ率0.001%以下を目標にしており，2次BEFを3段タンデムに接続して，測定周波数の変動を吸収します．これが測定ひずみ率0.01%程度であれば，2段で十分です．

▶ブリッジドπ型BEFの動作

図20-10に示すように，1次HPFと2次BEFを組み合わせてできているので伝達関数は3次式になります．特性は回路シミュレータで簡単に求まります．

$$R_{11a}=6(R_{12a}+R_{13a})$$

の関係が成立すれば，出力がゼロになります．ノッチ周波数f_{02}はVR_{12}で可変できます．

▶ブリッジドT型BEFの動作

*CR*3組のパッシブBEFはノッチします，つまりf_0で伝達関数の分子がゼロになり，出力がゼロになります．しかし，*CR*2組のパッシブBEFでは，出力レベルが下がるだけでノッチしません．そこで，IC_{2b}で入力信号の位相を反転してノッチさせます．

■ f_0の調整

BEFのf_0は，**図20-11**に示すようにオシロスコープを*X*-*Y*モードに設定して，伝達関数の分子がゼロになるように調整します．

まず，誤差ぶんである$s(=j\omega)$の1次項をゼロにします．この調整をバランス調整と言います．次に，

図20-10 BEFのひずみ率計測回路への応用

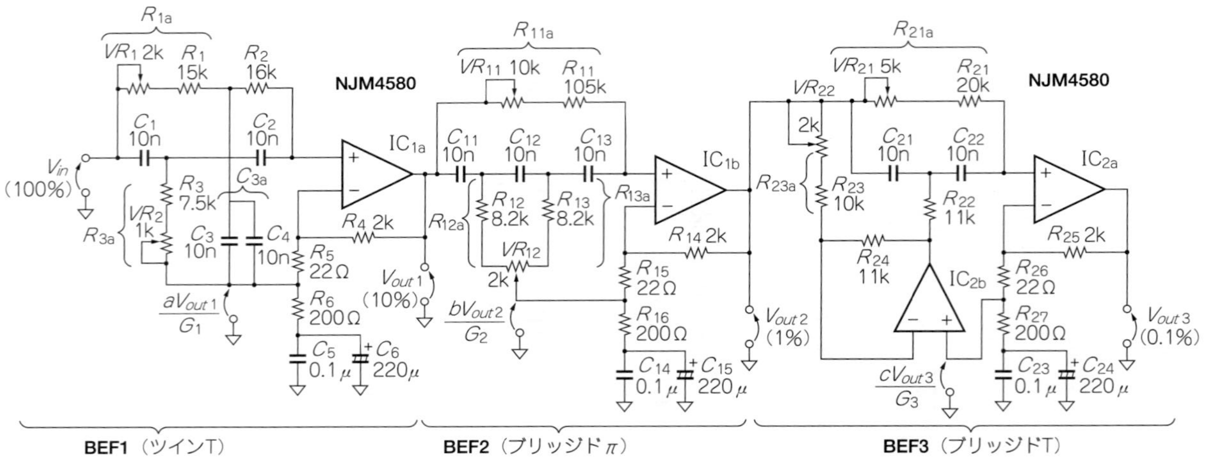

$R_{1a}=R_2=2R_{3a}=R_a$

$C_1=C_2=\dfrac{C_{3a}}{2}=C_a$

とすると，

$$\omega_{01}=\frac{1}{C_a R_a}$$

$$\frac{V_{out1}}{V_{in}}=G_1\frac{s^2+\omega_{01}{}^2}{s^2+4(1-a)\omega_{01}s+\omega_{01}{}^2}$$

10Hz以上にて，

$$G_1=1+\frac{R_4}{R_5+R_6}$$

$R_{11a}=6(R_{12a}+R_{13a})$

$C_{11}=C_{12}=C_{13}=C_b$

とすると，

$$\omega_{02}=\frac{1}{C_b\sqrt{3R_{12a}R_{13a}}}$$

$$\frac{V_{out2}}{V_{out1}}=G_2\frac{(s^2+\omega_{02}{}^2)\{2sC_b(R_{12a}+R_{13a})+1\}}{(s^2+\omega_{02}{}^2)\{2sC_b(R_{12a}+R_{13a})+1\}+A}$$

$$A=\frac{2(1-b)(R_{12a}+R_{13a})}{C_b R_{12a}R_{13a}}s\{sC_b(2R_{12a}+R_{13a})+1\}$$

10Hz以上にて，

$$G_2=1+\frac{R_{14}}{R_{15}+R_{16}}$$

$R_{21a}=2R_{22}$，$R_{23a}=R_{24}$

$C_{21}=C_{22}=C_C$

とすると，

$$\omega_{03}=\frac{1}{C_C\sqrt{R_{21a}R_{22}}}$$

$$\frac{V_{out3}}{V_{out2}}=G_3\frac{s^2C_C{}^2R_{21a}R_{22}+sC_C(2R_{22}-\frac{R_{24}}{R_{23a}}R_{21a})+1}{s^2C_C{}^2R_{21a}R_{22}+sC_C[2R_{22}+R_{21a}\{1-c(1+\frac{R_{24}}{R_{23}})\}]}$$

$$=G_3\frac{s^2+\omega_{03}{}^2}{s^2+\frac{\omega_{03}}{Q_C}s+\omega_{03}{}^2}\quad\left(\because Q_C=\frac{1}{2\sqrt{2}(1-c)}\right)$$

10Hz以上にて，

$$G_3=1+\frac{R_{25}}{R_{26}+R_{27}}$$

注▶ IC1，IC2は**NJM4580**，電源とパスコンは省略している

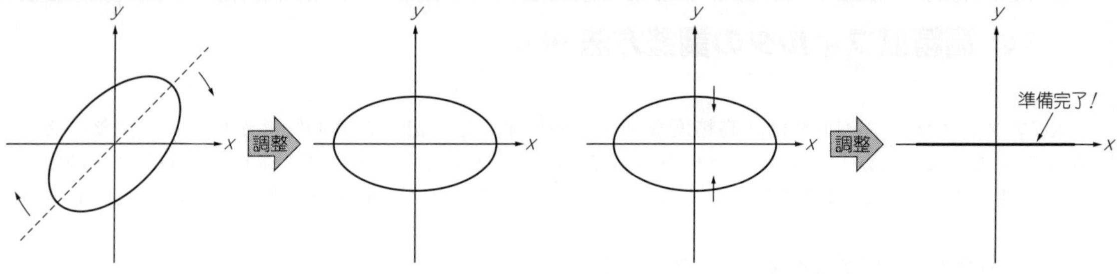

（a）バランス調整　　（b）周波数調整

2次BEFの伝達関数は，$s \to j\omega$，$G_0 = 1$とすると，

$$G = \frac{(\omega_0{}^2 - \omega^2) + \overbrace{ja\omega_0\omega}^{\text{誤差分}}}{(\omega_0{}^2 - \omega^2) + j\dfrac{\omega_0\omega}{Q}}$$

と表される．

ここで，$\omega \to \omega_0$とすると，

$$G \fallingdotseq \underbrace{aQ}_{①} - \underbrace{jQ\frac{\omega_0{}^2 - \omega^2}{\omega_0\omega}}_{②}$$

①これをゼロにするのがバランス調整　②これをゼロにするのが周波数調整

図20-11　BEFの調整方法

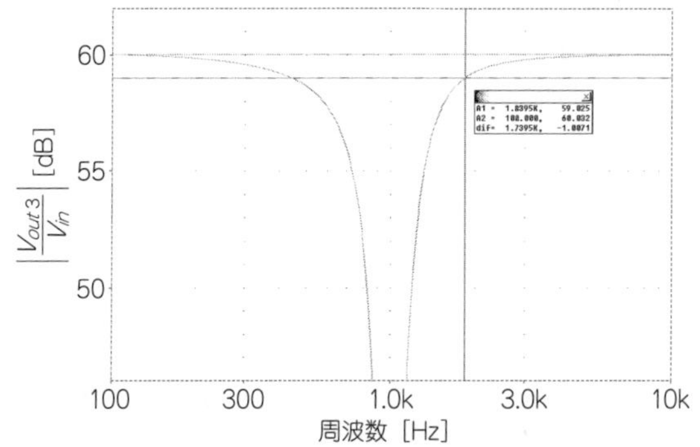

図20-12　図20-10のひずみ成分抽出回路の周波数特性（シミュレーション）

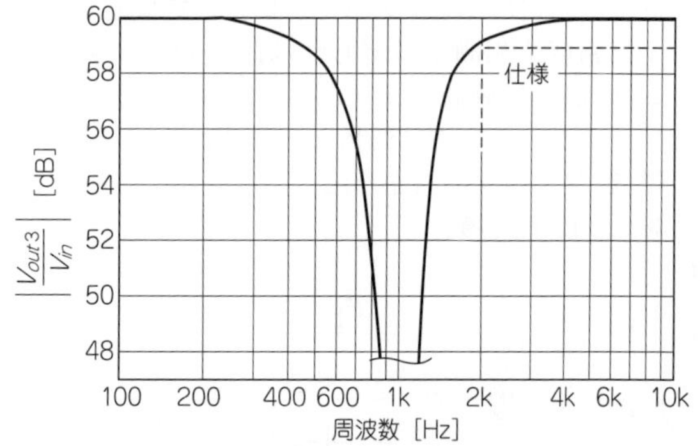

図20-13　図20-10のひずみ成分抽出回路の周波数特性（実測）

f_0を希望周波数に合わせます．この調整を周波数調整(同調)と言います．

この二つの作業を何回か繰り返して，伝達関数の分子をゼロにします．

図20-10のツインT型の場合は，バランス調整と周波数調整が分離できないので，VR_1とVR_2を交互に調整します．ブリッジドπ型の場合は，VR_{11}がバランス調整用，VR_{12}が周波数調整用です．ブリッジドT型の場合は，VR_{22}がバランス調整用，VR_{21}が周波数調整用です．

調整順序は，後段のブリッジドT型BEFから行って，最後に前段のツインT型BEFを調整します．

■ 調整後の特性

図20-10の回路のVRを理想的なポイントに調整できたと仮定して，ゲインの周波数特性をシミュレーションしました．解析結果を**図20-12**に，実測の特性を**図20-13**に示します．両者はよく一致しています．

写真20-1に示すのは，次章で紹介する正弦波発振回路のひずみ率を測定した結果です．ひずみの主

高精度フィルタの調整方法

RCアクティブ・フィルタは，高精度な部品を使用すれば設計どおりの特性が得られ，調整の必要はありません．しかし，あり合わせの部品で1個だけ高精度なフィルタを作りたい場合は，調整する必要があります．ここでは例として，高次のローパス・フィルタを調整する方法を説明します．

■ Qとf_0を別々に調整できる回路を採用する

フィルタの特性は，Qと遮断周波数f_0で決まるので，高次のフィルタでも，各段のQ_nとf_nを設計値に合わせれば，設計どおりの特性が得られます．

回路形式は，できるだけQとf_0の調整が独立して行えるものを採用します．第19章の回路形式でこの条件に適合するのは，図19-6(a)のサレン・キー回路です．

▶ QはDVMで測定できる

Qは，ディジタル・ボルト・メータを使えば高精度に測定できます．注意すべき点はディジタル・ボルト・メータの周波数特性です．仕様書を見て，使用周波数での測定精度が十分あることを確認します．

▶位相測定はオシロのX-Yモードで測定する

高精度位相測定器があれば測定できますが，ない場合はオシロスコープのX-Yモード(リサージュ波形)で確認します．リサージュ波形で高精度に視認可能な位相は，0°(180°)と90°(270°)だけですから，次数は偶数とします．

■ 各フィルタの調整方法

▶ 2次LPFの場合

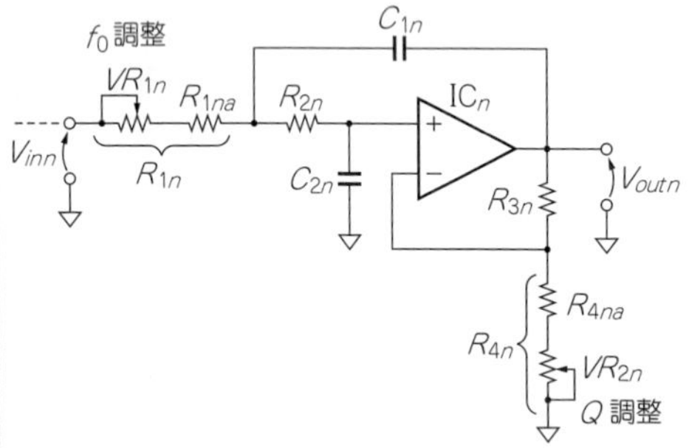

$$G=\prod_{n=1}^{N}G_{0n}\frac{\omega_n^2}{s^2+s\dfrac{\omega_n}{Q_n}+\omega_n^2}$$

$R_{1n}=R_{2n}=R_n$，$C_{1n}=C_{2n}=C_n$とすると，

$$G_{0n}=1+\frac{R_{3n}}{R_{4n}}$$

$$Q_n=\frac{1}{3-G_{0n}}$$

$$\omega_n=\frac{1}{C_nR_n},\quad f_n=\frac{1}{2\pi C_nR_n}$$

(a) 調整の容易なサレン・キー回路

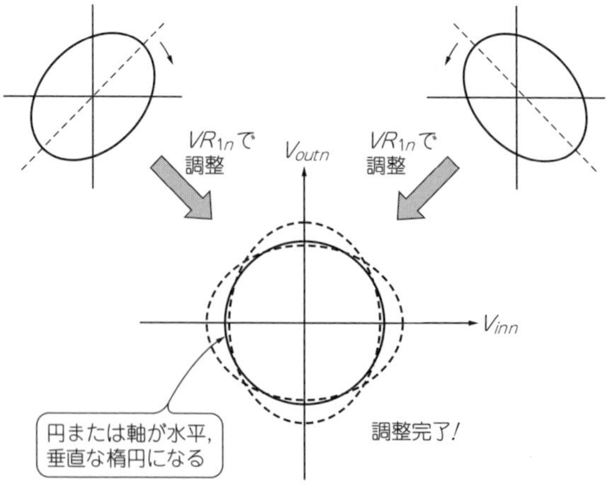

$s\rightarrow j\omega_0$とすると，$G_n=G_{0n}\dfrac{Q_n}{j}$，つまり−90°になる

(b) 2次LPFのリサージュ波形

図20-A　高次LPFの調整方法

コラム

図20-Aに示すように，オシロスコープのX-Yモードで，2次形の各段ごとにf_nで－90°(=270°)になるようにVR_{1n}を調整します．

QはG_{0n}で決まりますから，f_nの1/10以下の周波数でG_{0n}をVR_{2n}で調整します．最終的に，最もQの高い初段において，ゲイン-周波数特性が設計値と一致するように調整します．

▶ HPFの場合

第19章の図19-6(a)に示すサレン・キー回路を変換すれば，LPFと同様に調整できます．

▶ BPFの場合

Qの軽微な変動を許せば，多重帰還型が使用できます．正確な特性が必要ならDABP回路が望ましく，本文中で説明しているように，f_0で入出力位相差が0°になるように調整します．

▶ BEFの場合

本文中の説明にしたがって調整します．

▶ APFの場合

フィルタの文献には，2次APFも出てきますが，本文中で示した1次APFが調整しやすいでしょう．

■ フィルタ特性を測定するときは発振器のひずみ率に注意

LPFの場合はほとんど問題になりませんが，HPFとBPFの場合，信号源としてひずみ率の大きな発振器を使用すると，**図20-B**のように高調波が強調されて，遮断特性が悪く測定されることがあります．特に超低周波では，発振器のひずみ率が大きくなりがちですから，発振器の選択には注意が必要です．

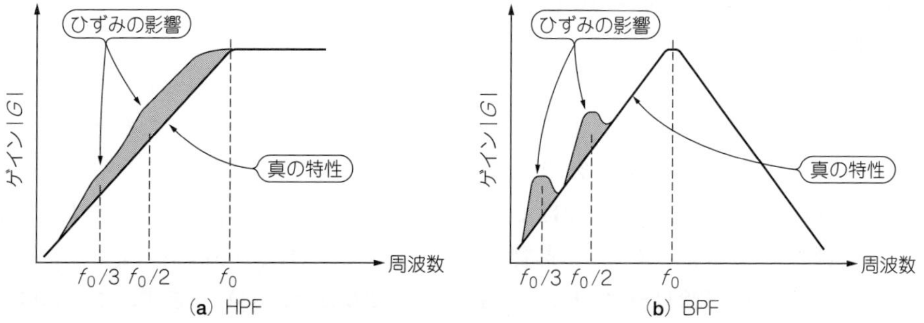

図20-B　ひずみ率の大きい発振器で周波数特性を測定すると高調波が強調される

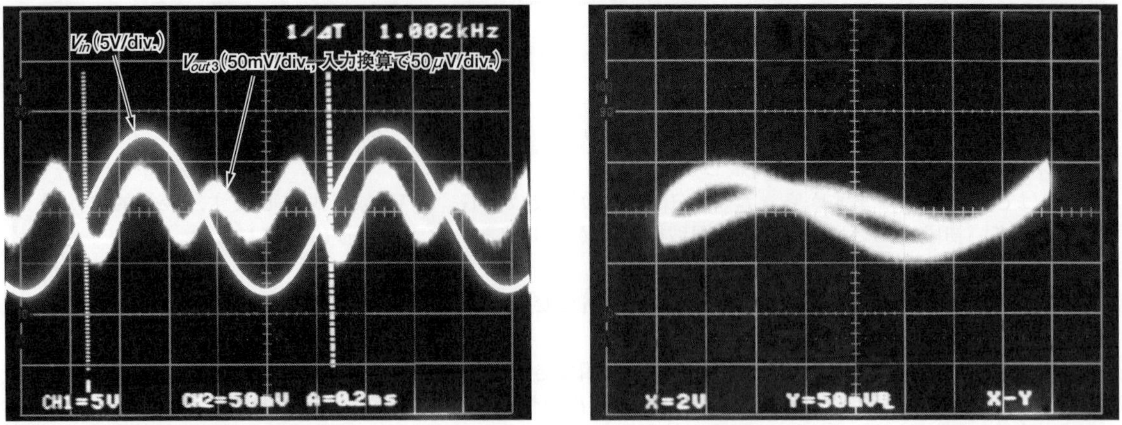

(**a**) 入出力波形(0.2ms/div.)　(**b**) リサージュ波形(X軸：V_{in}[2V/div.], Y軸：V_{out3} [50mV/div.])

写真20-1　図20-10のひずみ率計測回路を使って測定したひずみ波形

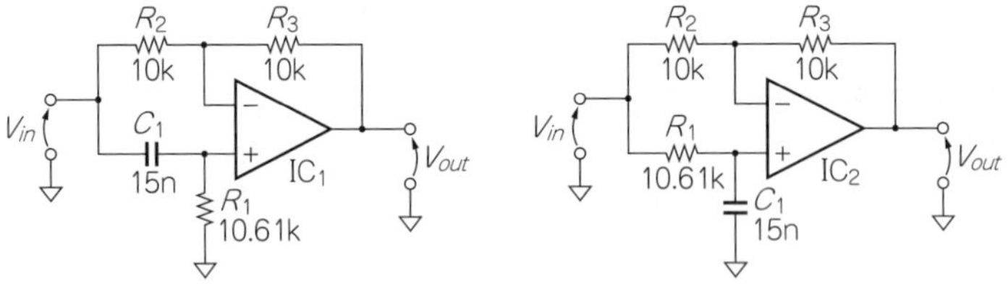

$\omega_0 = \dfrac{1}{C_1 R_1}$, $R_2 = R_3$

とすると,

$$G = \frac{s - \omega_0}{s + \omega_0} \quad \cdots(20\text{-}10)$$

(**a**) +90°

$\omega_0 = \dfrac{1}{C_1 R_1}$, $R_2 = R_3$

とすると,

$$G = -\frac{s - \omega_0}{s + \omega_0} \quad \cdots(20\text{-}11)$$

(**b**) −90°

図20-14　1次APFの回路と伝達関数

成分は3次高調波であり，ひずみ率は約0.0005％です．

■ ひずみ成分抽出回路の使い方

図20-10のV_{in}(100％)を測定し，100％レベルを校正します．次に，被測定信号のひずみの大きさに合わせて，10％(V_{out1})，1％(V_{out2})，0.1％(V_{out3})出力を選び測定します．たとえば，V_{in} = 1 Vで，V_{out3} = 0.1 Vとすると，ひずみ率は0.01％です．

2次～5次高調波レベルを±0 dBに近づけるには，各段の正帰還量を増加してQを大きくします．f_0付近のノイズが強調されるので，ノイズの影響が相対的に小さい後段から調整します．

具体的には，R_{26}を小さく(22 Ω→12 Ω)，R_{27}を大きく(200 Ω→210 Ω)します．さらに改善する必要があれば，R_{15}を小さく(22 Ω→12 Ω)，R_{16}を大きく (200 Ω→210 Ω)します．

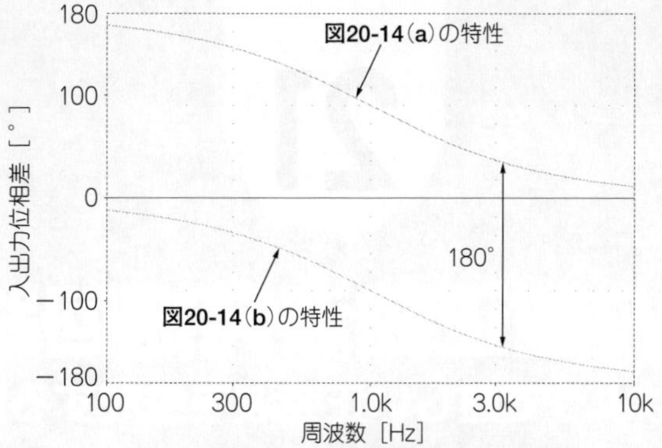

図20-15　＋90°1次APFと－90°APFの位相特性(シミュレーション)

20-4　オールパス・フィルタの設計

■ 位相だけを変化させたいときに使うAPF

APFの用途でよく使われるのは，特定の周波数において利得はそのままで，位相だけを90°回転させたいときです．高次のフィルタの群遅延特性を補正するような特殊な用途にも使われます．

図20-14に1次APFの回路を示します．**図20-15**に示すのは，f_0 = 1 kHzとしたときの位相-周波数特性のシミュレーション結果です．ゲインは周波数によらず常に1です．

図20-14(**a**)と(**b**)の二つの回路の位相差は，図中の伝達関数式どおり，全周波数帯域で180°です．特定の周波数で任意の位相差を作りたい場合は，APFのほかに反転増幅回路を用意して，0°(入力信号)，90°(APF)，180°(入力信号の反転)，270°(APFの反転)の4種類の信号から，ベクトル加算で任意の位相差を作ります．

第21章

CR型正弦波発振回路

簡単なようで難しい正弦波を生成する回路

本章では，正弦波発振回路の設計法を紹介しましょう．正弦波発振回路は調和発振回路とも呼びます．

正弦波発振回路の用途としてポピュラーなのは，低周波正弦波発振器です．皆さんも，正弦波発振器を測定用信号源として，回路の周波数特性を測定するときに使用した経験はもっていると思います．

最も正弦波発振回路が使用されているのは，ディジタル回路の基準クロック発生回路でしょう．正弦波を方形波に整形してから，ディジタル回路の基準クロックとして利用しています．このほうが，周波数が安定なためです．最初から方形波を発振させる回路を弛張(しちょう)発振回路と言いますが，周波数の安定度は水晶振動子を使用した正弦波発振回路にはかないません．

正弦波発振回路は，今までに説明した負帰還増幅回路の発振条件を満足しています．負帰還増幅回路と異なるのは，発振がスタートしたのち，振幅と周波数が一定に保たれていることです．

21-1　正弦波発振回路の種類と選び方

● 周波数選択回路によって三つに分類できる

正弦波発振回路は，その心臓部である周波数選択回路の違いによって，大きく次の三つに分けることができます．

①CR型

②LC型

③機械振動子型

これらのなかから，それぞれの特徴を理解して，要求仕様にあった回路を選択します．**表21-1**に本書で紹介する正弦波発振回路の特徴をまとめました．

● 発振周波数に着目した選び方

周波数が数百kHz以上の場合は，LC型か機械振動子型を使います．**図21-1**に回路方式と実用周波数範囲との対応を示します．

表21-1[46]　周波数選択回路による発振回路の分類

発振回路のタイプ		記号	周波数					価格	形状
			調整	初期精度	温度係数	長期安定性	可変範囲		
*CR*型			要	悪い(*CR*部品の精度による)		良くない	広い	安価	小
*LC*型			要	悪い(*LC*部品の精度による)		良くない	中	安価	大
機械振動子型	水晶発振子		不要	± 0.001%	1 ppm/℃以下	非常に良い	非常に狭い	高価	中
	セラミック発振子		不要	± 0.5%	10 ppm/℃	非常に良い	狭い	安価	小

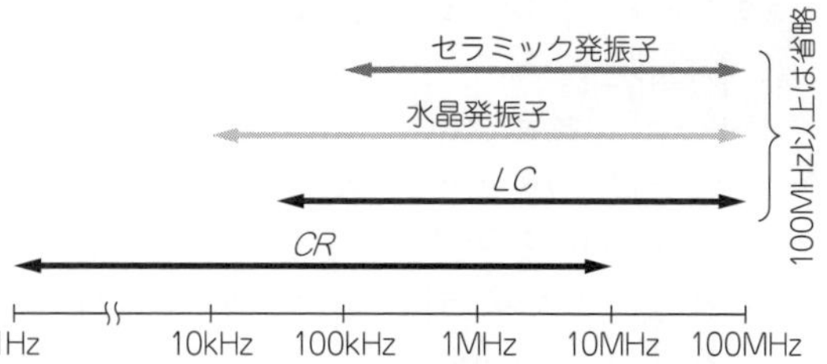

図21-1　正弦波発振回路の方式と実用周波数範囲との対応

● **発振周波数の安定度に着目した選び方**

周波数安定度はどのくらい必要か，周波数を可変する必要があるかどうかによっても，最適な回路方式は異なります．

10^{-5}以上の周波数精度が必要な場合には，水晶発振回路を選択します．

安定度はそれほど必要なく，周波数を可変抵抗器などで可変したいときは，*CR*発振回路がよいでしょう．

高安定で可変の発振周波数が必要なときは，水晶発振回路を原発振とするDDS[9](Direct Digital Synthesizer)などのディジタル回路を使います．

● **高調波ひずみ率を低減したいとき**

*CR*発振回路を採用して，ひずみを小さくしたいときは状態変数型を採用します．

周波数が高安定で，低ひずみとしたいときは，水晶発振回路に高次のLPFを組み合わせます．

21-2　*CR*発振回路の動作

● ***CR*発振回路はアクティブBPFの発展形である**

図21-2に示すのは，一般的な*CR*発振回路です．

*CR*発振回路の基本形は，*CR*パッシブBPFまたはBEFを利用した*Q*が無限大のアクティブBPFです．

使用できるBPFには多くの種類があります．そのなかでも有名なのは，最初に実用化されたウィーン・ブリッジを使用するターマン発振回路です．その後，低ひずみ広帯域発振回路として，ブリッジドT型回路を使用するザルツァ発振回路が現れました．現在，簡単に低ひずみ発振が可能なのは状態変数型です．

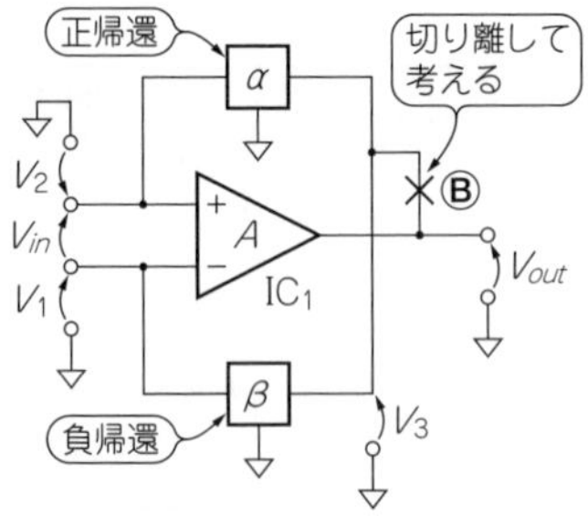

点Ⓑで切り離して考えると，次式が成り立つ．

$$V_{out} = AV_{in}$$
$$V_{in} = V_1 - V_2$$
$$V_1 = \beta V_3,\ V_2 = \alpha V_3$$
$$\therefore \frac{V_{out}}{V_3} = (\alpha - \beta)A \quad \cdots\cdots (21\text{-}1)$$

よって，発振条件は次のとおり．

$$\angle \frac{V_{out}}{V_3} = \angle(\alpha - \beta)A = 0° \quad \cdots\cdots (21\text{-}2)$$
$$\left|\frac{V_{out}}{V_3}\right| = |(\alpha - \beta)A| \geqq 1 \quad \cdots\cdots (21\text{-}3)$$

ただし，A：オープン・ループ・ゲイン，α：正帰還率，β：負帰還率

単一周波数で発振するためには，上記発振条件式(21-2)と式(21-3)が単一周波数f_0 (ω_0)でだけ成立する必要がある．よって，正帰還回路または負帰還回路に周波数選択回路(BPFまたはBEF)を含む必要がある．

図21-2　CR型正弦波発振回路と発振の条件

● **負帰還回路の発振との違い**

▶周波数と振幅が安定している必要がある

CR型が発振する条件は負帰還回路の発振と同じです．つまり，一巡ループ・ゲイン$A\beta$が1以上であることです．

ただし，負帰還回路を不安定にすれば発振回路になるかというとそうはいきません．なぜなら，発振周波数と出力振幅が安定しないからです．周波数と振幅を安定にするのが，発振回路の難しいところです．

● **発振スタートの条件…$A\beta > 1$＋トリガ**

発振が始まるためには，$A\beta > 1$の条件とトリガ信号が必要です．

トリガ信号がないと発振が始まりませんが，内部の雑音や電源投入時の過渡現象がトリガ信号になりますから，実際の回路ではわざわざ加える必要はありません．シミュレーションのときは，外部からトリガ信号を加える必要があります．

発振回路は，正帰還と負帰還が混在しており，解析は簡単ではありません．重要な特性である一巡ループ・ゲインは，**図21-2**のように適当なところでループを切断して求めます．ループ・ゲインの位相がゼロ，絶対値が1以上のとき発振します．

● **発振開始後，振幅と周波数を一定に持続するには**

$A\beta \gg 1$にすると，急速に発振が始まります．

安定な発振を持続するためには，$A\beta = 1$が成り立っている必要があります．単に，負帰還回路を発振させると，OPアンプ内部でクリップが生じて，ひずんだ波形になります．

▶周波数選択回路の採用

特定の周波数で発振させるためには，周波数選択回路と呼ぶ回路が必要です．

ウィーン・ブリッジ型は，正帰還側に周波数選択回路が入っています．周波数選択回路としては，*CR*によるパッシブのBPFが使われます．ブリッジドT型は，負帰還側に周波数選択回路が入っています．周波数選択回路としては，*CR*によるパッシブのBEFが使われます．

▶振幅制御回路の採用

$A\beta = 1$になるようにゲインをコントロールする回路です．詳しくは後述します．

＊

周波数選択回路と振幅制御回路は，正帰還側と負帰還側のどちらに入れてもかまいません．

21-3　*CR*発振回路のいろいろ

● **ウィーン・ブリッジ型**

ウィーン・ブリッジとは，*CR*で構成された辺と純抵抗で構成された辺をもつブリッジ回路です．

図21-3(a)の回路で，*CR*で構成された辺の周波数特性を解析してみました．**図21-3(b)**のように

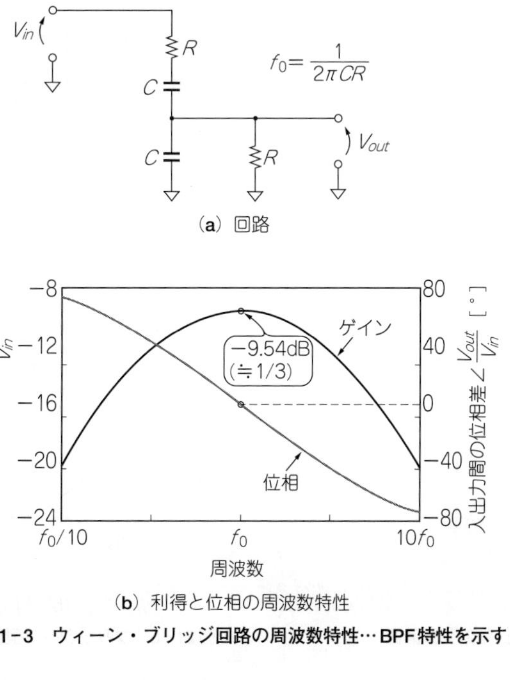

図21-3　ウィーン・ブリッジ回路の周波数特性…BPF特性を示す

BPF特性を示します．

図21-4に示すのが，ウィーン・ブリッジ型発振回路です．周波数選択回路として，正帰還側にウィーン・ブリッジ回路が，負帰還側には後出の振幅制御回路が入っています．

周波数選択回路のCとRの値を等しくした場合，発振周波数での正帰還率αは1/3ですから，負帰還率βは発振を持続させるために1/3とします．

発振周波数以外では$\alpha < 1/3$ですから，$A\beta < 1$となって，BPFの中心周波数以外では発振しません．

● **ブリッジドT型**

ブリッジドT型回路の周波数特性は，**図21-5**に示すようにBEF特性を示します．

図21-6に示すのは，ブリッジドT型回路を周波数選択回路として負帰還側に挿入したブリッジドT型正弦波発振回路です．正帰還側には振幅制御回路が入っています．

周波数選択回路で$n = 4$とした場合，発振周波数での負帰還率βは1/3です．そこで，発振が持続するとき正帰還率αを1/3とします．

発振周波数以外では，$\beta > 1/3$ですから$A\beta < 1$になります．つまり，ウィーン・ブリッジ型と同様に，BEFの中心周波数以外では発振しません．

図21-4に示したウィーン・ブリッジ型は，OPアンプの入力容量がC_1に加算されて，発振周波数と発振条件に直接関係しますが，ブリッジドT型は入力容量の影響が少ないため，高周波まで発振でき，

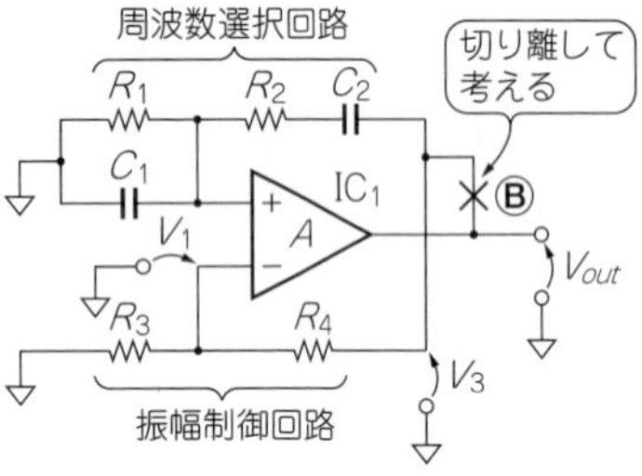

$$\alpha = \frac{sC_2R_1}{s^2C_1C_2R_1R_2 + s(C_1R_1 + C_2R_1 + C_2R_2) + 1} \quad \cdots (21\text{-}4)$$

$$\beta = \frac{R_3}{R_3 + R_4}$$

$C_1 = C_2 = C$ とすると，式(21-1)から，

$$\frac{V_{out}}{V_3} = -\frac{R_3}{R_3 + R_4}\,\frac{s^2C^2R_1R_2 + sC\left\{R_1\left(1 - \frac{R_4}{R_3}\right) + R_2\right\} + 1}{s^2C^2R_1R_2 + sC(2R_1 + R_2) + 1}A$$

発振条件から，発振周波数f_0は，

$$f_0 = \frac{1}{2\pi C\sqrt{R_1R_2}} \quad \cdots\cdots (21\text{-}5)$$

また，

$$\frac{R_1(R_4 - R_3) - R_2R_3}{(2R_1 + R_2)(R_3 + R_4)}A \geqq 1 \quad \cdots\cdots (21\text{-}6)$$

$R_1 = R_2 = R$，$A \gg 1$とすると，

$$f_0 = \frac{1}{2\pi CR} \quad \cdots\cdots (21\text{-}7)$$

$$R_4 \geqq 2R_3 \quad \cdots\cdots (21\text{-}8)$$

図21-4　ウィーン・ブリッジ型正弦波発振回路

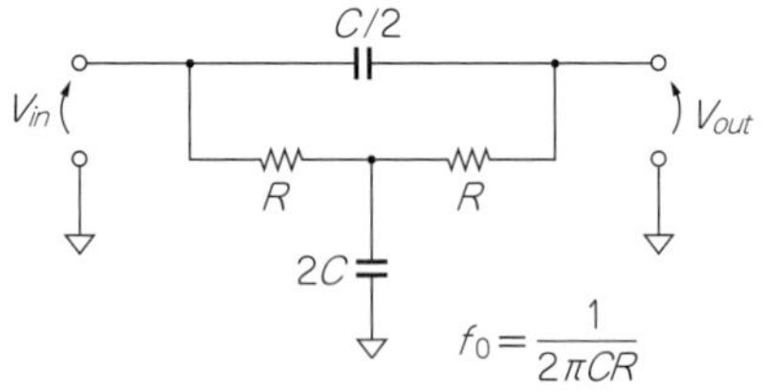

(a) 回路

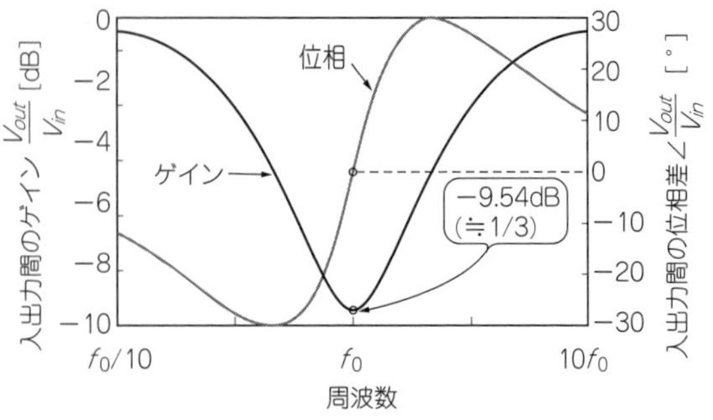

(b) 利得と位相の周波数特性

図21-5　ブリッジドT型回路の周波数特性…BEF特性を示す

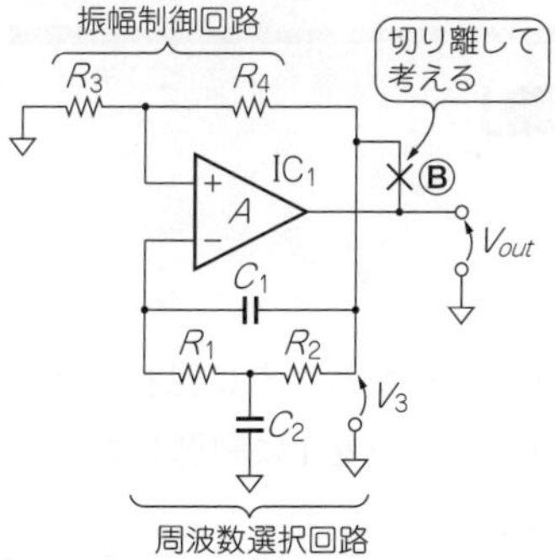

$$\alpha=\frac{R_3}{R_3+R_4}$$

$$\beta=\frac{s^2C_1C_2R_1R_2+sC_1(R_1+R_2)+1}{s^2C_1C_2R_1R_2+s(C_1R_1+C_1R_2+C_2R_2)+1}\quad\cdots(21\text{-}9)$$

$C_1=C/\sqrt{n}$，$C_2=\sqrt{n}\,C$とすると，式(21-1)から，

$$\frac{V_{out}}{V_3}=-\frac{R_4}{R_3+R_4}\,\frac{s^2C^2R_1R_2+sC(R_1+R_2-nR_2R_3/R_4)/\sqrt{n}+1}{s^2C^2R_1R_2+sC(R_1+R_2+nR_2)/\sqrt{n}+1}A$$

発振条件から，

$$f_0=\frac{1}{2\pi C\sqrt{R_1R_2}}\quad\cdots\cdots(21\text{-}10)$$

$$\frac{V_{out}}{V_3}=-\frac{R_4}{R_3+R_4}\,\frac{R_1+R_2-nR_2R_3/R_4}{R_1+R_2+nR_2}A\geqq 1\quad\cdots(21\text{-}11)$$

$R_1=R_2=R$，$A\gg 1$とすると，

$$f_0=\frac{1}{2\pi CR}$$

$$R_3\geqq\frac{2}{n}R_4\quad\cdots\cdots(21\text{-}12)$$

図21-6　ブリッジドT型正弦波発振回路

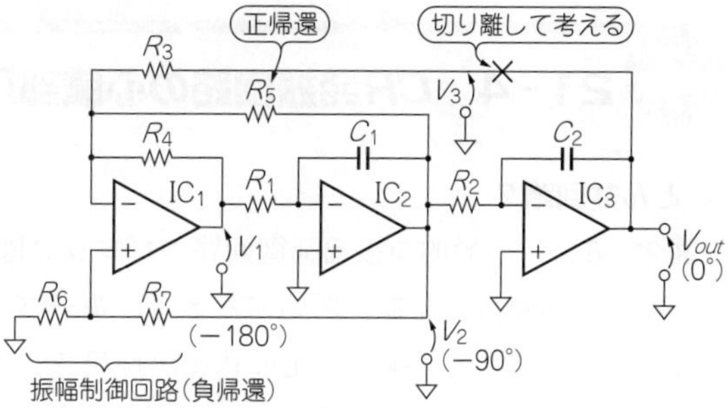

$C_1=C_2=C$，$R_1=R_2=R$とすると，

$$\frac{V_{out}}{V_3}=-\frac{R_4/R_3}{s^2C^2R^2+sCR\left(\frac{R_6}{R_6+R_7}\,\frac{R_3/\!/R_5+R_4}{R_3/\!/R_5}-\frac{R_4}{R_5}\right)}\geqq 1\quad\cdots(21\text{-}13)$$

$R_3=R_4$とすると，発振条件から，

$$\beta=\frac{R_6}{R_6+R_7}\leqq\frac{R_3}{R_3+2R_5}\quad\cdots\cdots(21\text{-}14)$$

$$f_0=\frac{1}{2\pi CR}$$

図21-7　状態変数型正弦波発振回路

広帯域発振回路に最適です．

● **状態変数型**

図21-7に回路を示します．状態変数型フィルタを応用しています．

このフィルタは，OPアンプの数が多く複雑な回路になりますが，BPFとして使用すると最も高Qにできます．

これが単一増幅回路を使ったCR発振回路と違うのは，R_5によって正帰還と負帰還をかけなくても，発振周波数で$A\beta=1$になることです．

発振が始まるためには，$A\beta>1$が成り立つ必要がありますから，R_5によって正帰還をかけて$A\beta>1$とし，発振が持続しているときは，R_6とR_7による負帰還で$A\beta=1$とします．

この回路の特徴は，0°と−90°の2位相出力が同時に得られることです．OPアンプのループ・ゲインが十分大きければ(100倍以上)，二つの出力の位相誤差はほとんどありません．また，$C_1=C_2$，$R_1=R_2$とすると両出力の電圧は等しくなります．

21-4　*CR*発振回路の心臓部「振幅制御回路」

■ どんな回路？

図21-8に，一般的な振幅制御回路のブロック図を示します．

振幅制御回路は，発振が開始するとき，ループ・ゲインが1より大きくなるように動作します．いったん発振が始まると，振幅一定の状態が持続されるように，ループ・ゲインを1に制御します．

最も簡単な振幅制御回路は，第17章で紹介したリミッタ回路です．

リミッタ回路による振幅制御は，負帰還回路を発振させて，OPアンプ内部でクリップさせたときと同じですから，ひずんだ波形になるのです．

リミッタ回路は簡単で内部に時定数をもたないため，超低周波まで使用できますが，出力電圧波形の高調波ひずみ率は大きくなります．

以前は，ランプやサーミスタなどの電圧-電流特性が非線形な素子が使われていました．これらは熱時定数をもつため，超低周波では使用できません．また，周囲温度の影響を受けやすく，周辺の回路定数も自由に設定できませんでした．

■ 実用的な振幅制御回路

実際の正弦波発振回路の振幅制御回路は，次のような回路で構成されています．

● 振幅検出回路

出力振幅に比例した直流電圧を得る回路です．

全波整流回路(絶対値回路)，ピーク・ホールド回路，サンプル＆ホールド回路などが使われます．

この回路の出力リプルは2次高調波を含むため，リプルを小さくしないと，出力波形の3次高調波が小さくなりません．高周波の次数が上がるのはループ・ゲインがリプルによって変調されるためです．

サンプリング・パルスが生成できれば，サンプル＆ホールド回路が最もリプルが小さく，高速に応答します．

状態変数型発振回路では，－90°出力をゼロ・クロス・コンパレータに入れれば，簡単にサンプリング・パルスを生成できます．

● 誤差増幅＆積分回路

出力振幅に比例した直流電圧と基準電圧を比較して，その誤差電圧を増幅し，積分します．積分動

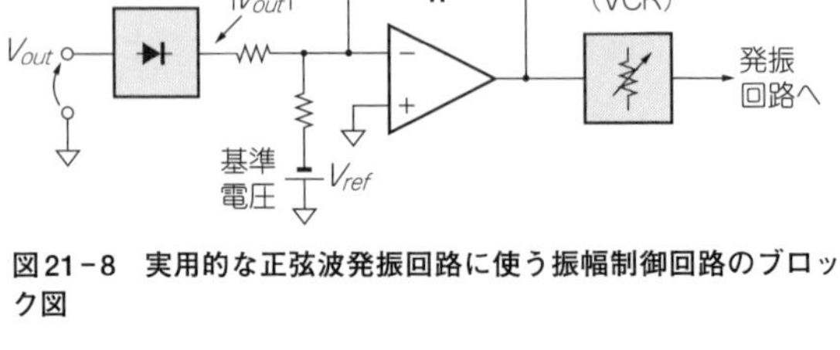

図21-8　実用的な正弦波発振回路に使う振幅制御回路のブロック図

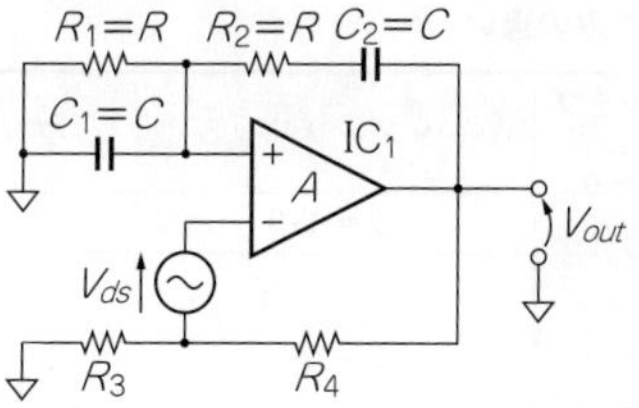

$$\beta=\frac{R_3}{R_3+R_4}\text{ から，}$$

$$V_{ds}=\beta V_{out}d_s \quad\cdots\cdots\cdots\cdots(21\text{-}15)$$

出力V_{out}中のx次高調波をV_{Ox}とする．また，式(21-4)から，$s=j\omega$，$\omega_0=2\pi f_0$とすると，

$$\frac{V_{dsx}}{V_{Ox}}\fallingdotseq-\beta\frac{1-x^2}{1-x^2+j3x}$$

$$\therefore V_{Ox}=-\frac{1}{\beta}\frac{1-x^2+j3x}{1-x^2}V_{dsx}$$

よって，

$$\left|\frac{V_{Ox}}{V_{out}}\right|=\frac{\sqrt{(x^2-1)^2+9x^2}}{x^2-1}d_{sx}\ (x=2,\ 3,\ \cdots)\quad\cdots(21\text{-}16)$$

（x次高調波のひずみ率（出力））

ただし，V_{ds}：振幅制御回路のひずみ成分，d_s：振幅制御回路のひずみ率，V_{dsx}：V_{ds}中のx次高調波レベル，d_{sx}：d_s中のx次高調波の割合

図21-9　振幅制御回路で発生するひずみの影響

作によって，振幅検出回路のリプルも低減されます．

振幅制御回路は積分型制御回路ですから，積分時定数を大きくすると，ループ・ゲインの周波数特性は－6 dB/oct.で下降します．位相回転も90°に留まりますから，制御安定度を確保しやすいという特徴があります．

ただし，積分時定数が大きくなると応答も遅くなるため，実用的な面で限界があります．

● ループ・ゲイン可変回路

▶ JFETを使うのが良い

誤差電圧で発振回路のループ・ゲインを可変します．

安価で簡単なのは，JFETを使ってVCR(電圧制御可変抵抗)として機能させることです．

しかし，JFETは本質的に2次高調波ひずみを発生し，直線的な動作範囲が狭いため，CdSフォト・カプラ，アナログ乗算ICなどを使用する場合もあります．

後出の実験で使用する2SK30AGR(東芝製)は，ドレイン-ソース間抵抗値を2 kΩ以下，ドレイン-ソース間電圧を0.1 V以下に抑えないと，ひずみが急増します．

また，振幅検出回路のリプルは，ゲートから入力されドレインに出力されて2次高調波ひずみを発生させるだけでなく，ドレイン-ソース間抵抗を変化させますから，これによる帰還率の変動が3次高調波ひずみを発生させます．サンプル＆ホールド回路以外の振幅検出回路はリプルが大きいので，リプルを減少させようと積分時定数を大きくすると，ひずみ率と振幅安定時間はトレード・オフの関係になりますから，要求仕様に合わせて積分時定数を設定します．

表21-2　正弦波発振回路による高調波ひずみの違い

項目＼タイプ		ウィーン・ブリッジ型	ブリッジドT型	状態変数型	
帰還率		$\beta = 1/3$	$\beta = 1/3$	$\beta = 1/3$	$\beta = 1/21$
出力のひずみ率 $\left(\frac{d_o}{V_{out}}\right)$		$\left\lvert\frac{1-x^2+j3x}{1-x^2}d_s\right\rvert$	$\left\lvert\frac{1}{2}\frac{1-x^2+j3x}{1-x^2}d_s\right\rvert$	$\left\lvert\frac{1}{1-x^2}\frac{2\beta}{1-\beta}d_s\right\rvert$	
各高調波の計算値	2次高調波ひずみ($x = 2$)	2.24倍	1.12倍	0.33倍	0.033倍
	3次高調波ひずみ($x = 3$)	1.51倍	0.75倍	0.13倍	0.013倍
	5次高調波ひずみ($x = 5$)	1.18倍	0.59倍	0.042倍	0.0042倍
ギャング誤差rによる振幅制御回路の変動		$2r/3$倍	$2r/3$倍	−	−

注▶ x：高調波の次数，d_s：振幅制御回路のひずみ率

■ 高調波ひずみ発生への対応

*CR*発振回路のひずみの主な原因は，増幅回路と振幅制御回路のひずみです．

このうち，増幅回路のひずみは，低ひずみOPアンプを使用して，ループ・ゲインを大きくすれば，無視できるほど小さくなります．

振幅制御回路は，線形回路ではなく非線形回路なので，非線形性によるひずみを発生しがちです．

図21-9に示すウィーン・ブリッジ型で，振幅制御回路のひずみ(d_s)がどの程度出力されるかを検討すると，ループ・ゲインには無関係なことがわかります．たとえば，第3高調波はループ・ゲインに関係なく1.5倍出力されます．

ほかの正弦波発振回路も計算すると**表21-2**のようになります．これを見ると，振幅制御回路のひずみを同じレベルとした場合，ウィーン・ブリッジ型が最も悪いことがわかります．

状態変数型で一般的な$\beta = 1/21$の条件で，最も低ひずみになります．

ブリッジドT型は，nを大きくすると低ひずみになりますが，帰還率が小さくなるため，増幅回路のひずみが増加することが予想されます．

21-5　周波数を可変できるようにするには

*CR*発振回路で周波数を可変するには，**図21-10**のような構成がシンプルでよいでしょう．つまり，1ディケードごとにコンデンサを1桁ずつ変えます．1ディケード間は2連可変抵抗器で可変します．

ただし，発振周波数の精度を要求する場合は，可変抵抗器ではなく，固定抵抗をスイッチで切り替えます．

● ギャング誤差への対応

2連可変抵抗器は，公称抵抗値は同一でも，両者の抵抗値は異なります．この度合いをギャンギング(ganging)誤差(ギャング誤差)といいます．

ギャング誤差が出力電圧に与える影響を見積もると，**図21-10**中の式(21-18)のようになります．ギャング誤差rが10%とすると，これによる出力変動は6.7%です．振幅制御回路で，この変動を抑え込む必要がありますから，振幅制御回路の負担は大きくなります．

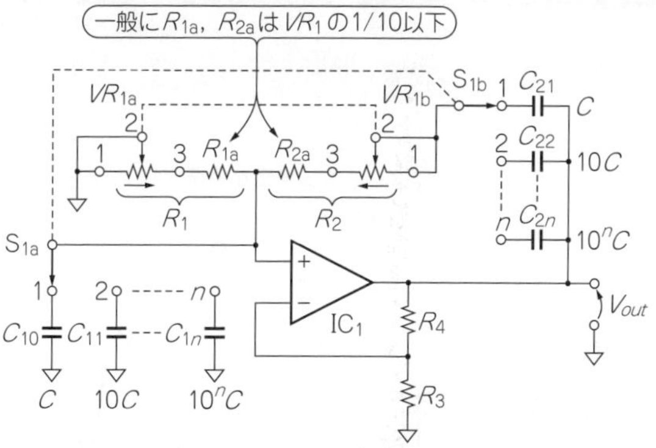

$R_1=R(1+r)$

$R_2=\frac{R}{1+r}$

ただし，r：トラッキング誤差(≪1)
とすると，$f=f_0(\omega=\omega_0)$では，式(19-4)から，

$$\alpha \fallingdotseq \frac{1}{3}\left(1+\frac{2}{3}r\right) \quad \cdots\cdots(21\text{-}17)$$

よって，rによるβへの影響は，$\beta=\frac{1}{3}+\Delta\beta$として，

$$\frac{\Delta\beta}{\beta} \fallingdotseq \frac{2}{3}r \quad \cdots\cdots(21\text{-}18)$$

となる.

図21-10　周波数可変型*CR*発振回路…振幅制御回路がギャング誤差による出力の変動を抑圧する

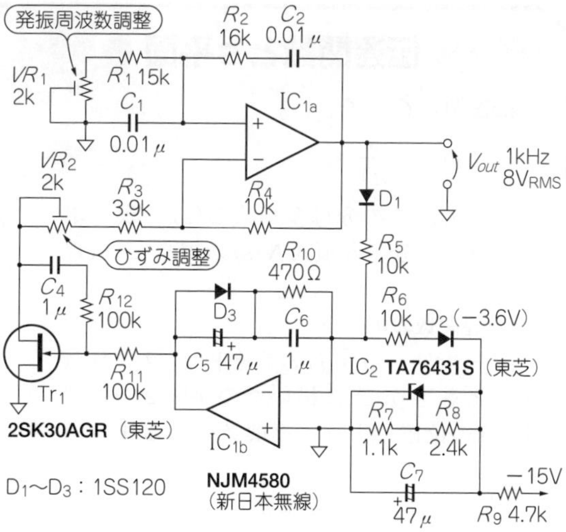

図21-11　製作したウィーン・ブリッジ型正弦波発振回路

表21-2に，ほかの回路についても計算した結果を示します．これを見ると，ウィーン・ブリッジ型とブリッジドT型は同じですが，ブリッジドT型はnを大きくすると改善されます.

状態変数型は，直接出力V_{out}には影響が出ませんが，内部のV_2(−90°出力)が変動します.

振幅制御回路の負担が大きくなると，前述の高調波ひずみが大きくなりますから，ギャング誤差のできるだけ少ない2連可変抵抗器を使います.

ウィーン・ブリッジ型は，教科書に必ず出ている有名な発振回路ですが，検討してみるとメリットがありません.

21-6　*CR*発振回路の実験

● ウィーン・ブリッジ型

図21-11に示す回路を作って，ひずみ率などを測ってみました.

電源は±15 Vです．電源パスコンは，100 μF，25 Vの電解コンデンサと0.1 μF，25 Vのセラミック・コンデンサを並列にして+15 V〜0 V間と−15 V〜0 V間にそれぞれ入れてあります．後出のブリッジドT型と状態変数型も同様です.

写真21-1(**a**)に，出力波形と高調波成分を示します.

出力ひずみ率は0.05％です．ひずみ率測定には，前章で製作したノッチ・フィルタを使いました.

伝達関数とs平面

伝達関数$G(s)$を，

$$G(s)=\frac{N(s)}{D(s)}$$

とおいて，この分母多項式$D(s)$の根をポール(極)，分子多項式$N(s)$の根をゼロ(零点)と呼びます．

● 伝達関数のポール

ポール($s=\sigma+j\omega$)をs平面(ラプラス平面とも言う)上に描いたのが**図21－A**です．sの位置により伝達関数のふるまいは次のようになります．

(1)左半平面…安定な増幅
(2)虚軸上……安定な発振
(3)右半平面…時間とともに振幅が増加

s平面上のポールの位置を見れば，負帰還安定度が一目瞭然でわかります．ポールが左半平面にあれば安定に増幅しますが，σが原点に近づくと振幅の減衰が遅くなります．発振回路はポールが虚軸上にあるとき，安定に発振を持続します．

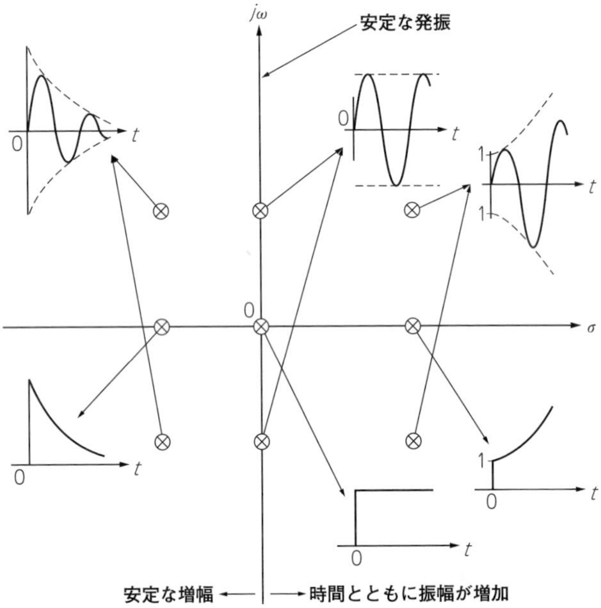

図21－A　s平面上のポール

● 伝達関数のゼロ

ゼロの場合は，位相の回転を表し，**図21－B**に示すように，

(1)左半平面…最小位相推移回路
(2)虚軸上……ノッチ・フィルタ
(3)原点………ハイパス・フィルタ
(4)右半平面…過剰位相推移回路

となります．

最小位相推移回路というのは，振幅変化と位相回転が1：1に対応している，今まで説明してきたほとんどの回路のことです．振幅が－6 dB/oct.で低下すると，90°の位相遅れがあるというのが最小位相推移回路です．振幅変化と位相回転が1：1に対応していますから，ボーデ線図を簡単に描くことができて，非常にわかりやすい回路だと言えます．

過剰位相推移回路は，振幅変化と位相回転が1：1に対応していない回路です．今まで説明した回路のなかでは，第10章で触れた伝送線路と第21章で触れたAPFがこれにあたります．どちらも，振幅が一定で位相だけが回転しています．

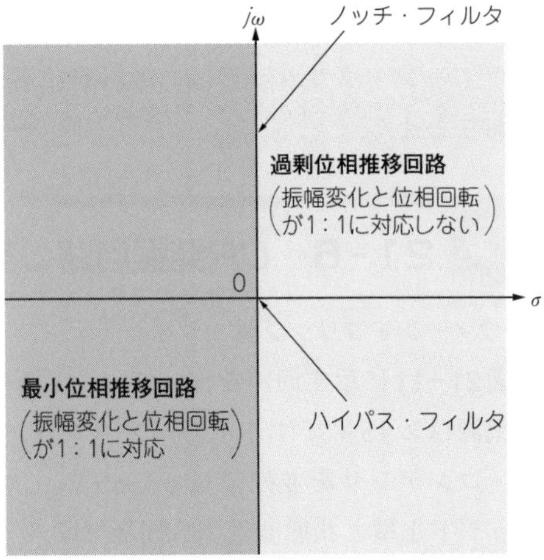

図21－B　s平面上のゼロ

コラム

伝達関数は非常に多くの情報を含んでいますから，第19章で触れた1次形と2次形の伝達関数と周波数特性の関係を把握し，伝達関数とs平面の関係を把握すれば，さまざまな回路の周波数特性と過渡応答が直感的に理解できます．

● RHPゼロにご用心

過剰位相推移回路は伝達関数のゼロが，s平面上でRHP(Right Half Plane；右半平面)にあるため，RHP(アール・エイチ・ピー)ゼロと呼びます．

過剰位相推移回路が負帰還ループの中に存在したらどういうことになるのか，考えただけでも恐ろしいことですが，単純な最小位相推移回路だけで負帰還制御回路が構成されていることはほとんどありません．簡単な制御回路でも，過剰位相推移回路が負帰還ループの中にできることはよくあります．

負帰還制御回路のなかに現れる代表的なRHPゼロの回路例，伝達関数とボーデ線図を**図21-C**に示します．ゲイン-周波数特性は微分回路と同じで6 dB/oct.で増加し，位相回転は積分回路と同様に90°遅れます．

負帰還制御回路のなかに現れたRHPゼロを簡単に対策するには，ω_Zよりも低い周波数で負帰還ループを切るようにします．こうすると周波数特性が低域寄りとなり，応答が遅くなりすぎることもあります．その対策は専門的になりますから，各分野の専門書に譲ります．負帰還制御回路が発振した場合は，ボーデ線図を描いて位相補償していきますが，そのとき，RHPゼロを付加するようなことだけは避けるようにします．

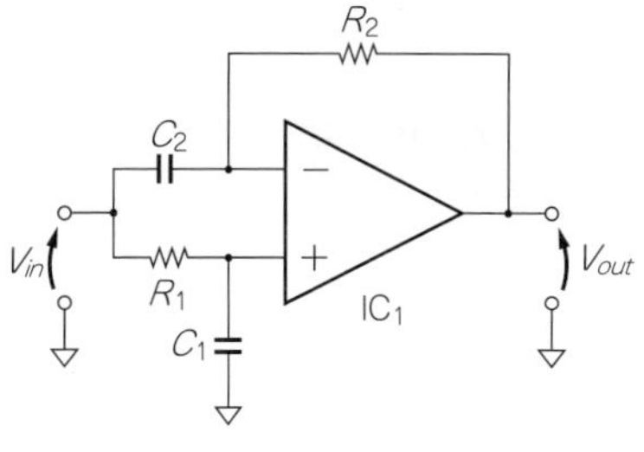

$R_1=R_2=R$, $C_1=C_2=C$,

$\omega_z=\dfrac{1}{CR}$ とすると

$$G(s)=\frac{V_{out}}{V_{in}}=1-\frac{s}{\omega_z}$$

(a) RHPゼロの回路例

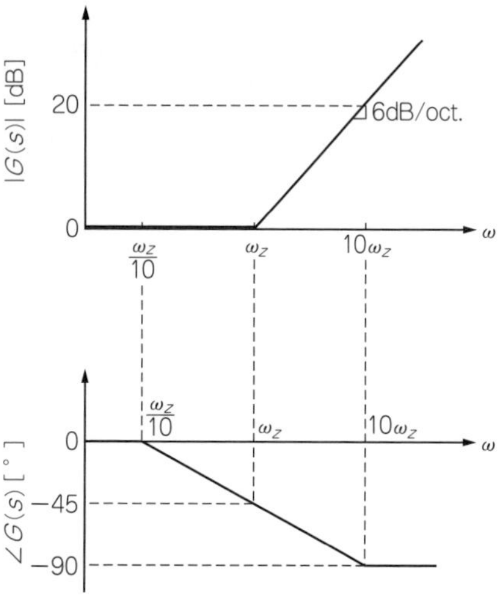

(b) RHPゼロのボーデ線図例

図21-C　RHPゼロの例

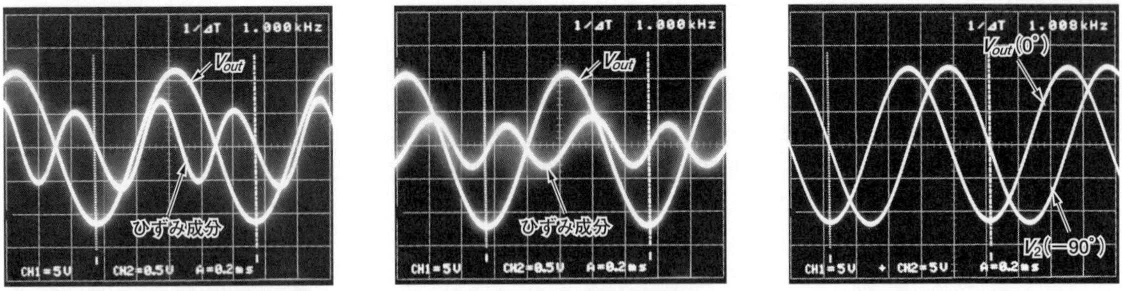

(a) ウィーン・ブリッジ型(**図21-11**)　(b) ブリッジドT型(**図21-12**)　(c) 状態変数型(**図21-13**)

写真21-1　正弦波発振回路の出力波形とひずみ(0.2 ms/div.)

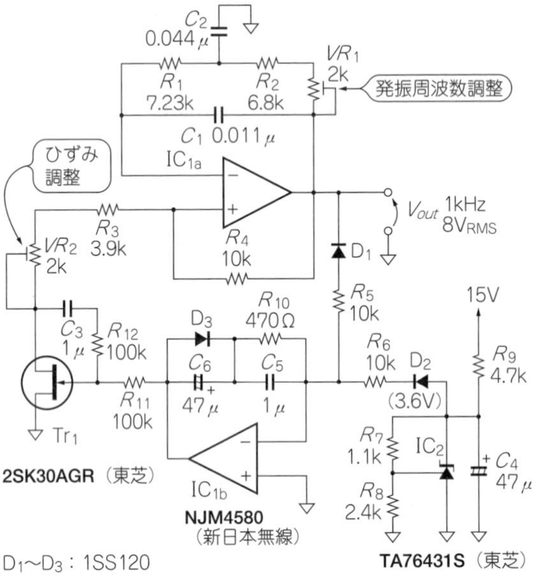

図21-12　製作したブリッジドT型正弦波発振回路

ひずみは2次高調波が主体ですが，これは振幅検出回路に問題があります．振幅検出が半波整流のため，リプル中の2次高調波成分が大きいのです．第17章で紹介した全波整流回路を使用すれば，低ひずみになりますが，回路が複雑になるためこのようにしました．

8 V_{RMS}出力時の振幅制御回路の基準電圧は，半波整流時の平均値から3.6 V($\fallingdotseq \sqrt{2} \times 8$ V$/\pi$)です．

JFETは本質的に2次高調波ひずみを発生するので，ドレイン-ゲート間に負帰還をかけて，ひずみ発生を抑えました．

● **ブリッジドT型**

図21-12に示す回路で実験しました．

写真21-1(b)に，出力波形と高調波成分を示します．

8 V_{RMS}出力時のひずみ率は0.03％です．ひずみ率は，ウィーン・ブリッジ型の約1/2で，**表21-2**で

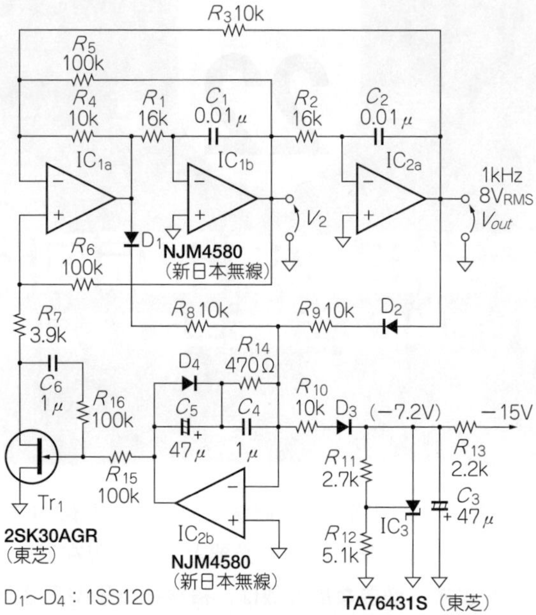

図21-13　製作した状態変数型正弦波発振回路

検討したとおりです．

● **状態変数型**

図21-13に示す回路で実験しました．

写真21-1(c)に，出力波形を示します．V_{out}とV_2の位相差は90°です．

ひずみ成分の波形は第20章の写真20-1で紹介したとおりです．8 V_{RMS}出力時のひずみ率は0.0005％です．

ひずみ率は，振幅検出回路に全波整流回路を使用しているため低ひずみです．

3次高調波が主である理由は，リプル中の2次高調波によりTr_1のドレイン-ソース間抵抗が変化し，負帰還率βを変調するためです．さらに改善するには，C_4，C_5，R_{14}を大きくしてリプルを減少させます．

低ひずみ発振回路には，状態変数型が最適なことがわかります．

第22章

LC型正弦波発振回路

最も簡単に正弦波を生成する回路

*LC*型正弦波発振回路は最も古い発振回路で，低周波で使用される第21章の*CR*型正弦波発振回路に対し，高周波で使用されます．正確な発振周波数が必要とされる現在では，次章の機械振動子型正弦波発振回路が主として使用されます．必要な周波数は，機械振動子型正弦波発振回路から，PLL(フェーズ・ロック・ループ)回路，あるいはDDS(ダイレクト・ディジタル・シンセサイザ)回路で作っています．あまり使われない*LC*型を紹介するのは，最も頻繁に使われている次章の機械振動子型の動作原理が*LC*型正弦波発振回路そのものであるためです．

ここで紹介する*LC*型と次章の機械振動子型の動作原理は，今までに説明した負帰還増幅回路の発振条件と同じです．*CR*型と異なり，どちらも高周波で利用されることが多く，OPアンプICを使うことはほとんどありません．ここでは，入手が容易なインバータICを使用した回路を紹介します．*LC*型は負帰還増幅回路の発明以前からある最古の発振回路であるため，動作原理は負帰還増幅回路の発振条件ではなく「負性抵抗」で説明されることが多くあります．ここでは，わかりやすさと計算の簡単さから，負帰還増幅回路の発振条件で説明します．

電圧で発振周波数を制御するVCO回路(Voltage Controlled Oscillator；電圧制御発振回路)についてはここでは触れませんので，文献(9)を参照してください．

22-1　特徴と基本動作原理

● *CR*型より低ひずみ特性が得られる

LC発振回路は，コイル(L)とコンデンサ(C)を使用した発振回路で，最も古くから使われています．能動素子には，トランジスタやFETがよく使われます．

CR型と異なり，LC共振回路のQが高いため，振幅制御回路にリミッタ型を使用しても低ひずみな出力が得られるという特徴があります．

● 能動素子を電流-電圧変換素子に置き換えると理解しやすい

トランジスタやFETは寄生インピーダンスが多いので，等価回路なども複雑です．しかし，トランジスタやFETの出力特性が定電流特性を示すことから，理想的な能動素子，つまり**図22-1(a)**のように電圧-電流源と出力抵抗に置き換えて考えると理解しやすくなります．電流源の部分はインバータの記号を使って表現できます．

図22-2に，インバータ記号を使って表したLC型発振回路の基本回路を示します．Z_1～Z_3は負帰還回路で，位相が180°回って負帰還が正帰還になって発振します．

振幅制御回路は，電圧-電流変換回路の電源電圧による飽和を利用したリミッタ型です．CR発振回路と異なり，LC共振回路のQが高いため，リミッタ型振幅制御回路でも正弦波になります．

● コルピッツ型とハートレー型がある

表22-1に示すように，**図22-2**に示すZ_1～Z_3に使う部品の違いによって，コルピッツ(Colpitts)型とハートレー(Hartley)型に分類できます．コルピッツ，ハートレー，および後出の発振回路に付けられた名称は考案者の名前です．

実際のトランジスタやFETに近づけるために理想電圧-電流変換回路に寄生インピーダンスを付加しても，細かい発振条件は変わりますが，構成素子は変わりません．

表22-1に示すL性は誘導性，C性は容量性の略称です．便利なのでよく使われています．

● 実際の発振回路

OPアンプを使ってLC発振回路を作ることも可能ですが，周波数の高いところで使われるため，ト

表22-1　コルピッツ型とハートレー型のLC発振回路の発振条件

回路方式	コルピッツ型	ハートレー型
Z_1	C性(C_1)	L性(L_1)
Z_2	L性(L_2)	C性(C_2)
Z_3	C性(C_3)	L性(L_3)
発振周波数 f_0	$\dfrac{1}{2\pi\sqrt{\dfrac{C_1C_3}{C_1+C_3}L_2}}$	$\dfrac{1}{2\pi\sqrt{C_2(L_1+L_3)}}$
発振条件	$\dfrac{g_mR_OC_3}{C_1}\geqq 1$	$\dfrac{g_mR_OL_1}{L_3}\geqq 1$

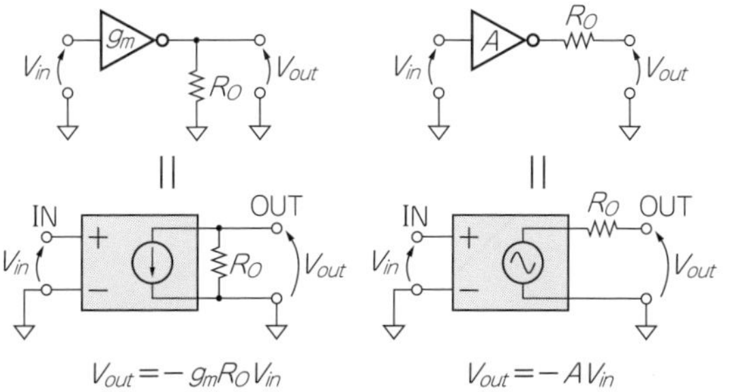

$V_{out}=-g_mR_OV_{in}$

(a) 電流源で表現すると

$V_{out}=-AV_{in}$

$\therefore A=g_mR_O$

(b) 電圧源で表現すると

図22-1　発振回路の能動素子を電流-電圧変換素子に置き換えると動作がわかりやすくなる

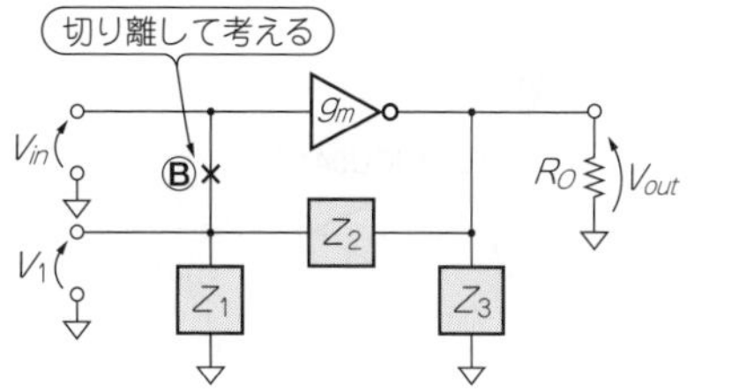

次式が成り立つ．

$$V_{out}=-g_m\{R_O /\!/ Z_3 /\!/ (Z_1+Z_2)\}V_{in}$$

$$V_1=V_{out}\frac{Z_1}{Z_1+Z_2}$$

ただし，Z_1, Z_2, Z_3は純リアクタンスとする．

発振するためには，

$$\frac{V_1}{V_{in}}=-g_m\frac{R_OZ_1Z_3}{(Z_1+Z_2)Z_3+R_O(Z_1+Z_2+Z_3)}\geqq 1$$

したがって，

$$Z_1+Z_2+Z_3=0 \quad\cdots\cdots(22\text{-}1)$$

$$-g_m\frac{R_OZ_1}{Z_1+Z_2}\geqq 1 \quad\cdots\cdots(22\text{-}2)$$

Z_1, Z_2, Z_3をそれぞれLまたはCとして検討すると，**表22-1**に示す二つの場合だけ上記条件を満足する

図22-2　LC発振回路の動作原理

ランジスタやFETを使用するのが一般的です．ここではCMOSインバータICを使った発振回路だけを紹介します．

▶インバータの出力に抵抗を付けて定電流特性にする

図22-3に，CMOSインバータIC TC74HCU04(東芝)のゲイン周波数特性を示します[9]．

出力インピーダンスは約50 Ωと低く，定電圧出力に近いため，出力に抵抗を付けて定電流特性に近づけます．抵抗がないと定電圧出力になるため，後述のようにZ_3による位相回転が期待できず，発振のしやすさは，インバータ内部の位相回転量に強く依存します．安定に発振させるためには，必ず抵抗を入れる必要があります．

▶CMOSインバータを使う理由

CMOSインバータICを使う理由は，実験を簡単にするためと，再現性が良いからです．

前述のようにトランジスタやFETは寄生インピーダンスが多いのですが，CMOSインバータは，ゲインが約20 dBと小さいことを除けば，入力抵抗が無限大，入力容量が小さい(配線の浮遊容量のほうが大きい)，出力インピーダンスが約50 Ωとほぼ理想的な素子です．

トランジスタは入力インピーダンスh_{ie}が温度と動作電圧，そして物によって大きくばらつきます．FETはCMOSインバータと同様ですが，やはりパラメータが物によって大きくばらつきます．一番の欠点は，動作点(バイアス電圧)を調整しなければならないことです．この点，OPアンプやCMOSインバータは簡単に使えます．

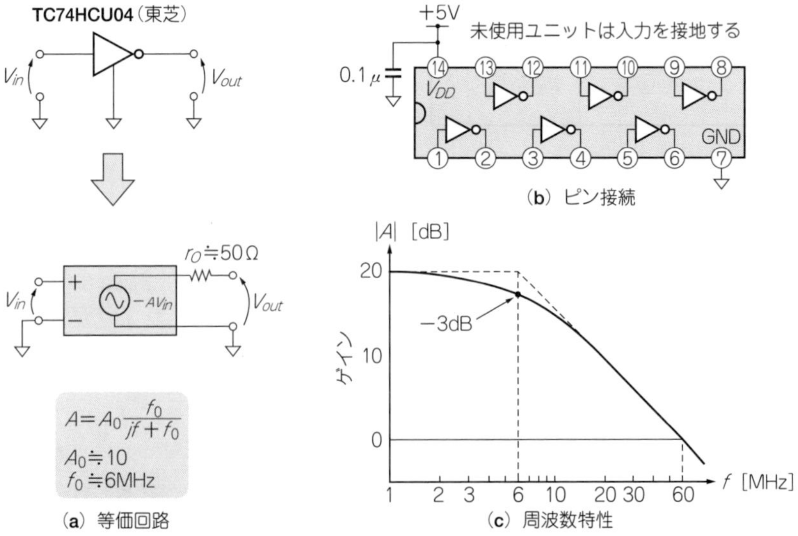

図22-3[9] CMOSインバータTC74HCU04の等価回路とゲイン周波数特性

22-2　コルピッツ型発振回路

● 負帰還回路に挿入する抵抗値と能動素子に必要なゲイン

図22-4にCMOSインバータ TC74HCU04によるコルピッツ型発振回路を示します．

図22-5(a)に示すのは，**図22-4**の負帰還回路部です．実際に使用するコイルのQは約80です．このQを等価的に再現するため，直列抵抗r_Oを入れています．

図22-5(b)と**(c)**に，**図(a)**の振幅と位相の周波数特性をシミュレーションした結果を示します．出力抵抗R_1を50 Ωと10 kΩに替えながら解析しました．

R_1 = 50 Ωのときの解析結果[**図22-5(b)**]を見てください．共振周波数(約1.5 MHz)近傍では，位相は180°まで回転していません．発振のしやすさは，インバータ内部でどのくらい位相が回転するかどうかに強く依存することがわかります．

表22-1から共振周波数の理論値は，

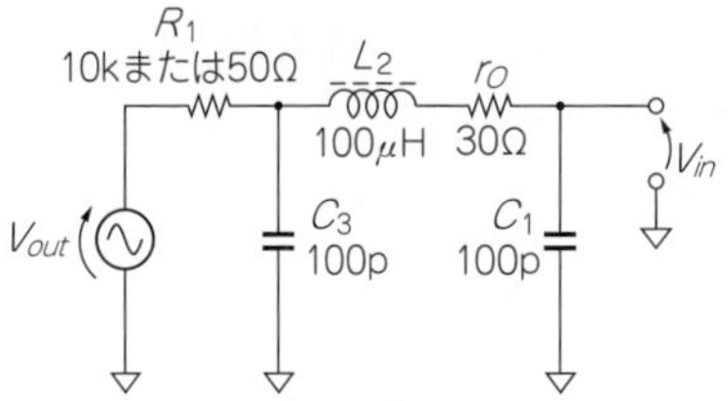

(a) 負帰還回路部

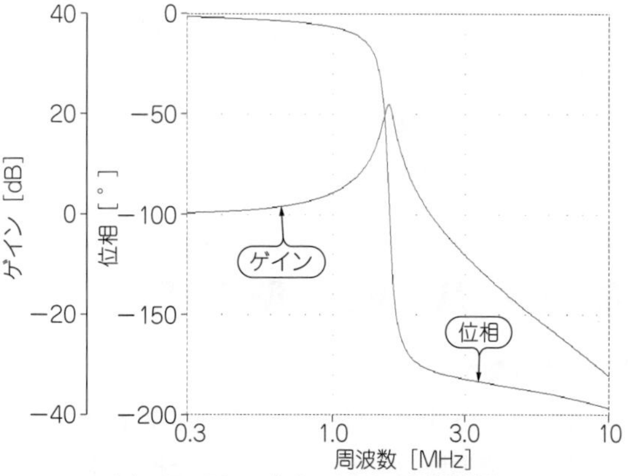

(b) R_1=50Ωのときのゲイン周波数特性

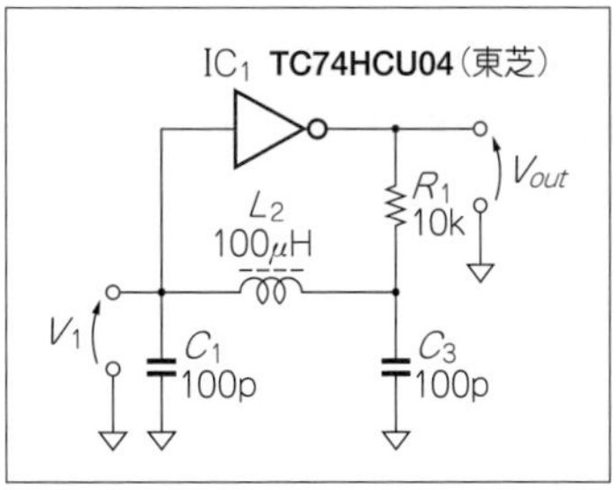

図22-4　CMOSインバータ TC74HCU04によるコルピッツ型発振回路

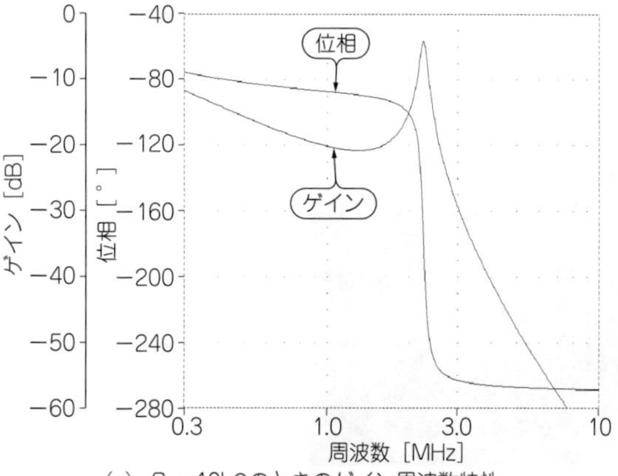

(c) R_1=10kΩのときのゲイン周波数特性

図22-5　発振回路(図20-4)の負帰還回路部の周波数特性から発振のしやすさなどを調べる

$$f_0 = \frac{1}{2\pi\sqrt{\dfrac{C_1 C_3}{C_1 + C_3} L_2}} \fallingdotseq 2.25\,\mathrm{MHz}$$

と求まります．シミュレーション結果から共振周波数は1.5 MHzですから，理論値から大幅にずれています．これは，高域でR_1がC_3を短絡するためです．

▶ R_1は50 Ωのときより10 kΩのときのほうが希望の周波数で安定に発振する

R_1 = 10 kΩのときの解析結果[**図22-5(c)**]では，共振周波数2.25 MHz近傍で，位相が120°から240°まで急激に回転しています．これは，インバータ内部の位相回転の量によらず，発振しやすいことを意味しています．共振周波数もほぼ理論値になっています．

インバータに必要なゲインAは，r_OとR_1による減衰βを補って，$A\beta \geqq 1$となるように設定しますが，**図22-5(c)**から，ゲインAは2倍(6 dB)もあれば十分ということがわかります．

● **実際の発振のようす**

図22-4の定数でコルピッツ型発振回路を実験してみました．このときの動作波形を**写真22-1**に示します．

インバータの入力端子の波形V_1は，きれいな正弦波です．正弦波出力が必要な場合は，V_1にエミッタ・フォロワを接続するか，V_{out}にLCローパス・フィルタを入れます．

発振しにくいときは，**表22-1**に示した発振条件から，C_1を小さくC_3を大きくします．上記考察からこの定数でまったく問題ありません．

22-3　ハートレー型発振回路

● **ほぼ計算どおり動作する**

図22-6(a)にハートレー型発振回路の基本回路を示します．C_4は，インダクタ(L_1とL_3)を交流的に接地するための直流遮断コンデンサです．発振条件に影響しないように，$C_4 \gg C_2$とします．

図22-7(a)に示すのは，発振条件に影響しないC_4を省略して，負帰還回路だけを取り出した回路です．

図22-7(b)に，**図22-7(a)**の定数で解析した振幅と位相の周波数特性を示します．位相は共振周波

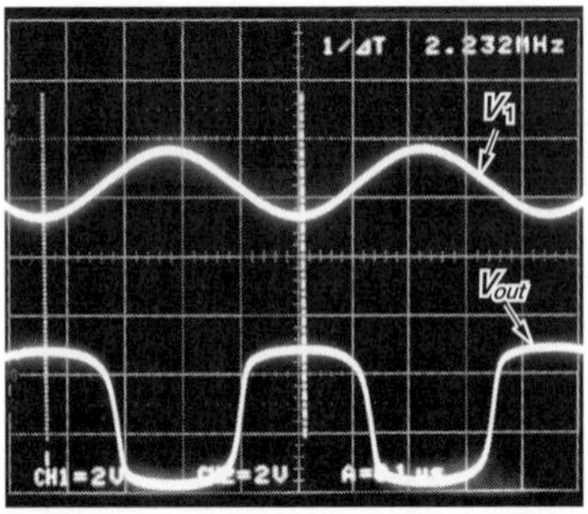

写真22-1　コルピッツ型発振回路の発振のようす(2 V/div.，0.1 μs/div.)

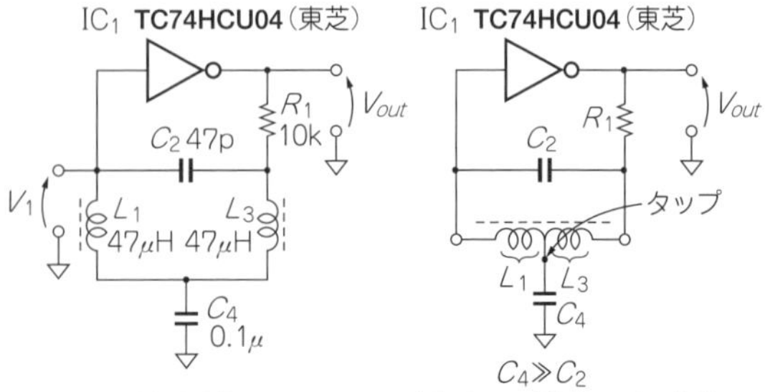

(a) 標準形

(b) タップ付きコイルを使用すればコアは一つですむ(実際の回路)

図22-6　ハートレー型発振回路の基本回路と実際の回路

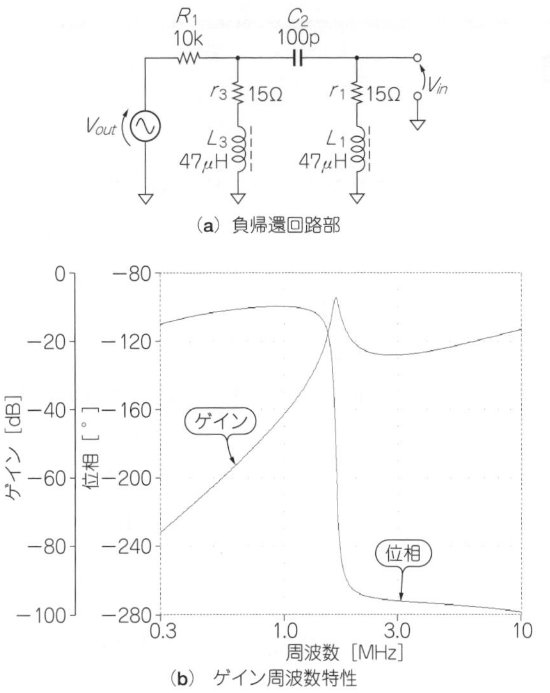

図22-7　コルピッツ型発振回路(図20-4)の負帰還回路部の周波数特性

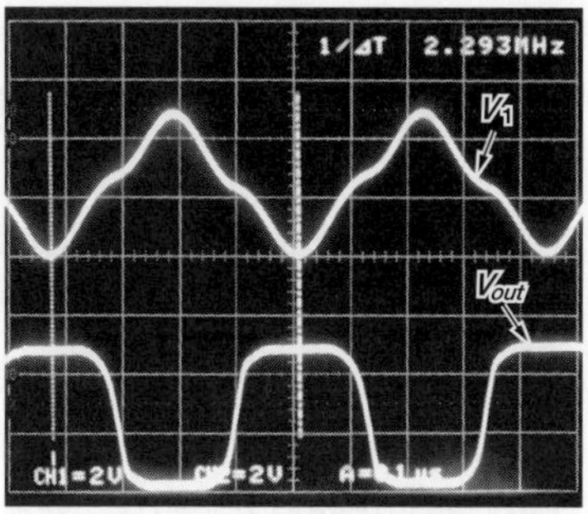

写真22-2　ハートレー型発振回路の発振のようす(2 V/div.，0.1 μs/div.)

数2.25 MHz近傍で120°から240°まで回転しますから，インバータ内部の位相回転量が少なくても発振しやすい状態にあります．共振周波数はほぼ理論値です．

インバータに必要なゲインAは，r_1，r_3とR_1による減衰βを補って，$A\beta \geqq 1$となるように設定します．**図22-7(b)**からゲインAは2.5倍(8 dB)もあれば十分ということがわかります．

● 実際の回路…タップ付きのコイルを使用する

巻き足して，タップつきのコイルを作り，**図22-6(b)**のようにすればコアは1個ですみます．実際のハートレー型発振回路は，このタイプがほとんどです．

L_1とL_3が結合するため，発振条件の計算には相互インダクタンスが影響します．

● 実際の発振のようす

図22-6(a)の定数でハートレー型発振回路を実験してみました．**写真22-2**にこのときの動作波形を示します．

波形がひずんでいます．これは**図22-7(b)**に示すように，C_2，L_1，L_3の部分がハイパス・フィルタになっていて，高調波が減衰しないからです．

実用的には，コイルよりもコンデンサのほうが安価で小型ですから，**図22-6**に示すハートレー型にはメリットがありません．

22-4　フランクリン型発振回路

● **増幅回路の特性に左右されず安定に発振する**

図22-8に示すのは，高安定なLC発振回路として知られるフランクリン(Franklin)型発振回路[27]です．

R_2は，IC_{1a}に直流バイアスを与えるための負帰還抵抗です．発振条件に影響しないようできるだけ大きくします．フランクリン型発振回路は，前述の回路と異なり，反転増幅回路が2段従属接続されて，帰還回路が正帰還ですから，帰還回路の位相回転が0°になるようにします．

図22-9(a)に示すのは，正帰還回路だけを取り出した回路です．R_3は，インバータのゲインを約−10倍として，第6章の考察から，**図22-8**のR_2の1/10としてあります．正確に言うと1/11ですが，$1/(1+A\beta) \fallingdotseq 1/A$であり，$A$の値が近似値のためこうしました．

図22-9(b)に，**図22-9(a)**中の定数で振幅と位相の周波数特性をシミュレーションした結果を示します．共振周波数2.29 MHz近傍で，位相が250°から400°まで回転しますから，増幅回路内部の位相回転量が少なくても，容易に発振することがわかります．正帰還ですから，発振周波数では入出力の位相差がゼロ(360°)になります．

$C_1 \ll C_2$，$C_3 \ll C_2$に設定するため，増幅回路の特性が共振回路に与える影響は少なく，位相差がゼロのときの振幅変化が急峻になって，高安定な発振回路となります．

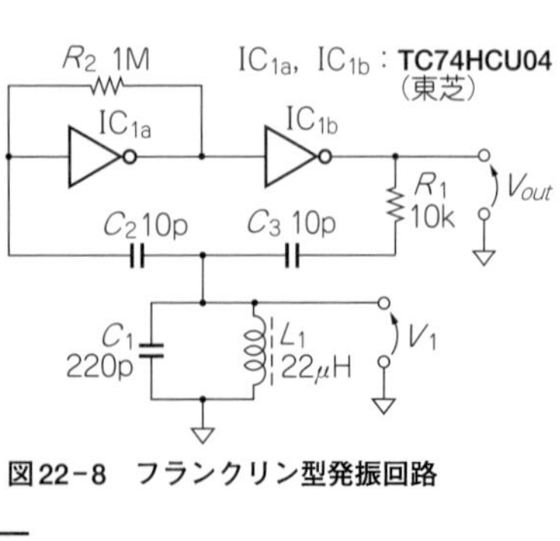

図22-8　フランクリン型発振回路

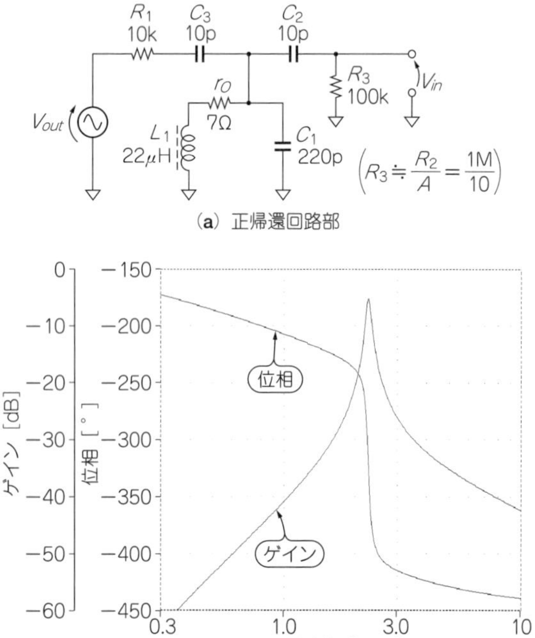

(a) 正帰還回路部

(b) ゲイン周波数特性

図22-9　フランクリン型発振回路の正帰還回路の周波数特性

● インバータ1個ですませると部品の選択が面倒

LC発振回路ではコイルを使います．コイルに巻き線を加えたトランスにして位相を反転させれば，**図22-10**に示すように反転増幅回路1個だけでも，同じ原理で発振させることができます．この回路を同調型発振回路といいます．共振回路は入力側や出力側のどちらにおいてもかまいません．

トランス(コイル)のタップをできるだけグラウンド側にすれば，フランクリン型で$C_1 \ll C_2$，$C_3 \ll C_2$としたときと同等になりますから，安定になります．しかし，一般的なコイルが使用できるフランクリン型よりも，定数設計などが面倒です．

● 実際の発振のようす

図22-8の定数でフランクリン型発振回路を実験してみました．このときの動作波形を**写真22-3**に示します．Qが高いためとてもきれいな正弦波です．

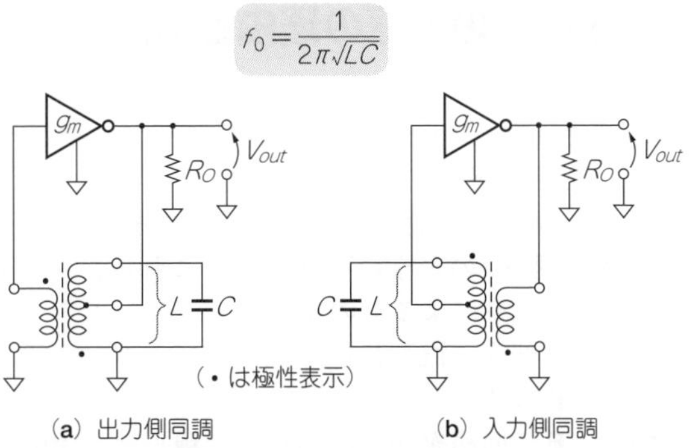

図22-10　インバータ1個で作る同調型発振回路…部品は少なくてすむが定数設定が難しい

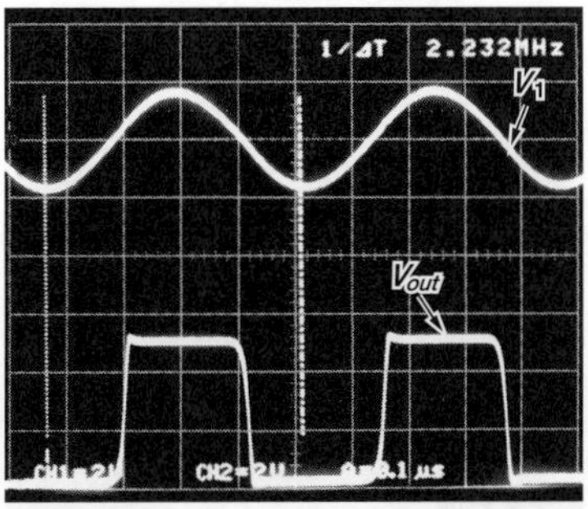

写真22-3　フランクリン型発振回路の発振のようす(2 V/div.，0.1 μs/div.)

22-5　各LC発振回路の周波数安定度

● フランクリン型が一番

電源電圧を5V中心に±1V変動させて，LC発振回路の周波数安定度をチェックしてみました．結果を**図22-11**に示します．

コルピッツ型とハートレー型はほぼ同程度（$-0.07\%_{max}$）の変動です．フランクリン型はそれよりも1桁改善されています．高安定なLC発振回路としては，フランクリン型が最適なことがわかります．

温度安定度は，コイルの温度係数（+200～300 ppm/℃程度）と逆特性のRH（−220 ppm/℃）特性またはSH（−330ppm/℃）特性のセラミック・コンデンサを使用すれば向上しますが，後述のセラミック発振子のほうが簡単です．

エミッタ・フォロワの発振の理由と対策

エミッタ・フォロワが寄生発振するのは，日常よく経験するところです．エミッタ・フォロワの発振について，LC発振回路の動作原理から考えてみましょう．

図22-A(**a**)に示すエミッタ・フォロワに寄生インピーダンスを入れると，**図**(**b**)のようになります．これを簡略化した等価回路は**図**(**c**)のようになります．これは，コルピッツ型発振回路そのものです．図中のC_{be}の計算式は文献(28)によるものです．

発振を防止するには，**図**(**c**)の×部分に直列抵抗を入れてインピーダンスを抵抗性にし，発振条件を満足させないようにすればOKです．

写真22-Aに示すのは，**図22-B**の回路を作り，ベース配線長を50 mmとして発振させてみた結果です．発振周波数は145 MHzという高い周波数ですから，オシロスコープの帯域が高域まで十分に伸びていないと観測できません．

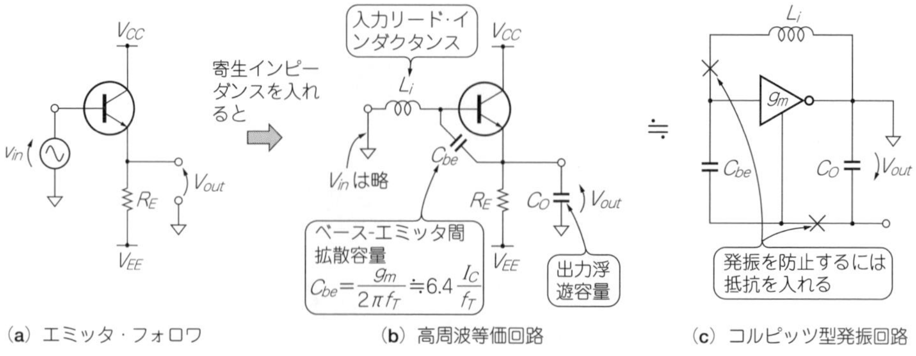

(**a**) エミッタ・フォロワ　(**b**) 高周波等価回路　(**c**) コルピッツ型発振回路

図22-A　エミッタ・フォロワが発振する原理

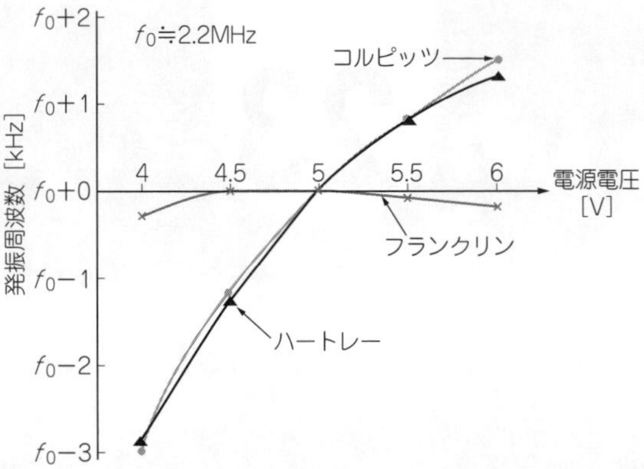

図22-11　各LC型発振回路の電源電圧変化に対する発振周波数の安定度

コラム

ベースに$R_2 = 100\ \Omega$の直列抵抗を入れると発振は止まりました．パワー・トランジスタを使用した場合には，駆動損失の問題で抵抗値の高いR_2を入れることができません．そのときは，ベース-コレクタ間にコンデンサを入れ，小さなR_2と合わせてベース-コレクタ間のインピーダンスがL性になるのを防止します．

トランジスタは低周波用の2SC945ですが，それでも発振周波数が145 MHzになります．高周波用のトランジスタを使用すると，さらに高い周波数で発振することが予想されますから，普及型のオシロスコープでは観測できません．

低周波機器でも開発の最終チェックでは，一般的にスペクトラム・アナライザによる高周波発振の確認が行われていますが，オシロスコープでの観測が不可能な周波数では，とても重要な確認事項です．

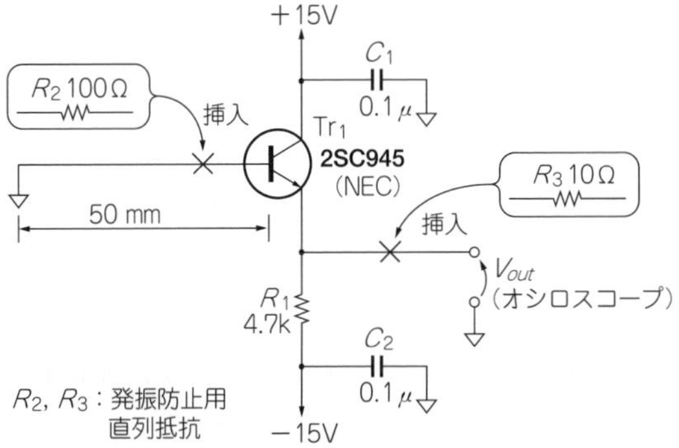

図22-B　エミッタ・フォロワの発振を止める方法

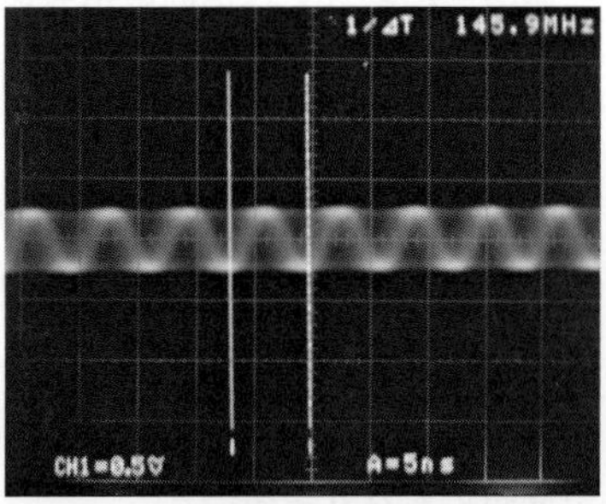

写真22-A　エミッタ・フォロワの発振のようす(0.5 V/div.，5 ns/div.)

第23章

機械振動子正弦波発振回路

最も広く使用されている発振回路

機械振動子正弦波発振回路は非常に高精度で，現在，最も頻繁に使われている発振回路です．特に水晶振動子は，現在の電子通信産業の発展に対して貢献した部品のなかで，真空管やトランジスタ，半導体ICなどの能動素子に次ぐものといわれています(27)．

機械振動子正弦波発振回路の動作原理は，LC型と同じで，今までに説明した負帰還増幅回路の発振条件と同じです．CR型と異なり，機械振動子型も高周波で利用されることが多く，能動素子としてOPアンプICを使うことはほとんどありません．ここでは，入手容易なインバータICを使用した回路を紹介します．

電圧で発振周波数を制御する水晶振動子やセラミック振動子を使用したVCXO回路についてはここでは触れませんので，文献(9)を参照してください．

23-1　種類と特徴

● 振動子の代表はセラミックと水晶

発振回路に使われる振動子を発振子といいます．

一般的に使われる発振回路のなかで，最も周波数安定度が高いのが機械振動子型です．

機械的な振動を利用した機械振動子として，広く使われるのは，圧電現象を使ったセラミックと水晶です．

ディジタル回路の動作タイミングの基準となるクロックは，ほとんどがセラミックか水晶の発振子を使った発振回路で供給されています．ICに発振回路が内蔵されている場合が多く，外部に指定された水晶発振子かセラミック発振子を接続します．

発振の原理はLC発振回路と同じですが，機械的な振動を利用しているため，Qが高く，発振周波数安定度が高くなります．

コストと形状よりも精度と安定度を重視する場合は，市販の水晶発振回路ユニットを使えば，電源を供給するだけで，安定な発振が可能です．

● 機械振動子は複数の周波数で発振することがある

LC共振回路では，基本波と高調波を同時に共振させることは不可能ですが，機械的な振動では可能です．

機械振動子はLC共振回路と異なり，種々の副共振モードがあります．安定に発振させるためには，振動子メーカとよく打ち合わせて，メーカが指定する定数，部品配置，パターン形状にしたがって設計することが必要です．

23-2　水晶発振子とセラミック発振子の違い

● Q_mとΔfに注目

図23-1に水晶発振子とセラミック発振子の等価回路とインピーダンス特性を示します．**表23-1**に示すのは，発振周波数4 MHzにおける両者の比較です．注目すべき点はQ_mとΔfの違いです．

表23-1[46]　**水晶発振子とセラミック発振子の回路定数の違い**

発振子 / 項目	水晶	セラミック
f_0 [MHz]	4.00	4.00
L_1 [μH]	2.1×10^5	0.46×10^3
C_1 [pF]	0.007	3.800
C_0 [pF]	2.39	19.8
R_1 [Ω]	22.1	9.0
Q_m	240986	1220
Δf [kHz]	6.0	350.9

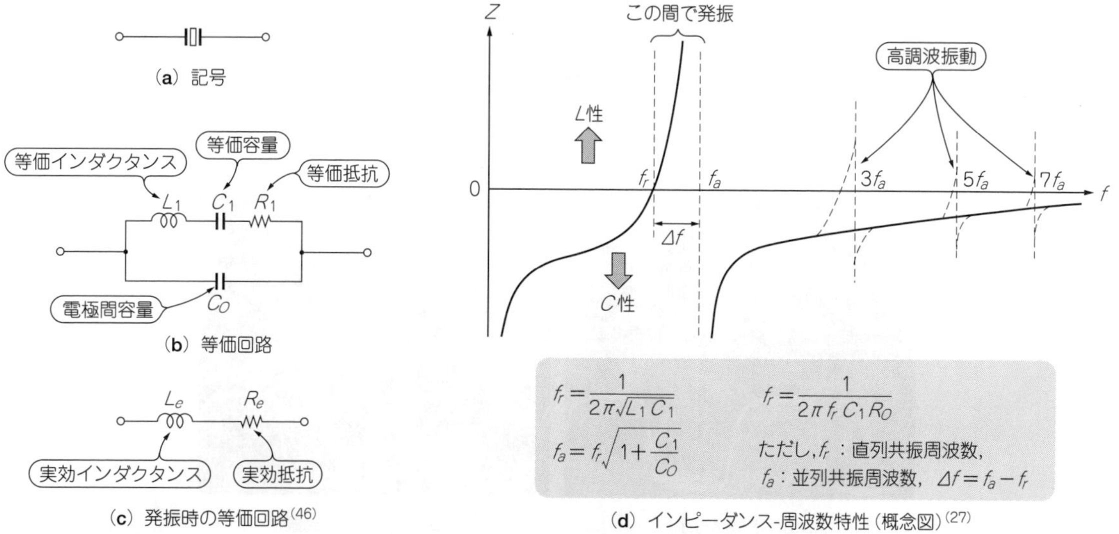
(a) 記号
等価インダクタンス
等価容量
等価抵抗
L_1
C_1
R_1
電極間容量
C_O
(b) 等価回路
L_e
R_e
実効インダクタンス
実効抵抗
(c) 発振時の等価回路[46]
Z
この間で発振
高調波振動
L性
C性
0
f_r
f_a
Δf
$3f_a$
$5f_a$
$7f_a$
f
$f_r = \dfrac{1}{2\pi\sqrt{L_1 C_1}}$
$f_r = \dfrac{1}{2\pi f_r C_1 R_O}$
$f_a = f_r\sqrt{1 + \dfrac{C_1}{C_O}}$
ただし，f_r：直列共振周波数，
f_a：並列共振周波数，$\Delta f = f_a - f_r$
(d) インピーダンス-周波数特性（概念図）[27]

図23-1　水晶発振子とセラミック発振子の典型的なインピーダンス周波数特性

水晶発振子はQ_mがとても高く，Δfが小さいので高安定です．セラミック発振子は，水晶発振子に比べれば安定度で劣りますが，そこそこ安定でとても安価なので，マイコン・システムに多用されています．

発振周波数f_0は，**図23-1**(**d**)の$f_r < f_0 < f_a$の部分で，このときどちらの発振子もL性になっています．

● **発振のようす**

図23-2の回路で，手もちの水晶発振子とセラミック発振子を使用して4 MHzを発振させてみました．結果を**写真23-1**に示します．

Qが高いため，とてもきれいな正弦波です．波形を見る限りでは，水晶発振子とセラミック発振子の区別はできません．スペクトラム・アナライザで観測すれば違いがわかるでしょう．

スペクトラム・アナライザの入力インピーダンスは50 Ωと低いので，観測する場合は低ひずみなバッファ・アンプが必要です．

23-3　機械振動子発振回路のいろいろ

● **サバロフ型**

水晶発振子とセラミック発振子を使用した発振回路で，最も使われているのが**図23-2**に示す回路で

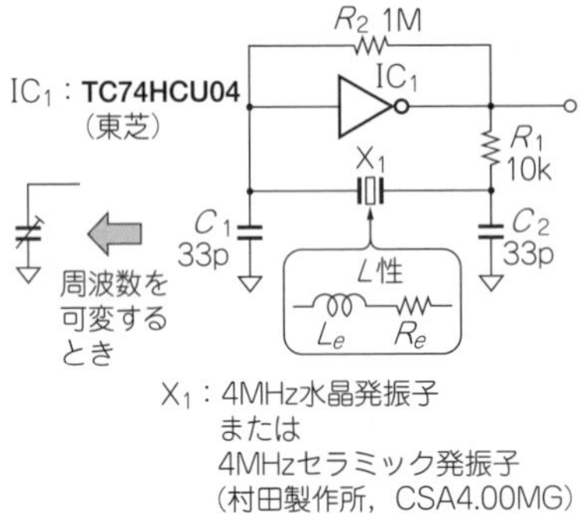

図23-2　機械振動子発振回路の基本回路
(サバロフ型という)

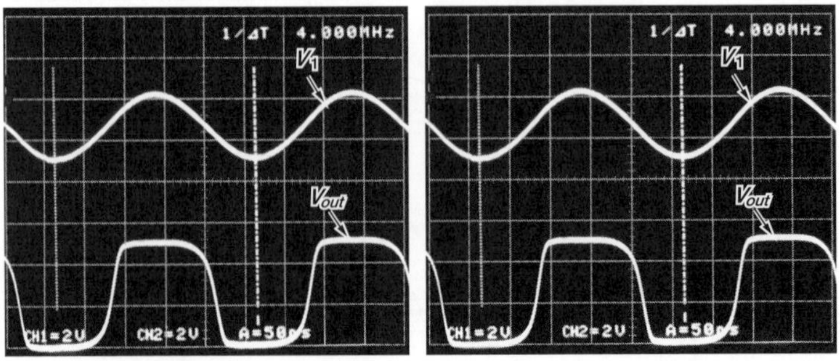

(**a**) 水晶発振子　　(**b**) セラミック発振子

写真23-1　機械振動子型発振回路の発振のようす(2 V/div.，50 ns/div.)

す．サバロフ(Sabaroff)型と言います．

発振の原理はコルピッツ型LC発振回路と同じで，水晶発振子およびセラミック発振子は，発振周波数において，どちらもL性です．

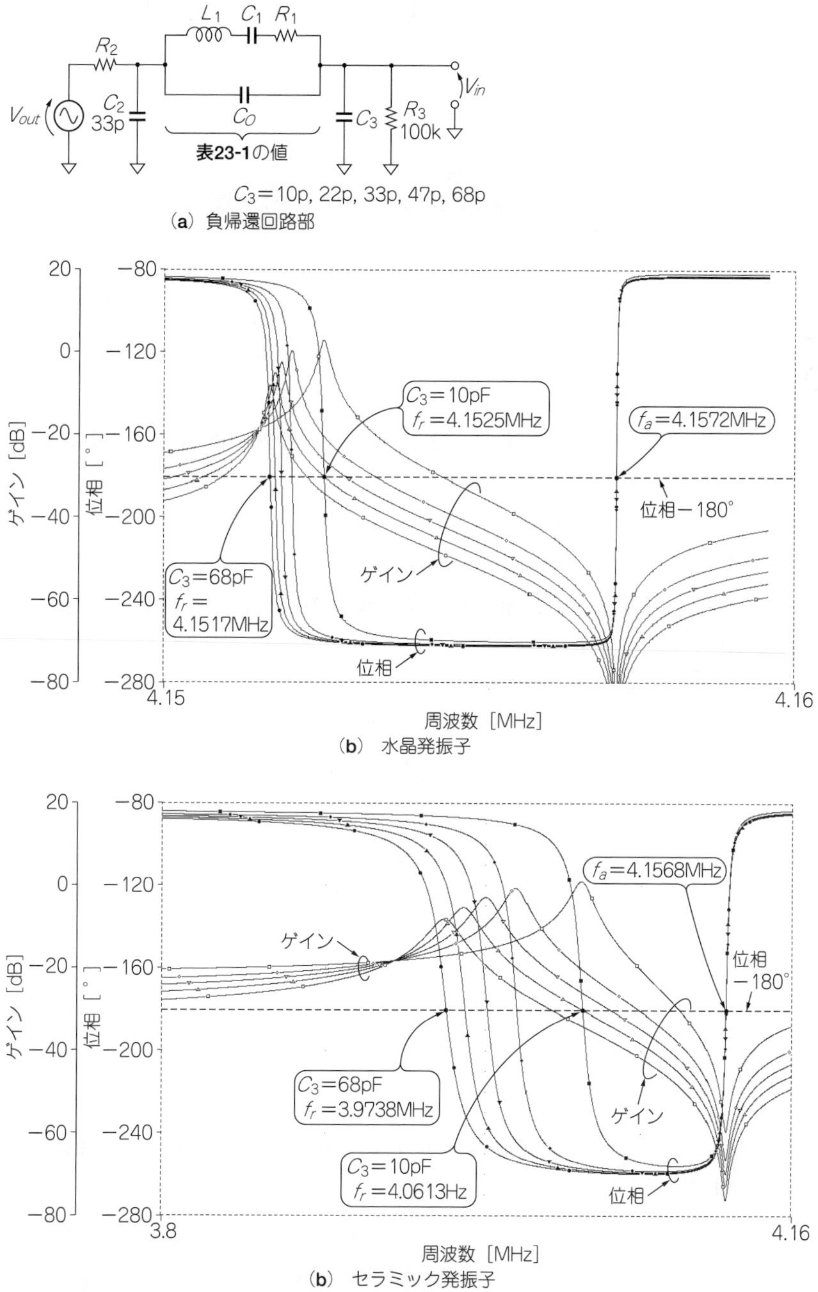

図23-3　機械振動子発振回路の正帰還回路の周波数特性

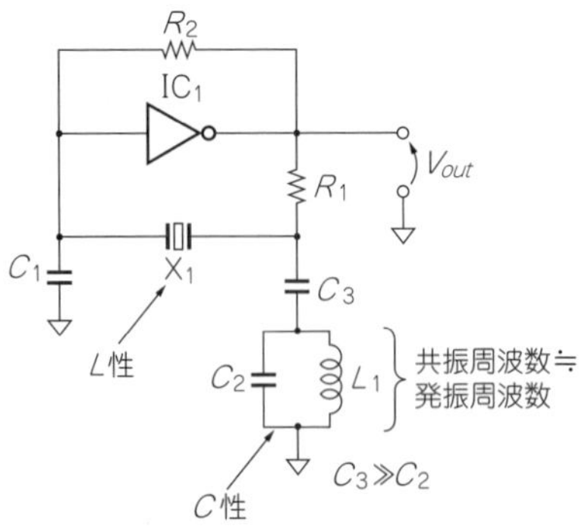

図23-4　高調波で発振するオーバートーン発振回路(ピアース型という)

R_2は，インバータの直流バイアスを設定するための抵抗で，発振条件に影響しない1 MΩ程度が使われます．時計用32.768 kHzの水晶発振子を使用する場合は，インピーダンスが高いので，安定に発振させるために22 MΩ程度を使います．

発振周波数はC_1を可変して微調整しますが，Δfよりもさらに狭い範囲しか可変できません．

▶インバータの特性に影響されず安定に発振する

図23-3(a)に示すのは，**図23-2**の負帰還回路だけを取り出した回路です．

C_3(**図23-2**のC_1)を10 pF，22 pF，33 pF，47 pF，68 pFに変化させて，ゲインと位相の周波数特性をシミュレーション解析してみました．水晶発振子の場合の解析結果を**図23-3(b)**に，セラミック発振子の場合を**図23-3(c)**に示します．

共振周波数において位相が90°から270°まで急激に回転しており，インバータの特性にはほとんど影響されないことがわかります．C_3を10 p～68 pFまで変化させたときの発振周波数の変化量は，水晶発振子で800 Hz，セラミック発振子で87.5 kHzです．

● **オーバートーン型**

前述のように，機械振動子では奇数次の高調波振動が存在します．この奇数次の高調波振動を強めて，奇数次高調波で発振するように工夫した発振子が市販されており，これをオーバートーン水晶発振子と呼びます．

オーバートーン発振回路には，前述のサバロフ回路も使われますが，安定に発振させるため，**図23-4**に示すピアース(Pierce)型[46]がよく使用されています．ピアースは，現在の2端子水晶発振子の原型と発振回路の考案者です．コルピッツ回路の変形で，発振時にX_1はL性，高調波共振回路($C_2 /\!/ L_1$)はC性になります．

C_3は($C_2 /\!/ L_1$)を交流的に接続し，直流的に遮断するためのコンデンサです．発振条件に影響しないように，$C_3 \gg C_2$とします．

第24章

マルチバイブレータとファンクション・ジェネレータ

低精度だけれど簡単な弛張発振回路

前章までは，正弦波に対する回路の応答や正弦波の発生について説明してきましたが，正弦波以外にも方形波，三角波，のこぎり波など有用な波形があります．

これらの波形に共通していることは，振幅が時間の関数になっているということです．このような波形を時間関数波形，または単に関数波形と呼びます．

この章では，この時間関数を発生させる回路である弛張波発振回路の設計と実験をします．写真24-1に示すのは，実際の回路で発生させた波形です．方形波，三角波，正弦波，パルス波，のこぎり波の5種類の信号が観測されています．そのほかにも，各種の波形を出力する回路もあります．

24-1 弛張発振回路のあらまし

● "H"/"L"の状態記憶回路と時定数回路で作られる

一定の角速度ω_0で振動している正弦波発振回路に対して，弛張発振回路は回路の一部分の電圧(電流)が"H"と"L"のディジタル的な状態を交互に繰り返し，ほかの部分の電圧(電流)がその状態に応じて方向を変えて発振を持続します．

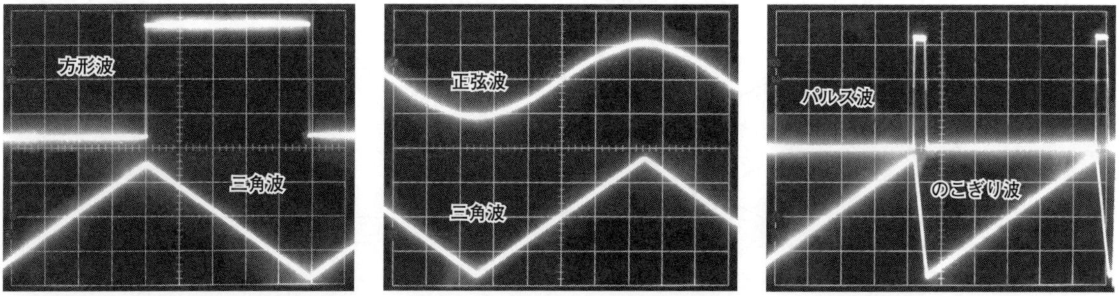

(a) 方形波と三角波(図24-13の回路の出力)　(b) 正弦波と三角波(図24-13の回路の出力)　(c) パルス波とのこぎり波［図24-14(a)の回路の出力］

写真24-1 弛張発振回路の出力波形のいろいろ(1 kHz，5 V/div.，0.1 ms/div.)

弛張発振回路の回路例を**図24-1**に示します．二つの回路ブロック，すなわち，“H”と“L”の状態を検出して記憶するブロックと，時定数ブロックで構成されます．

時定数ブロックは，コンデンサと抵抗で構成される場合が多いのですが，インダクタと抵抗やディレイ・ライン(遅延線)などでも作ることができます．

● 周波数領域ではなく時間領域で動作を考える

弛張発振回路は，今まで説明してきた周波数領域(frequency domain)ではなく，時間領域(time domain)で分析する必要があります．

周波数領域の分析では，微分方程式をラプラス演算子$s(=\sigma+j\omega)$によって代数方程式に変換し，σを無視することにより，簡単に周波数特性を求めることができました．時間領域の分析では，σが主役ですが，ここで取り上げる弛張発振回路では，微分方程式とはいっても，コンデンサの充放電だけですから簡単です．

24-2　無安定マルチバイブレータ

■ マルチバイブレータとは

● 名前の由来とよく見る回路の欠点

弛張発振回路の代名詞ともいえるマルチバイブレータ(multivibrator)の原型は，アブラハム(Abraham)とブロッホ(Bloch)により1918年に考案され，マルチバイブレータと命名されました[27]．

図24-2に示すのは，当時の真空管回路をそのままトランジスタに置き換えた回路です．この回路の欠点は，電源電圧をゼロから徐々に上げていくと，Tr_1とTr_2がともにONして発振しないことです．

ここでは，実際の回路設計に使用できる，必ず発振するマルチバイブレータを紹介しましょう．

● 3種類ある

表24-1に示すように，マルチバイブレータには，無安定マルチバイブレータ(フリーラン・マルチ)，単安定マルチバイブレータ(ワンショット・マルチ)，双安定マルチバイブレータ(フリップフロップ)の3種類があります．

トリガ信号なしで連続的に発振するのが，無安定マルチバイブレータです．一般に，フリーラン・マルチと呼ばれています．水晶振動子またはセラミック発振子を使用するほどの安定度を必要としな

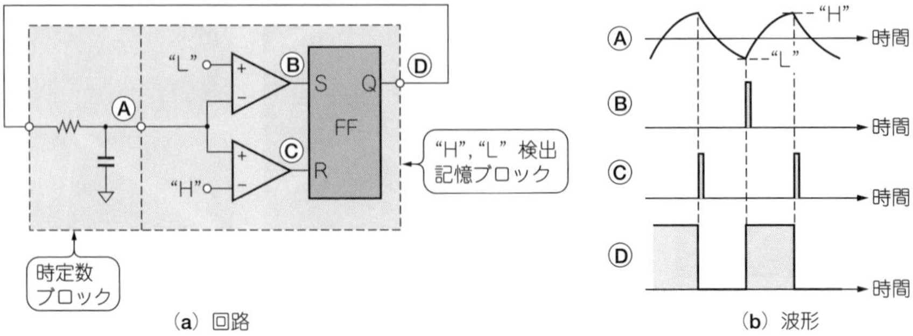

図24-1　弛張発振回路の基本回路と動作

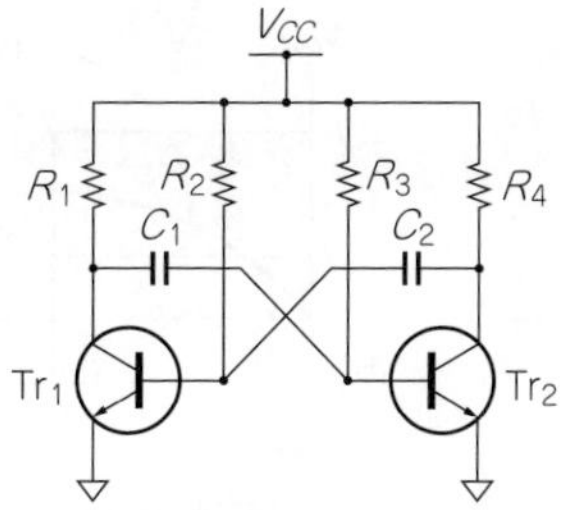

発振周波数f_0は次式のとおり．

$$f_0 \fallingdotseq \frac{1.44}{C_1R_3+C_2R_2}$$

図24-2　マルチバイブレータの原型…この回路は電源電圧をゼロから徐々に上げていくと発振しない

表24-1　マルチバイブレータの種類

マルチバイブレータ	安定状態数	用途	入・出力波形	
フリーラン・マルチ （無安定マルチバイブレータ）	0	パルス発生， 同期，分周	入力	なし
			出力	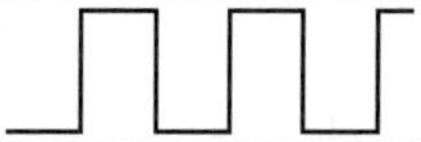
ワンショット・マルチ （単安定マルチバイブレータ）	1	パルス発生，遅延	入力	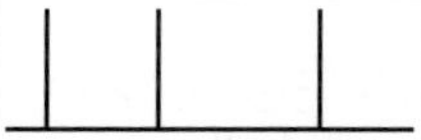
			出力	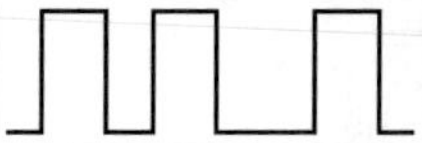
フリップフロップ （双安定マルチバイブレータ）	2	パルス・カウント 記憶（レジスタ）	入力	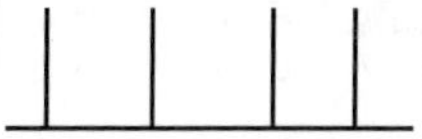
			出力	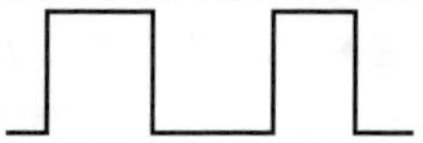

い各種回路に多用されています．マイコンによっては，システム・クロック発生用にフリーラン・マルチを内蔵しているものもあります．

トリガ信号が入ったときだけ単発パルスを発生するのが，ワンショット・マルチです．フリップフロップは，トリガ信号によって出力の状態が交互に変わりますから，記憶素子として利用されます．

▶いずれもコンパレータで作れる

マルチバイブレータはすべて，コンパレータICを使えば作れます．

ワンショット・マルチとフリップフロップは，標準ロジックICのシリーズのなかにありますから，それらを使用したほうが簡単で動作の確実性も高くなります．

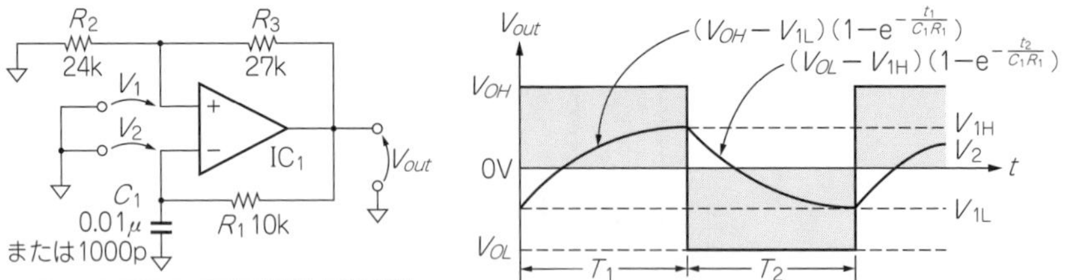

$$V_{1H}=\frac{R_2}{R_2+R_3}V_{OH}$$
$$V_{1L}=\frac{R_2}{R_2+R_3}V_{OL}$$
ヒステリシス幅 V_H は，
$$k=\frac{R_2}{R_2+R_3}$$
とすると，
$$V_H=V_{1H}-V_{1L}=\frac{R_2}{R_2+R_3}V_{out}$$
$$=kV_{out}\ \cdots\cdots\cdots\cdots\cdots(24\text{-}1)$$

簡単のため，
$$V_{1H}=|V_{1L}|,\ V_{OH}=|V_{OL}|$$
とすると，
$$T_1=C_1R_1\ln\left(\frac{1+k}{1-k}\right)=T_2\cdots\ (24\text{-}2)$$
よって発振周波数 f_0 は，
$$f_0=\frac{1}{2C_1R_1\ln\left(\frac{1+k}{1-k}\right)}\ \cdots\cdots\ (24\text{-}3)$$

（a）回路　　（b）入出力波形

図24-3　ヒステリシス・コンパレータを使ったフリーラン・マルチ…トリガ信号なしで連続的に発振する

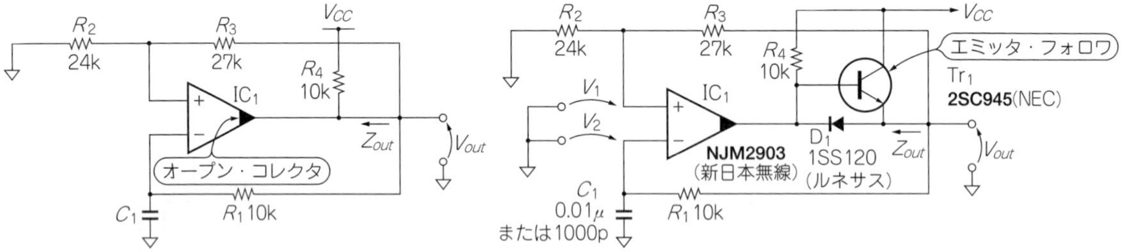

$Z_{out}\fallingdotseq R_4\ (V_{out}=V_{OH})$
$Z_{out}\fallingdotseq 0\ (V_{out}=V_{OL})$

$Z_{out}\fallingdotseq R_4/h_{FE1}\fallingdotseq 0\ (V_{out}=V_{OH})$
$Z_{out}\fallingdotseq 0\ (V_{out}=V_{OL})$
ただし，h_{FE1}：Tr_1の電流増幅率

注▶ $Z_{out}\fallingdotseq 0$ は $Z_{out}\gg R_1$, R_3 で，式(24-1)，式(24-2)を計算するとき無視できるという意味である

（a）出力インピーダンスの高い回路　　（b）出力インピーダンスを下げた回路

図24-4　オープン・コレクタ型のコンパレータを使う場合はエミッタ・フォロワを追加する

■ ヒステリシス・コンパレータを使った典型的なフリーラン・マルチ

● どんな回路？

必ず発振するマルチバイブレータには，種々の回路があります．

図24-3に示すのは，コンパレータICに正帰還を掛けてヒステリシス特性をもたせた回路を利用したフリーラン・マルチです．第16章で説明したシュミット・トリガを利用しています．

ヒステリシス・コンパレータの反転入力には，*CR*積分回路を通して出力信号を帰還します．

図に示す発振周波数を求める式は，出力電圧の正負の絶対値が等しいと仮定して近似したものです．実際に製作すると，*CR*の誤差に応答時間の遅れが加わるので，この近似式で十分です．

コンパレータICの出力がオープン・コレクタ型の場合は，**図24-4(a)**に示すように，出力が“H”

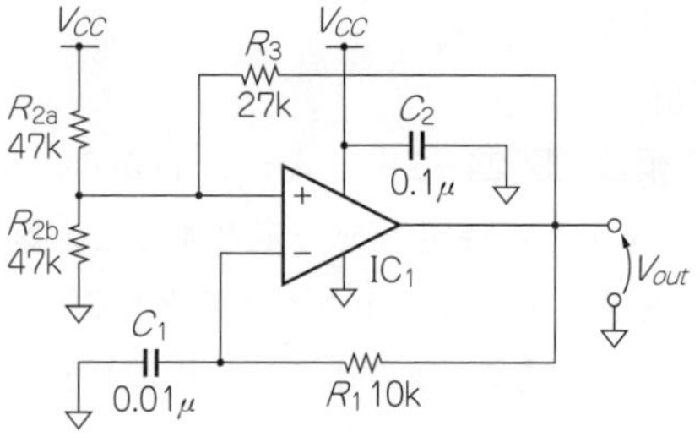

$R_{2a} = R_{2b} = 2R_2$とすると，

$$k = \frac{R_2}{R_2 + R_3} = \frac{23.5}{23.5 + 27} \fallingdotseq 0.465$$

$$f_0 = \frac{1}{2C_1R_1\ln\left(\frac{1+k}{1-k}\right)} \fallingdotseq \frac{1}{2C_1R_1} \cdots (24\text{-}4)$$

図24-5　単電源で動作するフリーラン・マルチ

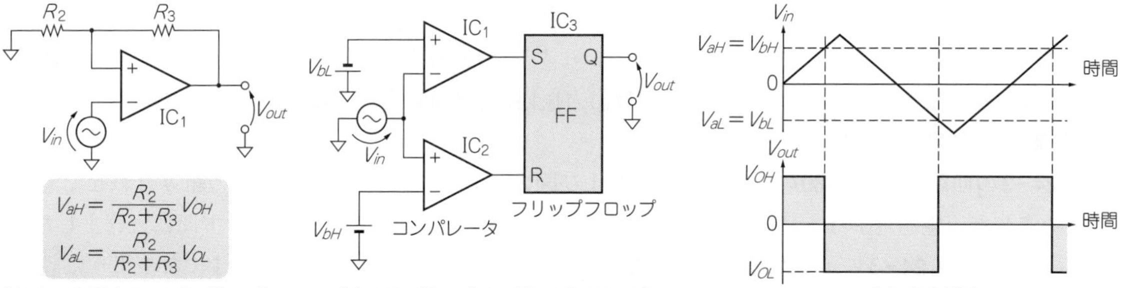

$$V_{aH} = \frac{R_2}{R_2 + R_3} V_{OH}$$

$$V_{aL} = \frac{R_2}{R_2 + R_3} V_{OL}$$

(**a**) ヒステリシス・コンパレータ　(**b**) コンパレータ＋フリップフロップ　(**c**) 動作波形

図24-6　“H”と“L”の状態を検出し記憶する二つの回路とその動作

のとき出力インピーダンスが高くなるので，**図24-4**(**b**)のようにエミッタ・フォロワを付けて出力インピーダンスを低くします．

単電源フリーラン・マルチの場合は，**図24-5**のように結線します．両電源の場合のグラウンド電位(0 V)に相当する電位が$V_{CC}/2$になります．R_{2a}とR_{2b}は同値にします．値は，**図24-3**中のR_2の2倍にします．

● “H”と“L”の状態を検出し記憶する二つの回路

ヒステリシス・コンパレータは，**図24-1**に示した“H”と“L”の状態を検出して記憶するブロックと等価です．

図24-6(**a**)に示すように，ヒステリシス・コンパレータの正帰還率[$k = R_2/(R_2 + R_3)$]を調整して，$V_{aH} = V_{bH}$，$V_{aL} = V_{bL}$とすれば，**図24-6**(**c**)のようにデューティ50％の方形波が出力されます．このときの動作は**図24-6**(**b**)に示す二つのコンパレータとフリップフロップ(RS-FF)で構成した回路と同じです．

図24-6(**a**)は一つのヒステリシス・コンパレータで構成できるので回路が簡単です．しかし，出力電圧V_{OH}とV_{OL}を安定に保つのが難しく，“H”と“L”の状態検出精度が**図24-6**(**b**)の回路に比べてよくありません．精度が必要な場合は，ヒステリシス・コンパレータを出力電圧が安定なCMOS出力にす

るか，**図24-6(b)**の回路を採用します．

● ヒステリシス幅と発振周波数の関係

出力振幅に対するヒステリシス幅は，**図24-3**中の式(24-1)から，正帰還率kで決定されます．

フリーラン・マルチの時定数ブロックの時定数を一定とすると，**図24-3**中の式(24-3)から，ヒステリシス幅を大きくすると発振周波数が下がり，小さくすると発振周波数が上がります．

たとえば，時定数$C_1R_1 = 0.5$ sとしたときの，kによる発振周波数f_0[Hz]の変化は次のようになります．

- $k = 0.7$のとき$f_0 \fallingdotseq 0.576$
- $k = 0.468$のとき$f_0 \fallingdotseq 1.00$
- $k = 0.333$のとき$f_0 \fallingdotseq 1.44$
- $k = 0.1$のとき$f_0 \fallingdotseq 4.98$
- $k = 0.01$のとき$f_0 \fallingdotseq 50.0$

ヒステリシス幅を大きくしていくと，コンパレータICの許容入力電圧範囲を越える可能性があります．最大のヒステリシス幅は，特に必要がない限り出力振幅の50％程度にします．

ヒステリシス幅を小さくしていくと，コンパレータICの入力オフセット電圧と外来ノイズの影響を受けやすくなります．最小のヒステリシス幅は出力振幅の1/100以上にするのが現実的です．

● 実際に作って動作させてみる

図24-3の回路とNJM4580の組み合わせ，および**図24-4(b)**の回路とNJM2903の組み合わせで実験してみました．電源電圧は±15 Vとして，0.1 μFのパスコンを正負電源とグラウンド間に入れました．

R_2とR_3は，**図24-3**に示した発振周波数を求める式(24-3)の自然対数部分が約1になるように設定しました．図の定数から発振周波数f_0は，

$$f_0 \fallingdotseq \frac{1}{2C_1R_1} \quad \cdots\cdots (24\text{-}5)$$

で表されます．$C_1 = 0.01$ μFのときf_0は約5 kHz，$C_1 = 1000$ pFのときf_0は約50 kHzとなるはずです．

結果を**写真24-2**と**写真24-3**に示します．

写真24-2は$C_1 = 0.01$ μFとしたときの結果です．5 kHzで発振するはずですが，NJM4580の応答時

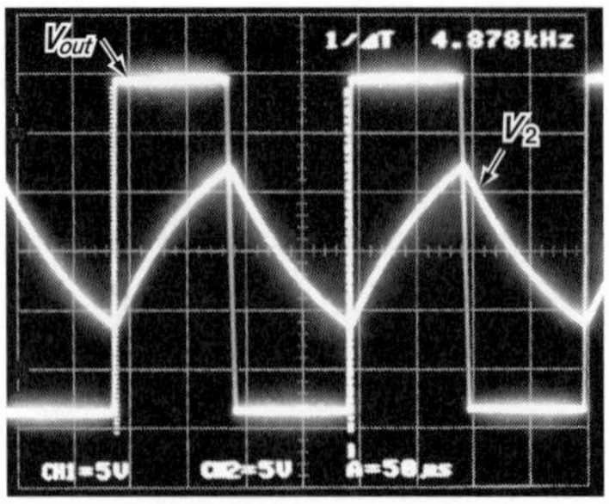

(a) 図24-3の回路にNJM4580を使用

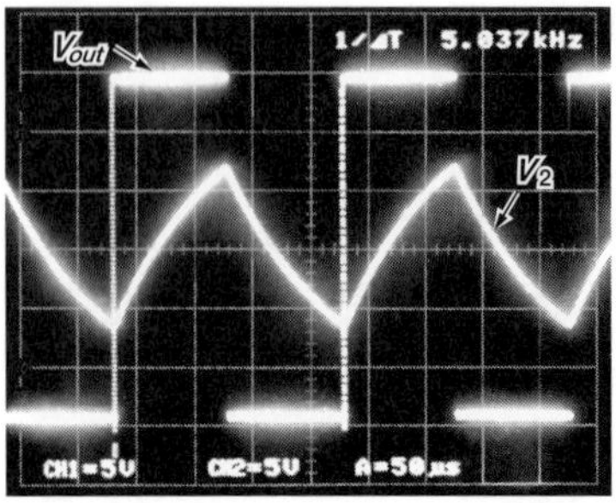

(b) 図24-4(b)の回路にNJM2903を使用

写真24-2　ヒステリシス・コンパレータを使ったフリーラン・マルチを作って観測した波形その①(5 kHz，$C_1 = 0.01$ μF，5 V/div.，50 μs/div.)

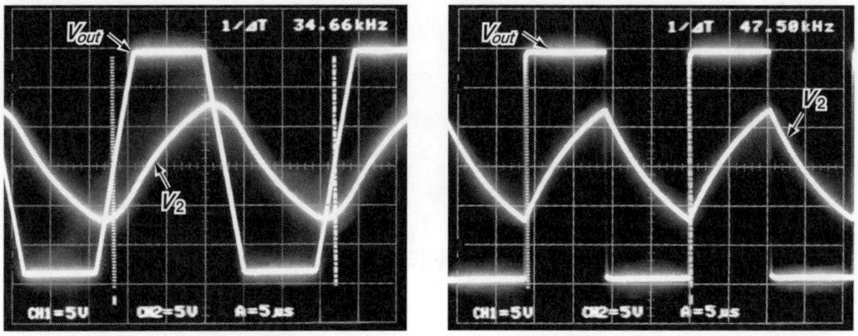

(a) 図24-3の回路にNJM4580を使用　　(b) 図24-4(b)の回路にNJM2903を使用

写真24-3　ヒステリシス・コンパレータを使ったフリーラン・マルチを作って観測した波形その②(50 kHz, C_1 = 1000 pF, 5 V/div., 50 μs/div.)

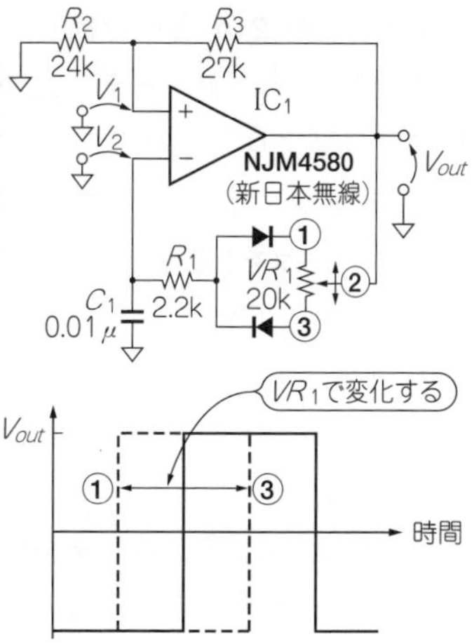

図24-7　発振周波数の変動がなくデューティ比を可変できるフリーラン・マルチ

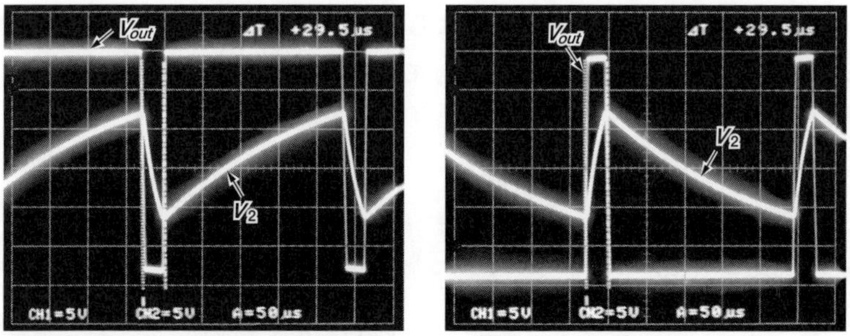

(a) スライダを①側に回しきったとき　　(b) スライダを③側に回しきったとき

写真24-4　デューティ比可変型のフリーラン・マルチの出力波形…発振周波数がほとんど変動せず，デューティ比だけが変化している(5 V/div., 50 μs/div.)

間の遅れが影響して，発振周波数は計算値より低くなっています．

写真24-3はC_1 = 1000 pFにしたときの結果です．NJM4580[**写真24-3(a)**]は応答が遅すぎて使用できません．NJM2903[**写真24-3(b)**]は，波形は問題ありませんが，応答時間の影響で周波数が低くなっています．

■ デューティ比可変型のフリー・ラン・マルチ

出力が“H”になっている時間(T_1)の1周期(T)に対する比をデューティ比(duty ratio)といいます．

図24-7に示すフリー・ラン・マルチは，可変抵抗器を調整しても発振周波数がほとんど変動せず，デューティ比だけを可変できる回路です．

図中の定数で，可変抵抗器のスライダを回しながら波形を観測してみました．①側に回しきったときの波形を**写真24-4(a)**に，③側に回しきったときの波形を**写真24-4(b)**に示します．

デューティ比の可変範囲は約10～90％です．可変抵抗器のスライダを中点にしたときの波形は，前出の**写真24-2**(a)とほぼ同じで，デューティ比は50％です．

正確な50％のデューティ比がほしいときは，**図24-3**の回路にオフセット調整を付加するか，出力にDフリップフロップなどを入れて，周波数を1/2に分周します．

■ ロジック・インバータICを使ったフリーラン・マルチ
● インバータを3個使ったタイプ

実際には，OPアンプやコンパレータICよりも，回路がシンプルになるため，標準ロジックICのインバータを採用するのが一般的です．

図24-8に示すのは，インバータICによるフリーラン・マルチです．インバータICを使用する場合は，図には記入してありませんが，必ずパスコンとして$0.1\,\mu\text{F}$をV_{CC}とGND間に入れます．

図24-8(a)はインバータを3個使ったタイプ，**図**(c)はインバータを2個使ったタイプです．

図24-8(a)は，**図24-3**の差動入力によるヒステリシス・コンパレータを差動出力で置き換え，CR積分回路をCR微分回路に置き換えています．

図中の発振周波数の計算式は，インバータのスレッショルド電圧が電源電圧の半分$V_{CC}/2$で，R_2による放電がないと仮定したものです．出力はV_4またはV_5から取り出します．

R_2は，インバータICの入力保護ダイオードによる充放電によって発振周波数が変動するのを防止するために挿入する抵抗です．R_1の3倍以上の値にして必ず入れます．

$R_2 \geqq 3R_1$

$$f_0 \fallingdotseq \frac{1}{2.2\,C_1 R_1} \quad \cdots\cdots\cdots (24\text{-}6)$$

ただし，f_0：発振周波数［Hz］

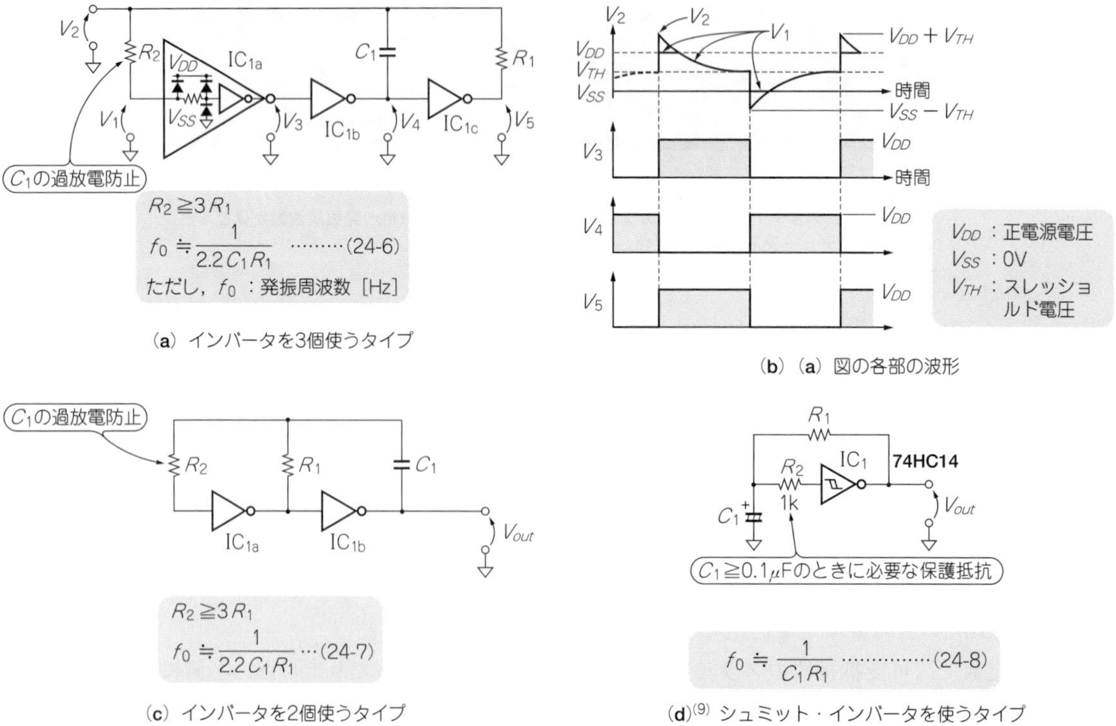

（a）インバータを3個使うタイプ

（b）(a)図の各部の波形

V_{DD}：正電源電圧
V_{SS}：0V
V_{TH}：スレッショルド電圧

$R_2 \geqq 3R_1$

$$f_0 \fallingdotseq \frac{1}{2.2\,C_1 R_1} \cdots (24\text{-}7)$$

（c）インバータを2個使うタイプ

$$f_0 \fallingdotseq \frac{1}{C_1 R_1} \cdots\cdots\cdots\cdots (24\text{-}8)$$

（d）[9] シュミット・インバータを使うタイプ

図24-8 一般的なフリーラン・マルチ…ロジック・インバータICを使うことが多い

● インバータを2個に減らしたタイプ

図24-8(a)の各部の波形[**図24-8(b)**]を見ると，V_3とV_5が等しくなっています．ということは，R_1をV_5ではなくV_3に接続しても動作は変わらないはずです．というわけで，インバータを2個にしたのが**図24-8(c)**です．出力はV_{out}から取り出します．

インバータICとして，ゲインの小さい74HCU04(バッファなし)を使用する場合は，**図24-8(a)**を推奨しますが，ゲインの大きい74HC04(バッファ付き)を使う場合は，**図24-8(a)**，**(c)**どちらの回路でも特性上の優劣はありません．

● シュミット・インバータを使ったタイプ

図24-8(d)はシュミット・インバータを使ったタイプです．動作原理は，前述の**図24-3**のヒステリシス・コンパレータによるフリーラン・マルチと同じです．とてもシンプルですが，ヒステリシス幅がICの特性に依存するため，発振周波数のばらつきが大きく，使う場合は実験的な定数設定が必要です．

図中の発振周波数の計算式は，ヒステリシス・レベルがデータシートの中心値と仮定したときのものです[9]．

R_2は発振周波数には影響しませんが，電源遮断時に入力保護ダイオードに過電流が流れて損傷するのを防止しています．C_1に0.1 μF以上を使用する場合は，必ず入れておきます．

■ フリーラン・マルチ専用のIC

フリーラン・マルチ用の専用ICもあります．専用ではなくてもIC内部に，必須機能としてフリーラン・マルチを含むものもあります．

● タイマIC　NJM555

このICのオリジナルは，シグネティックス社(現フィリップス セミコンダクターズ社)のNE555です．

各社から同等品が出ているとても有名なICです．CMOSで構成して消費電力を低減させたインターシル社のICM7555もあります．

NE555は，タイマ(ワンショット・マルチ)，フリーラン・マルチ，VCO，PWM変調回路など，各種の回路に使用できる汎用的なICです．

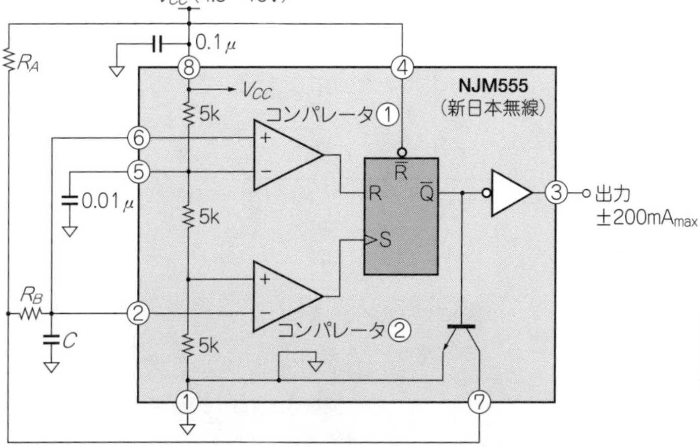

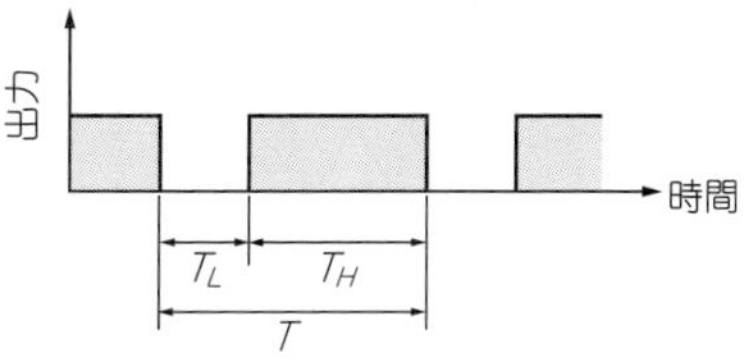

$T_H = 0.693\ (R_A + R_B)\ C$

$T_L = 0.693\ R_B\ C$

発振周波数f_0[Hz]は，

$$f_0 = \frac{1}{T} = \frac{1}{T_H + T_L} = \frac{1.44}{(R_A + 2R_B)\ C} \cdots (24\text{-}9)$$

図24-9[41]　**専用IC NJM555を使用したフリーラン・マルチ**

図24-9に示すのは，NJM555(新日本無線)を使用したフリーラン・マルチの回路例です．動作原理は最初に説明した図24-1のとおりです．

■ ICに内蔵されたフリーラン・マルチ
● スイッチング電源コントローラ　TL494

　ほとんどのスイッチング電源制御用ICには，フリーラン・マルチが内蔵されています．

　TL494(テキサス・インスツルメンツ)は初期型の制御用ICですが，現在でもパソコン用のATX電源に多用されています．

　図24-10(a)にTL494の内部ブロック図を，図24-10(b)に発振回路部のブロック図を示します．

　フリーラン・マルチによる発振回路でのこぎり波を作って基準信号とし，出力誤差電圧とコンパレータで比較してPWM(パルス幅変調)波を生成しています．

　初期型のICらしいと思わせるのは，C_Tへの充電電流を決定するR_Tにも同じ値の電流を流していることです．省エネが特徴の一つになっている現在のICは，むだな電流を減らすためにこの点を改善しています．

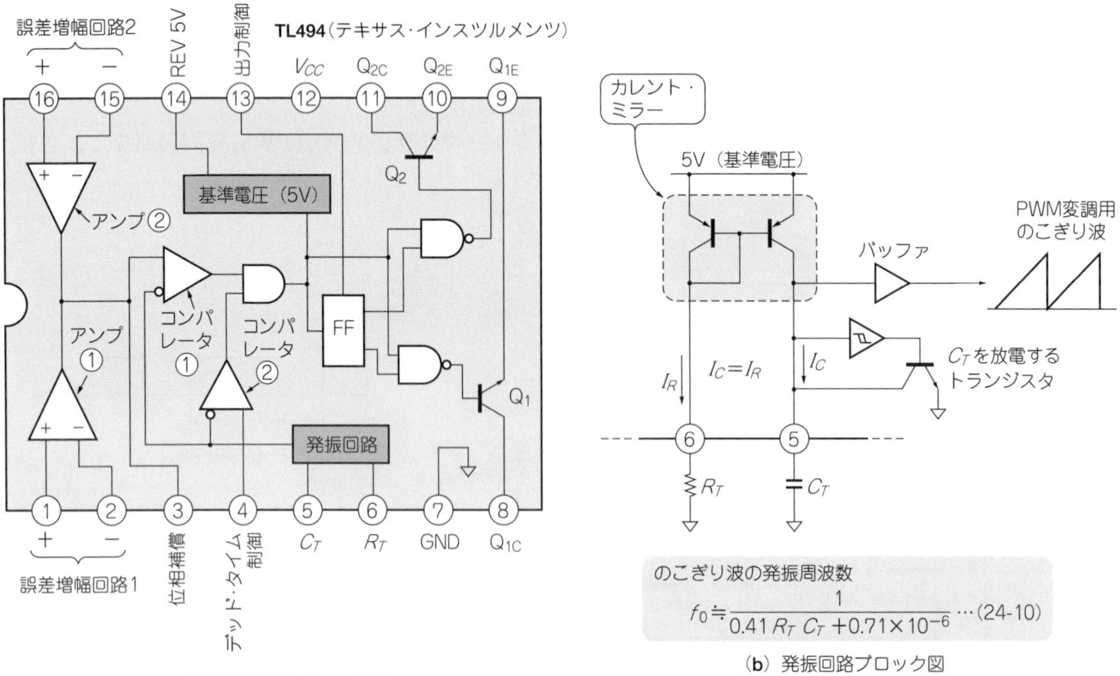

(a) TL494のブロック図

のこぎり波の発振周波数
$$f_0 \simeq \frac{1}{0.41 R_T C_T + 0.71 \times 10^{-6}} \cdots (24\text{-}10)$$

(b) 発振回路ブロック図

図24-10[42]　スイッチング電源用ICにはフリーラン・マルチが内蔵されている

24-3　ファンクション・ジェネレータ

■ 方形波だけでなく三角波や正弦波，のこぎり波などを出力する

● 特徴

ファンクション・ジェネレータ(function generater；関数発生器)は，いろいろな波形の時間関数を発生できるとても便利な測定器です．一般に，FGと略記されます．

FGには下記のような特徴があります．

① 位相のそろった三角波，方形波，正弦波が得られる

② CR発振回路と異なり，可変ダイヤルの目盛りと発振周波数の関係が直線的になる

③ 超低周波から高周波(0.0001 Hz～100 MHz)までの発振が可能である

④ 各種機能の付加が容易である．たとえば発振の開始と停止，周波数掃引，周波数および振幅変調など

現在では，波形をディジタル・データとしてメモリに記憶し，D-Aコンバータでアナログ信号に変換して出力するタイプのFGも使われています．

● どんな回路？…三角波を出力できるフリーラン・マルチ

図24-11に示すように，FGはシュミット・トリガ(ヒステリシス・コンパレータ)によるフリーラン・マルチのCR積分回路を，ミラー積分回路や定電流積分回路に変更して，三角波を出力できるよう

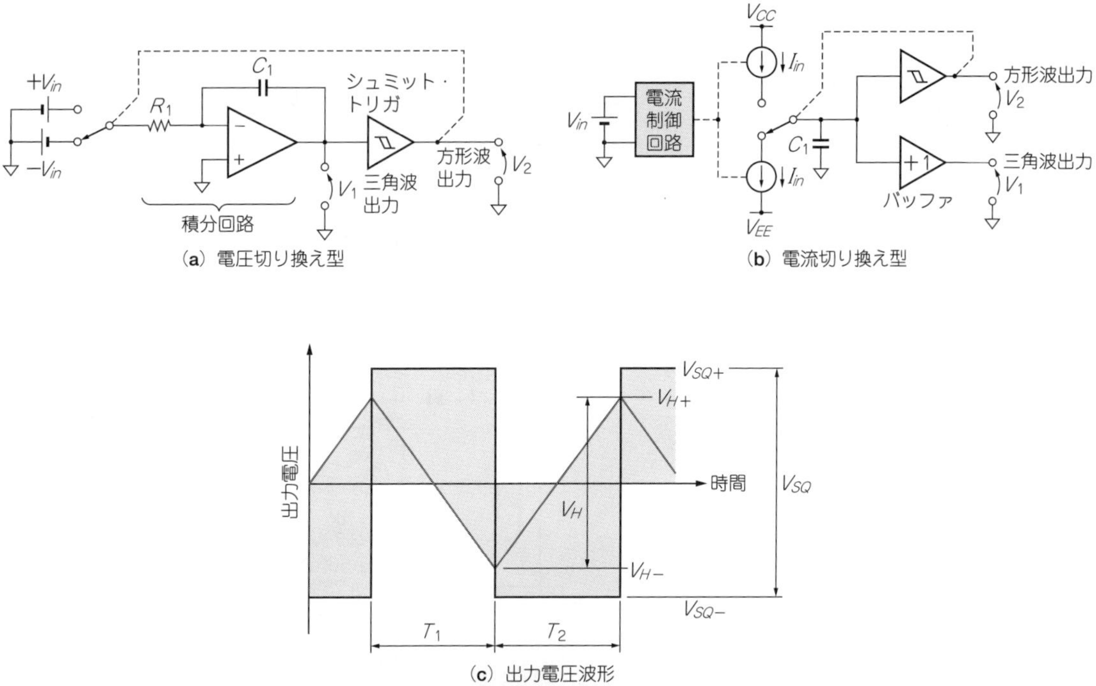

図24-11　FGの基本構成と動作…ミラー積分回路や定電流積分回路でフリーラン・マルチのCR積分回路を作り三角波を出力する

にした構成になっています．

図24-11(a)を電圧切り替え型，**図24-11(b)**を電流切り替え型といいます．

発振周波数を可変するには，電圧切り替え型は前述のフリーラン・マルチと同様にR_1を可変するか，入力電圧± V_{in}を可変する必要があります．電流切り替え型の発振周波数を可変するには，V_{in}を可変します．入力電圧を可変すれば，容易に周波数掃引と周波数変調が可能です．

回路は電圧切り替え型のほうが簡単ですが，市販のFGは，各種の機能を付加するのが容易な電流切り替え型を採用しています．この理由は，切り替えスイッチにあります．高周波では，電圧切り替えスイッチよりも，電流切り替えスイッチのほうが簡単に高性能が得られるからです．

● **どうやって正弦波を発生させる？…三角波を加工する**[24]

FGで正弦波を発生させるには，三角波を**図24-12(b)**のような折れ線近似回路に入力して近似的な

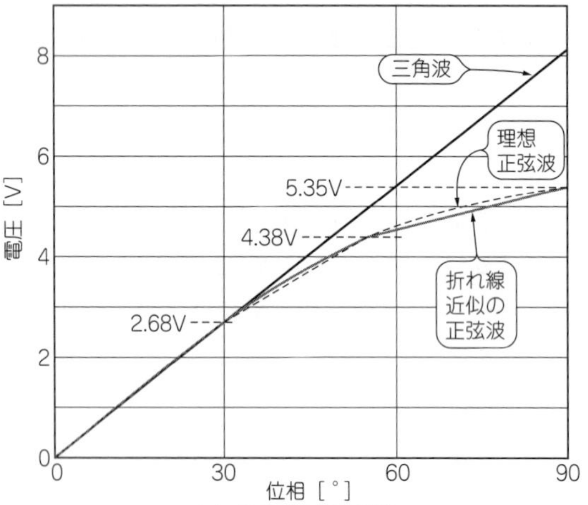

(a) 折れ点の設計手法

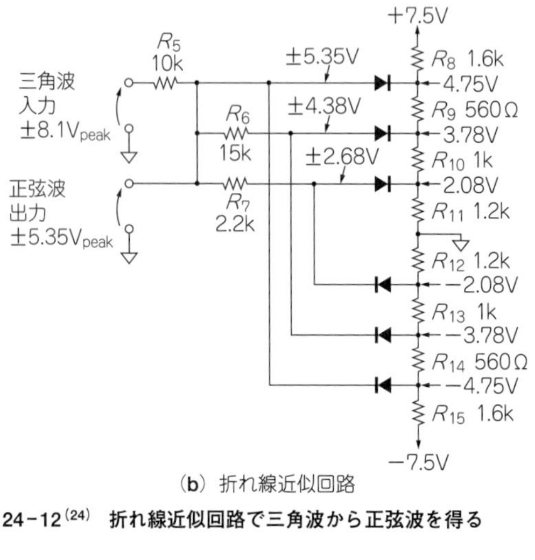

(b) 折れ線近似回路

図24-12[24] **折れ線近似回路で三角波から正弦波を得る**

正弦波を作ります．折れ線近似回路の動作原理は第17章で説明してあります．

図では簡単のために，1/4周期で三つの折れ点と四つの折れ線をもつ回路を紹介しました．実際のFGでは，低ひずみな正弦波を発生させるため，さらに多点になっています(9)．

● 設計の手順

図24-12(a)に示すように，方眼紙に三角波と，0°のポイントの傾きがこれとほぼ等しい1/4周期(0°～90°)の正弦波を描きます．次に，必要な折れ点の数に応じて，正弦波を近似する直線を描き，電圧値と直線の傾きを読み取ります．

読み取った電圧値と直線の傾きから，**図24-12(b)**の折れ線近似回路を作ります．このとき，ダイオードの順方向電圧 V_F は0.6 Vと考えます．図中の定数は，後出の実験回路(**図24-13**)の値です．

● 実際に作って動作させてみる

図24-13に示すのは，発振周波数1 kHzの電圧切り替え型FGの実験回路です．

図24-11(a)の入力電圧 $\pm V_{in}$ に相当する部分は，シュミット・トリガ(IC_{1b})の出力を $\pm$ 8.1 V($\pm$ 7.5 V $\pm V_F$)にクランプして得ています．正弦波変換回路を除けば，2個入りOPアンプIC1個で製作できます．

出力波形を**写真24-1(a)**，**(b)**と**写真24-5**に示します．**写真24-5**を見ると，位相は三角波と正弦波が同位相，方形波が三角波に対して－90°になっています．正弦波は，波形を見る限り，折れ点が目立たず正弦波らしく見えます．

● のこぎり波を発生させる方法(24)

図24-13の R_1 の部分を**図24-14**のように変更すると，のこぎり波を発生させることができます．

写真24-1(c)に示したのは，**図24-14(a)**の出力波形です．積分コンデンサ C_1 に対する充放電電流

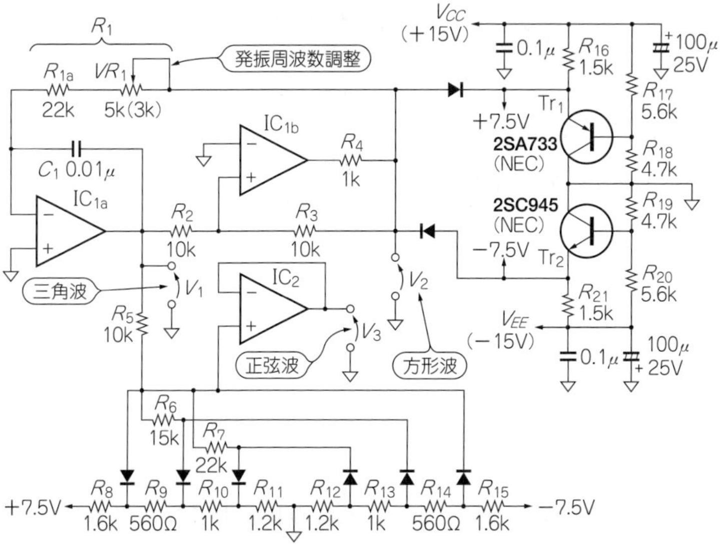

発振周波数 f_0 は，次のように求まる．

$$T_1 = \frac{V_H C_1 R_1}{V_{SQ-}} = \frac{2V_H C_1 R_1}{V_{SQ}} \quad \cdots(24\text{-}11)$$

$$T_2 = \frac{V_H C_1 R_1}{V_{SQ+}} = \frac{2V_H C_1 R_1}{V_{SQ}} \quad \cdots(24\text{-}12)$$

$R_2 = R_3$ から，

$$V_H = V_{SQ}$$

$$\therefore f_0 = \frac{1}{T_1 + T_2} = \frac{1}{4C_1 R_1} \quad \cdots\cdots(24\text{-}13)$$

$$= 1\text{kHz} \quad (\because VR_1 = 3\text{k}\Omega)$$

変数の意味は**図24-11(c)**を参照のこと．

ダイオードはすべて1SS120(ルネサステクノロジ)，IC_1 と IC_2 は**NJM4580**(新日本無線)

図24-13　FGの実験回路(発振周波数1 kHz，電圧切り替え型)

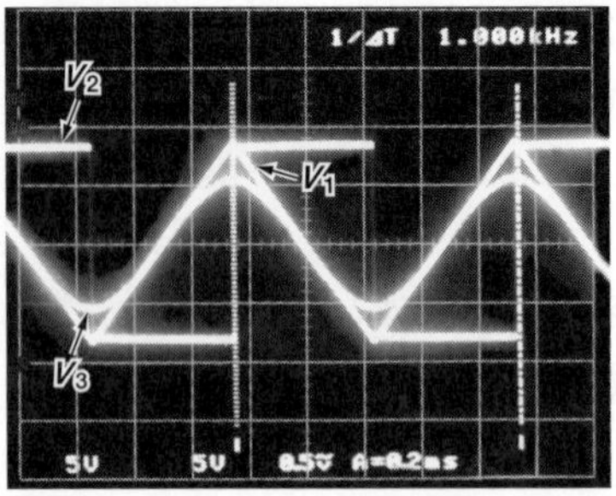

写真24-5　図24-13の回路の出力波形
(5 V/div., 0.2 ms/div.)

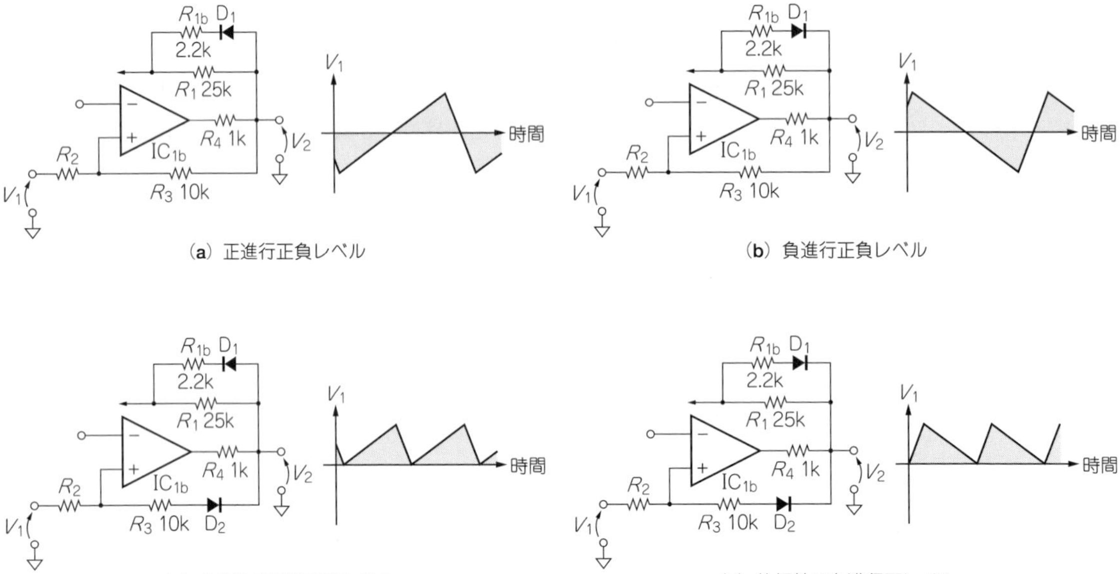

(a) 正進行正負レベル
(b) 負進行正負レベル
(c) 片極性の正進行正レベル
(d) 片極性の負進行正レベル

注▶ (1)ダイオードはすべて1SS120(ルネサス)
(2)回路で省略した部分は**図24-13**と同じ
(3)V_1：のこぎり波出力，V_2：パルス波出力

図24-14[24]　**図24-13のR_1を変更するとのこぎり波が得られる**

をアンバランスにしてのこぎり波を発生させます．のこぎり波の立ち上がりと立ち下がりの傾きはR_1とR_{1b}の比で設定します．

図24-14に示すように，**図24-13**のR_3にダイオードD_2を追加すると，片極性ののこぎり波を出力できます．D_2を逆にすれば，負側に振幅するのこぎり波になります．

● 簡単にFGを作れるワンチップIC

現在入手可能なFGのICは，ICL8038とMAX038の2種類です．これらのICを使えば，出力デューティ比を50%にすると三角波，方形波，正弦波が得られます．デューティ比を可変すれば，のこぎり波とパルス波が得られます．

FGを製作する必要がある場合は，これらのICを使用したほうが簡単で確実です．どちらもとても高機能なICですから，使用するときはデータシートとアプリケーション・ノートを熟読する必要があります．

● ICL8038

古くからあるインターシル社のICです．

発振方式は電流切り替え型で，正弦波変換回路を内蔵し，0.001 Hzの超低周波から100 kHz (300 $kHz_{typ.}$)まで発振可能です．

基本回路を**図24-15**に示します．± 15 V電源で使用すると温度上昇が大きいので，使うときはできるだけ電源電圧を低く(最小± 5 V)したほうがよいでしょう．

● MAX038

マキシム社の比較的新しいICです．**図24-16**に基本回路を示します．

発振方式は電流切り替え型で，正弦波変換回路を内蔵しています．0.1 Hzの低周波から20 MHz(40 $MHz_{typ.}$)の高周波まで発振可能です．同期信号出力と，このICをVCOに利用するためのPLL用位相比較回路を内蔵しています．

広帯域FGを作る場合，周波数切り替えスイッチでコンデンサを切り替えると，レンジ間誤差が大きく，可変コンデンサによるレンジ間誤差の調整が困難なため，周波数表示に周波数カウンタを内蔵するなどの工夫が必要です．

扱う周波数が高いため，電源のパスコンは1 μFと1000 pFのセラミック・コンデンサを並列接続し

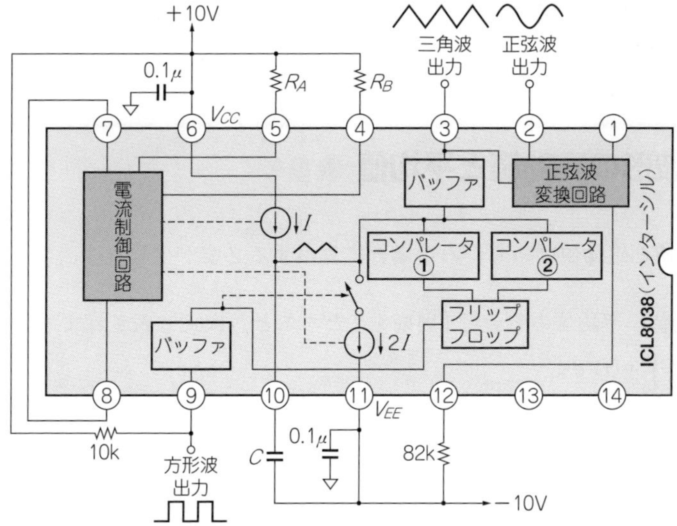

$R_A = R_B = R$ とすると発振周波数 f_0[Hz] は，

$$f_0 \fallingdotseq \frac{0.33}{RC} \quad \cdots\cdots\cdots\cdots (24\text{-}14)$$

図24-15[43] **ICL8038を使用したFG**(電流切り替え型，0.001 Hz～100 kHz)

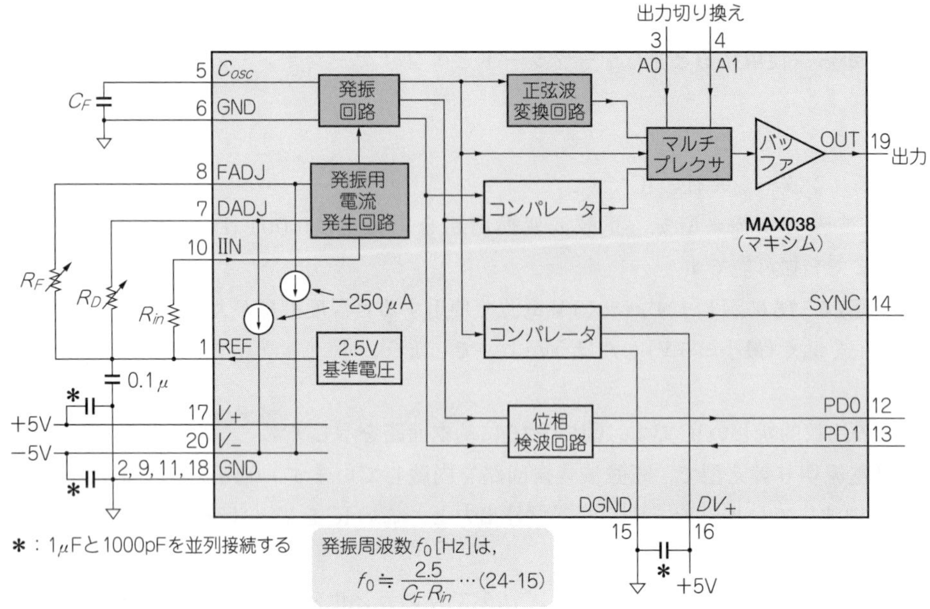

図24-16[(44)] MAX038を使用したFG(電流切り替え型，0.1 Hz～20 MHz)

発振周波数f_0[Hz]は，
$$f_0 \simeq \frac{2.5}{C_F R_{in}} \cdots (24\text{-}15)$$

＊：1μFと1000pFを並列接続する

て実装します．またグラウンドのプリント・パターンはベタ状にしなければなりません．
　ICソケットを使用する場合はその選択にも注意が必要です．実験といえども，片面基板を使ってジャンパ配線をすると，まっとうな動作は望めません．

●●●● 関数波形の実効値と平均値 ●●●●

　関数波形の実効値と平均値はいろいろな場合に算出する必要が生じます．計算した結果を**表24-A**に示します．
　電圧$v(t)$の実効値，平均値の定義は1周期をTとすると，次式で表されます．

- 実効値：$\sqrt{\frac{1}{T}\int_0^T v(t)^2 dt}$
- 平均値：$\frac{1}{T}\int_0^T v(t) dt$
- 絶対平均値：$\frac{1}{T}\int_0^T |v(t)| dt$

　交流信号では，その定義から平均値がゼロになりますから，絶対平均値を使います．
　波高率(peak factor)は，以前クレスト・ファクタ(crest factor)とも呼ばれていました．これは次のように定義され，この値が大きいほど波形が尖鋭です．

コラム

$$F_{crest} = \frac{V_M}{V_R}$$

ただし，F_{crest}：波高率，V_M：信号の最大値，V_R：信号の実効値

のこぎり波の実効値と平均値は，三角波とまったく同一です．三角波との波形の違いは，含まれる高調波のレベルに影響しています．

立ち上がりまたは立ち下がりの時間がゼロののこぎり波を，特に直線波(ランプ波)といいます．このとき，高次高調波のレベルはのこぎり波のなかで最も大きくなります．

表24-A　関数波形の実効値と平均値

名称	波形	実効値	平均値	絶対平均値	波高率
正弦波	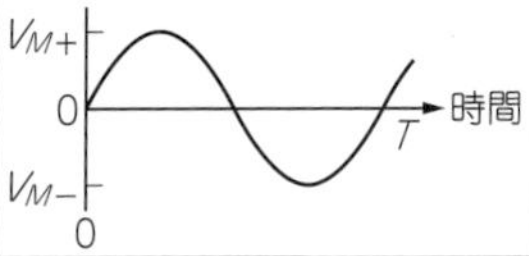	$\frac{V_M}{\sqrt{2}} \fallingdotseq 0.707\ V_M$	0	$\frac{2}{\pi}V_M = 0.637\ V_M$	$\sqrt{2} \fallingdotseq 1.414$
方形波	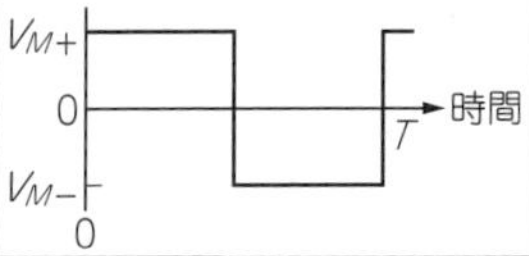	V_M	0	V_M	1
三角波	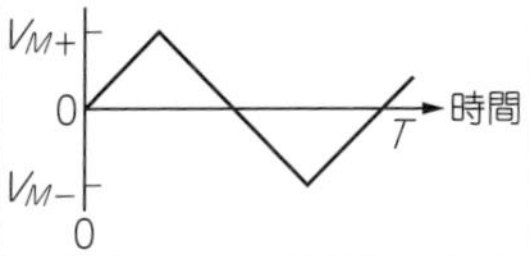	$\frac{V_M}{\sqrt{3}} \fallingdotseq 0.557\ V_M$	0	$\frac{V_M}{2} = 0.5\ V_M$	$\sqrt{3} \fallingdotseq 1.732$
両極性パルス波	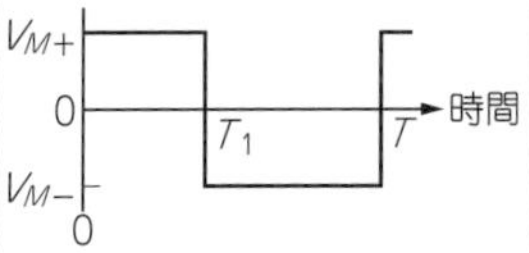	V_M	$V_M(2D-1)$ $(D = T_1/T)$	V_M	1
片極性パルス波	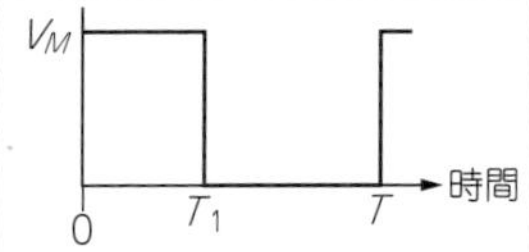	$V_M\sqrt{D}$ $(D = T_1/T)$	$V_M D$	$V_M D$	$\frac{1}{\sqrt{D}}$
半波整流波	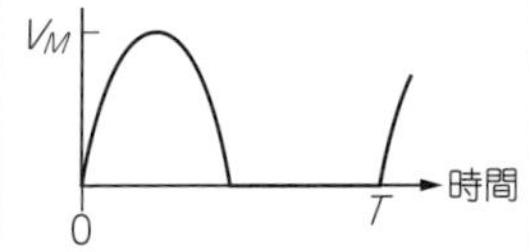	$\frac{V_M}{2} = 0.5\ V_M$	$\frac{V_M}{\pi} \fallingdotseq 0.318\ V_M$	$\frac{V_M}{\pi} \fallingdotseq 0.318\ V_M$	2
全波整流波	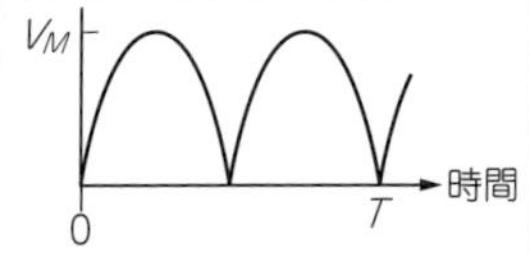	$\frac{V_M}{\sqrt{2}} \fallingdotseq 0.707\ V_M$	$\frac{2}{\pi}V_M \fallingdotseq 0.637\ V_M$	$\frac{2}{\pi}V_M \fallingdotseq 0.637\ V_M$	$\sqrt{2} \fallingdotseq 1.414$

注▶のこぎり波の実効値，平均値，絶対平均値，波高率は三角波と同じ．

参考・引用*文献

■ より理解を深めるために読みたい文献

本書は限られた紙数のなかで，はじめての人でも実用的なアナログ回路設計ができるということを目的にして書かれています．さらに高度なアナログ回路設計をするためには，下記の文献を読んで理解を深める必要があります．

● 基本電気回路

(1)　川上正光；改版 基礎電気回路Ⅰ，2000年6月，(株)コロナ社．

(2)　川上正光；改版 基礎電気回路Ⅱ，2000年6月，(株)コロナ社．

(3)　川上正光；改版 基礎電気回路Ⅲ，2000年6月，(株)コロナ社．
この3冊は，電気回路の基本的な計算について余すところなく説明しています．座右に置き，ハンドブックとして利用すれば，非常に便利です．

● OPアンプ応用回路

(4)*　本多平八郎；作りながら学ぶエレクトロニクス測定器，2001年5月，CQ出版(株)．
仕様確定から，システム設計，機能ブロック設計へと実際の回路設計を行うプロの手順が明確に示されています．

(5)*　遠坂俊昭；計測のためのアナログ回路設計，1997年11月，CQ出版(株)．
増幅回路について，高精度な信号計測という観点から，具体的な設計/製作方法を解説しています．特に，回路シミュレータの具体的な活用事例が豊富で，本書の回路シミュレーションは遠坂氏のこの本に依っています．

(6)*　遠坂俊昭；計測のためのフィルタ回路設計，1998年9月，CQ出版(株)．
本書では紙面の都合で詳しくは触れなかったフィルタ回路技術について詳しく解説しています．

(7)　C. D. Motchenbacher，J. A. Connelly；Low Noise Electronic System Design，1993年，John Wiley & Sons Inc.
最近のノイズはEMC(電磁両立性)の文脈で語られることが多く，この本のような真性雑音についての文献は貴重です．この本は絶版になった(23)の新版です．ディジタル時代にあわせて，SPICEでのノイズ・モデル，A-D/D-Aコンバータでのノイズについても触れられています．

(8)　Rolf Schaumann，M. E. Van Valkenburg；Design of Analog Filters，2001年，Oxford University Press.
絶版になった(25)の新版です．旧版は記述レベルに飛躍がなく，フィルタ理論を独習するのに最適な良書でしたが，ディジタル時代を意識してか，記述がさらにやさしくなっています．

(9)*　稲葉 保；定本 発振回路の設計と応用，1993年12月，CQ出版(株)．
ほかに類を見ない発振回路を集大成した本です．本書では触れなかった電圧で発振周波数を制御するVCO回路(Voltage Controlled Oscillator；電圧制御発振回路)，水晶発振子やセラミック発振子を使用したVCO回路(VCXO回路という)を始め，さまざまな発振回路について書かれています．

(10)*　Walter G. Jung編；OP AMP APPLICATIONS，2002年，Analog Devices,Inc.
OPアンプの基礎から応用について詳しい説明が載っています．OPアンプの歴史については，最も詳しく書かれています．邦訳がCQ出版(株)より「OPアンプ大全(全5巻)」として刊行中です．OPアンプの高度な応用についてはメーカのアプリケーション・ノートや雑誌などに載っていて，まとまった本は少ないので，ぜひ入手したい本です．

● 半導体工学の基礎からトランジスタ回路まで

(11)* 黒田 徹；はじめてのトランジスタ回路設計，1999年5月，CQ出版(株).
OPアンプは，内部回路を知らなくても，ある程度実用的な設計が可能です．しかし，使いこなそうとすると，入出力端子に接続された部分の等価回路だけは知る必要があります．トランジスタ・レベルの全等価回路を理解すれば，さらに高度な使いこなしができます．この本は題名から受ける印象よりも高度ですが，トランジスタ回路を基本から学ぶには最適です．さらに，回路シミュレータによる設計検証の方法も説明されています.

(12)* 黒田 徹；解析OPアンプ&トランジスタ活用，2002年9月，CQ出版(株).
読者が自分でOPアンプの内部等価回路を解析するときに参考になる本です．本書では触れなかった電流帰還アンプについても説明されています．黒田氏の2冊は，下記の教科書と異なってあくまでも実用的に書かれていて，内部回路を理解するときに参考になります.

(13) P. R. グレイ，R. G. メイヤー他，浅田邦博，永田 穣監訳；システムLSIのための アナログ集積回路設計技術(上)，2003年7月，(株)培風館.

(14) P. R. グレイ，R. G. メイヤー他，浅田邦博，永田 穣監訳；システムLSIのための アナログ集積回路設計技術(下)，2003年7月，(株)培風館.
この2冊は，定評ある米国の大学教科書…P. R. グレイ，R. G. メイヤー他著"Analyis and Design of Analog Integrated Circuits"第4版の翻訳です．CMOSアナログ回路についても書かれています．OPアンプICを使いこなすときばかりでなく，ICの限界を越えてディスクリート半導体で回路を組む場合にも非常に参考になります．教科書を理解するだけでは実用的な設計はできませんが，教科書で基本を理解していないと，優れた設計はできません．上掲した黒田氏の2冊と合わせて読むよう強く推薦します.

(15) 深海登世司監修；半導体工学，2001年2月，東京電機大学出版局.
OPアンプICの内部について，さらに細かく知りたくなると，半導体物性を学ぶ必要があります．この本は日本の大学教科書で，わかりやすく半導体工学について説明されています.

(16) 棚木義則編著；電子回路シミュレータPSpice入門編，2003年11月，CQ出版(株).
回路シミュレータの操作方法について，ベテラン設計者が具体的にやさしく解説しています.

● 受動部品と回路

(17)* 薊 利明，竹田敏夫；わかる電子部品の基礎と活用法，1996年3月，CQ出版(株).
受動部品について，必要充分な説明があります．座右に置いて常に読みたい本です.

(18)* 森 栄二；*LC*フィルタの設計&製作，2001年5月，CQ出版(株).
受動部品である*LC*を用いたフィルタの本です．豊富な正規化テーブルがありますから，フィルタ設計に役立ちます．なお，本書も含めて記載されたテーブルを参考にする場合は，誤植の可能性がありますから，必ずシミュレーションで確認して使うのが常道です.

■ 絶版になった文献

(19) 蒲生良治；アナログ回路のトラブル対策，1977年4月，CQ出版(株).

(20)* 稲葉 保；精選アナログ実用回路集，1989年1月，pp.177～179，CQ出版(株).

(21)* 谷本 茂；電子展望別冊 OPアンプ実戦技術，1980年2月，(株)誠文堂新光社.

(22)* A. Van Der Ziel，平野信夫訳；雑音源・特性・測定，1973年1月，東京電機大学出版局.

(23)* C. D. Motchenbacher，F. C. Fitchen，斉藤正男監訳；低雑音電子回路の設計，1977年9月，近代科学社.

(24) * 横井与次郎；リニアIC実用回路マニュアル，1975年4月，(株)ラジオ技術社.
(25) M. E. Van Valkenburg，柳沢健監訳・金井 元ほか訳；アナログ・フィルタの設計，1986年2月，秋葉出版(株).
(26) * A. B. Williams ; Electoronic Filter Design Handbook，1981年，McGraw-Hill，Inc.
(27) * 川上正光；電子回路Ⅲ，1955年5月，共立出版(株).
(28) * 黒田 徹；ラジオ技術4月号別冊，やさしいアンプ24種の製作集，1986年4月，(株)ラジオ技術社.

■ データシート

(29) * 2SC1815データシート，2000年9月，(株)東芝.
(30) * JRC汎用リニアIC半導体データ・ブック2000-2001，2000年8月，新日本無線(株).
(31) * 日本電気汎用リニアICデータ・ブック，2001年1月，日本電気(株).
(32) * OPアンプ・データ・ブック1995版，1994年，ナショナル セミコンダクター ジャパン(株).
(33) * リニア・データ・ブック1997～1998，1996年，アナログ・デバイセズ(株).
(34) * AD622データシート，1999年，アナログ・デバイセズ(株).
(35) * AD623データシート，1999年，アナログ・デバイセズ(株).
(36) * TA76431Sデータシート，2000年7月，(株)東芝.
(37) * TA76432Sデータシート，2002年2月，(株)東芝.
(38) * LM4140データシート，2000年7月，National Semiconductor Corp.
(39) * LM299データシート，1995年5月，ナショナル セミコンダクター ジャパン(株).
(40) * ハイスピードCMOS TC74HC/HCTシリーズ データブック，1997年9月，(株)東芝.
(41) * NJM555データシート，新日本無線(株).
(42) * TL494データシート，2002年3月，Texas Instruments Inc.
(43) * ICL8038データシート，2001年4月，Intersil Corp.
(44) * MAX038データシート，1996年9月，マキシム・ジャパン(株).
(45) * 日立ダイオード・カタログ，1987年，(株)日立製作所.
(46) * アプリケーション　マニュアル　セラミック発振子(セラロック®)，2002年10月，(株)村田製作所.
(47) 定電流ダイオードCRDカタログ，2001年3月，石塚電子(株).
(48) 抵抗器カタログ2000，2000年3月，KOA(株).

索　引

か行

さ行

た行

―― な行 ――

―― は行 ――

ま行

や行

ら行

わ行

アナログ基本デバイスの実践的な使い方を実験解説

OPアンプによる実用回路設計

著　者　馬場 清太郎
発行人　小澤 拓治

発行所　CQ出版株式会社
〒112-8619　東京都文京区千石4-29-14
電　話　編集部：03(5395)2148
販売部：03(5395)2141

2004年5月1日　初版発行
2021年8月1日　第10版発行

ISBN978-4-7898-3748-4
定価は裏表紙に表示してあります
乱丁，落丁はお取り替えします

編集担当者　清水 当
DTP・印刷・製本：三晃印刷株式会社
Printed in Japan